Spieltheorie

Eine Einführung

Von Christian Rieck

Christian Rieck Verlag

2009

Wichtige Hinweise

Die Ratschläge und Angaben in diesem Buch sind sorgfältig erwogen und geprüft, dennoch kann eine Garantie nicht übernommen werden. Eventuell entstehende – mittelbare oder unmittelbare, verschuldete oder unverschuldete – Schäden oder andersartige Nachteile, die aufgrund von Äußerungen aus diesem Buch entstanden sind, berechtigen daher nicht zu irgendwelchen Ansprüchen (auch nicht seitens Dritter) gegen den Autor oder den Verlag und deren Beauftragte, soweit mit den gesetzlichen Regelungen vereinbar. Insbesondere die Haftung des Autors, des Verlags und seiner Beauftragten für Personen-, Sach- und Vermögensschäden ist ausgeschlossen. Es wird keine Gewähr dafür übernommen, dass die Angaben richtig, vollständig oder anwendbar sind. Für Verbesserungsvorschläge und Hinweise auf Fehler sind Autor und Verlag dankbar.

Die Benutzung von Markennamen, Zeichen usw. in diesem Werk berechtigt auch ohne besondere Kennzeichnung nicht zu der Annahme, dass diese frei verwendbar wären.

9. überarbeitete und erweiterte Auflage 2009

(Ältere Auflagen dieses Buches waren erschienen im Gabler-Verlag, Wiesbaden, und trugen den Titel *Spieltheorie - Einführung für Wirtschafts- und Sozialwissenschaftler*)

Titelbild von Tobias Stier

ISBN-13: 978-3-924043-91-9
ISBN-10: 3-924043-91-4

Inhaltsverzeichnis

1. Über dieses Buch

Ursprünglich sollte dieses Buch *Spieltheorie – eine Gebrauchsanweisung* heißen. Lassen Sie mich kurz erläutern, was ich mir darunter vorstelle: Ich möchte, dass Sie, ein interessierter Leser mit wenig oder keinem Vorwissen über Spieltheorie, sich möglichst leicht in die moderne Spieltheorie einfinden und dass Sie einen inhaltlichen und methodischen Überblick über den heutigen Stand bekommen.

Was gehört dazu?

Zunächst möchte ich Ihnen den Jargon dieser Wissenschaftsdisziplin näherbringen, und zwar auf Deutsch ebenso wie auf Englisch – letzteres, weil praktisch die gesamte spieltheoretische Literatur in englischer Sprache geschrieben ist. Typische Jargon-Begriffe streiche ich im Text daher heraus, und falls sie sich nicht aus dem Zusammenhang ergeben, erkläre ich sie. Weiterhin habe ich mich bemüht, ein möglichst gründliches Stichwortverzeichnis zu erstellen, damit Sie dieses Buch auch als Nachschlagewerk verwenden können. Was das Englische angeht, habe ich einige Vokabeln zusammengestellt, die oft in spieltheoretischem Zusammenhang verwendet werden und nicht ohne weiteres in jedem Lexikon zu finden sind.

Teil des spieltheoretischen Jargons ist die Mathematik. Deshalb finden Sie gelegentlich neben diesem Zeichen einige Begriffe anschaulich und kochrezeptartig erklärt, die in der Spieltheorie oft verwendet werden, die aber in vielen Fachbereichen in dieser Form nicht vorausgesetzt werden können. Die Betonung liegt auf anschaulich: Sie sollen das Prinzip und den Jargon verstehen, tieferliegende Probleme, die mit mathematischen Konzepten und Definitionen verbunden sind, werden nicht behandelt.

In kleiner gesetzten Absätzen finden Sie Anmerkungen zu der Herkunft einiger Begriffe (was es oft erleichtert, sich diese Begriffe zu merken). Ebenso befinden sich in diesen Absätzen Literaturangaben zu den zuvor besprochenen Konzepten.

Wenn Sie diese Lupe finden, dann folgen kompliziertere Ausführungen, oft mit leicht philosophischem Anstrich. Meist sind dies Grundsatzfragen der Spieltheorie, die sehr entscheidend sind, die aber verwirren können, wenn man sich in der Materie noch nicht so gut auskennt. Je nach Geschmack sollten Sie diese Passagen zunächst überspringen und sich erst bei einem zweiten Lesedurchgang genauer ansehen.

Um mitreden zu können, brauchen Sie einen Überblick über das, was bisher an Forschung geleistet wurde. Allerdings ist das gesamte Feld inzwischen so groß geworden, dass ein vollständiger Überblick praktisch unmöglich ist, und weil dieses Buch nicht abschreckend dick, sondern leicht verdaulich werden sollte, musste ich ziemlich selektiv vorgehen (nun ja, es ist im Laufe der Jahre ohnehin immer dicker geworden). Daher habe ich versucht, möglichst weit gestreut einige der wichtigsten Themengebiete herauszugreifen. Hierzu gehören einerseits methodisch orientierte Themen, die sich mit Grundsatzfragen befassen, wie: Was ist Rationalität? Wie löst man ein Spiel? Was ist eine Entscheidung? Zum anderen gibt es eher anwendungsorientierte Themen: Wie entsteht Kooperation zwischen Egoisten? Wie funktioniert ein Schachcomputer?

Bisher war alles Briefmarkensammeln: Ich habe versprochen aufzuzählen was es gibt, mehr nicht. Um darüber hinaus zu gehen, werde ich mich bemühen, alle angesprochenen Themen ausführlich zu kommentieren und Sie auf das wichtigste Für und Wider aufmerksam zu machen; hierbei werde ich immer im Auge behalten, dass Sie sich in erster Linie für angewandte Wissenschaften interessieren, nicht für Mathematik. Ich betone dies deshalb, weil die Spieltheorie in einer langen mathematischen Tradition steht und die meisten modernen Spieltheoriebücher mathematisch-formal ausgerichtet sind. Demgegenüber liegt der Schwerpunkt dieses Buches auf dem konzeptionellen Bereich, das heißt, ich gehe eher auf die inhaltliche Bedeutung der einzelnen Konzepte ein als auf deren mathematische Formulierung. Wenn ich von angewandten Wissenschaften spreche, dann deshalb, weil ich den Anwendungsbereich der Spieltheorie sehr weit sehe und ich mich bemüht habe, die Spieltheorie nicht nur aus Sicht der Wirtschaftswissenschaften zu schildern (wo sie immer noch am weitesten verbreitet ist), sondern auch Aspekte anzusprechen, die für die Bereiche Naturwissenschaften, Politik, Sozialwissenschaften und Philosophie relevant sind.

Ein eigenes Problem ist die Wertung der angesprochenen Themen und Theorien. Zwar sollte ich als Autor mich ein wenig zurückhalten, Ihnen meine Meinung aufzudrängen, andererseits ist das einfache Sammeln und Nebeneinanderstellen von vermeintlichen Tatsachen recht unbefriedigend, weil statt der beabsichtigten Objektivität meist ein bedeutungsloses Nebeneinander entsteht. Ich versuche daher, möglichst viele verschiedene Denkschulen zu Wort kommen zu lassen und manchmal verbindet sich deren Kombination so sehr mit meinen eigenen Gedanken, dass sich an vielen Stellen keine der Schulen mehr wiedererkennt.

Es ist für Sie sicherlich nicht unbedeutend zu erfahren, dass ich aus dem Gebiet der Wirtschaftstheorie stamme und dass ich Vieles, was ich über Spieltheorie weiß, von den Professoren Werner Güth und Reinhard Selten gelernt habe (sei es nun direkt in Lehrveranstaltungen oder indirekt durch Diskussionen mit ihnen) und daher mein Wissen und meine Meinungen stark von dieser Denkschule geprägt sind – dies hat insbesondere die Stoffauswahl und die Darstellung bestimmt. Was mein Wissen über Experimentelle Wirtschaftsforschung angeht, so ist hier der Urheber Professor Reinhard Tietz, der weltweit einer der ersten Forscher auf dem Gebiet der Experimentellen Wirtschaftsforschung war und der interessanterweise viele Ergebnisse des Wirtschafts-Nobelpreisträgers des Jahres 2002, Vernon Smith, zeitgleich oder sogar früher gefunden hatte.

Reinhard Tietz war es auch, der mir viele Anregungen für die Didaktik gegeben hat, die ich jetzt in meinen Vorlesungen und Weiterbildungs-Seminaren regelmäßig einsetze.

1.1. Zur Didaktik des Buches

Beim Schreiben dieses Buches hatte ich immer die Vorstellung im Hinterkopf, dass ein Dialog zwischen Ihnen, dem Leser, und mir entsteht. Wenn ich also in Zukunft "wir" schreibe, so meine ich damit nicht den in der Wissenschaft üblichen Pluralis modestiae, sondern Sie und mich, wie wir zusammen durch die Welt der Theorie wandern.

Was die Darstellung der anzusprechenden Sachverhalte betrifft: Ich gehe generell von Beispielen aus und erkläre mit ihrer Hilfe allgemeine Prinzipien. Dies ist insofern erwähnenswert, als die meisten Spieltheoretiker umgekehrt vorgehen und vom Allgemeinen zum Speziellen kommen. Um zu verstehen, weshalb ich so verfahre, versuchen Sie bitte einmal, eine Definition für "den Menschen" zu liefern, also das allgemeine Prinzip zu formulieren; nehmen Sie sich 30 Sekunden Zeit. – Erstaunlich schwierig, nicht wahr?[1] Dennoch haben Sie keinerlei Probleme, einen Menschen auf Anhieb als solchen zu erkennen und von der Klasse der Nichtmenschen zu unterscheiden, von sehr seltenen Grenzfällen einmal abgesehen. Wie machen Sie das? Ganz einfach: Sie haben von einer bestimmten Anzahl von Beispielen ausgehend generalisiert und haben auf diese Weise eine Vorstellung von dem Begriff "Mensch" gewonnen. Um zu sehen, wieviel leichter Sie diese Vorstellung des Begriffs "Mensch" aktivieren können, versuchen Sie einmal, sich für die nächsten 30 Sekunden *keinen* Menschen vorzustellen. Merken Sie, wie groß die Macht der Vorstellung in unserem Gehirn ist?

Unser Gehirn ist offenbar so aufgebaut, dass es sehr leicht Beispiele zu einer allgemeinen Vorstellung generalisieren kann, und es kann diese Vorstellung sehr schnell abrufen. Dies ist das Prinzip, nach dem die Lebewesen schon seit Jahrmillionen eine innere Repräsentation ihrer Umwelt herausbilden, lange bevor logisches Deduzieren erfunden wurde. Und eben weil die Fähigkeit zu deduzieren entwicklungsgeschichtlich noch so jung ist, deshalb tut sich unser Gehirn auch so schwer, aus abstrakten Begriffen streng logisch spezielle Aussagen herzuleiten. Oder sehen Sie so schnell, wie Sie eben den Menschen gesehen haben, dass die Verneinung von (C impliziert D) äquivalent ist zu (C und nicht D)? (Wenn ja: Hut ab – Sie werden bald berühmt!)

Wie Sie sicherlich bemerkt haben, habe ich meine Ankündigung bereits wahrgemacht, und Ihnen auch diesen Sachverhalt anhand eines Beispiels versucht klarzumachen; die Aussage, die ich aus dem Beispiel hergeleitet habe, ist natürlich keineswegs zwingend, aber vermutlich verstehen Sie, was ich meine, ohne dass ich viele Worte machen musste. Für die Vermittlung eines Sachverhalts ist die Methode des Beispiels sehr effizient – wir müssen uns aber hüten, einen Sachverhalt als wahr anzunehmen, nur weil er intuitiv einleuchtend ist. Und damit sind wir bei der Schattenseite unseres schönen

---

1 Das gleiche haben übrigens vor über 2000 Jahren auch schon die alten griechischen Philosophen versucht. Die **Hahnenlegende** zeigt, wie schwierig die deduktive Vorgehensweise für die Beschreibung von Alltagsproblemen ist: So definierte angeblich PLATON den Menschen als ein "federloses, zweifüßiges Tier"; DIOGENES brachte ihm daraufhin einen gerupften Hahn als "Platons Mensch". PLATON ließ aber nicht ab von seiner skurrilen Methode, ohne Rücksicht auf Inhalte zu definieren, sondern erweiterte seine Definition um den Zusatz "mit abgeplatteten Nägeln".

Vorstellungsvermögens: es ist recht ungenau. Daher sollten wir unsere Intuition immer mit exakteren Mitteln überprüfen; folglich werde auch ich nicht gänzlich auf die Anwendung der Logik und der Mathematik verzichten. Zumindest aber wird es die Effizienz unserer Informationsaufnahme und -verarbeitung erheblich erhöhen, wenn wir unser Vorstellungsvermögen so weit wie möglich schulen und einsetzen.[2]

Wir sind gut beraten, unser Gehirn so zu benutzen, wie es nun einmal geschaffen ist – mit anderen Worten, wir können eine Menge aufwendiger Denkarbeit sparen, wenn wir unsere Fähigkeit nutzen zu generalisieren und uns Zusammenhänge bildlich vorzustellen. Auch aus diesem Grund habe ich einige Verzierungen angebracht, die für ein Fachbuch nicht üblich sind.

Im Zusammenhang mit der Effizienz der Informationsaufnahme möchte ich auch noch folgende Anmerkung zu meinem Sprachgebrauch machen: Es wird heutzutage immer häufiger versucht, einen "sexistischen" Sprachgebrauch zu vermeiden, indem in jedem Einzelfall beide Geschlechter genannt werden, etwa in dem Stil: "der/die Spieler/in" oder "die Spielerin / der Spieler". Man kann sich darüber streiten, ob ein "Spieler" nicht sowieso automatisch sowohl männlich als auch weiblich sein kann (wovon ich ausgehe). Man kann sich auch darüber streiten, ob der überwiegend männliche Sprachgebrauch Ursache oder Folge der männlichen Dominanz in bestimmten Bereichen der Gesellschaft ist. Fest steht, dass derartig entsexifizierte Texte hässlich klingen und unnötig schwer zu lesen sind.

Ich werde daher einen etwas anderen Weg einschlagen, um die Lesbarkeit des Textes zu vereinfachen: In allen 2-Personen-Spielen ist der Spieler 1 jeweils männlich (meistens schreibe ich Spieler A, für A(nton)) und "der Spieler 2" ist weiblich, also eine Spielerin 2 bzw. Spielerin B(erta). Dies eröffnet die Möglichkeit, Bezüge anschaulicher und kürzer zu gestalten. Der Satz "Ihre Auszahlung ist immer höher als seine" ist nicht nur kürzer als "Die Auszahlung von Spieler 2 ist immer höher als die von Spieler 1", sondern die Situation mit zwei Personen verschiedenen Geschlechts ist auch leichter bildlich vorstellbar. Mir scheint dies ein geeigneter Weg zu sein, mit

---

2 Zwar würde ich Ihnen gern noch mit exakteren Methoden etwas über Denkweise der Menschen und Erkenntnis erzählen, aber ich befürchte, dies führt zu weit von unserem Kernthema weg - auch wenn es mit den Grundfragen der Spieltheorie zusammenhängt, aber wohl eher auf anderem Niveau. Falls Sie das Thema interessiert, sehen Sie sich einmal die Literatur zu Mustererkennung mit Neuronalen Netzen an und zu Evolutionärer Erkenntnistheorie (zum Beispiel GERHARD VOLLMER 1981).

möglichst wenig Silben möglichst viel Informationsübertragung zu bewirken.

Ich möchte hier aber auch noch eine weitere Anmerkung loswerden. Als ich Anfang der neunziger Jahre diesen Sprachgebrauch eingeführt habe, war das etwas völlig Neues. Inzwischen erreichen mich gelegentlich Anmerkungen von Leserinnen, die sagen, es müsse ja wohl der erste Spieler die Spielerin sein und nicht der zweite. Dahinter liegt meistens die Vorstellung, Frauen dürften schließlich auch zuerst durch die Tür gehen, nicht wahr? Mag sein, dass wir das noch so handhaben. Aber ist das echte Gleichberechtigung? Ich halte es für problematisch, gleichzeitig zu fordern, exakt die gleichen Rechte zu haben und gleichzeitig alte Vorrechte aufrechterhalten zu wollen, die in einem ganz anderen gesellschaftlichen Zusammenhang entstanden sind. Echte Gleichberechtigung entsteht nur dann, wenn auch das Gefühl abgebaut wird, es müsse einen Beschützer für Frauen geben. Denn genau das ist der gedankliche Hintergrund für den Frauen-dürfen-zuerst-Ansatz. Wenn Sie einmal ein altes Benimm-Buch gelesen haben, dann wissen Sie, dass beim Treppe heruntergehen der Mann vorgehen sollte – um die Frau auffangen zu können, falls sie stolpert. Mir kommt es so vor, als wäre das keine angemessene Sicht auf die Fähigkeiten der Frauen.

1.2. Ein Angebot und eine Bitte

> Ich weiß, dass manche, die mich lesen, anders denken als ich. (...) würde sich meine Ansicht am Ende selbst als irrig erweisen, so bleibt doch immer die Tatsache, dass viele dieser Andersmeiner keine fünf Minuten über eine so verwikkelte Frage nachgedacht haben. Wie sollten sie also mit mir übereinstimmen? (José Ortega y Gasset: Der Aufstand der Massen)

Jedes Buch hat seine starken und seine schwachen Seiten. Daher steht zu befürchten, dass auch in diesem Buch einiges unklar geblieben ist und sich Fehler eingeschlichen haben. Ich bin deshalb dankbar für jede Anregung und jeden Verbesserungsvorschlag; als kleinen Ausgleich biete ich an, Fragen zu beantworten, die hier angesprochene Themen betreffen oder sich auf die Spieltheorie im Allgemeinen beziehen.

Meine E-Mail-Adresse ist info@rieck.de . Und wenn Sie noch mehr wissen wollen, dann sollten Sie auf jeden Fall auch einmal meine Internetseite www.spieltheorie.de besuchen.

Ich möchte allerdings schon hier androhen, dass die Antwort einige Wochen dauern kann – sie kommt aber mit positiver Wahrscheinlichkeit (Entschuldigung an alle, denen ich nicht geantwortet habe; in den ersten Auflagen habe ich zwar von einer Wahrscheinlichkeit von 1 gesproche, den Wert aber subjektiv doch wohl etwas überschätzt).

Ich danke an dieser Stelle auch ganz herzlich all jenen, die die verschiedenen Versionen des Manuskripts gelesen und mir wertvolle Anregungen und Hinweise gegeben haben; neben vielen Ungenannten sind dies: Gregor Brüggelambert, Beate Eck, Steffen Huck, Peter Ockenfels, Christiane Petri, Thomas Scholtis, Britta Staehle, Marcus Stahlhacke, Christine Syha, Erik Theissen, Markus Wendel und inzwischen auch zahlreiche Leser früherer Auflagen. Es ist für mich eine wunderbare Erfahrung, wie mich meine Freunde und Kollegen unter teilweise großem Arbeitseinsatz bis zur letzten Minute aktiv unterstützt haben und mir in allen möglichen und unmöglichen Situationen zur Hilfe kamen, wann immer ich sie brauchte.

2. Was ist Spieltheorie?

In diesem Kapitel gehe ich zunächst einmal davon aus, dass Sie praktisch noch nichts über Spieltheorie wissen (falls das nicht zutrifft, können Sie es vielleicht einfach überspringen). Ich möchte Ihnen hier auf sehr einfachem Niveau die Grundprobleme der Spieltheorie näherbringen und die Prinzipien der Problemlösung zeigen, damit Sie für die folgenden Kapitel (die deutlich schwieriger werden als dieses) bereits einen gewissen Überblick haben. Beginnen wir mit einem Beispiel:

2.1. Ein Spiel ist soziale Interaktion

> (...) es gibt wohl kaum eine Frage des täglichen Lebens, in die dieses Problem nicht hineinspielt (...) (JOHN VON NEUMANN: Zur Theorie der Gesellschaftsspiele)

Wir schlüpfen dazu in die Rolle der Geschäftsführung einer Unternehmung und müssen uns festlegen, wie stark wir uns im folgenden Jahr auf einem Markt engagieren werden, das heißt wir müssen zum Beispiel das Werbe- und Investitionsbudget festlegen. Es stehen uns genau vier verschiedene Stufen des Engagements zur Verfügung, nämlich von 1 (= geringes Engagement) bis 4 (= sehr starkes Engagement). Der Erfolg dieser vier Strategien hängt von der Konkurrenzlage ab, die entweder günstig, normal oder ungünstig sein kann.

Eine einfache und wohlbekannte Methode, mit der das Problem strukturiert werden kann, ist die folgende Entscheidungsmatrix. Die Werte in der Tabelle bezeichnen hier den Gewinn, der jeweils bei der Kombination aus einer gewählten Strategie und einer Konkurrenzlage entsteht; engagieren wir uns zum Beispiel stark und die Konkurrenzlage ist günstig, dann machen wir einen Gewinn von 30. Die konkreten Zahlenwerte sind hier willkürlich angenommen, Sie können sich aber vorstellen, es handele sich um das Ergebnis einer Marktforschung.

Konkurrenzlage: Engagement auf dem Markt:	günstig	normal	ungünstig
1 (gering)	5	3	1
2 (mittel)	14	10	0
3 (stark)	30	5	–5
4 (sehr stark)	12	9	–9

Abbildung 1: Darstellung einer Entscheidungssituation.

Wie sollen wir uns verhalten, um den Gewinn zu maximieren? – In der Entscheidungstheorie sind zahlreiche verschiedene Lösungsvorschläge für derartige Probleme entwickelt worden; nur um zwei Beispiele zu nennen (die Sie jetzt nicht verstehen müssen, falls Sie sie noch nicht kennen): Die wohl naheliegendste Möglichkeit besteht darin, die Eintrittswahrscheinlichkeiten für die verschiedenen Konkurrenzlagen zu schätzen und dann diejenige Handlungsalternative zu wählen, für die der Erwartungsgewinn maximal ist. Eine andere Entscheidungsregel empfiehlt, auf Nummer sicher zu gehen, und wählt daher diejenige Alternative aus, bei der der schlechtest mögliche Gewinn maximal ist (Maximin-Prinzip).

All diesen Konzepten ist eines gemeinsam: Sie betrachten die Umwelt (hier die Konkurrenzlagen) als vorgegeben und unbeeinflussbar und versuchen in irgendeiner Form, dagegen zu optimieren.

Die klassische Entscheidungstheorie (**Entscheidungstheorie im engen Sinn**) betrachtet ausschließlich Situationen, in denen gegen die **Natur** gespielt wird.

Das Wort *Natur* steht hier für eine Wahrscheinlichkeitsverteilung über Umweltzustände, die vom eigenen Verhalten unabhängig ist.

Ist die Umwelt aber wirklich gegeben? In diesem Beispiel sicherlich nicht: Denn die Konkurrenzlage ist nichts anderes als das Verhalten der Mitwettbewerber. Die relevante Umwelt entsteht also durch strategische Überlegungen anderer Entscheider, die unsere Überlegungen vorwegnehmen können und die ihr Verhalten auf unsere Verhaltensmöglichkeiten abstimmen. Genau dies ist der Gegenstandsbereich der Spieltheorie:

Gegenstand der **Spieltheorie** sind Entscheidungssituationen, in denen das Ergebnis für einen Entscheider nicht nur von seinen eigenen Entscheidungen abhängt, sondern auch von dem Verhalten anderer Entscheider. Spieltheorie ist also eine *Theorie sozialer Interaktion*.

Eine derartige Entscheidungssituation ist beispielsweise in Gesellschaftsspielen gegeben; da die ersten Untersuchungen, die sich mit diesen Entscheidungssituationen befasst haben, tatsächlich auf Gesellschaftsspiele bezogen waren, wird noch bis heute der Begriff **Spiel** hierfür verwendet. Dennoch hat die Spieltheorie praktisch nichts mit Gesellschaftsspielen zu tun, und auch die ursprünglichen Arbeiten waren bereits so abstrakt, dass man darin schwerlich irgend ein Gesellschaftsspiel hätte erkennen können (die ersten Veröffentlichungen waren rein mathematisch); auch hat bereits JOHANN ("JOHN") VON NEUMANN, der De-facto-Begründer[3] der Spieltheorie, damals auf die Relevanz für Entscheidungssituationen des täglichen Lebens hingewiesen, sodass die Gesellschaftsspiele eher als "Cover story" anzusehen sind.

Es ist in diesem Zusammenhang interessant zu wissen, dass auch viele Methoden und Ergebnisse der klassischen Entscheidungstheorie ursprünglich aus der **Theorie der Glücksspiele** hervorgegangen sind. Die Spieltheorie betrachtet dagegen keine Glücksspiele, sondern strategische Spiele, die allerdings auch Zufallselemente enthalten können.

Eine Entscheidungssituation, in der mehrere vernunftbegabte Entscheider Einfluss auf das Resultat haben und ihre eigenen Interessen verfolgen, heißt **strategisches Spiel**, **strategische Interaktion** oder **strategischer Konflikt**.

Die Spieltheorie verwendet durchaus auch die Resultate der Theorie der Glücksspiele, aber wie wir sehen werden, ändert sich eine Entscheidungssi-

[3] Die Spieltheorie hat erst durch das Buch von VON NEUMANN / MORGENSTERN 1944 Bedeutung erlangt. Zitiert wird allerdings meistens die zweite Auflage von 1947, in der einige wichtige Änderungen vorgenommen wurden. Natürlich gab es schon vorher vereinzelt Autoren, die wesentlich früher spieltheoretische Gedanken geäußert haben, zum Beispiel: DE MONTMORT 1713, BERNOULLI 1738, COURNOT 1883, BERTRAND 1883, BOREL 1924, VON NEUMANN 1928, HOTELLING 1929. Sie alle haben aber keine geschlossene Theorie entwickelt, sondern Ideen daraus vorweggenommen.

tuation meistens grundlegend, wenn nicht gegen die Natur, sondern gegen vernunftbegabte Gegenspieler gespielt wird.

Die Zahl der Spieler ist in der Spieltheorie unbegrenzt; oft spricht man von **n-Personen-Spielen** oder **Mehrpersonenspielen**, wenn mehr als zwei Personen an einem Spiel beteiligt sind. Gelegentlich sagt man zu Spielen gegen die Natur auch **Einpersonenspiel**.

Nun finden zwar offensichtlich fast alle Entscheidungen in einer von anderen Entscheidern gestalteten Umwelt statt, aber das heißt nicht, dass die klassische Entscheidungstheorie generell irrelevant wäre: Viele wichtige Situationen sind tatsächlich als Spiele gegen die Natur darstellbar. Ein wörtlich zu nehmendes Beispiel ist die landwirtschaftliche Produktion, in der das Wetter viele der Umweltzustände bestimmt; aber auch in den Gebieten Forschung und Entwicklung kann die Modellierung als Spiel gegen die Natur sinnvoll sein, weil man oftmals nur vermuten kann, welche Probleme auftreten werden. In vielen Situationen ist die Darstellung als Spiel gegen die Natur auch eine vereinfachende, aber gute Annäherung für ein Spiel, in dem eigentlich mehrere vernunftbegabte Entscheider interagieren. Ein Beispiel für diesen Fall ist das Verhalten der Käufer auf Märkten: In den meisten Marketingmodellen werden die Konsumenten einfach als Stimulus-Response-Wesen dargestellt, die sich nicht strategisch verhalten.

Häufig ist auch die Datenlage so schlecht, dass das Entscheidungsmodell drastisch vereinfacht werden muss. So könnte es in dem Einleitungsbeispiel dieses Kapitels der Fall sein, dass überhaupt nicht bekannt ist, wie viele Konkurrenten im Markt agieren und welche Gewinnchancen oder Strategien ihnen zur Verfügung stehen. Zwar lassen sich derartige Situationen prinzipiell ebenfalls spieltheoretisch behandeln, doch würde sich der Aufwand in Relation zum Erkenntnisgewinn – insbesondere für praxisbezogene Anwendungen – nicht lohnen.

Dennoch bleibt die Tatsache bestehen, dass normalerweise wesentliche Teile der relevanten Umwelt durch vernunftbegabte Entscheider gestaltet sind, sodass allenfalls Teilprobleme mit der klassischen Entscheidungstheorie zufriedenstellend strukturiert werden können. Daher wird es sich in vielen Gebieten der Sozialwissenschaften – und dazu gehört auch die Betriebswirtschaft – lohnen, probeweise statt der bisher üblichen Modellbildung die Probleme als strategische Konflikte abzubilden; dies gilt insbesondere für die Gebiete Marketing, Organisationstheorie und Finanzmarkttheorie.

Allerdings sollte ich schon an dieser Stelle erwähnen, dass die Spieltheorie eine sehr junge Wissenschaftsdisziplin ist (die Anfänge gehen etwa auf die 1920er Jahre zurück) und sich daher vielfach noch auf dem Niveau der Grundlagenforschung befindet. Wer also unmittelbare Antworten auf Probleme der "Praxis" sucht, wird sicherlich enttäuscht sein: Man kann nicht einfach die Daten eines großen Entscheidungsproblems in einen mit spieltheoretischen Algorithmen gefütterten Computer eingeben und dann auf die ultimative und einzig optimale Lösung warten. Was man derzeit aus der Spieltheorie viel eher beziehen kann, sind Einsichten in die Grundprinzipien sozialer Interaktion – das dadurch verbesserte Verständnis kann dann allerdings in realen Entscheidungssituationen sehr hilfreich sein. Weil dieser Punkt immer wieder die Gemüter erhitzt, gehe ich in dem Kapitel 4.1. Realitätsbezug der Spieltheorie etwas ausführlicher der Frage nach, wozu die Spieltheorie eigentlich gut ist.

Vordergründig (das heißt, neben zahlreichen anderen Aufgaben) beschäftigt sich Spieltheorie damit, für ein gegebenes Spiel eine "Lösung" zu ermitteln. Damit ist Folgendes gemeint:

Die **Lösung** eines Spiels ist ein Vorschlag, wie ein gegebenes Spiel zu spielen sei. Was als Lösung betrachtet wird, hängt von den Voraussetzungen ab, unter denen das Spiel gespielt wird, zum Beispiel Fähigkeiten, Zielen, Informationen usw. der Spieler).

Ein **Lösungskonzept** ist eine Anweisung, wie in einer Klasse von Spielen eine Lösung ermittelt werden soll.

Eine Besonderheit der Spieltheorie besteht darin, dass sie die Lösungen zu einer Entscheidungssituation nicht etwa aufgrund psychologischer Überlegungen herleitet, sondern ausschließlich aus den Eigenschaften des Spieles selbst (aus den Regeln des Spiels), das heißt sie fragt: Unter welchen Voraussetzungen sind welche Spielergebnisse möglich?

2.2. So arbeitet die Spieltheorie

Nachdem nun grob umrissen ist, womit sich die Spieltheorie beschäftigt, zeige ich Ihnen vorab zwei Beispiele dafür, was die Spieltheorie als Lösungen anbietet. Die beiden folgenden Abschnitte geben nur einen ersten Einblick in die beschriebenen Lösungskonzepte; ich greife beide Themen später nochmals auf und diskutiere dort ausführlich die Bedeutung und die Probleme dieser Lösungsvorschläge. Sie brauchen sich keine Sorgen zu machen, wenn Sie nach diesem Kapitel die beschriebenen Konzepte noch nicht anwenden können – es kommt hier nur darauf an, dass Sie das Prinzip der Vorgehensweise kennen.

2.2.1. Dominierte Strategien

Kehren wir wieder zu dem Problem zurück, eine der Handlungsalternativen aus dem Beispiel der Abbildung 1 auszuwählen. Es lässt sich zwar nicht leicht entscheiden, welche Alternative gewählt werden soll, aber wenigstens lässt sich eine der Alternativen recht einfach aussondern. Und zwar gibt es hierfür ein Argument, das auch bereits seit langem in der klassischen Entscheidungstheorie verwendet wird: Der Gewinn bei Alternative 4 (sehr starkes Engagement) ist bei jedem Umweltzustand (bzw. bei jedem Verhalten der Gegner) schlechter als der Gewinn bei Alternative 2 (mittleres Engagement). Mit anderen Worten: Was auch immer geschieht, Alternative 2 ist besser als Alternative 4. Es gibt daher keinen Grund, jemals Alternative 4 zu wählen, und folglich kann sie aus der Entscheidungsmatrix eliminiert werden. Man sagt, die Handlungsalternative 2 **dominiert** die Alternative 4; die Alternative 2 ist **dominierend** bezüglich Alternative 4. Alternative 4 ist eine **dominierte Strategie**.

Bei dem Wort "dominiert" ist Vorsicht geboten, weil es sowohl im Aktiv als auch im Passiv stehen kann: Einerseits *dominiert* Alternative 2 Alternative 4 (aktiv), andererseits *wird Alternative 4 dominiert* (passiv).

> **Strenge Dominanz, strikte Dominanz:** Eine Alternative A dominiert die Alternative B, wenn in jedem Umweltzustand (bzw. bei jedem Verhalten der Gegenspieler) A besser ist als B.
>
> Eine formale Definition befindet sich auf Seite 204; eine Anleitung zum Finden aller dominierten Strategien eines Spiels auf Seite 298.

Das gleiche Argument wäre auch dann noch sehr überzeugend gewesen, wenn Alternative 4 – zum Beispiel bei den Konkurrenzlagen "normal" und "ungünstig"– etwas besser gewesen wäre: Auch in der folgenden Auszahlungsmatrix spricht nichts dafür, jemals Alternative 4 statt der Alternative 2 zu wählen, da der Gewinn von Alternative 2 immer mindestens gleich hoch ist und einmal sogar höher:

Konkurrenzlage: Engagement auf dem Markt:	günstig	normal	ungünstig
2 (mittel)	14	10	0
4 (sehr stark), [Auszahlungen geändert]	12	10	0

Abbildung 2: Beispiel einer (schwach) dominierten Alternative.

Schwache Dominanz: Eine Alternative A dominiert die Alternative B schwach, wenn A in jedem Umweltzustand (bzw. bei jedem Verhalten der Gegenspieler) mindestens gleich gut ist wie B und in mindestens einer Situation besser.

Falls nur von Dominanz die Rede ist – also ohne die Zusätze schwach oder streng –, dann ist normalerweise schwache Dominanz gemeint (zu dieser Unterscheidung kommen wir noch).

Das Wort **dominante Strategie** wird nicht ganz einheitlich verwendet: Manchmal ist es ein Synonym zu *dominierende Strategie*, manchmal wird es gebraucht um auszudrücken, dass eine Strategie alle anderen Strategien dominiert. Ich verwende den Dominanzbegriff ausschließlich für den Vergleich von genau zwei Strategien.

Es ist ziemlich offensichtlich, dass sich gegen das Streichen (die **Elimination**) von dominierten Strategien nur wenig einwenden lässt. Für Situationen der klassischen Entscheidungstheorie ist mir kein einziges Beispiel bekannt, in dem das Kriterium der schwachen Dominanz ein Verhalten empfiehlt, das ich als nicht plausibel betrachten würde. In spieltheoretischen Situationen dagegen werden wir noch auf einige Beispiele stoßen, in denen das Dominanzkriterium zu Verhaltensweisen führt, die man als wenig vernünftig empfindet.

Dennoch schließt das Konzept – verglichen mit anderen Lösungskonzepten – nur wenige Verhaltensweisen aus, die irgendwie als "vernünftig" angesehen werden könnten. Man nennt es deshalb ein **schwaches Lösungskonzept**. Der Begriff *schwach* ist also nicht etwa (ab)wertend gemeint, wie manchmal fälschlicherweise vermutet wird. Je schwächer ein Lösungskonzept ist, desto weniger lässt sich dagegen einwenden; deshalb wird in der Spieltheorie meistens versucht, mit dem möglichst schwächsten Konzept zu einer sinnvollen Lösung zu gelangen. Leider lassen schwache Lösungskonzepte sehr viele Verhaltensweisen zu, sodass sie oft nicht weiterhelfen, weil sie nichts ausschließen. Dann bleibt nichts anderes übrig, als zu strengeren Konzepten zu greifen, die genauere Aussagen machen, gegen die sich aber meistens auch mehr einwenden lässt.

Eine andere Bedeutung des Wortes *schwach* ist der Gegensatz zu den Bezeichnungen *streng* oder *strikt*. Letztere bedeuten in der Mathematik normalerweise, dass eine Gleichheit ausgeschlossen wird, zum Beispiel: $a > b$ ist eine strikte Ungleichung, bei $a \geq b$ liegt nur schwache Ungleichheit vor. Diese Bedeutung hat das Wort *schwach* in der Bezeichnung *schwache* Dominanz.

Sehen wir uns nun an, wie man mit Hilfe des Dominanzkriteriums zur Lösung eines Spiels kommen kann. Die **Lösung** eines Spiels ist dabei eine Kombination von Verhaltensweisen der Spieler, die als rational gerechtfertigt werden kann.

Betrachten wir dazu das folgende Beispiel. Die beiden Spieler A(nton) und B(erta) befinden sich in einer Quizsendung im Fernsehen und müssen unabhängig voneinander auf einen Knopf drücken; Spieler A kann zwischen den Knöpfen *oben* und *unten* wählen, Spielerin B zwischen *links* und *rechts*. Wenn er beispielsweise auf *unten* drückt und sie auf *links*, dann gewinnt er in dem Spiel 1 und sie verliert 1. Sagen wir, jeder Gewinnpunkt sei zehntausend Euro wert. Die folgende Abbildung zeigt die Auszahlungen an Spieler A und Spielerin B für alle möglichen Kombinationen gedrückter Knöpfe.

		Spielerin B(erta): links	rechts
Spieler A(nton):	oben	(2, 1)	(9, 0)
	unten	(1, -1)	(9, 8)

Abbildung 3: Ein Matrixspiel; Anleitung zum Lesen im Text.

Da nun zwei Spieler beteiligt sind, sieht die Matrix etwas anders aus als die Auszahlungsmatrix in der klassischen Entscheidungstheorie: In jedem Matrixfeld stehen jetzt zwei Auszahlungen, der erste Wert bezieht sich jeweils auf Spieler A, der zweite auf Spielerin B. (9, 8) bedeutet also zum Beispiel, dass Spieler A neun Gewinnpunkte erhält und Spielerin B acht. Falls Sie fragen, woher diese Auszahlungen kommen: Diese sind von dem Veranstalter der Quizsendung einfach so vorgegeben und die Spieler haben keinen

Einfluss darauf; die Auszahlungen sind Teil der Regeln, an die sich die Spieler einfach zu halten haben, ohne sie weiter hinterfragen zu können. Sie stammen sozusagen von "außerhalb" des Spiels (sie sind **spielexogen**).

Die Spieler müssen unabhängig voneinander ("**gleichzeitig**") festlegen, welche Entscheidungsalternative sie wählen, das heißt, sie sehen nicht, was der andere wählt, sondern erfahren die Entscheidung des Gegenspielers erst beim Spielausgang. Der Spielausgang hängt von der Kombination der gewählten Alternativen ab, sodass keiner der Spieler das Spielergebnis allein bestimmen kann: Spieler A hat nur Kontrolle über die Zeilen, Spielerin B nur über die Spalten der Matrix. Die Kombination aus Zeile und Spalte führt zu einem Matrixfeld, in dem man die Auszahlungen an die beiden Spieler ablesen kann. Natürlich kennen beide das gesamte Spiel und wissen also nicht nur, wie viel sie bei jedem Spielausgang selbst erhalten, sondern auch, wieviel der andere erhält.

Beachten Sie bitte, dass es in einem derartigen Spiel nicht darum geht, zu "gewinnen" oder zu "verlieren", wie wir es von Gesellschaftsspielen her gewohnt sind. Es kommt auch nicht darauf an, "besser" zu sein als der andere. Sondern es kommt den Spielern darauf an, eine möglichst hohe Auszahlung zu erzielen (10.000 Euro sind schließlich eine Menge Geld). Die Auszahlung an den Gegenspieler interessiert nicht aus Gründen wie Neid oder Mitleid, sondern nur insofern, als man aus diesem Wissen Rückschlüsse auf sein Verhalten ziehen kann.

Erfahrungsgemäß fällt es vielen Einsteigern in die Spieltheorie schwer, sich von der Vorstellung zu lösen, es komme darauf an, "besser zu sein als der andere". Versuchen Sie dennoch bitte für den Augenblick, diesen Schritt mitzugehen und analysieren Sie das Spiel unter der Voraussetzung, dass die Auszahlungen an die beiden Spieler in keiner Weise miteinander zu vergleichen sind. Vielleicht stellen Sie sich statt der Geldauszahlung vor, Anton bekomme für jeden Auszahlungspunkt eine Küchenmaschine und Berta bekomme für jeden Punkt eine Hotelübernachtung – dann ist der Anreiz groß genug, vernünftig zu handeln, aber man widersteht eher der Versuchung, sich unbedingt mit dem anderen Spieler vergleichen zu wollen. Natürlich spielen derartige Vergleiche für "echte" Spieler eine große Rolle, aber wir stellen sie hier zunächst einmal zurück. Wir kommen später noch verschiedentlich darauf zurück, wie man derartige Aspekte in ein Spiel integrieren kann (zum Beispiel auf Seite 39).

Zurück zum Beispiel aus Abbildung 3. Die dortige Art der Spieldarstellung heißt **Spiel in Normalform** oder **Spiel in strategischer Form**, weil die Entscheidungsalternativen *Strategien* genannt werden, und zwar aus Gründen, auf die wir im Kapitel 4.4.Strategie noch zu sprechen kommen. Weil das Spiel bei zwei Spielern als Matrix dargestellt werden kann, nennt man diesen Spezialfall **Matrixspiel**[4] oder auch **Bimatrixspiel**; letzterer Begriff stammt daher, dass in jedem Matrixfeld zwei Werte eingetragen sind, es sich also um eine Doppelmatrix handelt (eine für jeden Spieler).

Bevor Sie weiterlesen, überlegen Sie bitte, wie Sie sich in dem Spiel 3 verhalten würden, solange Sie noch unvoreingenommen sind, um die spieltheoretische Lösung mit dem vergleichen zu können, was Sie intuitiv als vernünftig ansehen. Wie würden Sie sich an Stelle von Spieler A verhalten und wie an Stelle von Spielerin B?

Halt: Ich bin sicher, dass Sie sich *keine* Lösung für das Spiel überlegt haben. Holen Sie das bitte jetzt nach, bevor Sie weiterlesen, denn Sie werden nie wieder in Ihrem Leben unvoreingenommen sein können!

Versuchen wir nun, mittels des Dominanzkriteriums zu einer Lösung zu gelangen. Wie oben erwähnt, trifft die Spieltheorie generell die Annahme, dass jeder Spieler nur an seinem eigenen Gewinn interessiert ist (vermutlich würde es Ihnen in der Quizsendung ähnlich gehen, wenn Sie die Möglichkeit haben, neunzigtausend Euro zu gewinnen). Wie man sieht, hat Spielerin B keine dominierten Strategien (vergleichen Sie hierfür spaltenweise die zweiten Zahlen jeder Klammer: wählt A(nton) *oben*, so ist *links* besser, bei *unten* ist dagegen *rechts* besser). – Für Spieler A hingegen ist *unten* von *oben* dominiert: Unabhängig davon, was B(erta) macht, ist *oben* besser als *unten*. Spieler A kann also *unten* streichen, woraufhin die Matrix für ihn folgendermaßen aussieht:

[4] Genauer müßte man sagen: Ein Matrixspiel ist ein Zweipersonenspiel mit endlichen Strategienmengen für alle Spieler, wogegen ein Normalformspiel auch für unendliche Spiele (mit unendlich vielen Spielern oder unendlich vielen Strategien für einzelne Spieler) definiert ist.

		Spielerin B(erta):	
		links	rechts
Spieler			
A(nton):	oben	(2,1)	(9,0)

Abbildung 4: Das Spiel aus Abbildung 3, nachdem die dominierte Strategie *unten* gestrichen wurde.

Spielerin B weiß das natürlich auch und braucht daher das Dominanzkriterium nur noch auf das reduzierte Spiel anzuwenden; folglich spielt sie *links*, denn einmal zehntaustend Euro ist besser als nullmal. Damit sind wir in genau einem Matrixfeld angekommen und kennen die Lösung des Spiels: Die Spieler müssen die Kombination (*oben, links*) spielen, wenn sie sich dem Dominanzkriterium entsprechend verhalten.[5]

Wenn Sie selbst überlegt haben, wie man sich in diesem Spiel verhalten soll, wird Ihnen auffallen, dass dies ausgerechnet diejenige Kombination ist, bei der der gemeinsame Gewinn am geringsten ausfällt; sogar jeder einzelne der beiden Spieler könnte sich erheblich besser stellen, wenn sich beide auf die Strategienkombination (*unten, rechts*) einigen könnten. Die Empfehlung, nie dominierte Strategien zu wählen, führt also in diesem Fall zu einem für beide Beteiligten nachteiligen Verhalten. Entspricht dies der Lösung, die Sie sich intuitiv überlegt hatten? Wenn Sie tatsächlich unvoreingenommen waren, dann vermute ich, dass Sie die Lösung (*unten, rechts*) vorgeschlagen hätten, weil dort das Ergebnis für beide Spieler sehr viel besser ist als bei (*oben, links*).

Sie erinnern sich wahrscheinlich, wie ich weiter oben erwähnt habe, dass bei strategischen Spielen ganz andere Komplikationen auftreten können als bei Spielen gegen die Natur. Dieses ist ein Beispiel dafür (und es ist noch ein ziemlich harmloses): Sogar ein so überzeugendes Argument wie das Dominanzkriterium – das bei Spielen gegen die Natur ganz unschuldig ist – kann zu Ergebnissen führen, die wir nicht ohne weiteres bereit sind, als vernünftig anzuerkennen.

---

[5] Strenggenommen handelt es sich bei der eben beschriebenen Vorgehensweise bereits um *wiederholte* Elimination dominierter Strategien. Das soll uns aber an dieser Stelle (noch) nicht belasten.

Wie kann es sein, dass ein für sich allein genommen so überzeugendes Argument zu einem derartigen Ergebnis führt? Dieses unschöne Ergebnis liegt an den eingeschränkten Möglichkeiten der Spieler. Der wesentliche Punkt ist: In dem Beispiel haben die Spielregeln vorgeschrieben, dass sie unabhängig voneinander das Verhalten wählen müssen, das heißt, sie können nicht kontrollieren, welche Strategie der andere wirklich wählt; dies gilt auch dann, wenn sie sich vor dem Spiel miteinander verständigen konnten und sich auf eine Strategienkombination geeinigt haben sollten. In dieser Situation kann zumindest Spieler A tatsächlich kaum etwas besseres tun, als seine dominierte Strategie zu streichen, denn die geringste Unsicherheit über das Verhalten des Gegenspielers führt dazu, dass jede dominierte Strategie eine geringere Erwartungsauszahlung einbringt als eine dominierende. Ganz anders sähe der Fall aus, wenn sie einen Vertrag schließen könnten, dessen Einhaltung garantiert ist. Aber genau das haben die Regeln des Spiels nicht erlaubt.

2.2.2. Nash-Gleichgewicht

Wenn die Spieler irgendwelche Vereinbarungen treffen, ohne dass die Regeln des Spiels die Einhaltung garantieren, dann stellt sich automatisch die Frage, ob es nicht vielleicht immer einen Spieler gibt, für den es sich lohnt, die Vereinbarung zu brechen, um seine eigene Auszahlung zu erhöhen?

Behalten wir diese Idee im Hinterkopf und sehen uns eine dem Eingangsbeispiel sehr ähnliche Situation an (es handelt sich hierbei um eine vereinfachte Version des sogenannten **Cournot-Spiels** (COURNOT 1838 hat das Spiel zwar auf andere Weise dargestellt, aber die Grundidee ist dieselbe)):

Engagement auf dem Markt:		Der Andere:		
		a (gering)	b (mittel)	c (stark)
	1 (gering)	(18,18)	(15,19)	(9,21)
Wir:	2 (mittel)	(19,15)	(16,16)	(11,15)
	3 (stark)	(21,9)	(15,11)	(9,9)

Abbildung 5: Entscheidungssituation mit einem vernunftbegabten Gegenspieler.

Die Situation ist im Prinzip die gleiche wie in Abbildung 1, lediglich wird jetzt die ursprünglich anonyme Marktlage durch das Verhalten genau eines

Konkurrenten bestimmt, dessen Auszahlungen mit in die Tabelle aufgenommen sind (an zweiter Stelle); es gibt jetzt also außer uns noch einen weiteren Produzenten auf dem Markt. Nehmen wir für den Augenblick an, wir würden unsere Firma nach dieser Periode schließen, damit wir mögliche Reaktionen des Gegenspielers auf unser Verhalten unberücksichtigt lassen können (würde das Spiel über mehrere Perioden gehen, dann wäre diese Matrix keine adäquate Darstellung der Situation).

Nehmen wir weiterhin an, wir setzen uns vor dem Spiel mit "dem Anderen" zusammen und beschließen, uns beide nur gering zu engagieren, weil dies den gemeinsamen Gewinn maximiert[6] (das heißt wir bilden ein Kartell). Kann dies eine Lösung sein? Gesetzt den Fall, wir wissen genau, dass der andere ein recht naiver Mensch ist und sich mit Sicherheit an die Abmachung hält, was werden wir dann tun? (Machen Sie sich bitte klar: Die Frage ist, wie wir *unseren* Gewinn maximieren; wie es dem anderen geht, interessiert uns nicht. Falls Ihnen diese Annahme zu egoistisch erscheint, gedulden Sie sich noch bis Seite 39.)

Da wir sicher sind, dass sich der andere an die Vereinbarung hält, ist nur die erste Spalte der Tabelle für uns relevant. Wir können also wählen, ob wir lieber einen Gewinn von 18, 19 oder 21 machen möchten; natürlich nehmen wir am liebsten den Gewinn von 21 und folglich werden wir – anstatt uns an die Abmachung zu halten – Strategie 3 wählen. Strategie 3 ist also **beste Antwort** auf Strategie a. Ebenso ist unsere Strategie 2 eine beste Antwort auf seine Strategie c, denn wenn aus irgendwelchen Gründen sicher ist, dass der andere Strategie c wählt, dann werden wir Strategie 2 wählen, um unseren Gewinn zu maximieren (dass der andere in dieser Situation mehr bekommt als wir, interessiert uns nicht, da wir auch diesmal nur an unserem eigenen Gewinn interessiert sind und an sonst nichts).

Wenn man nun davon ausgeht, dass sowohl wir als auch der andere einigermaßen clever ist, dann zerstört sich eine Abmachung wie die Strategienkombination (1,a) von selbst, weil beide einen Grund haben abzuweichen, wenn sie annehmen, dass sich der jeweils andere daran hält. Das Kartell war also offenbar *keine* Lösung des Spiels. Wie man leicht nachprüfen kann, gilt das Gleiche für die meisten anderen Strategienkombinationen.

---

[6] Falls Sie es nicht unmittelbar sehen: Beide Spieler zusammen erhalten hier eine Auszahlung von 18 + 18 = 36, das ist mehr als bei jedem anderen Spielausgang.

Gibt es denn auch Kombinationen, die sich nicht selbst zerstören? Nur damit wir wissen, wonach wir suchen: Eine Kombination zerstört sich nicht selbst, wenn die zu wählenden Strategien wechselseitig beste Antworten aufeinander sind. In dem Beispiel gibt es tatsächlich eine solche Kombination, nämlich (2,b), beide engagieren sich *mittel*. Man nennt eine derartige Strategienkombination **strategisches Gleichgewicht** oder auch nach seinem Erfinder **Nash-Gleichgewicht** (seltener gibt es auch die Bezeichnung *Cournot-Nash-Gleichgewicht*). Das strategische Gleichgewicht hat die Eigenschaft, dass sich kein Spieler verbessern kann, indem er als Einziger von der Gleichgewichtskombination abweicht.

Im **Nash-Gleichgewicht** hat keiner der Spieler einen Anreiz, als Einziger von der Gleichgewichtskombination abzuweichen; die Spieler spielen wechselweise beste Erwiderungen. Das Nash-Gleichgewicht wird oft auch **strategisches Gleichgewicht** genannt.

Eine formale Definition befindet sich auf Seite 204; eine Anleitung zum Finden von Gleichgewichten auf Seite 301.

Diese Definition geht zurück auf JOHN NASH 1951, ein Vorläufer war AUGUSTIN COURNOT 1838. – Der Name Nash-Gleichgewicht ist derzeit der weitaus gebräuchlichere Name als strategisches Gleichgewicht. Eine Zeitlang sah es so aus, als würde sich der Name *strategisches Gleichgewicht* durchsetzen, aber seit dem Film *A Beautiful Mind*, in dem John Nash dargestellt wird, hält sich jetzt wohl doch dauerhaft der Name Nash-Gleichgewicht. Ohnehin wird in der Spieltheorie inzwischen oft nur vom *Gleichgewicht* oder *Gleichgewichtspunkt* gesprochen und damit implizit das Nash-Gleichgewicht gemeint. Ich verwende die Begriffe *Gleichgewicht, Nash-Gleichgewicht* und *strategisches Gleichgewicht* meistens synonym.

Bei JOHN NASH handelt es sich übrigens um den an Schizophrenie erkrankten und gleichzeitig genialen Mathematiker aus dem Film "A Beautiful Mind", der trotz seiner Krankheit im Jahr 1994 den Nobelpreis für Wirtschaftswissenschaften erhielt, und zwar insbesondere für die Definition des eben vorgestellten Nach-Gleichgewichts. Der Nobelpreis wurde ihm gemeinsam mit HARSANYI und SELTEN verliehen, auf deren Beiträge wir noch an späterer Stelle ausführlich zu sprechen kommen.

Um Verwechslungen zu vermeiden: Es gibt ebenfalls von JOHN NASH die **Nash-Verhandlungslösung** (NASH 1950), die sehr bekannt geworden ist, die aber vordergründig nichts mit dem Nash-Gleichgewicht zu tun hat: Die

Verhandlungslösung entstammt der sogenannten kooperativen Spieltheorie, die in diesem Buch nicht behandelt wird.

Noch eine weitere Anmerkung ist wichtig: Das Nash-Gleichgewicht ist für eine beliebige Spielerzahl definiert. Sie erinnern sich: Obwohl wir bisher nur Zweipersonenspiele betrachtet haben, beschäftigt sich die Spieltheorie generell mit n-Personen-Spielen.

Es gibt viele wesentliche Argumente, die Gleichgewichtskombinationen gegenüber anderen Strategienkombinationen auszeichnen, von denen ich Ihnen hier nur drei nenne:

- Wenn die Spieler sich vor dem Spiel auf eine Strategienkombination einigen, dann hat eine solche Einigung nur dann auch wirklich Aussicht darauf, gespielt zu werden, wenn es sich um ein strategisches Gleichgewicht handelt.
- Wenn man versucht zu definieren, welches Verhalten rational ist, dann kommen als Kandidaten für Rationalverhalten nur Gleichgewichtsverhaltensweisen in Frage. Denn würde die Rationalität ein ungleichgewichtiges Verhalten empfehlen, dann würde sie sich aus sich selbst heraus zerstören. Allein die Vermutung, die anderen Spieler könnten sich an einen derartigen Rationalitätsbegriff halten, müsste einen rationalen Spieler dazu veranlassen, davon abzuweichen.
- In vielen Situationen liegen "blinde" Prozesse vor, in denen die Spieler keine Einsicht in die eigentliche Spielsituation haben, sondern nach einem Versuch-und-Irrtum-Prinzip handeln. Sofern solche Abläufe überhaupt jemals gegen ein stabiles Verhalten (also eines, das auf Dauer von allen beibehalten wird) konvergieren, muss es sich bei einem potentiellen stabilen Verhalten um ein Nash-Gleichgewicht handeln.

Das Nash-Gleichgewicht, dessen Grundidee wir hier schnell angerissen haben, ist der Kernpunkt der Spieltheorie schlechthin; wenn man es genau nimmt, dreht sich fast alles um diese eine Idee. Wir werden noch an den verschiedensten Stellen auf dieses Gleichgewicht zurückkommen, soviel aber schon vorweg: Es ist eine der genialsten Entdeckungen in den Sozialwissenschaften überhaupt. Sie gehört sogar zu den ganz wenigen Ideen, die es geschafft haben, in die Naturwissenschaften exportiert zu werden.

Bedauerlicherweise reicht das Gleichgewichtskonzept nicht aus, um für jedes Spiel zu einer eindeutigen Lösung zu gelangen, weil Spiele sehr oft mehrere Gleichgewichte haben. Ein Großteil der neueren spieltheoretischen

Grundlagenforschung beschäftigt sich deshalb damit, Kriterien für mehr oder weniger sinnvolle Gleichgewichte zu entwickeln, um möglichst viele als Lösungskandidaten[7] auszuschließen.

Zum Begriff des Gleichgewichts

Eine Anmerkung zu der Bezeichnung **Gleichgewicht**: Ursprünglich ist dieser Begriff aus der klassischen Mechanik übernommen, inzwischen gibt es aber in den verschiedensten Wissenschaftsdisziplinen Gleichgewichtsbegriffe, die im Wesentlichen ein Kriterium gemeinsam haben: Befindet sich ein System im Gleichgewicht, so entwickelt es keine Kräfte aus sich selbst heraus, um den Systemzustand zu ändern. Daher wird ein System einen Gleichgewichtszustand beibehalten, solange keine ändernden Kräfte von außen auftreten, das heißt, solange sich die Rahmenbedingungen nicht ändern. Dieses Kriterium trifft auch genau auf das Nash-Gleichgewicht zu.

Auf jeden Fall muss man aufpassen, dass man das Nash-Gleichgewicht nicht mit anderen Definitionen von Gleichgewichten verwechselt, wie etwa dem Marktgleichgewicht (Gleichheit von Angebot und Nachfrage), einem makroökonomischen Gleichgewicht (zum Beispiel im Sinne des IS-LM-Schemas) oder dem thermodynamischen Gleichgewicht. Verwechslungen können insbesondere dadurch leicht auftreten, dass in der spieltheoretischen Literatur oft nur vom Gleichgewicht gesprochen wird, wenn eigentlich das Nash-Gleichgewicht gemeint ist.

Dieser Sachverhalt wird besonders dadurch interessant, dass die anderen Gleichgewichte manchmal gleichzeitig ein strategisches Gleichgewicht sein können, aber nicht sein müssen, und manchmal das strategische Gleichgewicht ein Ungleichgewicht (in irgendeinem anderen Gleichgewichts-Zusammenhang) sein kann.

---

7 Ein **Lösungskandidat** ist eine Strategienkombination, die als Lösung eines Spiels in Betracht gezogen wird. Der Begriff *Kandidat* steht also nicht etwa für einen Spieler.

2.3. Kooperative und nichtkooperative Spieltheorie

> Wie kommt es nun, dass die Produzenten sich nicht verständigen und nicht (...) bei dem (...) Wert p Halt machen, der ihnen (...) den größten Gewinn bringt? (AUGUSTIN COURNOT: Untersuchungen über die mathematischen Grundlagen der Theorie des Reichtums)

Ich muss Ihnen an dieser Stelle gestehen, dass ich ein wenig gemogelt habe: Die geschilderten Überlegungen gelten nämlich eigentlich nur aus der Sicht der nichtkooperativen Spieltheorie, die eine Art Teilgebiet[8] der Spieltheorie ist (allerdings ist es jenes Teilgebiet, mit dem sich dieses Buch beschäftigt). Was bedeutet also die Aufteilung in kooperative und nichtkooperative Spieltheorie?

Zunächst einmal ein Hinweis, was es *nicht* bedeutet: Es ist nicht etwa so, dass in der nichtkooperativen Spieltheorie keine Kooperation existiert. Vielmehr besteht der Unterschied darin, dass in der kooperativen Spieltheorie Kooperation als auf jeden Fall gegeben vorausgesetzt wird, wogegen in der nichtkooperativen Theorie Kooperation nur als Resultat von Entscheidungen der Spieler entstehen kann. Etwas anschaulicher gesprochen:[9]

Die kooperative Spieltheorie untersucht Situationen, in denen die Spieler sich in einer natürlichen Sprache miteinander verständigen können; sie sitzen gewissermaßen zusammen und verhandeln darüber, welches Spielergebnis sie gemeinsam realisieren möchten (bei einem Spiel hat bekanntlich jeder einzelne Spieler einen Einfluss auf den Spielausgang). Weiterhin können die Spieler einen Vertrag schließen, der sie dann verpflichtet, sich auch wirklich so zu verhalten, wie abgesprochen. Mit anderen Worten, die Einhaltung des Vertrages ist im Rahmen der Spielregeln gesichert, ist also exogen vorgegeben.

Die nichtkooperative Theorie[10] untersucht dagegen eine ganz andere Klasse von Situationen. Wieder bildlich gesprochen, sind hierbei die Spieler voll-

---

[8] Im Verlauf dieses Abschnitts wird klar werden, weshalb ich von einer "Art Teilgebiet" und nicht wirklich von einem Teilgebiet spreche.

[9] Die folgende Darstellung ist wirklich hauptsächlich anschaulich und daher nicht völlig korrekt; ich werde den Sachverhalt im Anschluß noch genauer fassen.

[10] Diese Darstellung entspricht der heutzutage vorherrschenden Ansicht. In den Anfängen der Spieltheorie wurde die Situation noch weit weniger streng gesehen.

kommen voneinander getrennt, sie können nicht in natürlicher Sprache miteinander kommunizieren und keine bindenden Verträge[11] abschließen. Die einzige Möglichkeit, miteinander in Verbindung zu treten, besteht darin, die im Rahmen des Spiels möglichen Entscheidungen zu treffen – die Züge sind eine Art stilisierte Sprache. Weiterhin haben die Spieler keinerlei Vermutung über die Psychologie der Gegenspieler (vielleicht handelt es sich um Marsmännchen? vielleicht um einen Computer?): Da die Spieltheorie eine allgemeine Wissenschaft sein will, unterstellt sie eine stilisierte Psychologie namens Rationalität. Das einzige, was die Spieler voneinander wissen, ist, dass sie das gleiche Spiel spielen, und sie wissen, wie ihre Gegenspieler die möglichen Spielausgänge bewerten. Strenggenommen treffen die Spieler nach dem Spiel nie mehr aufeinander und können auch keinem Dritten ihre Erfahrungen über die Gegenspieler weitergeben.

Diese Situation erscheint auf den ersten Blick ziemlich absurd – in Wahrheit ist dies aber der viel allgemeinere Fall. Denn Handlungen, die in der kooperativen Theorie einfach vorausgesetzt werden, ergeben sich in der nichtkooperativen Theorie als Ergebnis von Entscheidungen: Während ein Vertrag in der kooperativen Theorie auf jeden Fall eingehalten wird, können sich die Spieler in der nichtkooperativen Theorie entscheiden, ob sie ihn einhalten oder nicht; während die kooperative Theorie jede Kommunikation (zum Beispiel eine Verhandlung) einfach auf ihr Ergebnis reduziert, wird der gesamte Verhandlungsprozess in der nichtkooperativen Theorie vollständig abgebildet (d.h., die Spielregeln müssen genaue Angaben darüber enthalten, wer wann welche Information an wen weitergibt und wie derjenige darauf reagieren kann). Ein realer Sachverhalt wird also in der nichtkooperativen Theorie möglichst vollständig abgebildet, wogegen die kooperative Situation eine Verkürzung darstellt.

Für viele Fragestellungen kann die Verkürzung auf die kooperative Situation sehr hilfreich sein, und man muss der Ehrlichkeit halber erwähnen, dass viele recht einfache kooperative Situationen nur äußerst umständlich (genauer gesagt: praktisch überhaupt nicht) in eine nichtkooperative Situation umgewandelt werden können – einen kleinen Einblick, wie eine derartige Umwandlung prinzipiell abläuft, erhalten Sie in Kapitel 6.4.1.

[11] Ich verwende das Wort *Vertrag* weitgehend synonym zu *Vereinbarung*. Ein Vertrag ist also nicht im juristischen Sinn zu verstehen. Ein *bindender Vertrag* ist ein Vertrag, dessen Einhaltung garantiert ist, wogegen man im allgemeinen Vereinbarungen natürlich auch verletzen kann.

Kommunikation in nichtkooperativen Spielen. Kooperative und nichtkooperative Spieltheorie stellen unterschiedliche Interessenschwerpunkte in den Mittelpunkt der Untersuchungen; das Hauptinteresse der nichtkooperativen Spieltheorie ist ein Einblick in die Mechanik sozialer Interaktion – und um die geht es auch hier besonders.

Um die Unterscheidung in kooperative und nichtkooperative Spieltheorie auf einen Merksatz zusammenzufassen, ist das folgende Kriterium das wohl am weitesten verbreitete:

> **Kooperative Spiele** sind Spiele, in denen die Spieler bindende Vereinbarungen treffen können; in **nichtkooperativen Spielen** sind keine *bindenden* Vereinbarungen möglich.

In älteren Publikationen werden kooperative Spiele oft als Spiele definiert, in denen Kommunikation *und* bindende Verträge möglich sind. Nichtkooperative Spiele sind dann Spiele, in denen beides nicht möglich ist. Die Frage ist nur, in welche Gruppe ein Spiel fällt, in dem das eine möglich ist, das andere aber nicht. Daher halte ich die obige Definition für die sinnvollere, aber auch noch nicht für die sinnvollste.

Es liegt die Frage nahe, weshalb gerade die Möglichkeit für bindende Verträge so wichtig sein soll und weshalb nicht die Möglichkeit zur Kommunikation das wichtigere Kriterium ist. Diese Frage löst sich aber auf den zweiten Blick: Denn Verträge setzen immer irgendeine Form der Kommunikation voraus und gleichzeitig enthält jede Kommunikation einen impliziten Vertrag, zumindest, was unser intuitives Verständnis von Kommunikation betrifft. Kündigt ein Spieler zum Beispiel vor dem Spiel an, er werde den Zug *links* verwenden, so messen wir dieser Aussage eine Bedeutung bei, und zwar in der Weise, dass wir voraussetzten, das Gleiche unter "links" zu verstehen wie er und dass seine eigene Aussage auch ihn selbst eher dazu veranlasst, *links* zu spielen als etwas anderes. Wäre eines dieser Kriterien nicht erfüllt, so handelte es sich nach unserem Empfinden nicht um Kommunikation. Dies zeigt, dass Kommunikation und Verträge etwas sehr Verwandtes sind.

Die Möglichkeit zu bindenden Verträgen ist also eine Spielregel, die die Ergebnisse kritisch beeinflusst und ist daher sehr wesentlich; dennoch ist die Unterscheidung in kooperative und nichtkooperative Spieltheorie anhand gerade dieses Merkmals eher willkürlich. Es gibt einige weitere spielexogene Rahmenbedingungen, die ebenfalls dramatische Änderungen in der Analyse von Spielen ergeben und anhand derer man daher die Spieltheorie hätte unterteilen können. Hierzu gehört zum Beispiel die Fähigkeit der Spieler, sich selbst zu binden, oder die Frage, ob der Zeithorizont bei wiederholten Spielen unendlich groß sein darf oder nicht. Dass gerade die Unterscheidung in kooperativ / nichtkooperativ so herausgestellt wird, ist wohl in erster Linie historisch zu begründen, da gerade für die kooperativen Rahmenbedingungen – besonders in den Anfängen der Spieltheorie – viele wichtige Ergebnisse ermittelt wurden.

Die Tendenz geht deshalb dahin, die nichtkooperative Spieltheorie an folgendem Merkmal festzumachen:

> In der **nichtkooperativen Spieltheorie** müssen alle relevanten Möglichkeiten der Spieler explizit aufgeführt werden.
>
> Hierzu gehören zum Beispiel: die Möglichkeit, bindende Verträge abzuschließen oder sich selbst auf bestimmte Verhaltensweisen festzulegen; der Zeithorizont; die Zugreihenfolge; usw.

Die nichtkooperative Theorie wird also selbständig definiert und nicht mehr im Bezug auf die kooperative Theorie. Ein Name, der besser zu dieser Definition passen würde, wäre *explizierende Spieltheorie*, aber die verwirrende Bezeichnung als *nichtkooperativ* wird sich wohl nicht mehr ausrotten lassen. Jedenfalls ist es heutzutage meistens diese Definition, die stillschweigend vorausgesetzt wird.

Sehen wir uns zum Abschluss noch kurz ein Beispiel zur Illustration der traditionellen Unterscheidung in kooperativ / nichtkooperativ an: Bekanntlich sind in Deutschland Kartellabsprachen verboten. Dies hindert die Manager betroffener Unternehmen natürlich nicht, sich gelegentlich – sagen wir beim Golfspielen – zusammenzufinden und dort bestimmte Vereinbarungen zu treffen. Nur gibt es dabei ein Problem: Wenn sich anschließend einer der Manager nicht daran hält, dann haben die anderen keine Handhabe gegen ihn – die Vereinbarung ist nicht bindend.[12] Diese Situation entspricht daher tendenziell den Voraussetzungen der nichtkooperativen Spieltheorie, und folglich sind die Manager gut beraten, nur solche Vereinbarungen zu treffen,

[12] Zugegeben: Sie haben natürlich Sanktionsmöglichkeiten, z.B. indem sie den Abtrünnigen einfach aus dem Golfclub ausschließen. Aber auch derartige Sachverhalte kann man leicht in die nichtkooperative Modellierung aufnehmen.

die sich im Nash-Gleichgewicht befinden (denn nur dann hat keiner einen Anreiz, anschließend davon abzuweichen).

Könnten die Manager hingegen einen Vertrag schließen und würde dessen Einhaltung durch das Rechtssystem garantiert, dann wären (mehr oder weniger) die Voraussetzungen für die kooperative Spieltheorie erfüllt; kooperative Lösungskonzepte würden dann voraussagen, dass nur effiziente Spielergebnisse eintreten, das heißt, es werden keine Spielausgänge zustande kommen, bei denen man einen Beteiligten besser stellen kann, ohne dass sich ein anderer verschlechtern müsste ("**Pareto-Effizienz**"). Die Wirkung des Rechtssystems wird dann im Rahmen des Modells nicht erklärt, sondern als gegeben vorausgesetzt. Wollte die nichtkooperative Theorie diese Situation abbilden, so müsste sie das Rechtssystem in dem Spiel derart modellieren, dass Abweichungen von Verträgen immer so nachteilig sind, dass sich die Spieler – in ihrem eigenen Interesse – generell für die Vertragseinhaltung entscheiden.

Als Einführung in die kooperative Spieltheorie empfehle ich die entsprechenden Kapitel in HOLLER / ILLING 2006.

2.4. Vorurteile und Fragen

> (...) ich glaube nur (...) an den Egoismus, an den Vorteil. Ja, von allen Banden werde ich stets zu dem Eigennutz das größte Vertrauen hegen (...) (MARQUIS DE SADE: Juliette oder die Vorteile des Lasters)

Erfahrungsgemäß werden immer wieder Kritikpunkte gegen die Spieltheorie vorgebracht, die auf grundlegenden Missverständnissen beruhen. Ich bemühe mich, im Laufe dieses Buches Antworten darauf zu geben. Um den Einstieg zu erleichtern, greife ich hier schon einmal die häufigsten Einwendungen auf und gebe eine kurze Stellungnahme ab.

Weshalb achten die Spieler immer nur auf die Auszahlung? Gibt es keine anderen Werte als Geld?

Die Auszahlung muss nicht in Geld erfolgen; theoretisch handelt es sich um kardinal messbare Nutzenwerte, mit denen die verschiedensten Situationen bewertet werden. Nur der Einfachheit halber wird dieser Nutzen oft als *Universalgut*, *Superwährung* oder *Geld* bezeichnet. Die Höhe der Auszahlung ist also nur ein Maß dafür, für wie wünschenswert die Spieler die verschiedenen Spielausgänge halten, gewissermaßen für das "Glück", das von den Spielausgängen ausgeht.

Wieso sehen die Spieler nur auf ihre eigene *Auszahlung und nicht auch auf die der anderen Spieler? Könnte es nicht auch Altruismus geben?*

Doch, auch in der Spieltheorie kann es Altruismus geben: Die Freude (oder der Ärger) über die Auszahlungen an die anderen Spieler braucht nur in Nutzenwerte umgewandelt und – anschaulich gesprochen – zu den Rohauszahlungen hinzugezählt zu werden. Derartige Nutzeninterdependenzen werden also bereits bei der Modellierung der Spielsituation berücksichtigt und erscheinen daher (üblicherweise) nicht mehr bei der Lösung des Spiels, sondern werden in die individuellen Auszahlungen gesteckt.

Die Auszahlungen an die anderen Spieler sind nur noch insofern wichtig, als sie den strategischen Aspekt des Spiels enthalten, das heißt, die Spieler können aufgrund des Wissens über die Vorlieben der Gegenspieler Rückschlüsse auf deren Verhalten ziehen.

Wieso wird immer der Erwartungswert *der Auszahlungen maximiert?*

Besonders wer sich bereits in Entscheidungstheorie auskennt fragt sich, ob man nicht die Risikoeinstellung der Spieler berücksichtigen müsste. Würde nicht zum Beispiel ein risikoscheuer Spieler eine sichere Auszahlung von 10 höher bewerten als eine Lotterie, die zwar als Erwartungswert ebenfalls 10 einbringt, im Einzelfall aber höher oder niedriger liegen kann? Der Trick der Spieltheorie liegt darin, dass sie die sogenannte *kardinale Nutzenkonzeption* verwendet: Durch dieses Konzept wird die Risikoeinstellung der Spieler bereits in die Nutzenwerte eingebaut, sodass anschließend tatsächlich nur noch der Erwartungswert der so konstruierten Werte berücksichtigt werden muss. Wie das genau funktioniert, wird im Kapitel 4.6.Nutzen ausführlich beschrieben, dort wird auch genauer diskutiert, inweiweit diese Konzeption sinnvoll ist und wo ihre Grenzen liegen.

Ist die Spieltheorie nicht eine unmoralische Wissenschaft, weil sie lehrt, man solle sich egoistisch verhalten?

Die Spieltheorie *empfiehlt* nicht, nach dem eigenen Vorteil zu streben, sondern sie untersucht, wie sich Entscheider verhalten, *wenn* sie nach ihrem eigenen Vorteil streben. Außerdem kann – wie bereits geschildert – in diesem "eigenen Vorteil" durchaus Altruismus, Moral, Masochismus, Rachsucht oder beliebige andere Präferenz- und Wertvorstellungen enthalten sein. Eigentlich ist die Bezeichnung "eigener Vorteil" ohnehin unzutreffend, und es sollte besser heißen "eigene Vorstellungen". Ob bestimmte Nutzenwerte die eines Foltermeisters, eines Kommunisten oder eines Eisverkäufers widerspiegeln, ist im Stadium der Spielanalyse nicht mehr zu erkennen. Die Spieltheorie legt einen Entscheider lediglich darauf fest, während eines Spiels bei einmal geäußerten Vorstellungen zu bleiben, also konsistent zu entscheiden. – Die Spieltheorie geht immer vom Individuum aus, aber man darf Individualismus nicht mit Egoismus verwechseln.

Muss man den Spielern nicht generell auch die Alternative geben, das Spiel gar nicht erst zu spielen?

Falls die zu modellierende natürliche Situation diese Möglichkeit vorsieht, dann ja, sonst nicht. Wenn die Unterlassensalternative im Rahmen der Situation von Bedeutung ist, wird sie selbstverständlich innerhalb des Spiels mit modelliert (zum Beispiel als sogenannte Outside option).

Für die Entwicklung von Lösungskonzepten ist die Frage nach der Unterlassensalternative ohnehin hinfällig, weil man dort das Verhalten von Entscheidern untersuchen will, die das Spiel spielen und nicht von solchen, die es nicht spielen.

Sind spieltheoretische Situationen nicht viel zu abstrakt und realitätsfern? Woher kommen die Spiele?

Wenn es darum geht, Grundsatzfragen zu klären oder Methoden zu entwikkeln, dann sind Spiele lediglich Beispiele für abstrakte Entscheidungssituationen, die keinerlei reale Entsprechung haben müssen (eben weil es um die Methode geht, nicht um die Interpretierbarkeit des Spiels). Sollen hingegen anwendungsorientierte Fragen geklärt werden, so hofft man, durch die Modellierung als Spiel den wesentlichen Gehalt einer realen Situation eingefangen zu haben. Das Spiel ist dann die Abstraktion eines Sachverhalts auf seinen wesentlichen Gehalt. Genauso wenig, wie eine Landkarte aus demselben Material wie die abzubildende Landschaft sein muss, so wenig hängt die Qualität einer Modellierung von der puren Anzahl der ins Modell übertragenen Sachverhalte ab.

Was ist Rationalität?

Das weiß niemand. Und zwar deshalb nicht, weil es nicht einen einzigen, unumstößlichen und absoluten Rationalitätsbegriff gibt, sondern dieser Begriff definiert werden muss. Im Alltagssprachgebrauch verstehen wir darunter soviel wie "von der Vernunft bestimmt" oder "logisch ableitbar", aber im Einzelfall gibt es sehr unterschiedliche Auffassungen darüber, was vernünftig ist, und es ist daher ziemlich aussichtslos, Rationalität anhand komplexer Alltagssituationen definieren zu wollen. Die Spieltheorie versucht deshalb, an verhältnismäßig einfachen Problemen Vorschläge zu machen. Wie Sie sehen werden, ist selbst dies – zumindest bisher – nicht immer befriedigend möglich, sodass an diesem Problem vermutlich noch lange weitergearbeitet werden muss.

Man sollte sich auch klarmachen, dass Rationalität nicht etwa aus den Spielregeln hergeleitet werden kann, sondern dass sie immer zusätzlich genannt werden muss und dann festlegt, welche "Lösungen" ein Spiel haben kann.

Wieso unterstellt die Spieltheorie immer Rationalität?

Rationalität ist vielfach nur eine Metapher für den Sachverhalt, dass die beteiligten Entscheider zwischen besser und schlechter unterscheiden können und sich widerspruchsfrei ("**konsistent**") danach verhalten. Dass Spieltheorie sich durchaus mit vollkommen unrationalen[13] "Entscheidern" befassen kann, beweist die Evolutionäre Spieltheorie, in der es überhaupt nicht um vernunftbegabte Wesen geht (siehe Kapitel 5.7.Evolutionsstabile Strategie (ESS). – Wenn tatsächlich hochkomplexe Entscheidungsprobleme gelöst werden, die "unendlich hohe Informationsverarbeitungsgeschwindigkeit" voraussetzen, dann geht es meistens darum, eine normative (methodische) Fragestellung oder ein Grundsatzproblem zu behandeln.

Weshalb sollten sich die Spieler eigentlich immer an die Spielregeln halten?

Das Missverständnis dieser Frage beruht darauf, dass sie die Perspektive verwechselt: Aus der Sicht der Spieler existiert per Definition nur das Spiel; sie haben nicht die Möglichkeit, sich über die Regeln hinwegzusetzen, genauso wenig, wie wir uns über die Naturgesetze hinwegsetzen können. Das Spiel selbst kann nur aus einer Meta-Perspektive geändert werden, also gewissermaßen von dem "Gott" dieses Spiels.

---

[13] In der Spieltheorie wird oft zwischen ***un*rational** und ***ir*rational** unterschieden. Irrational bezeichnet dabei ein Verhalten, das völlig willkürlich ist und trotz logisch schlüssiger Gegenargumentation beibehalten wird. Unrational dagegen ist ein Verhalten, wenn es logische Argumentation zwar prinzipiell akzeptiert, aber nicht den Ansprüchen an vollständige Rationalität genügen kann, also zum Beispiel gelegentlich inkonsistent (widersprüchlich) ist oder Heuristiken (das heißt Vereinfachungen, Daumenregeln) verwendet, um aufwendige Rechenarbeit und Informationsbeschaffung abzukürzen. Dies wird oft auch als **eingeschränkt rational** (*boundedly rational*) bezeichnet.

Wenn der Sachverhalt modelliert werden soll, dass sich Spieler über die Regeln eines Spiels hinwegsetzen können, dann ist die Regelverletzung selbst eine Entscheidungsalternative und muss folglich mit in die Modellierung aufgenommen werden, sodass ein neues Spiel entsteht, in dem das alte Spiel als Teil enthalten ist.

Lässt sich die Grundidee der Spieltheorie eigentlich auch anschaulich ausdrücken?

Ja, ich denke schon: Wir sind es normalerweise gewohnt, eine Entscheidungssituation ausschließlich aus unserer eigenen Sicht zu betrachten. Die Lehre der Spieltheorie besteht darin zu erkennen, dass es auch andere Perspektiven gibt. Spieltheorie ist der Übergang von einer ego-zentrierten Sicht auf eine globale Sicht, bei der man (an)erkennt, dass auch Andere eigene Interessen und Sichtweisen haben und dass auch Andere vernünftig (= "rational") denken können.

Gibt es so etwas Anschauliches auch für das Nash-Gleichgewicht?

Wenn man verstanden hat, dass auch Andere denken können und eigene Interessen verfolgen, dann lohnt es sich zu versuchen, deren Verhalten vorherzusagen. Die Spieltheorie ist daher eine Art, die Gedanken der anderen Spieler zu lesen, noch bevor sie überhaupt entschieden haben. Das Nash-Gleichgewicht geht daher davon aus, dass wir direkt in das Gehirn unseres Gegenspielers sehen können – und er in unseres. In diesem Prozess sehen wir, wie er sich entscheidet, weil er bei uns sieht, wie wir uns entscheiden, weil wir bei ihm sehen, was er bei uns sieht und so weiter. Die Entscheidungen, die in diesem Prozess nicht mehr geändert werden müssen, sind im (Nash-) Gleichgewicht.

3. 2 x 2 – Bimatrix-Spiele

2 x 2 – Bimatrix-Spiele sind gewissermaßen die Einstiegsdroge in die Spieltheorie: Sie haben gerade eben die Minimalausstattung, die nötig ist, um ein Spiel zu sein, nämlich zwei Spieler mit jeweils zwei Handlungsmöglichkeiten. Aus diesem Grund sind sie in Matrixform darstellbar, sie lassen sich besonders leicht untersuchen und sind normalerweise auch noch dem gesunden Menschenverstand zugänglich. Trotzdem sind sie schon komplex genug, um viele wichtige Konzepte der Spieltheorie erläutern und verstehen zu können, und es ist erstaunlich, wieviele interessante Erscheinungen der "realen Welt" mit 2 x 2 -Bimatrixspielen[14] dargestellt werden können.

Aber: Glauben Sie bitte nicht, die Spieltheorie versuche, möglichst jede Situation in eine 2 x 2 – Matrix zu pressen. Dies ist zwar vielfach der Anfang, wenn die Spieltheorie beginnt, in einer Wissenschaftsdisziplin Fuß zu fassen, aber die Mathematiker und Wirtschaftswissenschaftler werden bestätigen können, dass die modernen Modelle sehr viel komplexer sind.

Ich verwende in diesem Kapitel allerlei Begriffe ohne sie weiter zu problematisieren, weil man sich auf diese Weise vielen Ergebnissen der Spieltheorie sehr viel einfacher nähern kann als wenn man sich erst durch einen Berg aufwendiger Definitionen durcharbeiten muss. Wer sich mit dieser Reihenfolge nicht anfreunden kann, sollte kurz zum Kapitel 4.Grundbegriffe der Spieltheorie vorblättern.

Wie bisher bezeichne ich die Alternativen, zwischen denen sich die Spieler entscheiden müssen, als *Strategien*, obwohl ich erst in einem späteren Abschnitt genau erläutere, was eine Strategie überhaupt ist. Hier nur so viel: In der Spieltheorie hat der Begriff Strategie eine etwas andere Bedeutung als in

---

[14] Leser, die das vorhergehende Kapitel übersprungen haben, finden auf Seite 26 eine kurze Anleitung, wie diese *Bimatrixspiele* zu lesen sind.

der Alltagssprache. Eine **spieltheoretische Strategie** ist ein vollständiger Verhaltensplan, der für jede mögliche Situation innerhalb eines Spieles vorschreibt, was zu tun ist. Für dieses Kapitel genügt es, eine Strategie einfach als eine Entscheidungsalternative zu betrachten, die von den Spielern ausgewählt wird – die Kombination der von den verschiedenen Spielern gewählten Strategien bestimmt dann den Spielausgang.

Wenn wir hier Gleichgewichtslösungen diskutieren, dann ist es oft hilfreich, sich vorzustellen, die Spieler hätten vor dem Spiel miteinander vereinbart, genau dieses Gleichgewicht zu spielen, und müssten sich während des Spiels nur noch entscheiden, ob sie sich an diese Vereinbarung halten oder nicht. Ich möchte aber darauf hinweisen, dass diese Interpretation heutzutage von den meisten Spieltheoretikern abgelehnt wird (ich komme darauf noch zurück), obwohl JOHN NASH sich die Situation bei der Definition seines Gleichgewichtsbegriffs wahrscheinlich ungefähr so vorgestellt hat.[15]

3.1. Gefangenendilemma (Prisoner's Dilemma)

Das Prisoner's Dilemma (Gefangenendilemma) ist wahrscheinlich das bekannteste Spiel überhaupt: Allein in der Sozialpsychologie sollen tausend Papiere darüber existieren, insgesamt waren es schon 1992 wahrscheinlich mindestens zwei- bis dreitausend, und seit der mehrfachen Nobelpreise für Spieltheorie sind es mit Sicherheit noch sehr viel mehr geworden. Für viele Menschen ist es der einzige Begriff, den sie aus der gesamten Spieltheorie überhaupt kennen. Dieser Ruhm kommt nicht von ungefähr: Es ist eines der interessantesten Spiele und erhitzt immer wieder die Gemüter; gleichzeitig beschäftigt es sich mit einer der wichtigsten Fragestellungen der Sozialwissenschaften, nämlich dem Zusammenspiel von Individuum und Gemeinschaft. Grund genug, dass auch wir mit dem Prisoner's Dilemma beginnen.

[15] Ich vermute dies deshalb, weil NASH damals ebenfalls an kooperativen Konzepten gearbeitet hat (wie seine Veröffentlichung von 1950 zeigt) und weil bei WOROBJOW 1975 das Gleichgewichtskonzept im Zusammenhang mit Verhandlungen genannt wird.

3.1.1. Die Cover story

Auf die Gefahr hin, Sie mit Bekanntem zu langweilen, werde ich doch – zum vielleicht 3001-ten Mal – die Geschichte des Prisoner's Dilemma erzählen:

Zwei Gangster begehen gemeinsam einen Raub und werden anschließend gefasst, ohne dass ihnen jedoch der Raub nachgewiesen werden könnte. Der Gefängnisdirektor, vermutlich einer der ersten Spieltheoretiker, steckt die beiden in getrennte Zellen und unterbreitet jedem einzeln folgendes Angebot: Die Gefassten können den Raub gestehen oder leugnen; leugnen beide, dann kann ihnen der Raub zwar nicht nachgewiesen werden, aber sie werden doch eine gewisse Strafe wegen unerlaubten Waffenbesitzes erhalten, nämlich ein Jahr Gefängnis. Gesteht jedoch der eine, während der andere leugnet, so wird der Gestehende als Kronzeuge freigelassen, wogegen der Leugnende fünf Jahre erhält. Gestehen allerdings beide, so erhalten beide jeweils vier Jahre.

Als Auszahlungsmatrix sieht das folgendermaßen aus (damit in den Feldern wieder Gewinne stehen, habe ich die Gefängnisstrafen jeweils von der Maximalstrafe von fünf Jahren abgezogen; Freispruch entspricht also 5 – 0 = 5 Gewinnpunkten, ein Jahr Gefängnis entspricht 5 – 1 = 4 Gewinnpunkten):

		Gefangene 2: leugnen	Gefangene 2: gestehen
Gefangener 1:	leugnen	(4,4)	(0,5)
	gestehen	(5,0)	(1,1)

Abbildung 6: Das Gefangenendilemma.

		Spielerin B(erta)	
		c	d
Spieler A(nton)	c	(r,r)	(s,t)
	d	(t,s)	(p,p)
mit $s < p < r < t$ und $2\,r > s + t$			

Abbildung 7: Der allgemeine Fall des Gefangenendilemmas.

Die Bedingung $s < p < r < t$ für die Auszahlungen in der allgemeinen Gefangenendilemma-Matrix sorgt dafür, dass tatsächlich ein soziales Dilemma vorliegt. Die Bedingung $2 \cdot r > s + t$ ist nicht unbedingt erforderlich, aber sinnvoll: Falls sie nicht erfüllt ist, besteht die eigentlich kooperative Lösung darin, dass einer der Spieler c spielt und der andere d, um dann den gemeinsamen Gewinn in Höhe von $s + t$ unter den beiden aufzuteilen (sofern sich die beiden Spieler gegenseitig ihre Gewinne übertragen können, sogenannte *Seitenzahlungen*).

Die beiden Verhaltensweisen des Gefangenendilemmas werden oft mit c (*cooperate* = kooperieren) und d (*defect* = defektieren, abweichen) bezeichnet. Man muss aber aufpassen: Besonders in älteren Texten sind die Bezeichnungen häufig noch direkt an die Gefangenen-Story angelehnt, das heißt d steht dort für *deny* (= leugnen) und c für *confess* (= gestehen). Die Abkürzungen bezeichnen dann also genau das Gegenteil der hier verwendeten Bedeutungen. – Die Auszahlungen werden oft mit den eben verwendeten Buchstaben bezeichnet, die ursprünglich von folgenden Begriffen abgeleitet sind: r = *reward* (Belohnung [für die Kooperation]), t = *temptation* (Versuchung), s = *sucker's payoff* (*sucker* = Einfaltspinsel, Trottel), p = *punishment* (Strafe).

Einige Autoren bestehen darauf, es müsse Prisoners' Dilemma heißen und nicht Prisoner's Dilemma, weil es das Dilemma *der* Gefangenen ist und nicht das Dilemma *des* Gefangenen. Nun besteht ein weiteres Dilemma aber darin, dass das Gefangenendilemma sowohl eines für den Einzelnen als auch für die Gemeinschaft ist, womit wohl beide Schreibweisen hinreichend begründet sein dürften.

3.1.2. Die Lösung des Gefangenendilemma-Spiels

Wenn man von der "Lösung" des Gefangenendilemmas spricht, so ist damit nicht gemeint, dass es irgendeine Möglichkeit gäbe, das Dilemma zu beseitigen. Vielmehr geht es darum, Vorschläge zu machen, wie sich rationale Spieler in dem Spiel verhalten sollten. Diejenigen Verhaltensweisen, die als vernünftig (rational) gerechtfertigt werden können, werden dann als **Lösung** bezeichnet. Dabei ist zu beachten, dass eine Lösung nicht unbedingt eindeutig zu sein braucht: Sehr oft gibt es unterschiedliche Verhaltensweisen, die als rational angesehen werden müssen.

Da aber nicht a priori klar ist, nach welchen Kriterien man entscheiden kann, was vernünftig ist und was nicht, muss die Spieltheorie im ersten Schritt dieses Problem lösen. Zwei Vorschläge kennen wir schon, mit denen definiert wurde, was rational ist. Der erste Vorschlag lautet: Es ist vernünftig, niemals eine dominierte Strategie zu wählen. Der zweite Vorschlag lautet: Als Lösungskandidaten kommen nur Strategienkombinationen in Frage, die die Nash-Gleichgewichtsbedingung erfüllen.

Wir hatten gesehen, dass sich gegen das Konzept der Elimination streng dominierter Strategien wenig einwenden lässt: Wenn man sich entscheiden kann zwischen 4 und 5 Euro, dann nimmt man lieber die 5 Euro. Genauso nimmt man von den folgenden Lotterien lieber die zweite:

Lotterie 1: 4 Euro, wenn es morgen regnet; 0 Euro, wenn morgen die Sonne scheint;
Lotterie 2: 5 Euro, wenn es morgen regnet; 1 Euro, wenn morgen die Sonne scheint.

Unter der Voraussetzung, dass eine höhere Auszahlung besser ist als eine niedrigere, lässt sich gegen diese Überlegung wenig einwenden. Und beim Aufstellen der Gefangenendilemma-Matrix hatten wir vorausgesetzt, dass alle Freude und alles Leid über den Spielausgang in der jeweiligen Auszahlung erfasst ist. Dann ist die Situation aber genauso wie beim Vergleich der beiden Lotterien von eben und folglich können wir *leugnen* nicht als rational ansehen:

leugnen: 4 Gewinnpunkte, wenn der andere leugnet; 0 Gewinnpunkte, wenn der andere gesteht;
gestehen: 5 Gewinnpunkte, wenn der andere leugnet; 1 Gewinnpunkt, wenn der andere gesteht.

Im Gefangenendilemma ist die Strategie *gestehen* eine streng dominante Strategie und unser überzeugendstes Lösungskonzept sagt uns daher, dass beide gestehen müssen; die spieltheoretische "Lösung" des Gefangenendilemma-Spiels ist also die Strategienkombination[16] (*gestehen, gestehen*). Unser anderes Lösungskonzept, das Nash-Gleichgewicht, sagt hier übrigens das Gleiche: Nur die Strategienkombination, in der beide gestehen, befindet sich im Gleichgewicht.

Intuitiv regt sich aber bei den meisten Menschen Widerspruch gegen diese Lösung, weil die Gefangenen hierbei gerade denjenigen Zustand erreichen, der für beide zusammengenommen am schlechtesten ist: Leugnen beide, dann beträgt die gemeinsame Gewinnsumme 4 + 4 = 8, gestehen beide, so beträgt sie nur 1 + 1 = 2; außerdem erhält hierbei jeder Einzelne eine geringere Auszahlung als im ersten Fall. Eben dies ist das Dilemma: Obwohl beide wissen, dass es für die Gruppe besser wäre, gemeinsam zu leugnen, so sind die Rahmenbedingungen so geartet, dass es sich für jeden Einzelnen immer lohnt zu gestehen, weil ihn *gestehen* individuell immer besser stellt als *leugnen*, unabhängig davon, was der andere macht (die Situation ist aus individueller Sicht genau so, wie in eben genannten Lotterien). Oft findet man die Formulierung, das Dilemma bestehe darin, dass die individuelle Rationalität der kollektiven Rationalität widerspricht.

An dieser spieltheoretischen Lösung stört, dass durch den Egoismus des Einzelnen ein Ergebnis entstehen soll, das für beide letztlich sehr schlecht ist. Heißt das, dass die Elimination streng dominierter Strategien doch nicht so überzeugend ist, wie es auf den ersten Blick schien?

Ich denke nicht. Denn ein Großteil der Ablehnung gegen die spieltheoretische Lösung entsteht vermutlich durch die besondere Form der Geschichte, die dem Gefangenendilemma seinen Namen gegeben hat (also der "*cover story*"): Lohnt es sich wirklich, seinen Freund zu verraten, um einem Jahr Gefängnis zu entgehen? Und was passiert, wenn der ehemalige Freund nach fünf Jahren wieder frei ist? Wird er sich rächen? Schon diese Einwände zeigen, dass die Geschichte eigentlich nicht recht zu der Spielmatrix passt. Die Nutzenwerte der beiden Gangster sind sicherlich nicht einfach mit den Gefängnisjahren gleichzusetzen, und das Spiel ist zu kurzfristig angelegt im Vergleich zu der Cover story. Wenn die Spielmatrix aber nicht zu der Story

[16] Eine **Strategienkombination** ist eine Auflistung von Strategien, für jeden Spieler eine. Die erste Komponente steht für Spieler 1, die zweite für Spielerin 2 usw. Spielen alle Spieler ihre in der Strategienkombination aufgelisteten Strategie, dann ist damit das Ergebnis des Spiels bestimmt.

passt, dann ist es kein Wunder, dass die spieltheoretische Analyse zu Ergebnissen gelangt, die dem gesunden Menschenverstand widersprechen.

Nun hat sich aber der Name Prisoner's Dilemma und die dazugehörige Cover story durchgesetzt und wird wohl auch nicht mehr geändert werden. Das liegt einfach daran, dass es der erste Spitzname für das Zweipersonen-Dilemma war und er sich deshalb verbreitet hat – auch wenn ihn jetzt niemand mehr so recht haben will.[17] Nennen wir das Gefangenendilemma also einfach in Gedanken um in das "Schwarzmarkthändler-Dilemma" und sehen uns die folgende Cover story an, die wahrscheinlich viel besser zu der Matrix passt:

Zwei Schwarzmarkthändler wollen Waren austauschen; über geheime Informationskanäle haben sie abgemacht, sich zu einem bestimmten Zeitpunkt gegenseitig Koffer mit den vereinbarten Waren zu übergeben. Die beiden kennen sich nicht und haben alle Vorkehrungen getroffen, sich bei der Übergabe nicht erkennen zu können und sich danach nie wiederzutreffen. Außerdem kann der Inhalt der Koffer nicht kontrolliert werden, weil die Übergabe schnell erfolgen muss. Jedem der beiden Händler ist der vereinbarte Inhalt seines eigenen Koffers eine Einheit wert, der Inhalt des jeweils anderen Koffers vier Einheiten. Bei dem vereinbarten Tausch würde also jeder drei Einheiten gewinnen – oder vier Einheiten, wenn er einfach seinen eigenen Koffer mit Ziegelsteinen füllt:

		Gangster B(erta): Ware	Ziegel
Gangster A(nton):	Ware	(3,3)	(-1,4)
	Ziegel	(4,-1)	(0,0)

Abbildung 8: Das Gefangenendilemma als Schwarzmarkthändler-Dilemma.

Bei dieser Geschichte regt sich sofort wesentlich weniger Widerspruch gegen die spieltheoretische Lösung. Hier ist man viel eher bereit anzunehmen, dass die beiden Gangster – natürlich – Ziegelsteine austauschen. Sie müssen

[17] Der Name "Prisoner's Dilemma" soll von ALBERT TUCKER in seinem Working-Paper von 1950 geprägt worden sein. Er hat das Spiel als Prüfstein für das von John Nash neu definierte Gleichgewicht ausgedacht.

es tun, obwohl beide ein großes Interesse an der Zusammenarbeit haben. Aber solange sie keine Möglichkeit finden sicherzustellen, dass die Vereinbarungen auch eingehalten werden, haben sie keine Chance zu kooperieren, weil die individuellen Anreize dem Gruppeninteresse so stark zuwiderlaufen. Selbst wenn es beide als fair erachten würden, dem anderen die eigene Ware zu geben, nachdem sie die fremde Ware erhalten haben, ist die Gefahr viel zu groß, dass der andere einen hereinlegt. Man muss also schon vorsorglich den eigenen Koffer mit Steinen füllen. Es handelt sich eben um ein echtes Dilemma.

Interessanterweise gilt dieses Ergebnis auch dann, wenn die Spieler vor dem Spiel die Möglichkeit haben, sich abzustimmen. Denn natürlich werden sie immer vorgeben, kooperativ zu spielen und versuchen, den anderen zur Kooperation zu verleiten. Kommt es dann aber zum Spiel, ist die Situation dieselbe wie ohne Kommunikation und jeder Einzelne gewinnt wieder mehr, wenn er defektiert, unabhängig davon, was der andere macht. Die häufig vertretene Behauptung, das Prisoner's Dilemma sei durch Kommunikation zwischen den Spielern zu lösen, ist also falsch. Die beiden Gangster aus dem obigen Beispiel können noch so lange gemeinsam Whisky trinken und sich hoch und heilig versprechen, keine Ziegelsteine in die Koffer zu füllen – die Situation bei der Übergabe bleibt die gleiche, und für jeden Einzelnen ist das Ziegelsteinfüllen besser (wir hatten angenommen, dass sie sich niemals im Leben wieder begegnen).

Im übrigen sollte man sich klarmachen, dass diese Situation zwar für die beiden Gangster unschön sein mag, dass es aber andererseits gesellschaftlich auch nicht gerade erwünscht ist, dass es Gangster gibt. Genau aus diesem Grund sind die Rahmenbedingungen des Rechtssystems auch so gewählt, dass es für Gangster besonders schwierig sein soll, Hehlerwaren auszutauschen. Eine ähnliche Situation liegt beim Kartellrecht vor: Auch dort wird versucht, Rahmenbedingungen zu schaffen, die es für die Hersteller in einer Branche erschweren zusammenzuarbeiten. Insofern passt der Name Gefangenendilemma doch recht gut: Der clevere Gefängnisdirektor hat sich ein Spiel ausgedacht, das es den beiden Gaunern möglichst schwer machen soll, zusammenzuarbeiten, und er bringt sie damit absichtlich in das beschriebene Dilemma; genau so macht es auch die Kartellgesetzgebung.

Mit dieser Vorgehensweise beschäftigt sich übrigens ein gesamtes Teilgebiet der Spieltheorie, das sogenannte **Mechanismusdesign**. Im Mechanismusdesign geht es darum, Spiele zu konstruieren (also zu "designen"), die einen vom Spieldesigner gewünschten Spielausgang als Lösung haben und dadurch die Spieler dazu bringen, sich auf eine vorgegebene Weise zu verhalten. Aus dieser Sicht betrachtet ist das Gefangenendilemma auf einmal gar nicht mehr so negativ, wie es oft dargestellt wird, sondern im Gegenteil ist es ein Spiel, das sozial äußerst wünschenswerte Eigenschaften besitzt: Es erschwert die Kooperation zwischen Gangstern. Ein Spiel vom Typ des Gefangenendilemmas kann man aus dieser Sicht als ein Spiel ansehen, dass speziell zur Verhinderung von Kooperation designt wurde. Ob dies ein sinnvolles Ziel ist, hängt vom Einzelfall ab (für die Mitarbeiter eines Unternehmens sollte man sicherlich besser ein anderes Spiel designen).

Dessen ungeachtet muss man vorsichtig sein: Das Prisoner's Dilemma ist die wohl einfachste Form des sozialen Dilemmas und tritt in dieser reinen Form nur selten auf. Reale Situationen unterscheiden sich von dem einfachen Prisoner's Dilemma oft in folgenden Punkten:

- es sind meistens mehr als nur zwei Personen beteiligt
- die Beteiligten sind häufig nicht gleichstark, das heißt die Auszahlungsmatrix ist nicht symmetrisch bezüglich der Spieler
- fast immer ist die Darstellung als Einmalspiel zu kurzfristig
- meist gibt es mehr als nur zwei Verhaltensweisen und es ist nicht eindeutig, welches Verhalten kooperativ und welches defektiv ist.

Dies lässt sich gut am Beispiel der *Commons Dilemmas* zeigen. Im Englischen neigt man zu etwas blumigeren Begriffen als im Deutschen, und so heißt dort das **soziale Mehrpersonen-Dilemma** *Social Trap, Tragedy of the Commons* oder auch *Commons Dilemma*.

Der Common war früher eine von einer gesamten Gemeinde kollektiv genutzte Wald- oder Weidefläche, die man auch heute noch in den meisten englischen Städten findet (heutzutage meist in Form eines Parks). Die Tragödie der Commons bestand darin, dass sie chronisch überweidet wurden, und zwar weil die Einwohner der Gemeinden in einem typischen sozialen Dilemma steckten: Jeder Bürger der Gemeinden wusste zwar, dass die Weide insgesamt nur eine bestimmte Anzahl von Vieh vertragen kann, aber jeder wusste auch, dass es fast keinen Unterschied macht, ob er nun eine Kuh mehr oder weniger dort grasen lässt. So bestand für jeden Einzelnen ein Anreiz, der Herde mehr Vieh zuzufügen als ihm eigentlich zustand, sodass die Commons bald – zum Nachteil aller –

überweidet wurden. Die Bezeichnung der *Tragedy of the Commons* geht zurück auf HARDIN 1968.

Der Common ist ein Beispiel dafür, dass man in realen Situationen nicht immer genau entscheiden kann, was kooperativ und was defektiv ist: Wer weiß schon genau, wieviele Kühe im Optimum dem einzelnen Bürger zustehen? Auch gibt es hier mehr als zwei Strategien: Jede Kuh-Zahl entspricht einer eigenen Strategie. Und natürlich leben die Einwohner länger zusammen als nur eine Periode, sodass es sich genaugenommen um ein wiederholtes Spiel handelt.[18]

Die Situationen, die wir im Alltag als Gefangenendilemma bezeichnen, sind meistens komplizierter als der Grundtyp des Gefangenendilemmas, obwohl das Prinzip das Gleiche bleibt: Das Verhalten von gewählten Funktionären in Parteien oder Gewerkschaften; defensives oder offensives Fahren im Straßenverkehr; Umweltverschmutzung; Verhalten am Arbeitsplatz; Fischfang-Verhalten im gemeinsamen Fanggebiet; der Warmwasserverbrauch in Mietshäusern, wenn gemeinsam abgerechnet wird; Preissetzung im Oligopol; usw. Zumindest zeigen die Beispiele, dass das Prisoner's Dilemma nicht lediglich ein Kunstprodukt der Spieltheorie ist, sondern einen der wichtigsten Sachverhalte des sozialen Zusammenseins überhaupt beschreibt, nämlich den Konflikt zwischen individueller und kollektiver "Rationalität".

Die Kunst spieltheoretischer Modellierung besteht darin, von den vielen Aspekten einer realen Situation gerade die relevanten zu erfassen. Normalerweise wird die spieltheoretische Situation sehr schnell viel komplizierter als im einfachen 2 x 2 - Fall und man muss wesentlich mehr Kreativität in die Lösung stecken.

Wie eben schon angesprochen, besteht eine solche Komplikation darin, dass sich zwei Spieler in der Regel nicht nur einmal, sondern mehrfach begegnen. Dadurch bekommen die Spieler die Möglichkeit, sich zu rächen, wenn sie sich ungerecht behandelt fühlen. Eine gängige Methode, diesen Sachverhalt darzustellen, besteht darin, ein Spiel als **wiederholtes Spiel** zu untersuchen, bei dem die Spieler mehrfach hintereinander dasselbe Spiel spielen. Manchmal entstehen dadurch qualitativ neue Verhaltensmöglichkeiten. Da die Untersuchung des wiederholten Gefangenendilemmas eine sehr bekannte Forschungsrichtung geworden ist, gehe ich später noch ausführlicher darauf

[18] Allerdings trifft das Gerücht nicht zu, durch Wiederholung entstehe im Gefangenendilemma automatisch Kooperation.

ein, nachdem ich weitere spieltheoretische Instrumente eingeführt habe (siehe Seite 318).

Aber ich kann schon einmal vorwegnehmen, dass endliche Wiederholungen nichts Grundsätzliches ändern; erst bei einem unendlichen Zeithorizont kann Kooperation entstehen. Dies gilt zumindest dann, wenn wir das Konzept der Dominanz nur ein klein wenig verallgemeinern und akzeptieren, es in dem wiederholten Spiel mehrfach hintereinander anzuwenden. Inwieweit dies sinnvoll ist, wird im weiteren Verlauf des Buches noch mehrfach angesprochen.

3.1.3. "Degeneriertes" Gefangenendilemma

Im Gefangenendilemma liegt der Fall der *streng* dominierten Strategien vor; sehen wir uns demgegenüber einmal eine geringfügig geänderte Version des Gefangenendilemmas an, in der nur *schwach* dominierte Strategien vorkommen:

		Spielerin B(erta):	
		c	d
Spieler A(nton):	c	**(9,9)**	(0,9)
	d	(9,0)	**(1,1)**

Abbildung 9: "Degeneriertes" Prisoner´s Dilemma (schwach dominierte Strategien).

Wenn wir hier das Konzept der Elimination schwach dominierter Strategien anwenden, kommen wir zur gleichen Lösung wie im normalen Gefangenendilemma: (d, d). Im Unterschied zu dem normalen Fall ist hier aber nicht nur die Strategienkombination (d, d) ein Nash-Gleichgewicht, sondern auch (c, c), obwohl die Strategien c dominiert sind.[19] Man sagt, es handele sich um ein **Gleichgewicht in dominierten Strategien**. Das bedeutet, wenn beide nur fest genug daran glauben, dass der andere nett sein wird und c spielt, dann lohnt es sich nicht, abzuweichen und d zu spielen. Die Kooperation zerstört sich hier also nicht zwangsläufig von selbst. In diesem Spiel könnte es durchaus einen Unterschied machen, ob die Spieler vor dem Spiel miteinander kommunizieren dürfen oder nicht.

Übrigens ist es die Aufgabe der sogenannten **Refinements** (Verfeinerungen) des Nash-Gleichgewichts, Gleichgewichte wie das eben beschriebene (c, c) auszusondern, weil es als ein nicht plausibles Gleichgewicht gilt. Die geringer Plausibilität besteht darin, dass es schon bei der kleinsten "Störung" des Spiels zusammenbrechen würde. Eine Störung kann zum Beispiel auftauchen, weil die Spieler manchmal kleine Fehler machen (etwa indem sie sich bei der Wahl der Strategien verschreiben und d statt c schreiben). Daher ist dieses Gleichgwicht ein nicht perfektes Gleichgewicht – mehr zur Perfektheit auf Seite 246).

Dieses Beispiel zeigt, dass das Nash-Gleichgewicht – obwohl es das strengere Konzept ist – nicht automatisch schwach dominierte Strategien aussondert (ein Gleichgewicht in streng dominierten Strategien kann es allerdings nicht geben). Viele Autoren empfinden die Elimination dominierter Strategien als ein wesentliches Rationalitätserfordernis und fordern daher, dass man Spiele grundsätzlich erst um dominierte Strategien bereinigen muss, bevor man das Gleichgewichtskonzept anwendet; in gewisser Weise ist dies bereits eine Verfeinerung des Nash-Gleichgewichts. – Wie man sieht, ist die Elimination schwach dominierter Strategien wesentlich weniger überzeugend als die Elimination streng dominierter. Noch verwickelter wird die Angelegenheit, wenn wir mehrere Eliminationsstufen zulassen, das heißt, wenn in einem Spiel nach einem Eliminationsschritt Strategien dominiert werden, die es vorher nicht waren. Da dieser Fall bei 2 x 2 - Spielen nicht vorkommen kann, komme ich an späterer Stelle darauf zu sprechen.

[19] Um dies nachzuprüfen, stellen Sie sich vor, die Spieler hätten sich auf die Kombination (c, c) geeinigt; lohnt es sich für Spieler A, von dieser Vereinbarung abzuweichen? Offenbar nicht, denn falls er als einziger von der Vereinbarung abweicht und d wählt, dann erhält er genauso viel, wie wenn sich an die Vereinbarung gehalten hätte (seine Auszahlung beträgt in beiden Fällen 9). Für Spielerin B gilt das gleiche, und daher ist (c, c) ein Nash-Gleichgewicht. (d, d) ist sogar ein striktes Nash-Gleichgewicht, weil sich dort jeder *verschlechtert*, wenn er allein abweicht.

3.2. Koordinationsspiele

In Koordinationsspielen geht es darum, sich mit den Gegenspielern auf eine von mehreren möglichen Verhaltensweisen zu koordinieren.

In der Realität sind Koordinationssituationen wahrscheinlich nicht seltener zu beobachten als soziale Dilemmata, nur sind sie auf den ersten Blick viel weniger spektakulär. Deshalb wurden sie in der spieltheoretischen Literatur ursprünglich viel weniger diskutiert, obwohl sie bei genauerer Betrachtung inhaltlich ebenso interessant sein können wie die Dilemmata. Allerdings hat die öffentliche Diskussion um diesen Spieltyp deutlich zugenommen, seit der Meister der Koordinationsspiele, THOMAS SCHELLING, im Jahr 2005 den Nobelpreis für Wirtschtschaften für seine Überlegungen zu genau diesem Thema erhalten hat. In der Tat wird diese Art von Koordination heutzutage oft als **Schelling-Koordination** bezeichnet. (Falls Sie schon einmal nach einer etwas komplizierteren Variante sehen möchten, dann können Sie auch einen Blick auf das Schelling-Spiel auf Seite 275 werfen; ich würde allerdings zuerst den folgenden Abschnitt über die reine Koordination lesen).

3.2.1. Reine Koordination

Als 2 x 2 – Spiel sieht ein Koordinationsspiel in seiner reinsten Form (**reine Koordination**) folgendermaßen aus:

		Spielerin B(erta): a	b
Spieler A(nton):	a	(1,1)	(0,0)
	b	(0,0)	(1,1)

Abbildung 10: "Reine Koordination".

Wenn beide Spieler dieselbe Strategie wählen, dann erhalten sie die volle Auszahlung, andernfalls nichts. Es gibt zahlreiche Cover stories für derartige Situationen, viele mit sehr weitreichender Bedeutung; ich nenne hier nur zwei alltägliche Beispiele zur Veranschaulichung:

- Zwei Personen haben sich in einer Menschenmenge verloren und können sich nun zu einem von zwei charakteristischen Orten begeben (sagen wir entweder zum Haupteingang der Börse oder dem der Universität), an denen sie den jeweils anderen möglicherweise wiederfinden – aber nur, wenn beide zu demselben Ort gehen.

- Ein Telefongespräch wurde unterbrochen; die Teilnehmer müssen sich jetzt so koordinieren, dass genau einer der beiden den anderen anruft, denn wenn es beide auf einmal versuchen, kommt die Verbindung genauso wenig zustande, wie wenn es keiner versucht.

An dem zweiten Beispiel sieht man, dass die Formulierung nicht zutreffend ist, die Spieler sollten bei einem Koordinationsspiel "das Gleiche" tun; es kommt stattdessen darauf an, sich auf bestimmte Strategienkombinationen zu koordinieren, die für alle Spieler ein (mindestens lokales) Optimum darstellen. Man kann aber das zweite Beispiel problemlos in die gewohnte Form eines Koordinationsspiels überführen, indem man einfach die Strategienamen vertauscht. Daher darf man derartige Fälle nicht mit Diskoordinationsspielen verwechseln: Dieser Typ von Spielen hat eine grundsätzlich andere Struktur und auch einen anderen Typus von Lösung. Ein Beispiel für ein Diskoordinationsspiel finden Sie in Abbildung 17 auf Seite 77.

Um die Situation der Koordinationsspiele auf eine etwas allgemeinere Ebene zu heben, habe ich in RIECK 1998 folgende einfache Definition eingeführt, die seitdem auch weitgehend so akzeptiert wurde:

Ein Koordinationsspiel ist ein Spiel mit mehreren strikten Nash-Gleichgewichten, das keine weiteren nicht-strikten Gleichgewichte in reinen Strategien hat.

Unter diese Definition fallen auch die im Folgenden beschriebenen Spiele, die neben dem Problem der Koordination noch andere Elemente enthalten, weil sie im Gegensatz zur *reinen Koordination* nicht völlig symmetrisch sind.

3.2.2. Win-Win-Spiel

In dem folgenden Spiel beispielsweise wird eines der beiden Gleichgewichte von *beiden* Spielern bevorzugt:

		Spielerin B(erta): links	rechts
Spieler A(nton):	oben	**(2,2)**	(0,0)
	unten	(0,0)	**(1,1)**

Abbildung 11: Win-Win-Game
(Koordinationsspiel ohne Interessenkonflikt der Spieler).

In diesem Spiel liegt kein wirklicher Interessenkonflikt zwischen den Spielern vor, weil beide dasselbe Gleichgewicht bevorzugen. Ungefähr diese Situation ist gemeint, wenn von einem **Win-Win-Game** gesprochen wird, bei dem alle gewinnen können, wenn sie sich nur richtig verhalten. Aber auch hier ist die Lösung nicht trivial, denn erstens ist die Kombination (*unten, rechts*) spieltheoretisch ein völlig gleichberechtigter Gleichgewichtspunkt, der nicht ohne weiteres ausgeschlossen werden kann, und zweitens ist es nötig, sich überhaupt erst einmal zu koordinieren, was je nach Rahmenbedingungen sehr schwierig sein kann.

Vielleicht ist hier noch einen Kommentar zu dem Namen Win-Win-Spiel angebracht. Ursprünglich bezeichnet dieser Begriff eine bestimmte Gruppe von Spielen auf Managerseminaren, durch die den Teilnehmern gezeigt werden sollte, wie sie durch Zusammenarbeit mehr erreichen als durch Konkurrenz. Später, nachdem genug Manager an derartigen Seminaren teilgenommen hatten, wurde der Name dieser Spiele als Buzzword in das Managervokabular aufgenommen, meist um einem anderen Manager mitzuteilen, dass er doch bitte kooperieren möge, weil dann beide gewinnen könnten (dass auch der Begriff *Gefangenendilemma* ins Managervokabular wanderte, ist noch eine andere Geschichte). Da diese Aufforderung so oft nötig ist, hat sich das Wort schnell verbreitet.

In der Spieltheorie kannte man den Namen Win-Win-Spiel ursprünglich nicht. Aber man kannte Nullsummenspiele, bei denen die Spieler völlig entgegengesetzte Interessen haben (siehe Seite 102) und Nichtnullsmmenspiele, bei denen die Spieler auch alle auf eimal dazugewinnen *können* (nicht müssen). Die Win-Win-Situation ist eine klassische Nichtnullsummensituation; allerdings ist nicht jedes Nichtnullsummenspiel eine Win-Win-Situation, wie man sie sich in den Managerspielen vorstellte. Denn auch das Gefangenendilemma (Seite 48) ist ein Nichtnullsummenspiel. Das Besondere beim Win-Win-Spiel ist, dass sich die Spieler nicht nur hypothetisch kollektiv besser stellen können als bei einem unvorteilhaften Spielausgang, sondern dass dieses Ergebnis aufgrund der Rahmenbedingungen auch tatsächlich erreichbar ist.

Diese Voraussetzungen sind dann erfüllt, wenn es mindestens zwei Gleichgewichte gibt, von denen eines das kollektiv bevorzugte ist. Wenn man ganz großzügig ist, dann fällt (neben weiteren Spielen) zum Beispiel auch das degenerierte Gefangenendilemma (Seite 55) in diese Klasse, aber dieses hat den Nachteil, dass dort der Win-Win-Gleichgewichtspunkt in dominierten Strategien ist, es also gute Gründe gibt, weshalb man ihn besser vermeiden sollte. Damit die Lehre aus den Managerseminare auch wirklich Sinn macht, sollte dieser Fall besser nicht auftreten.

Daher habe ich die asymmetrische, reine Koordination in Anlehnung an die Managerspiele *Win-Win-Spiel* genannt, was inzwischen auch von anderen Autoren innerhalb und außerhalb der Spieltheorie so übernommen wurde. Denn dies ist das Spiel, das die Win-Win-Situation am treffendsten als stilisiertes Spiel abbildet, weil hier tatsächlich kein Interessenkonflikt vorliegt, und dennoch die von allen gewünschte Koordination nur mit Problemen erreicht werden kann.

Ein Beispiel für ein Win-Win-Spiel auf Managerseminaren ist etwa die Aufgabe an eine Gruppe aus zehn bis zwanzig Personen, mit verbundenen Augen gemeinsam eine lange Schnur von zwölf Metern Länge zu einem möglichst perfekten Quadrat auf den Boden zu legen. Man sieht hier sehr schön die Eigenschaften, die auch das stilisierte Spiel oben hat: Alle gemeinsam und jeder einzelne schneidet am besten ab, wenn die Aufgabe erfüllt wird; aber es funktioniert nur, wenn sich alle auf ein bestimmtes Verhalten koordinieren. Falls das nicht gelingt, dann gibt es am Ende gar kein Quadrat, was von allen als der schlechteste Fall empfunden wird. Falls sich die Teilnehmer auf ein schiefes Quadrat koordinieren, dann ist das schon mal besser als nichts, aber eben nicht so gut wie ein exaktes Quadrat.[20]

3.2.3. Hirschjagd und Maximin-Regel

Eine interessante Variante des Win-Win-Spiels ist das Spiel *Hirschjagd*. Die Cover story ist folgende: Zwei Jäger gehen gleichzeitig, aber getrennt voneinander auf die Jagd. Sie müssen sich unabhängig voneinander entscheiden, ob sie einen Hasen oder einen Hirsch jagen wollen. Einen Hasen kann jeder allein erlegen, den Hirsch bekommen sie hingegen nur dann, wenn beide zusammenarbeiten und sich beide für die Hirschjagd entscheiden. Beides auf einmal zu jagen, ist nicht möglich. Als Bimatrixspiel sieht das dann so aus:

		Spielerin B(erta): Hirsch	Hase
Spieler A(nton):	Hirsch	**(9,9)**	(0,1)
	Hase	(1,0)	**(1,1)**

Abbildung 12: Hirschjagd.

Wie beim Win-Win-Spiel gibt es zwei strikte Gleichgewichte, nämlich (Hirsch,Hirsch) und (Hase,Hase). Es fällt durch diese beiden strikten Gleichgewichte exakt unter die Definition des Koordinationsspiels. Im Unterschied zum Standard-Win-Win-Spiel gibt es hier aber die Besonderheit, dass jeder auch ohne den anderen einen Wert schaffen kann, wenn auch einen kleineren: für den Hasen braucht man den anderen Jäger nicht.

[20] Übrigens, falls es Sie interessiert, wie eine Gruppe diese Aufgabe am besten bewerkstelligt, dann gebe ich Ihnen als Spieltheoretiker folgenden Tipp: Die Koordination "bottom up" (also von den einzelnen Teilnehmern ausgehend) ist ziemlich schwierig zu erreichen. Da es den Teilnehmern aber egal ist, wie sie sich koordinieren, solange sie es überhaupt tun, ist es sinnvoll, wenn einer der Teilnehmer sich als Koordinationsinstanz etabliert und "top down" das Kommando gibt. Probieren Sie es aus: Gruppen, die hierauf kommen und einen "Chef" ernennen, sind bei weitem erfolgreicher als die, die es "bottom up" probieren. Das ist allerdings nicht ganz das, worauf die meisten Management-Trainer hinaus wollen.

Obwohl diese Eigenschaft die Lage der Nash-Gleichgewichte nicht ändert, hat sie einen Einfluss auf das Risiko der beiden Strategien. Während beim Win-Win-Spiel bei beiden Strategien das jeweils schlechteste Ergebnis gleich ist (nämlich null), kann man sich bei der Hirschjagd die Auszahlung von eins sichern, indem man *Hase* spielt. Auf diesen Unterschied konzentriert sich das schon einmal kurz erwähnte Maximin-Kriterium, das bereits lange vor dem Nash-Gleichgewicht eines der ersten Lösungskonzepte der Spieltheorie war.

Beim **Maximin-Kriterium** sieht man sich an, was einem bei den einzelnen Strategien schlimmstenfalls passieren kann (also was die minimale Auszahlung ist). Jagt man den Hirsch, dann steht man schlimmstenfalls mit leeren Händen da, bekommt also mindestens null; jagt man hingegen den Hasen, dann bekommt man mindestens eins. Diese Minima werden nun maximiert, d.h. man wählt die Strategie, bei der das Minimum der Auszahlungen maximal ist – daher der Name Maximin: man maximiert das Minimum[21]. Im Beispiel der Hirschjagd ist *Hase* für beide Spieler die Maximin-Strategie, und die Maximin-Regel empfiehlt folglich, diese zu spielen.

Wir greifen später noch einmal die Maximin-Regel auf (siehe Seite 312), aber ich möchte hier schon einmal der Frage nachgehen, inwieweit diese Regel sinnvoll ist. Indem sie nur darauf achtet, was das jeweils schlechteste Ergebnis ist, tut sie so, als wolle der andere Spieler absichtlich immer das für uns schlimmste tun. In einem Spiel wie der Hirschjagd ist diese Prämisse aber geradezu paranoid. Denn die Gegenspielerin würde ja einen hohen Preis dafür zahlen, uns zu schaden, denn auch sie müsste dann auf den Hirsch verzichten – und dazu hat sie keinen Grund, denn etwaige Schadenfreude müssten ja in den Auszahlungen bereits enthalten sein (zur Erinnerung: die Auszahlungen sind strenggenommen Nutzeneinheiten, in denen Dinge wie Schadenfreude bereits enthalten sein müssten). In der Tat ist die Annahme, die Gegenspielerin wolle uns immer maximal schaden, nur dann sinnvoll, wenn jeder Gewinnpunkt auf unserer Seite zulasten der Gegenspielerin ginge – das ist aber nur in den sogenannten Nullsummenspielen der Fall (siehe Seite 102). Hier dagegen gilt es nicht, sondern im Gegenteil,

---

21 Manchmal findet man auch die Bezeichnung *Minimax* statt Maximin. Strenggenommen ist die Bezeichnung Minimax ein wenig unlogisch, aber sie ist dennoch recht weit verbreitet. Ich verwende sie auch gelegentlich, und dann immer synonym zu Maximin, denn es wäre recht unsinnig, tatsächlich das Maximum zu minimieren.

wir können gemeinsam einen Mehrwert schaffen. Daher ist die Annahme der Maximin-Regel hier wenig überzeugend.

Das gilt umso mehr, als Maximin eine inkonsistente Vorhersage machen kann: Es kann sein, dass die Gegenspielerin ihre Maximin-Strategie verlassen müsste, um unsere Angst vor maximalem Schaden wahrzumachen. In diesen Fällen kann man die Empfehlung, Maximin zu spielen, aber nicht mehr als rational ansehen, weil dieses "Rationalitäts"konzept seine eigenen Annahmen zerstören würde: Die Gegenspielerin müsste gleichzeitig unseren Schaden maximieren und sich maximal vor dem Schaden durch uns schützen – was manchmal nicht gleichzeitig möglich ist. Daher muss man klar sehen, dass das Maximin-Konzept im allgemeinen keine sinnvolle Handlungsempfehlung für vernunftbegabte Spieler ist. Sinnvoll ist sie unter theoretischen Idealbedingungen daher nur bei Zweipersonen-Nullsummenspielen (auf die ich ab Seite 102 genauer eingehe).

Unter etwas weniger idealisierten Bedinungen gibt es aber doch einige Gründe, die Maximin in realen Situationen manchmal zumindest überlegenswert machen. Denn auch dann, wenn wir einsehen, dass das Gleichgewicht (Hirsch,Hirsch) seine angehmen Eigenschaften aus demWin-Win-Spiel behält – weiß das auch die Gegnerin? Und wenn sie es weiß, weiß sie dann auch, dass wir es wissen? Falls dieser Prozess (den man durchaus als Vertrauen interpretieren kann) auf irgendeiner Ebene gestört ist, dann kann Maximin einen wichtigen Orientierungspunkt liefern, auch wenn es sich nicht um ein Nullsummenspiel handelt. Das gleiche gilt, wenn man Situationen untersucht, in denen gar keine vernunftbegabten Spieler handeln, sondern zum Beispiel ein Evolutionsprozess (wie wir ab Seite 272 sehen werden).

3.2.4. Kampf der Geschlechter

Natürlich ist ebenso eine Situation möglich, in der die Spieler unterschiedlicher Ansicht darüber sind, auf welchen der Gleichgewichtspunkte sie sich koordinieren sollten. Man nennt diese Form des Koordinationsspiels **Kampf der Geschlechter** (*Battle of the Sexes*):[22]

		Spielerin B(erta): Fußball	Theater
Spieler A(nton):	Fußball	(2,1)	(0,0)
	Theater	(0,0)	(1,2)

Abbildung 13: Kampf der Geschlechter.

Die Cover story, die zu dem hübschen Namen dieses Spieles geführt hat, lautet folgendermaßen: Ein Mann und eine Frau möchten sich gern bei ihren Freizeitaktivitäten treffen, trauen sich aber nicht, sich abzustimmen (also vermutlich Teenagerliebe) und gehen daher unabhängig voneinander entweder ins Theater oder ins Fußballstadion. Wenn sie sich dabei überhaupt nicht treffen, empfinden sie dies als den schlechtesten Spielausgang; aber der Mann würde sie am liebsten beim Fußballspiel treffen, die Frau ihn dagegen lieber im Theater.

Neben den hier beschriebenen Typen kann man sich natürlich noch andere Koordinationsspiele ausdenken; diese Auswahl gibt nur einen Überblick über diejenigen Formen, die in der Literatur bereits einen Namen bekommen haben. Zum Beispiel ist das Taube-Falke-Spiel (Seite 93) ebenfalls ein Koordinationsspiel.

3.2.5. Lösungen für Koordinationsspiele

Welches ist nun die "Lösung" für ein Koordinationsspiel? Beim Prisoner's Dilemma konnten wir das außerordentlich überzeugende Argument der streng dominierten Strategien heranziehen und daraus eine eindeutige

22 HOFBAUER / SIGMUND 1984 verwenden den Namen "Kampf der Geschlechter" für ein gänzlich anderes Spiel: Dort versuchen Männchen und Weibchen in Tierpopulationen sich gegenseitig die Aufzucht der gemeinsamen Jungen aufzubürden. Besonders in naturwissenschaftlichem Zusammenhang findet man noch andere Spiele unter der Bezeichnung "Kampf der Geschlechter", aber in den Wirtschafts- und Sozialwissenschaften trägt normalerweise das in Abbildung 13 oben beschriebene Spiel diesen Namen.

spieltheoretische Lösung ableiten, die jeder vollständig rationale Spieler selbständig und ohne jeglichen Informations- oder Kommunikationsbedarf ermitteln könnte.

In Koordinationsspielen gibt es aber keine dominierten Strategien, folglich führt auch das Dominanzkriterium zu keiner Lösung. Wir müssen daher andere Lösungskonzepte bemühen. Was sich anbietet, ist das Nash-Gleichgewicht; wie im vorigen Kapitel beschrieben, sucht dieses Konzept nach Strategienkombinationen, von denen es sich für keinen der Spieler lohnt abzuweichen, wenn der andere dabei bleibt. Im Fall der 2 x 2 – Koordinationsspiele gibt es immer zwei derartige Kombinationen: Bei der reinen Koordination (Abbildung 10) beispielsweise sind dies (a,a) und (b,b), denn wenn einer der Spieler weiß, dass der andere die erste Strategienkombination anstrebt, dann kann er sich nicht verbessern, indem er von dieser Kombination abweicht. Das Nash-Gleichgewicht lässt also genau die Verhaltensweisen als Lösung zu, die wir intuitiv als vernünftig ansehen. Dennoch wirkt dieses Ergebnis unbefriedigend, weil die Spieltheorie keine genaue Verhaltensvorhersage macht, sondern einfach beides zulässt: Das Konzept des Nash-Gleichgewichts kann nur vorhersagen, *dass* ein Gleichgewicht gespielt wird, nicht aber, *welches* Gleichgewicht.[23]

Fast jeder, der sich das erste Mal mit diesem Spieltypus beschäftigt, versucht daher, psychologische Überlegungen anzuwenden, um zu einer eindeutigen Lösung zu gelangen. Nehmen wir etwa das Beispiel der beiden Personen, die sich in einer Stadt verloren haben und sich nun entweder am Haupteingang der Universität oder der Börse wiederfinden können; natürlich werden wir annehmen, dass sich zwei Studenten an der Universität und zwei Wertpapierhändler an der Börse wiedertreffen werden. Da die Spieltheorie aber keine Theorie nur für das Verhalten von Studenten oder Börsianern sein soll, muss sie beide Lösungen gleichberechtigt zulassen.

Das Konzept des Nash-Gleichgewichts sucht daher lediglich nach Verhaltenskombinationen, die sich selbst stabilisieren: Wenn einer der Spieler die Vermutung hat, der andere könne mit größerer Wahrscheinlichkeit die eine

[23] Es ist sogar noch ein bisschen schlimmer: Zu den beiden genannten Gleichgewichten gibt es nämlich noch ein drittes, bei dem die Strategien zufällig gewählt werden. Damit Sie das Buch aber nicht schon an dieser Stelle entnervt zuklappen, erlaube ich mir, die Details zu dieser Form des Gleichgewichts erst an späterer Stelle zu erklären (es nennt sich *Gleichgewicht in gemischten Strategien*).

Strategie spielen als die andere, dann hat er einen Grund, ebenfalls die entsprechende Strategie zu wählen, und weiß, dass die Vermutung hierüber den anderen darin bestärkt, ebenfalls bei dieser Strategie zu bleiben. Die Gründe, die zu einer derartigen Auswahl zugunsten des einen Gleichgewichts führen, können sehr verschieden sein, sie sind aber typischerweise nicht spieltheoretischer Natur.

Nehmen wir ein Beispiel: Wenn Sie auf der Straße ein rotes Licht sehen, das in Ihre Richtung leuchtet, werden Sie dann eher weiterfahren oder anhalten? Und wie verhalten Sie sich bei einem grünen Licht? – Wie man leicht sieht, ist diese Zuordnung der Bedeutungen rein willkürlich, wir alle kennen aber die Konvention, die sich herausgebildet hat, und sind daher gut beraten, bei grün zu fahren und nicht bei rot. Wird das Spiel mit ständig wechselnden Gegenspielern gespielt, die aber derselben Population entstammen, dann kann die Auswahl eines der Gleichgewichte als **Konvention** interpretiert werden. Ein anderer Grund, eines der Gleichgewichte auszuwählen, kann darin bestehen, dass man eine bestimmte **Information über den Gegenspieler** hat; dies war in dem obigen Beispiel der Studenten beziehungsweise Wertpapierhändler der Fall.

Auf jeden Fall handelt es sich um Gründe, die nicht aus den Regeln des Spiels selbst erschlossen werden können. Diese Gründe sind ihrem Wesen nach nicht spieltheoretisch; Spieltheorie kann daher lediglich erklären, *dass* es Konventionen gibt, nicht aber *welche* Konvention sich im Einzelfall herausbilden wird.

Der Vollständigkeit halber muss ich noch darauf hinweisen, dass neben den beiden bisher genannten Gleichgewichten noch ein drittes existiert: Dies ist das **gemischte Gleichgewicht**, bei dem die beiden Strategien zufällig ausgewählt werden. Da dieser Fall nicht unmittelbar einleuchtend ist, werfen wir erst im Zusammenhang mit den Diskoordinationsspielen einen ausführlicheren Blick darauf. Allerdings: Wenn wir die Annahmen der nichtkooperativen Spieltheorie ernst nehmen, dann haben die Spieler keinerlei gemeinsame Vergangenheit und spielen das Spiel als reines Einmal-Spiel. In dieser Konstellation ist aber das Gleichgewicht in gemischten Strategien das einzige, das zum Tragen kommen kann. Es sei denn, wir liefern noch zu dem Spiel eine Rationalität mit, die für beide Spieler zusätzlich zum Spiel Gültigkeit hat. Genau das ist die Idee der Gleichgewichtsauswahltheorien (Seite 277).

Prominenz

Der Unterschied zwischen potentiell spieltheoretischen und nichtspieltheoretischen Erklärungen lässt sich gut an dem Beispiel der Prominenz zeigen.

Betrachten wir das folgende Koordinationsspiel: Zwei Spieler müssen aus einer Gruppe von Zahlen unabhängig voneinander jeweils eine auswählen; ist es dieselbe Zahl, dann erhalten sie je 100 EUR, andernfalls nichts. Welche der folgenden Zahlen würden Sie bei diesem Spiel aussuchen?

-10, 1, 2, 3, 4, 5

Ich würde die -10 nehmen, weil sie gegenüber den anderen Zahlen auffällt. Es handelt sich hierbei um einen **Prominenzpunkt**, **Fokuspunkt**[24] *(focal point)* oder auch **Schelling-Punkt**, der – wie Experimente gezeigt haben – von realen Spielern tatsächlich deutlich bevorzugt wird.

Gibt es auch unter den folgenden Daten ein prominentes?

Mo.,9.6.97; Di.,10.6.97; Mi.,11.6.97; Do.,12.6.97; Fr.,13.6.97

Natürlich: Freitag der Dreizehnte fällt auf – aber aus anderen Gründen als in dem vorherigen Beispiel. Dass ein Freitag der Dreizehnte auffällt, ist eine Konvention und kann nicht aus dem Spiel selbst erschlossen werden. In einer anderen Kultur hätte die Reihe der genannten Daten vielleicht keinen auffälligen Wert; in der ersten Zahlenreihe dagegen hat die -10 immer einen größeren Abstand zu den anderen Zahlen als diese untereinander. Dies ist ein Merkmal, das sich direkt aus den Regeln des Spiels ergibt und wofür kein Vorwissen über die anderen Spieler notwendig ist; daher kann ein derartiges Merkmal prinzipiell zur Bestimmung einer *spieltheoretischen* Lösung verwendet werden. Eine Konvention wie der Freitag der Dreizehnte mag dagegen zwar im Einzelfall ebenfalls ein Spiel lösen, aber sie könnte nicht zur Grundlage eines allgemeinen spieltheoretischen Lösungskonzepts gemacht werden, weil sie von außerhalb des Spiels vorgegeben ist.

Vielleicht werden Sie sagen, dass -10 ebenfalls nur aufgrund einer Konvention auffällt, denn natürlich setzen wir voraus, dass allen Spielern die Be-

---

24 Ein gewiefter Leser hat mich darauf aufmerksam gemacht, dass "Focus" ja eigentlich für das Wort *Punkt* in Latein steht und Fokuspunkt daher doppelt gemoppelt sei. Ich halte dem entgegen, dass Fokus hier eine Übersetzung aus dem Englischen ist, wo es eben *focal point* heißt. Dies ist also kein Punktpunkt, sondern ein Punkt, auf den man fokussiert. Wer's nicht mag, kann ihn ja als Schellingpunkt bezeichnen.

deutung der Zahlen bekannt ist. Dieses Gegenargument betrifft aber nur die spezielle Repräsentation der Zahlen: im alten Rom hätte man die Zahlenreihe möglicherweise "-X, I, II, III, IIII, V" geschrieben (und weil damals noch keine negativen Zahlen verwendet wurden, hätte man die Folge einfach durch Addition von +11 transformieren können); die Angehörigen eines Eingeborenenstammes, die keine Zahlen kennen, hätten vielleicht kleine Häufchen von Kieselsteinen gebildet – eines jedenfalls bleibt immer gleich: der Abstand zwischen den Zahlen ist unterschiedlich groß. Um das zu erkennen, bedarf es keines Vorwissens über Konventionen und keiner Psychologie. Es ist lediglich das Konzept der natürlichen Zahlen notwendig, was mir ein sehr elementares Konzept zu sein scheint, das daher von jeder hinreichend intelligenten Lebensform selbst entwickelt werden könnte, also insbesondere von "rationalen" Spielern, von denen wir ja voraussetzen, dass sie unbeschränkte Intelligenzfähigkeiten besitzen.

Auch wenn es an dieser Stelle nicht von besonderer Bedeutung ist, möchte ich Ihnen noch ein interessantes Beispiel für Prominenz geben. Welche der folgenden Zahlen empfinden Sie als prominent?

7, 13, 99, 100, 222, 273

Auf den ersten Blick ist hier jede der Zahlen aufgrund irgend einer spielexogenen Übereinkunft prominent (7 gilt meist als "Glückszahl", 13 als "Pechzahl", 99 und 222 sind "Schnapszahlen", 100 ist eine "glatte" Zahl); nur die 273 ist eine "normale" Zahl – und daher prominent in dieser Umgebung.

Dass die Zahlen 99, 100 und 222 als prominent angesehen werden, liegt an der zufälligen Konvention, dass wir zur Notation von Zahlen das Dezimalsystem verwenden; in einem Oktalsystem etwa würden sie ihre Prominenz verlieren.

Natürlich helfen Schellingpunkte nicht in jedem Spiel, eine Lösung auszuwählen: Oft gibt es überhaupt keinen Fokuspunkt oder sehr viele. – Man könnte es als einen Sonderfall eines Fokuspunktes ansehen, wenn die Spieler vor dem Spiel kommunizieren können. Bei vielen Spielen – zum Beispiel bei Koordinationsspielen – wäre es dann möglich, sich auf eine zu spielende Strategienkombination zu einigen, die dadurch im nachfolgenden, eigentlichen Spiel ein Fokuspunkt wäre. Allerdings hätte dies nur insofern Einfluss auf die Lösung, als es bei der Auswahl aus mehreren Nash-Gleichgewichten hilft; neue Gleichgewichte entstehen dadurch nicht.

Viele der hier angesprochenen Ideen werden bei SCHELLING 1960 behandelt. Dort finden sich auch zahlreiche weitere Überlegungen und Beispiele zu Koordinationsspielen. Ein weiterer Klassiker zu diesem Thema ist LEWIS 1969.

3.2.6. Beispiele für Koordinationssituationen

Ich hatte am Anfang dieses Abschnitts behauptet, Koordinationssituationen seien ebenso interessant wie Dilemmata. Da die Beispiele für Koordinationsspiele weit weniger bekannt sind als für das Prisoner's Dilemma, möchte ich hier drei nennen, und zwar je eines aus den Bereichen Wirtschaftswissenschaften, Naturwissenschaften und Soziologie. Es handelt sich dabei um die Übersetzung komplexerer Theorien in die Sprache der 2 x 2 - Spiele. Ich möchte vorsichtshalber noch einmal darauf hinweisen, dass nicht etwa die gesamte Spieltheorie aus 2 x 2 - Spielen besteht. Ich verwende diese vereinfachten Modelle hier nur, um die Bedeutung von Koordinationsspielen an einfachen Beispielen klarmachen zu können.

Netzwerkexternalitäten

In der Wirtschaftstheorie ist die Ansicht weit verbreitet, auf dem Markt werde sich eine überlegene technische Entwicklung durchsetzen – wenn auch nicht in jedem Einzelfall, so doch prinzipiell. Nun hat man aber häufiger beobachten können, dass dies gerade im Bereich technischer Entwicklungen nicht der Fall war: So behaupten viele Techniker, bei Videosystemen sei das System VHS schlechter als Beta, aber Beta hat sich dennoch nicht durchsetzen können; das Gleiche ist angeblich häufiger bei Computersystemen aufgetreten. Wie sind solche Fälle zu erklären?

Zunächst einmal muss man hier vorsichtig sein, nicht einem Vorurteil ungeprüft aufzusitzen. Woher wissen wir eigentlich, dass Beta besser war? Noch in den ersten Auflagen dieses Buches habe ich diese Behauptung ungeprüft übernommen, bis mir die Äußerungen eines gewissen Herrn Gates zu Ohren gekommen sind, in denen er darauf hinweist, dass das großartige Videosystem Beta zwar Techniker begeistern konnte, aber anfangs leider nicht in der Lage war, mehr als 60 Minuten Spielzeit auf einer Kassettenseite aufzunehmen. Damit hatten die Benutzer dann zwar ein tolles Bild, aber leider nicht das Ende eines Spielfilms auf der Kassette. Wenn diese Behauptung stimmt, dann braucht man sicherlich keine komplizieten Theorien, um zu erklären, weshalb sich VHS durchgesetzt hat: Es war aus Nutzersicht einfach besser als Beta.

Aber nehmen wir ruhig einmal an, es habe zwei konkurrierende Videosysteme gegeben, Alpha und Beta, von denen Beta besser war. Der Nutzen eines technischen Produkts, wie der eines Videorecorders, hängt offenbar nicht nur von dem Produkt selbst ab, sondern auch davon, welches System andere Anwender verwenden, weil jeder Einzelne auf den Austausch angewiesen ist; dieser Fall wird als **Netzwerkexternalität** bezeichnet. Die Situation der Videobenutzer könnte man zum Beispiel folgendermaßen als 2 x 2 - Spiel darstellen:

		Videothek	
		Alpha	Beta
Video-Anwender	Alpha	(8,5)	(2,0)
	Beta	(4,0)	(10,5)

Abbildung 14: Beispiel für Netzwerkexternalitäten.

In diesem Spiel ist angenommen, der autonome Nutzen des Systems Beta für einen Videoanwender sei gleich 4, der autonome Nutzen des Systems Alpha gleich 2; der Nutzen erhöht sich aber jeweils um 6, wenn die Videothek das gleiche System anbietet. Für die Videothek beträgt der Nutzen immer dann 5, wenn der Videoanwender das gleiche System hat, ansonsten beträgt er 0, weil dann kein Geschäft zu machen ist.

Stellen wir uns jetzt vor, es gäbe eine Population von Videoanwendern und von Videotheken, deren Populationsmitglieder zufällig aufeinander stoßen, einmal das eben genannte Spiel spielen und dann wieder in der Population verschwinden, bis sie wieder zufällig ausgewählt werden, um das nächste Spiel zu spielen. Dann hängt die optimale Wahl der Strategie offenbar davon ab, welches System sich in der jeweiligen Gegenpopulation am weitesten verbreitet hat: Wenn ein Anwender weiß, dass alle Videotheken Alpha anbieten, dann ist es die beste Erwiderung ebenfalls Alpha zu wählen – schließlich handelt es sich um ein Koordinationsspiel. Sollte sich nun zu einem frühen Zeitpunkt aus irgendwelchen Gründen Alpha schneller verbreitet haben als Beta, dann ist es für zukünftige Anwender optimal, Alpha zu wählen, obwohl der autonome Nutzen von Beta höher ist.

Ein solcher Vorsprung wirkt sich extrem stark aus: Sollte einmal ein Netzwerk von Anwendern eines Systems bestehen, dann ist es außerordentlich schwierig, ein alternatives Netz aufzubauen, weil ein enormer Anfangsaufwand betrieben werden muss, um eine kritische Menge von Verbreitung zu erreichen. Man nennt dies eine **Lock-in-Situation**, weil das System in einen

Zustand "eingerastet" ist. Lock-in entsteht typischerweise bei positiven Skalenerträgen[25] und diese wiederum können durch Netzwerkexternalitäten ausgelöst werden. Jedenfalls kann diese Situation dazu führen, dass der Wettbewerbsmechanismus nicht mehr in der gewohnten Form funktioniert, weil ein Produkt auch bei deutlicher technischer Überlegenheit keine Chance hat, sich zu verbreiten.

Diese Darstellung ist an Ideen von KATZ / SHAPIRO 1985 und BRIAN ARTHUR angelehnt; eine leicht verständliche Übersicht befindet sich in ARTHUR 1990, weitere Aufsätze hierzu und zu verwandten Themen in ANDERSON / ARROW / PINES 1988. Wenn man genau nachdenkt, merkt man, dass das hier vorgestellte Modell etwas zu einfach ist, weil zum Beispiel die Anwender nicht bei jedem Spiel die Strategie neu wählen können. Zudem ist der Prozess nicht so ganz klar, der tatsächlich zum Gleichgewicht führt: Wenn beispielsweise jeder das System wechselt, der in einer Spielrunde frustriert ein Gegenüber mit dem anderen System getroffen hat, dann wechseln ja immer gleichviele Teilnehmer von beiden Systemen weg wie hin. Daher konvergiert dieser Prozess nicht. Man muss sich also etwas komplexere Dynamiken einfallen lassen, die allerdings durchaus realistisch sein können. Aber vom Prinzip her ist das Modell sinnvoll.

Bevor Sie nun aber Ihrem Zorn auf die minderwertige Qualität aller Produkte von Netzwerk-Gewinnlern freien Lauf lassen, möchte ich eines zu bedenken geben: In dem obigen Zahlenbeispiel ist der Nutzen durch das Netzwerk sehr viel größer als der Basisnutzen des schlechteren Systems; dennoch muss Alpha einen Marktanteil von über 67% haben, damit ein neuer Käufer einen höheren Nutzen durch Alpha hat als durch Beta.[26] Ein sol-

25 Entschuldigung für den Wirtschafts-Jargon: Positive Skalenetrträge liegen vor, wenn der Output überproportional mit dem Input ansteigt. Also zum Beispiel: Sie arbeiten einen Tag an einer PR-Kampagne und erreichen damit 1000 Leser; wenn Sie hingegen zwei Tage arbeiten, erreichen Sie 2100 Leser, weil Sie eine Wahrnehmungsschwelle überschritten habe und sich damit die Arbeit am zweiten Tag mehr lohnt als am ersten. Ich verwende diesen Begriff hier, weil er sich durch die Verwendung bei Brian Arthur recht stark verbreitet hat.

26 Wie man das ausrechnet? Bezeichnen wir mit p den Marktanteil von Alpha. Dann ist die Wahrscheinlichkeit jedes Nutzers, auf eine Alpha-Videothek zu stoßen gleich p. Die Erwartungsauszahlung eines Alpha-Nutzers ist dann also $u(\text{Alpha}) = 8p + (1-p)*2$; diese muss größer sein als die Erwartungsauzahlung eines Beta-Nutzers, und diese beträgt wiederum $u(\text{Beta}) = 4p + (1-p)*10$. Auflösen nach p ergibt dann $p > 2/3$.

cher Vorsprung lässt sich kaum erreichen, wenn beide wirklich gleichzeitig starten und zum Startzeitpunkt aus Nutzersicht gleich gut sind. Mit anderen Worten: Der Netzwerk-Effekt stabilisiert zwar ein vorhandenes System, aber damit er erst einmal entsteht, muss anfangs eine Überlegenheit des einen oder anderen Systems vorhanden sein, die zu dessen Vorsprung führt. Das kann zum Beispiel ein technischer Vorteil aus Sicht der Nutzer sein oder auch ein früherer Start[27].

Oft hört man das Argument, dieser Vorsprung werde von einigen Unternehmen mit unlauteren Methoden erreicht, oder entstehe nur dadurch, dass alle Nutzer fest daran glauben, dass sich ziemlich sicher die Systeme einer bestimmten Firma durchsetzen werden, auch wenn diese technisch schlechter sind. Früher war zum Beispiel ziemlich sicher, dass sich ein neues Tonträger-Format von Philips durchsetzen würde oder eine Technologie von IBM; heute ist es oft Software von Microsoft. Nehmen wir ruhig einmal an, derartige Firmen hätten tatsächlich immer ein Produkt entwickelt, zu dem es zum Zeitpunkt der Markeinführung ein technisch besseres gab. Dann hätten die Nutzer zwar nicht das technisch beste Produkt bekommen, aber sie hatten die Gewissheit, welches der konkurrierenden Produkte sich durchsetzt – und das hätte vielen von ihnen teure Fehlinvestitionen in ein später aussterbendes System erspart. Daher kann es also durchaus auch aus Nutzersicht von Vorteil sein, dass sich der Gesamtmarkt auf ein vorhersehbares Gleichgewicht koordiniert, selbst dann, wenn dieses Gleichgewicht das technisch schlechtere Produkt enthält (wobei ich allerdings bezweifele, dass die Produkte dieser Favoriten tatsächlich meist technisch schlechter sind – es gibt sogar viele Gründe, weshalb sie oft technisch sogar besser sein dürften). Mehr Überlegungen zu diesem Thema finden Sie in RIECK 2006.

---

27 Ein Leser hat die Anmerkung gemacht, dass alle Beteiligten auch einen höheren Nutzen dadurch haben, dass eines der beiden Systeme früher startet und dies daher die Auszahlungen im Spiel verändern müsste. Man muss sich hierfür allerdings klarmachen, dass die Analyse des hier vorgestellten Modells erst mit dem Zeitpunkt beginnt, zu dem beide Systeme auf dem Markt sind. Selbstverständlich hat das frühere System zu Beginn (d.h. vor dem Zeitpunkt, zu dem unser Modell startet) einen höheren Nutzen als das andere System, das es ja dann noch gar nicht gibt – genau das ist ja der Grund dafür, dass sich das frühere System weiter verbreiten kann. Man braucht daher (und darf auch gar nicht) diesen Vorteil in die Spielmatrix hineinziehen, weil man dann diesen Vorteil doppelt zählen würde.

Autokatalytische Prozesse

In der Chemie wird ein Stoff als Katalysator bezeichnet, der eine chemische Reaktion beeinflusst, ohne dabei selbst verbraucht zu werden. Stellen wir uns jetzt vor, wir hätten eine große Menge verschiedener Substanzen, die als Bausteine für zwei komplexere chemische Gebilde dienen können, die wir mit A und B bezeichnen wollen. Diese Gebilde sollen die Eigenschaft haben, dass sie umso leichter aus den umliegenden Bausteinen aufgebaut werden können, je mehr von ihnen selbst in der Umgebung sind. Da sie die chemische Reaktion katalysieren, deren Resultat sie sind, nennt man diesen Fall **Autokatalyse**. – Auf die Anwesenheit der jeweils anderen Substanz A oder B reagieren sie neutral.

Obwohl es sich hier um ein rein chemisches Problem handelt, kann man den Sachverhalt sehr elegant spieltheoretisch behandeln. Wenn wir die Situation auf ein 2 x 2 - Spiel vereinfachen, könnte das Spiel etwa folgendermaßen aussehen; es bildet hier jeweils eine Substanz die Umgebung für die andere:

		Substanz 2: A	B
Substanz 1:	A	(1,1)	(0,0)
	B	(0,0)	(1,1)

Abbildung 15: AutokatalytischProzesszeß.

Die Vorhersage dieses Modells ist, dass ein derartiger chemischer Prozess wegen der Koordinationssituation zu einem Zustand strebt, in dem entweder nur A oder nur B übrig bleibt, die beiden aber nicht koexistieren werden. Der große Vorteil einer derartigen Darstellung ist, dass man mit sehr einfachen Modellannahmen chemische Erscheinungen erklären kann, was mit den Mitteln der Chemie nicht oder nur sehr schwer möglich gewesen wäre. Die spieltheoretische Vorgehensweise wird in der Chemie tatsächlich verwendet, wenn auch normalerweise nicht in der Darstellung als Matrixspiel, sondern durch Repräsentation desselben Sachverhalts als System von Differentialgleichungen, dessen Lösung dann (Nash-) Gleichgewichtslösungen sind.

Dieses Modell ist an die Idee des Hyperzyklus von EIGEN / SCHUSTER 1979 angelehnt. Eine einfache Darstellung befindet sich in EIGEN / WINKLER 1975.

Ein Feminismusargument: Matriarchat oder Patriarchat?

Der Kampf der Geschlechter wird oft wegen seiner etwas infantil klingenden Cover story belächelt, dabei steckt ein hochrelevanter Sachverhalt dahinter. In unserer Gesellschaft sind die Führungspositionen bevorzugt von Männern besetzt und der gesamte Umgang mit Kindern bevorzugt durch Frauen – ein Tatbestand, der ebenfalls als Ergebnis einer Koordinationssituation modelliert werden kann:

Stellen wir uns vor, wir hätten es mit einer Population aus Männern auf der einen Seite und einer aus Frauen auf der anderen Seite zu tun, von denen je ein Mitglied zufällig ausgewählt wird, um gegen ein Mitglied der anderen Teilpopulation zu spielen. Die Strategien, die die Spieler zur Auswahl haben, seien *Matriarchat* und *Patriarchat*. Spielen beide das Gleiche, dann kommen sie zu einem akzeptablen Ergebnis, spielen sie aber etwas Unterschiedliches, dann gibt es viele Reibereien und beide stehen schlechter da, als wenn sie sich koordiniert hätten. Nehmen wir einmal an, es sei den Männern lieber, dass *Patriarchat* gespielt wird, und den Frauen, dass *Matriarchat* gespielt wird:[28]

		Frau: Matriarchat	Frau: Patriarchat
Mann:	Matriarchat	(1,2)	(0,0)
	Patriarchat	(0,0)	(2,1)

Abbildung 16: Matriarchat oder Patriarchat.

[28] Früher habe ich hier geschrieben "Natürlich ist es den Männern lieber, wenn *Patriarchat* gespielt wird...". So natürlich finde ich das inzwischen nicht mehr. Denn die gesellschaftliche Rolle des "Patriarchen" hat nicht nur die vordergründig sichtbaren Vorteile, sondern auch Nachteile, zum Beispiel den, sehr stressreich zu sein. Man sieht das daran, dass Männer in industrialisierten Gesellschaften durchschnittlich fast sieben Jahre kürzer leben als Frauen, was zu anderen geschichtlichen Zeiten nicht der Fall war. Mir scheint, dass nicht nur die Zuweiseung der Rollen an Mann und Frau das Ergebnis einer Koordination ist, sondern auch die Bewertung dieser Rollen.

Diese Modellierung führt – nach der gleichen Argumentation wie bei den Netzwerkexternalitäten – zu einem Lock-in: Ohne dass a priori irgendein Unterschied zwischen Männern und Frauen vorhanden wäre, können sich die Populationen auf eine der beiden Strategien koordinieren, sodass es danach kaum noch möglich ist, diesen Zustand zu verlassen. Dies ist ein Basisargument von Frauenrechtlerinnen, auch wenn sie völlig andere Darstellungen verwenden. Dieses Spiel ist etwa die Übersetzung der *Konstruktion geschlechtspezifischer Rollen* in ein stilisiertes Spiel.

Ohne hier eine Feminismusdebatte auslösen zu wollen, gilt jedoch die gleiche Warnung wie bei der Verbreitung von Videosystemen: Damit im obigen Beispiel sich tatsächlich eines der beiden reinen Gleichgewichte etablieren kann, muss die eine Partei einen enormen Vorsprung vor der anderen haben. Im obigen Zahlenbeispiel müssten mehr als zwei Drittel der anderen Teilpopulation die für einen selbst ungünstigere Strategie spielen, damit es sich lohnt, ebenfalls auf diese Strategie umzuschwenken. Also zum Beispiel: Wenn mehr als 2/3 der Männer *Patriarchat* spielen, dann ist es die beste Antwort jeder einzelnen Frau, dies ebenfalls zu tun, obwohl ihr ja das reine Gleichgewicht (*Matriarchat, Matriarchat*) lieber wäre. Es ist sehr schwer vorstellbar, dass dieser Vorsprung rein zufällig entstanden sein sollte, zumal noch an vielen Stellen der Welt unabhängig voneinander.

Es ist aber natürlich ohne Weiteres möglich, dass es in der Vergangenheit einmal gute Gründe gegeben hat, die einen solchen Vorsprung auslösen, zum Beispiel weil Höhlenmenschen besser beraten waren, einen körperlich starken Kämpfer zum Anführer zu machen als eine mit Kinderpflege und Schwangerschaft beschäftigte Mutter. Wenn auf diese Weise erst einmal der erforderliche Vorsprung entstanden ist, dann kann sich (wie das obigen Modell zeigt) diese Rollenaufteilung auch dann noch selbst stabilisieren, wenn die ursprünglichen Gründe in der Zwischenzeit weggefallen sein sollten. Aber auch hier Vorsicht: Bevor Sie sich jetzt Hals über Kopf der nächstgelegenen Feminismusgruppe anschließen, sollten Sie zuerst das folgende Kapitel lesen.

Theoriebildung

Vielleicht ist jetzt die richtige Zeit, kurz zu erörtern, ob diese Form der Modellierung überhaupt sinnvoll ist. Woher weiß ich eigentlich, dass Männer und Frauen in einer symmetrischen Position sind? Weshalb sollte es nur genau zwei Strategien geben und wieso sollten die Auszahlungen gerade die Werte von 0, 1 und 2 haben?

Nun, zum einen ist es immer sinnvoll, die möglichst einfachste Modellierung zu verwenden, die das Erkenntnisinteresse befriedigt. Natürlich könnten wir das Modell beliebig verkomplizieren und zum Beispiel statt der extremen Verhaltensweisen *Matriarchat* und *Patriarchat* ein Kontinuum zulassen, sodass jeder Spieler aus unendlich vielen Strategien auswählt. Die Frage ist nur, ob der Mehraufwand auch ein Mehr an Erkenntnis bringt. Was die Auszahlungen angeht, ist die Angelegenheit ebenfalls ziemlich unkritisch: Niemand behauptet, dass gerade die hier verwendeten Werte zutreffen, aber für die Lösung haben wir auch nur die Rangfolge der Werte verwendet, und diese ist kaum zu bestreiten.

Nun zur Interpretation des Ergebnisses. Zeigt uns das Modell, dass Frauen und Männer gleich sind und das Patriarchat, das wir in der realen Welt sehen, ein Lock-in ist? Dies wäre mit Sicherheit eine Fehlinterpretation. Denn die Symmetrie der beiden Spieler ist nicht etwa das Ergebnis, sondern die Annahme des Modells. Was das Modell zeigt, ist Folgendes: Selbst dann, wenn Männer und Frauen in einer völlig symmetrischen Position sind, kann es zu einem Lock-in führen und damit zu dem Zustand, den wir jetzt in der Welt beobachten. Das Modell zeigt also nicht, dass die Symmetrie vorliegen *muss*, sondern dass sie vorliegen *kann*. Ob dies tatsächlich der Fall ist, kann nur durch empirische Beobachtung geklärt werden. Es kann ebensogut sein, dass auch heute noch ein hoher Testosteronspiegel einen Primärvorteil beim Ringen um Führungspositionen verschafft und dass der oben modellierte Einfluss des Koordinationsspiels auf Matriarchat oder Patriarchat nebensächlich ist.

Dies ist eine der typischen Aufgaben der Spieltheorie: Von beobachtbaren Phänomenen ausgehend bildet sie eine Theorie über die innere Struktur der Welt, also über die Teile, die nicht unserer vorwissenschaftlichen Beobachtung zugänglich sind. Bei dieser Form von Theoriebildung ist es immer erstrebenswert, nach einem möglichst einfachen Modell zu suchen, das zu dem beobachteten Phänomen führt.

3.3. Diskoordinationsspiele

3.3.1. Darstellung

Ende des 18. Jahrhunderts soll der französische Mathematiker DE MONTMORT die folgende Entscheidungssituation geschildert haben. Ein Vater macht seinem Sohn ein trickreiches Geschenk: Er versteckt eine Goldmünze in einer seiner Hände und lässt den Sohn raten, in welcher. Falls der Sohn die richtige Hand errät und dies die linke ist, so erhält er die Münze; rät der Sohn richtig und es ist die rechte Hand, dann erhält er sogar zwei Goldmünzen. Andernfalls geht er leer aus. DE MONTMORT war der Meinung, dass es in diesem Spiel keine optimales Verhalten für die Spieler gibt, dass es also – wie wir heute sagen würden – keine Lösung besitzt.

Übersetzen wir das Spiel zunächst in die gewohnte Bimatrix-Schreibweise:

		Vater: links	Vater: rechts
Sohn:	links	(1,-1)	(0,0)
	rechts	(0,0)	(2,-2)

Abbildung 17: Spiel ohne Gleichgewicht in reinen Strategien (Diskoordinationsspiel).

Zugegeben: Im Hinblick darauf, dass der Vater seinem Sohn ein Geschenk macht, könnte man etwas mehr Altruismus erwarten. Belassen wir es trotzdem bei dieser Modellierung – wesentlich ist das Spiel, nicht die Cover story.

Dieses Spiel ist ein **Diskoordinationsspiel**, weil der Sohn versucht, sich auf ein bestimmtes Verhalten mit dem Vater zu koordinieren, dieser aber bestrebt ist, eine Koordination zu verhindern.

Es ist nicht einfach, in diesem Spiel ein Gleichgewicht zu entdecken. In der Tat hat es nach unserer bisherigen Definition auch keines: Der Sohn versucht immer, dieselbe Hand wie der Vater zu wählen, doch je genauer der Vater weiß, dass der Sohn auf eine bestimmte Hand setzen wird, desto größer ist sein Anreiz, die andere Hand zu wählen. Mit anderen Worten, je sicherer die Spieler eine bestimmte Kombination als (Gleichgewichts-) Lösung vermuten, desto größer wird die Kraft, die eben diese Vermutung zerstört. Ein Gleichgewicht ist aber gerade eine Verhaltenskombination, die sich *nicht* aus sich selbst heraus zerstören soll.

Dass dieses Spiel kein Gleichgewicht hat, lässt sich auch leicht veranschaulichen, indem man die besten Erwiderungen in die Spielmatrix einzeichnet. In der folgenden Abbildung deuten die Pfeile jeweils in diejenige Richtung, in die ein Spieler abweichen würde, wenn er wüsste, dass der andere Spieler die Strategie derjenigen Zeile oder Spalte spielt, in der der Pfeil eingetragen ist (also zum Beispiel der obere waagerechte Pfeil heißt: wenn der Vater wüsste, dass der Sohn *links* spielt, dann spielt er selbst *rechts*, weil dann seine Auszahlung statt –1 zu 0 wird):

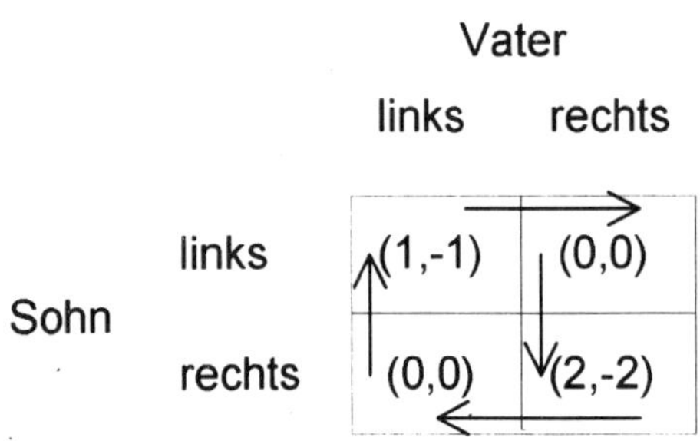

Abbildung 18: Diskoordinationsspiel mit Abweichungspfeilen.

Wenn auf irgendein Matrixfeld die Pfeile von beiden Spielern hindeuten, dann handelt es sich um einen Gleichgewichtspunkt (denn dann hat keiner der beiden einen Anreiz, von dieser Kombination abzuweichen); immer wenn aus einem Feld mindestens ein Pfeil hinausweist, so ist dies keine Gleichgewichtskombination. Man nennt ein derartiges Diagramm ein **Abweichungsdiagramm**; es ist ein nettes Hilfsmittel, um in Bimatrixspielen Gleichgewichte zu finden. Die eingezeichneten Pfeile heißen in diesem Zusammenhang **Abweichungspfeile**. Mehr zu der Methode der Gleichgewichtssuche mit Hilfe des Abweichungsdiagramms finden Sie auf Seite 301.

3.3.2. Gemischte Strategien

Gott würfelt nicht. (ALBERT EINSTEIN)

Das Spiel aus Abbildung 17 hat also offensichtlich keinen Gleichgewichtspunkt, weshalb es gelegentlich auch verallgemeinernd **Spiel ohne Gleichgewicht** genannt wird, was aber eigentlich falsch ist, wie wir gleich sehen werden. Mit einem Trick lässt sich nämlich doch noch ein Gleichgewicht finden:

Angenommen, Vater und Sohn spielten dieses Spiel nicht nur einmal, sondern sehr häufig. Dann ist sofort einleuchtend, dass keiner von ihnen immer dieselbe Aktion wählen sollte, weil der andere sonst mit Leichtigkeit dagegen optimieren könnte. Also mischen beide Spieler zwischen ihren "reinen" Strategien, das heißt sie wählen mit einer bestimmten Wahrscheinlichkeit mal die eine, mal die andere. Auf dieser einfachen Erkenntnis aufbauend ist es leicht, eine Gleichgewichtslösung zu finden: Die Spieler müssen nur noch das optimale Mischungsverhältnis zwischen den reinen Strategien bestimmen, also die Wahrscheinlichkeit, mit der die reinen Strategien gewählt werden sollen.

An diesem Prinzip ändert sich auch nichts im Einmalspiel: Dort darf ebenfalls nicht von vornherein feststehen, welche Strategie gewählt wird, das heißt es muss mit einer bestimmten Wahrscheinlichkeit die eine oder die andere reine Strategie gewählt werden, wobei die Wahrscheinlichkeiten wechselseitig gegeneinander optimal sein sollen. Das bedeutet, dass die Spieler nicht mehr direkt ihre Strategien wählen, sondern dass sie lediglich einen Zufallsmechanismus vorgeben, der anschließend die tatsächlich gespielte Strategie bestimmt. Die Spieler selbst geben nur noch die Wahrscheinlichkeit vor, mit der die jeweiligen Strategien auszuwählen sind.

Eine **gemischte Strategie** ist eine Wahrscheinlichkeitsverteilung über die **reinen Strategien**. Der Spieler wählt also nicht die zu spielende Strategie selbst, sondern nur die Wahrscheinlichkeiten für die reinen Strategien und überlässt das tatsächliche Ergebnis einem Zufallsmechanismus.

Diese Vorgehensweise des Mischens wird auch **randomisieren** genannt.

Ein Spiel, in dem auch gemischte Strategien zulässig sind, heißt **gemischte Erweiterung** eines Spieles.

Eine formale Definition befindet sich auf Seite 204.

Ein derartiges Verhalten ist uns aus dem Alltagsleben durchaus vertraut: Beispielsweise mischen wir beim Knobeln ganz intuitiv zwischen den einzelnen reinen Strategien. In der Matrixschreibweise sieht das Knobel-Spiel folgendermaßen aus:

		Spielerin B:		
		Stein	Schere	Papier
	Stein	(0,0)	(1,-1)	(-1,1)
Spieler A:	Schere	(-1,1)	(0,0)	(1,-1)
	Papier	(1,-1)	(-1,1)	(0,0)

Abbildung 19: Knobeln (Schnick-Schnack-Schnuck).

Wie man sich mit Hilfe von Abweichungspfeilen leicht veranschaulichen kann, gibt es hier ebenfalls keinen Gleichgewichtspunkt. Man kann ausrechnen, dass beim Knobeln die optimale Lösung darin besteht, jede Alternative mit der Wahrscheinlichkeit von 1/3 zu wählen, was man vermutlich auch intuitiv recht gut annähert.

Der Vollständigkeit halber sei noch eine etwas verkleinerte 2 x 2 – Version des Knobelns erwähnt, die immer wieder in Spieltheoriebüchern auftaucht: das **Matching Pennies**. Hier wählen die beiden Spieler – wie beim Knobeln – unabhängig voneinander Kopf oder Zahl eines Pfennigs, den sie vor sich auf den Tisch legen. Haben beide das Gleiche gewählt, so gewinnt Spieler A, ansonsten gewinnt Spielerin B. Es handelt sich ebenfalls um ein Diskoordinationsspiel.

Errechnen des optimalen Mischungsverhältnisses

Um etwas Gefühl für gemischte Strategien zu bekommen, rechnen wir nun für das Vater-und-Sohn-Beispiel aus, welches die optimalen Wahrscheinlichkeiten für die Wahl der Strategien sind, genauer gesagt die Wahrscheinlichkeiten für ein Gleichgewicht in gemischten Strategien. Und um nicht nur an die speziellen Zahlenwerte des Beispiels gebunden zu sein, rechnen wir gleich für den folgenden, etwas allgemeineren Fall:

		S_2 (Vater)	
		l_2	r_2
S_1 (Sohn)	l_1	(a,α)	(b,β)
	r_1	(c,γ)	(d,δ)

Abbildung 20: 2 x 2 – Spiel in allgemeiner Form.

Die normalen Buchstaben bezeichnen hier die Auszahlungen an den Sohn (Spieler 1, abgekürzt mit S_1), die griechischen Buchstaben die Auszahlungen an den Vater (Spieler 2). Die Indizes an den Strategien kennzeichnen den jeweiligen Spieler.

Beide Spieler maximieren nun den Erwartungswert ihrer Auszahlungen. Wenn der Sohn l_1 spielt und der Vater die Strategie l_2 mit der Wahrscheinlichkeit p wählt, so beträgt die Auszahlungserwartung des Sohnes:

$$U_1(l_1) = p \cdot a + (1-p) \cdot b \quad (1)$$

Spielt er r_1, so kann er erwarten:

$$U_1(r_1) = p \cdot c + (1-p) \cdot d \quad (2)$$

Tragen wir der besseren Übersicht halber die Auszahlungen an den Sohn in die Spielmatrix ein. Die Auszahlungen an den Vater sind hier weggelassen und p bzw. w bezeichnen die Wahrscheinlichkeiten, mit denen der Sohn bzw. der Vater die jeweilige Strategie wählt (das heißt, der Sohn spielt l_1 mit der Wahrscheinlichkeit w und r_1 mit der Gegenwahrscheinlichkeit (1-w)):

			S_2 (Vater)	
			l_2 p	r_2 (1-p)
S_1 (Sohn)	l_1	w	$w \cdot p \cdot a$	$w \cdot (1-p) \cdot b$
	r_1	(1-w)	$(1-w) \cdot p \cdot c$	$(1-w) \cdot (1-p) \cdot d$

Abbildung 21: Die Erwartungswerte der Auszahlungen an den Sohn.

Um die Auszahlungserwartung des gesamten Spiels für den Sohn zu erhalten, müssen wir nur noch die Werte aller Felder addieren. Seine Auszahlungserwartung U_1 hängt einerseits von der Wahrscheinlichkeit w ab, mit der er l_1 wählt, und andererseits von der Wahrscheinlichkeit p, mit der der Vater seine Strategien wählt. Wir schreiben daher $U_1(w, p)$:

$$U_1(w, p) = w \cdot U_1(l_1) + (1-w) \cdot U_1(r_1) =$$

$$= w \cdot [p \cdot a + (1-p) \cdot b] + (1-w) \cdot [p \cdot c + (1-p) \cdot d] \quad (3)$$

Der Sohn hat nur Einfluss auf w. Um U_1 zu maximieren, muss deshalb die Funktion $U_1(w, p)$ partiell nach w abgeleitet und gleich null gesetzt werden. Man erhält:

$$\frac{\partial U_1}{\partial w} = [p \cdot a + (1-p) \cdot b] - [p \cdot c + (1-p) \cdot d] \stackrel{!}{=} 0 \quad (4)$$

Aufgelöst nach p:

$$p = \frac{d-b}{a-b+d-c} \quad (5)$$

Analog kann für den Vater vorgegangen werden, und man erhält:

$$w = \frac{\gamma-\delta}{\beta-\alpha+\gamma-\delta} \quad (6)$$

Setzt man die Zahlenwerte aus Abbildung 17 ein, so ergibt sich, dass $p = w = 2/3$. Falls wir wissen möchten, wieviel der Sohn durchschnittlich bei dieser Strategie gewinnt, müssen wir die errechneten Werte für p und w einfach in Gleichung (3) einsetzen.

Dieses Ergebnis ist auch mit der Intuition leicht in Übereinstimmung zu bringen: Der Vater wählt die linke Hand mit größerer Wahrscheinlichkeit als die rechte, weil ihn die linke weniger kostet, und entsprechend sagt der Sohn diese Hand mit größerer Wahrscheinlichkeit vorher.

Nichtstriktes und labiles Gleichgewicht

Zwei Dinge aber sollten auffallen. Erstens ergab die Rechnung ein eindeutiges Ergebnis, das heißt es gibt genau eine Möglichkeit, "richtig" zu mischen und nicht etwa sehr viele, was auch hätte sein können. Zweitens – und das ist viel bemerkenswerter – hängt die Optimalität der Lösung nicht etwa von dem Optimierungsansatz desjenigen Spielers ab, für den die jeweilige Wahrscheinlichkeit gilt, sondern von der des anderen. Dies wird in der obigen Rechnung deutlich: Die Maximierung der Auszahlungserwartung des Sohnes $U_1(w, p)$ ergibt nicht etwa ein Ergebnis für w, sondern für p, was aber gerade diejenige Wahrscheinlichkeit ist, mit der der Vater mischt.

Die Bedeutung dieser Tatsache ist recht weitreichend. Wir kannten das Nash-Gleichgewicht aus den bisherigen Beispielen als eine Strategienkombination, bei der sich jeder Spieler nur verschlechtern konnte, wenn er als Einziger abweicht; es handelte sich also um ein selbststabilisierendes Verhalten. Diese Beispiele waren aber eigentlich Spezialfälle, denn in der Definition des Gleichgewichts wird nur gefordert, dass sich kein Spieler durch Abweichung *verbessern* darf, die Auszahlung kann aber sehr wohl gleich bleiben. Genau das ist hier der Fall. Das beschriebene gemischte Gleichgewicht ist also strenggenommen keine selbststabilisierende, sondern eine **nicht selbstzerstörende Strategienkombination**.

> Wenn sich bei einem Nash-Gleichgewicht alle Spieler auf jeden Fall verschlechtern, falls sie als Einziger vom Gleichgewicht abweichen, nennt man dies ein **striktes Gleichgewicht**, andernfalls handelt es sich um ein **nichtstriktes Gleichgewicht**.

Diese Unterscheidung ist durchaus wichtig, da die Spieler bei einem nichtstrikten Gleichgewicht ein wesentlich geringeres Interesse haben, tatsächlich das Gleichgewicht zu spielen: Denn wenn sie selbst geringfügig von dem Gleichgewichtsverhalten abweichen, dann hat dies keine direkte Wirkung auf ihre eigene Auszahlung, sondern nur auf die des Gegners. Erst wenn dieser den "Fehler" ausnutzt und selbst auch anders mischt, verändert sich die Auszahlung des ursprünglich Abgewichenen.

In dem obigen Beispiel von Vater und Sohn ändert sich die Auszahlung zu Ungunsten des zuerst abgewichenen, sodass dieser anschließend ein Interesse hat, wieder zu dem Gleichgewicht zurückzukehren. In diesem Sinn hat das gemischte Gleichgewicht in diesem Fall also durchaus bestimmte Stabilitätseigenschaften. Dass dies aber nicht immer so sein muss, wird sich im nächsten Kapitel beim Taube-Falke-Spiel zeigen. Wir kennen sogar bereits einen solchen Fall: Bei den Koordinationsspielen gibt es neben den Gleichgewichten in reinen Strategien jeweils auch eines in gemischten, das labil ist[29]: Falls dort einer der beiden Spieler von der optimalen Mischung abweicht, hat der andere einen Anreiz, in dieselbe Richtung abzuweichen, was wiederum den Anreiz für den ursprünglich abgewichenen für die gleiche Richtung erhöht usw., sodass das gemischte Gleichgewicht bei der kleinsten Störung verlassen würde, sofern wir einen derartigen iterativen Prozess zulassen.

Dies ist dann ein **labiles Gleichgewicht**, ein Begriff, den man nicht mit dem des nichtstrikten Gleichgewichts verwechseln sollte; allerdings wird der Name labiles Gleichgewicht nicht sehr oft gebraucht, weil man meistens nicht zwischen den verschiedenen Formen der gemischten Gleichgewichte unterscheidet; auch ist seine Verwendung nicht ganz einheitlich.[30,31]

Die beiden Gleichgewichtstypen werden oft durch das Beispiel einer Kugel verdeutlicht: Bei der Gleichgewichtslage in der Mitte der Schüssel handelt es sich um ein stabiles Gleichgewicht, das die Kugel nach einer Störung (also zum Beispiel nachdem man die Kugel angestoßen hat) selbständig wieder einnimmt. Liegt die Kugel dagegen auf einem Berg, so ist die Position in der Mitte zwar ebenfalls ein Gleichgewicht, aber ein labiles, das bei der geringsten Störung verlassen wird und das das System ohne äußere Einflüsse nicht mehr einnimmt.

---

29 Ich meine hier die Koordinationsspiele im engen Sinn, also die reine Koordination oder das Win-Win-Spiel. Bei den Spielen vom Typ Kampf der Geschlechter gilt das nicht; dort ist das gemischte Gleichgewicht ebenfalls lokal stabil.

30 Zum Beispiel gibt es stabile Mengen, die aber etwas ganz anderes bedeuten.

31 Inwieweit diese Unterscheidung überhaupt sinnvoll oder notwendig ist, hängt auch davon ab, wie man das Nash-Gleichgewicht interpretiert. Stabilitätseigenschaften in dem hier beschriebenen Sinn sind insbesondere dann von Bedeutung, wenn blinde Prozesse vorliegen (siehe Seite 217).

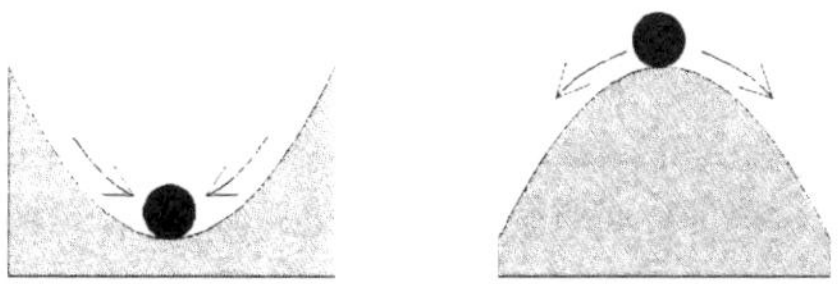

Abbildung 22: Stabiles und labiles Gleichgewicht, veranschaulicht durch eine Kugel in einem Tal bzw. auf einem Berg.

Gemeinsam ist den beiden Kugelpositionen, dass sie in ihrer unmittelbaren Umgebung auf einer waagerechten Fläche liegen. In genau der Gleichgewichtsposition besteht also kein Anreiz, die Position zu ändern – allerdings auch kein Anreiz, sie *nicht* zu ändern (diese Situation ändert sich natürlich sofort nach Verlassen der unmittelbaren Umgebung: dies ist eben die Unterscheidung in labil und stabil). Diese Beobachtung legt die Frage nah, ob Gleichgewichte in gemischten Strategien manchmal auch strikte Gleichgewichte sein können, oder ob gemischte Gleichgewichte immer nichtstrikt sind, man sich also bei einer kleinen Abweichung zunächst weder verschlechtert noch verbessert.

Die Frage lässt sich leicht beantworten: Angenommen, einer der Spieler würde sich verschlechtern, wenn er eine der verwendeten reinen Strategien mit größerer Wahrscheinlichkeit spielt als in der Gleichgewichtslösung. Dann hätte diese reine Strategie offensichtlich eine geringere Auszahlung als die anderen verwendeten reinen Strategien, denn sonst würde sich die Auszahlung bei Erhöhung des Anteils dieser Strategie nicht verringern. Wenn aber die Auszahlung einer speziellen reinen Strategie niedriger ist als die einer anderen, dann sollte jene mit der geringeren Auszahlung überhaupt nicht verwendet werden. Die umgekehrte Argumentation trifft auch für Strategien zu, die eine höhere Auszahlung besitzen als die anderen in der gemischten Strategie verwendeten reinen Strategien. Daraus folgt:

Alle reinen Strategien, die in einem gemischten Gleichgewicht mit positiver Wahrscheinlichkeit gewählt werden, müssen die gleiche Auszahlungserwartung haben.

Die Bezeichnung *mit positiver Wahrscheinlichkeit* bedeutet das Gleiche wie *mit Wahrscheinlichkeit größer null*, weil die Null selbst keine positive Zahl ist (sie hat kein Vorzeichen).

Normalerweise steht vor spieltheoretischen Ergebnissen *Satz* oder *Theorem*. Ein **Satz** ist eine nichttriviale, bewiesene mathematische Aussage; dabei ist es unerheblich, ob der Beweis formal (das heißt mit mathematischen Symbolen) oder verbal erfolgt. Ein **Lemma** ist ein Hilfssatz, der meist zum Beweis einer komplizierteren Aussage herangezogen wird. Ein **Theorem** ist ein Satz, der besonders wichtig, schwierig oder überraschend ist – wobei die Klassifizierung natürlich größtenteils Geschmacksache des jeweiligen Autors ist.

Um die Aussage des Satzes noch einmal zu veranschaulichen: Die Situation im Zustand eines gemischten Gleichgewichts stellt sich für den einzelnen Spieler ähnlich dar, wie in dem folgenden Spiel:

		Spielerin B(erta): links	rechts
Spieler A(nton):	oben	(1,1)	(1,1)
	unten	(1,1)	(1,1)

Abbildung 23: Spiel, bei dem jedes Verhalten im Gleichgewicht ist.

Dieses Spiel stellt sich für die Spieler so dar, wie eine waagerechte Fläche für die Kugeln aus Abbildung 22: Es ist hier für die Auszahlungserwartung unerheblich, welche Strategie man selbst wählt; alle Möglichkeiten sind gleich gut. In der gleichen Situation befindet man sich bei einem gemischten Gleichgewicht – zumindest, solange der jeweils andere Spieler die Gleichgewichts-Mischung spielt.

Im Gegensatz zu dem eben abgebildeten Spiel beeinflusst aber das eigene Verhalten normalerweise die Auszahlungserwartung der Gegenspielerin. Bemerkt diese die Abweichung, dann wird sie darauf reagieren, und zwar so, dass es für sie von Vorteil ist (so, wie es weiter oben beschrieben ist).

Schnelles Berechnen eines gemischten Gleichgewichts

Der Satz aus dem vorangegangenen Abschnitt hat übrigens auch eine direkte Nutzanwendung: Mit seiner Hilfe kann man auch ohne den beschriebenen Optimierungsansatz das gemischte Gleichgewicht ausrechnen. Die Methode lässt sich an dem Vater-Sohn-Spiel einfach erklären. Wir wissen durch den

Satz: Wenn es für den Vater sinnvoll sein soll, zwischen den reinen Strategien *rechts* und *links* zu mischen, dann müssen die Auszahlungserwartungen für beide Aktionen gleich sein, also:

$$U_2(r_2) \overset{!}{=} U_2(l_2)$$

Setzen wir die Auszahlungen ein (die nur vom Verhalten des Sohns abhängen), so erhalten wir:

$$w \cdot \beta + (1-w) \cdot \delta \overset{!}{=} w \cdot \alpha + (1-w) \cdot \gamma$$

Aufgelöst nach w:

$$w = \frac{\gamma - \delta}{\beta - \alpha + \gamma - \delta} \tag{7}$$

Schon haben wir die Mischung für den Sohn. Wie man leicht sieht, entspricht dies genau der Gleichung (6), das heißt, wir erhalten das gleiche Ergebnis wie durch den ursprünglichen Ansatz, nur wesentlich schneller. Nach der gleichen Methode kann man auch bei mehr als zwei Strategien für jeden Spieler vorgehen, weil auch dann alle reinen Strategien, die in der gemischten Strategie verwendet werden, die gleiche Auszahlungserwartung haben müssen.

Generell ist bei der Berechnung gemischter Strategien Vorsicht geboten, denn manchmal entstehen merkwürdige Ergebnisse. Ein Beispiel für einen solchen Fall lieg vor, wenn wir versuchen, ein Gleichgewicht in gemischten Strategien für das Prisoner's Dilemma von Seite 48 zu errechnen: Setzen wir die Auszahlungen in die eben entwickelte Formel (7) ein, dann schreibt die Lösung vor, dass jeder der Spieler mit einer Wahrscheinlichkeit von $w = \frac{0-1}{5-4+0-1}$ gestehen soll. Dieser Ausdruck ist aber nicht definiert, weil der Nenner den Wert null annimmt. Bei etwas anderen Auszahlungen hätte der Wert auch negativ oder größer als eins werden können, obwohl Wahrscheinlichkeiten nur im Intervall von null bis eins definiert sind.

Bedeutet das, dass die Formel falsch ist? Natürlich nicht. Die merkwürdigen Ergebnisse bedeuten stattdessen, dass es keine Lösung in gemischten Strategien gibt, und genau das ist beim Prisoner's Dilemma ja der Fall: Die einzige Lösung besagt, dass die Strategie *gestehen* mit einer Wahrscheinlichkeit von eins gespielt werden soll. Man muss also bei der Suche nach dem Gleichgewichts-Mischungsverhältnis immer auch auf den Definitionsbereich achten.

Interpretation gemischter Strategien ("Purifications")

Es haben sich einige Diskussionen um die Relevanz und die inhaltliche Bedeutung von gemischten Strategien entfacht, die ich in diesem Abschnitt kurz streifen möchte.

Zunächst einmal gibt es die pragmatische Frage, ob es überhaupt möglich ist herauszufinden, ob die anderen Spieler tatsächlich optimal mischen. Dieses Argument gilt selbstverständlich besonders bei Einmalspielen. Aber auch bei wiederholten Spielen kann in jedem endlichen Beobachtungszeitraum die Abweichung ebensogut ein Stichprobenfehler sein, obwohl dies natürlich mit größer werdendem Zeitraum immer unwahrscheinlicher wird.

Experimente deuten darauf hin, dass Menschen nicht in der Lage sind, wirklich unverzerrte Zufallsentscheidungen auszuführen. Das bedeutet, dass auch wenn sie sich noch so sehr bemühen, zwei Aktionen mit der gleichen Wahrscheinlichkeit zu wählen, sie doch unbewusst die eine bevorzugen; ebenso wie Menschen nicht in der Lage sind, ohne Orientierungspunkte streng geradeaus zu gehen (was schon so manchem in der Wüste zum Verhängnis wurde). Auch wenn Menschen versuchen, die Ergebnisse von gewürfelten Zahlenreihen zu erfinden, unterscheiden sich diese Reihen in der Regel deutlich von echten Würfelreihen. Besonders scheuen Menschen vor unzufällig wirkenden Wiederholungen derselben Zahl zurück und versuchen, auch in kurzen Reihenabschnitten, alle Zahlen vorkommen zu lassen. Der "echte" Zufall macht dagegen nicht vor langen und unwahrscheinlich wirkenden Mustern halt. Mit den geeigneten statistischen Tests kann man deshalb gefälschte Zufallszahlen meist recht leicht entlarven.

Daher ist es durchaus ein Unterschied, ob reale Spieler versuchen, nach Gutdünken zu mischen, oder ob sie tatsächlich einen Zufallsmechanismus verwenden, wie zum Beispiel einen (idealen) Würfel. Man kann sich hiervon normalerweise leicht beim Knobeln überzeugen, weil es dort oft Spieler gibt, die gegenüber anderen deutlich besser abschneiden.

Gibt es nun auch reale Entscheidungen, bei denen ein echter Zufallsmechanismus zur Entscheidungsfindung benutzt wird? Zugegeben, es wäre schwer zu begründen, zum Beispiel eine Millioneninvestition oder eine Kriegsentscheidung von einem Münzwurf abhängig zu machen. Andererseits wurden lange Zeit bei wichtigen Problemen Orakel befragt und auch heute vertrauen viele Menschen auf Entscheidungshilfen wie I Ging, Tarot-Karten oder

Astrologie. Es ist durchaus sinnvoll, solche Einrichtungen als externe Zufallsmechanismen anzusehen, die im Resultat zu gemischten Strategien führen. Weiterhin werden oftmals sogar bewusst Zufallsmechanismen verwendet: So etwa bei Stichprobenkontrollen des Finanzamts oder bei Auslosungen von Wertpapieren.

Wie ist es aber in den Fällen, in denen kein expliziter Zufallsmechanismus verwendet wird? Auch dann gibt es gute Argumente, die das Konzept der gemischten Strategien als sinnvoll erscheinen lassen. Interpretationen, wie die folgenden, werden oft als *purification* (Rechtfertigung) bezeichnet:

Steuerfahndung und gemischte Strategien

Wie in Capital 19/2005 zu lesen war, kennt auch das Finanzamt den Nutzen gemischter Strategien und die Unfähigkeit von Menschen, wirklich zufällig zu mischen: Im Rahmen der digitalen Betriebsprüfung untersucht das Computerprogramm Idea, ob Anfangs- und Endziffern in den eingereichten Zahlenwerken mit denjenigen Häufigkeiten auftauchen, die ihren theoretischen Wahrscheinlichkeiten entsprechen. Bei Abweichungen vermuten die Betriebspüfer Fälschungen durch frei erfundene Daten.

Eine Möglichkeit besteht darin, den Zufallsmechanismus als exogene Einflussfaktoren zu interpretieren, die nicht mit in das Modell aufgenommen werden sollen oder können: zum Beispiel das Wetter oder das Radioprogramm während der Entscheidungsfindung. Derartige Faktoren können durchaus die Entscheidungen beeinflussen, lassen sich in einem spieltheoretischen Modell aber sicherlich nur als Blackbox sinnvoll behandeln, eben als einen inhaltlich nicht weiter bestimmbaren Zufallsmechanismus. Problematisch an dieser Interpretation ist lediglich, dass die exogenen Einflussfaktoren nicht per se auszahlungsrelevant sein dürfen, weil sie sonst in das Modell mit hätten integriert werden müssen.

Eine andere, wenn auch ähnliche, Interpretationsmöglichkeit besteht darin anzunehmen, dass der einzelne Entscheider konkrete Denkschritte durchläuft und diese vielleicht sogar deterministisch zu einem bestimmen Ergebnis führen – um welche Denkschritte es sich aber genau handelt und wodurch sie gegebenenfalls initialisiert wurden, das ist nur ihm selbst bekannt und das Ergebnis stellt sich daher für einen Dritten (also für die anderen Spieler und für die Spieltheoretiker) so dar, als wäre es zufällig. Dieser Prozess ähnelt der Funktionsweise eines Pseudozufallszahlengenerators: Dieser liefert ebenfalls eine rein deterministische Abfolge von Ergebnissen, dennoch ist es ohne Kenntnis des Bildungsgesetzes nicht möglich, die nächste Zahl vorherzusagen. Der Zufallsmechanismus einer gemischten Strategie könnte aus dieser Sicht sicherlich als deterministisches Chaos im Sinne der Chaostheorie interpretiert werden.

Eine andere, theorieorientierte Möglichkeit der Interpretation besteht darin, die Randomisierung (das ist ein anderes Wort für das Mischen über reine Strategien) als initialen Zufallszug zu interpretieren, der als Folge von unvollständiger Information ins Modell gelangt; was es mit dem Zufallszug auf sich hat, wird in Kapitel 4.3.5.Unvollständige Information (insbesondere Seite 144) erläutert. Im Prinzip läuft es darauf hinaus, dass keiner der Spieler wirklich mischt, andererseits aber auch keiner sicher ist, was die anderen tatsächlich tun werden, weil ihnen wichtige Informationen darüber fehlen, was die anderen können, wissen oder wollen. Sie bilden daher Wahrscheinlichkeitserwartungen über das Verhalten der anderen und diese wirken sich formal genauso aus, wie wenn die anderen Spieler mischen (HARSANYI 1973 hat diese Idee umgesetzt, indem er kleine Auszahlungsschwankungen unterstellt, die nur der jeweilige Spieler selbst beobachten kann).

Zu guter Letzt gibt es noch die Interpretation der Mischung als Populationszusammensetzung: Angenommen, in einer großen Population von Spielern gebe es in Wahrheit nur Spieler, die jeweils reine Strategien spielen. Wenn der Gegenspieler im Einzelfall zufällig aus der Population gezogen wird, ist das Resultat ähnlich, wie wenn jeder einzelner Gegenspieler mischen würde. Eine genauere Erläuterung zu dieser Interpretation folgt noch im Kapitel *5.7.2.Interpretation der ESS*. Einen kleinen Vorgeschmack hierauf bietet auch das folgende Kapitel.

Vielleicht werden Sie sich fragen, weshalb so viel Aufwand getrieben wird um zu begründen, weshalb gemischte Strategien[32] sinnvoll sind. Der Grund liegt einfach darin, dass erst mit deren Hilfe jedes Spiel einen Gleichgewichtspunkt besitzt. Als eine etwas verstecktere Variante dieses Falles kann es bei der Beschränkung auf reine Strategien passieren, dass das Dominanzkriterium zu einer anderen Lösung führt als das Gleichgewichtskriterium (folgendes Beispiel stammt aus MOULIN 1981):

---

[32] Beachten Sie bitte, dass jede reine Strategie als Spezialfall einer gemischten Strategie aufgefasst werden kann: In der gemischten Strategie wird dann genau eine reine Strategie mit Wahrscheinlichkeit eins gespielt, alle anderen reinen Strategien mit Wahrscheinlichkeit null.

		Spaltenspielerin: L	M	R
Zeilen-	O	**(1,1)**	(0,1)	(0,1)
spieler:	M	(0,0)	(1,0)	(0,1)
	U	(1,0)	(0,1)	(1,0)

Abbildung 24: Das einzige Gleichgewicht in reinen Strategien ist schwach dominiert.

Das einzige Gleichgewicht dieses Spiels in reinen Strategien ist (O, L) und führt zu der Auszahlung (1,1); ausgerechnet die Strategien O und L sind aber dominiert[33] und müssten daher nach dem Dominanzkriterium gestrichen werden. Übrig bliebe dann eine Art Matching Pennies, das kein Gleichgewicht in reinen Strategien besitzt.

Aber auch inhaltlich ist die Erweiterung auf gemischte Strategien sinnvoll. Denn in vielen Situationen will man als Entscheider eine Alternative nicht zu hundert Prozent wählen, sondern die Wahl etwas herunterskalieren. Dieser Vorgang kann aber doch nur heißen, die Alternative eben seltener als immer zu wählen. Von einem Außenstehenden aus betrachtet (der unsere Detailüberlegungen nicht kennt), sieht das dann aus wie zufällig – und damit sind wir wieder bei den Purifications von oben: Aus Sicht eines Dritten ist die Entscheidung "wie zufällig", auch wenn der Entscheider aus seiner Sicht völlig deterministische Überlegungen angestellt hat. Das aber wiederum rechtfertigt methodisch die Verwendung gemischter Strategien auch dann, wenn man nicht daran glaubt, dass die Entscheider "wirklich zufällig" entscheiden.

3.4. Taube-Falke-Spiel

Dieses Kapitel befasst sich mit einem Beispiel, das ursprünglich aus der Biologie stammt, für das es aber auch zahlreiche Situationen aus den Sozialwissenschaften gibt. Sehen wir uns zunächst die Cover story aus der Bio-

[33] Die Strategie U dominiert O, und R dominiert L.

logie an (eine ausführlichere Erläuterung zu diesem Spiel finden sie in MAYNARD SMITH 1982):

Zwei Tiere kommen gleichzeitig zu einer Ressource – sagen wir zu einem besonders günstigen Gebiet für ein Revier – die aber nicht von beiden gleichzeitig genutzt werden kann. Die Tiere sind nun die Spieler in dem betrachteten Spiel und haben zwei Verhaltensweisen zur Auswahl: entweder zu flüchten oder zu kämpfen. Damit der andere nicht sofort erkennt, ob der eine flüchten oder kämpfen will, nimmt jeder zunächst eine Drohposition ein. Sofern er aber die Strategie *Taube* (*dove*) wählt, flüchtet er sofort, wenn er bemerkt, dass der andere ernsthaft kämpft. Beim *Falken-Verhalten* (*hawk*) hingegen nimmt er nicht nur die Drohhaltung ein, sondern kämpft auch wirklich bis aufs Blut, falls sich der andere auf den Kampf einlässt.

Da wegen des Drohverhaltens nicht sofort erkennbar ist, welche Strategie der andere wählt, kann sich keiner auf das Verhalten des anderen einstellen – das bedeutet in spieltheoretischer Terminologie: Die Tiere müssen gleichzeitig entscheiden (also ohne zu wissen, welche Strategie der andere gewählt hat).

Um den beschriebenen Sachverhalt als Spiel zu modellieren, gehen wir einmal von folgenden Zahlenwerten aus: Das Revier sei jedem der beiden zwei Einheiten wert. Treffen zwei Tauben[34] aufeinander, dann ist es zufällig, wer die Ressource erhält, jeder von beiden bekommt sie also mit einer Wahrscheinlichkeit von 1/2; die Erwartungsauszahlung beträgt daher in diesem Fall $0.5 \cdot 2 = 1$. Stößt eine Taube auf einen Falken, so geht sie leer aus (Auszahlung von 0), wogegen der Falke das Revier erhält (Auszahlung von 2). Ungünstig wird der Spielausgang, wenn zwei Falken aufeinander treffen: Da beide ungefähr gleich stark sind, erhalten sie die Ressource wieder mit einer Wahrscheinlichkeit von 1/2, aber der Kampf kann leicht zu ernsthaften Verletzungen führen, die in jedem Fall viel mehr zählen als der mögliche Gewinn der Ressource; im Erwartungswert ergibt sich für diesen Fall eine sehr hohe negative Auszahlung, für die wir hier -10 annehmen. Als 2 x 2 – Spiel lässt sich die Situation jetzt folgendermaßen darstellen:

[34] Das heißt: zwei Tiere, die das Taube-Verhalten wählen. Es soll sich hier nicht etwa um zwei Tiere der Spezies Taube handeln.

		Tier B: Taube	Tier B: Falke
Tier A:	Taube	(1,1)	**(0,2)**
	Falke	**(2,0)**	(-10,-10)

Abbildung 25: Das Taube-Falke-Spiel (*Hawk Dove Game*).

Sie fragen sich an dieser Stelle vielleicht, was das Verhalten von Tieren eigentlich mit Spieltheorie zu tun haben soll, wo sich die Spieltheorie doch mit Rationalverhalten auseinandersetzt und man von Tieren wohl wirklich keine Rationalität erwarten kann – schließlich ist es damit schon bei Menschen nicht so weit her. Diese Frage wird im Kapitel 5.Nichtkooperative Lösungskonzepte näher untersucht, hier aber schon einmal das Grundprinzip: Es wird davon ausgegangen, dass das phänotypische Verhalten der Tiere genetisch bedingt ist. Wenn nun eines der Tiere eine überlegene Verhaltensweise verwendet, dann hat es bessere Chancen, sich zu vermehren, das heißt, seine Gene weiterzugeben. Auf diese Weise verbreitet sich sodann das Gen in der Population, das dieses Verhalten verursacht. Die Auszahlungen in derartigen Evolutionsspielen erfolgen daher in **Fitness**, die man sich als den Erwartungswert der Nachkommenzahl vorstellen kann.

Ohne diesen Sachverhalt hier zu problematisieren, beschäftigen wir uns zunächst damit, wie dieses Spiel zu lösen ist. Auf den ersten Blick hat die Cover story sehr viel Ähnlichkeit mit dem Gefangenendilemma, aber bei genauerer Betrachtung ist die Struktur dieses Spiels doch deutlich anders. Sie ähnelt viel stärker dem Kampf der Geschlechter, wovon man sich leicht durch das Einzeichnen von Abweichungspfeilen überzeugen kann.[35] Man findet auf diese Weise die beiden Gleichgewichte in reinen Strategien (*Taube, Falke*) und (*Falke, Taube*). Der Unterschied zum Kampf der Geschlechter besteht aber darin, dass, wenn dort zwei Trotzköpfe aufeinander treffen, sie sich gegenseitig zwar den Spaß verderben können, aber nicht der Gefahr derart hoher Konfliktkosten ausgesetzt sind wie hier zwei Falken. Daher

[35] Falls Sie in der Verwendung des Abweichungsdiagramms nicht geübt sind, sollten Sie an dieser Stelle wirklich Abweichungspfeile in die drei genannten Spiele einzeichnen (in das Taube-Falke-Spiel, das Gefangenendilemma und den Kampf der Geschlechter). Das Abweichungsdiagramm ist auf Seite 78 erklärt.

kommt wohl der Ratschlag, den man Kindern in Taube-Falke-Situationen zu geben pflegt: *Der Klügere gibt nach.* Dieser Ratschlag führt tatsächlich zu einem Gleichgewicht im spieltheoretischen Sinn, genauer gesagt zu einem der beiden Gleichgewichte in reinen Strategien. Das Unbefriedigende an diesen Gleichgewichten ist aber, dass sie ein asymmetrisches Ergebnis hervorbringen: Wenn einer der beiden Spieler genau weiß, dass der andere *Taube* spielen wird, dann ist die beste Antwort *Falke*, sodass der Klügere auf Dauer zum Dummen wird.

Aus diesem Grund ist der dritte Gleichgewichtspunkt, der gemischte, intuitiv sympathischer. Rechnen wir daher für das Spiel aus Abbildung 25 einmal aus, wie das optimale Mischungsverhältnis zwischen den beiden Strategien sein soll; dazu müssen wir die Auszahlungswerte dieser Spielmatrix einfach in die Formel (5) von Seite 82 einsetzen und erhalten als Ergebnis, dass im gemischten Gleichgewicht mit einer Wahrscheinlichkeit von $w = \frac{10}{11} \approx 91\%$ die Strategie *Taube* gewählt werden muss. Wie man sieht, ist in der Gleichgewichtslösung ein wesentlich geringerer Anteil von Falken- als von Taubenverhalten vorgesehen.

Wir haben jetzt drei Gleichgewichte ermittelt – gibt es diese Gleichgewichte auch in der Natur? Es spricht vieles dafür, dass man alle drei beobachten kann. Zum Beispiel könnte A die Rolle des Revierverteidigers bezeichnen, B die eines Eindringlings. Es ist dann sehr plausibel, dass sich ein Gleichgewicht einstellt, das für den Verteidiger *Falke* vorsieht und für den Eindringling *Taube*. Diese Lösung stünde in bestem Einklang mit Beobachtungen an wirklichen Tieren: Der Verhaltensforscher KONRAD LORENZ 1963 beschreibt beispielsweise einen Fall, in dem ein Tier ein anderes jagt; kaum nähern sich die beiden aber dem Zentrum des Reviers des Gejagten, ändert dieser sein Verhalten, und wird nunmehr selbst zum Jäger. Kaum erreichen die beiden das Revierzentrum des anderen, drehen sich die Rollen wieder um. Diese Beobachtung ließe sich hervorragend als Gleichgewicht in reinen Strategien des oben beschriebenen Taube-Falke-Spiels erklären.[36]

Stellen wir uns nun eine symmetrische Situation vor, in der sich die Tiere in völlig identischen Rollen befinden. Dies wäre etwa der Fall, wenn sich die

[36] Der Gerechtigkeit halber sollte ich erwähnen, dass LORENZ selbst diese Interpretation wahrscheinlich entschieden abgelehnt hätte, allerdings aus Gründen, die ich für falsch halte.

Tiere bei einem potentiellen Revier begegnen, das noch keiner in Beschlag genommen hat, oder es könnte um den Wettbewerb um ein Stück Nahrung gehen. Weil jetzt die Benennung der Tiere als A und B völlig willkürlich ist, kommt nur ein symmetrisches Gleichgewicht in Frage, und dieser Anforderung genügt nur das gemischte Gleichgewicht. Es hängt also von den Rahmenbedingungen ab, welches der möglichen Gleichgewichte sich tatsächlich einstellen wird.

3.4.1. Beobachtungen zum gemischten Gleichgewicht

Sehen wir uns das gemischte Gleichgewicht etwas genauer an. Diese Lösung befriedigt zwar unseren Gerechtigkeitssinn, nicht aber unsere Freude am friedlichen Nebeneinander: Im gemischten Gleichgewicht wählt jedes der beiden Tiere unabhängig voneinander mit der Wahrscheinlichkeit $w = (1\text{-}p) \approx 9\%$ die Falke-Strategie. Dies geht meistens gut und führt zu dem Gewinn der Ressource, aber ärgerlicherweise führt es in einigen Fällen (nämlich dann, wenn der andere zufällig auch gerade *Falke* gewählt haben sollte) zum ernsthaften Kampf. Dieser Fall tritt mit der Wahrscheinlichkeit $w^2 \approx 0.8\%$ auf. Das ist zwar nicht sehr oft, aber immerhin hatten wir angenommen, dass dieser Fall einen Kampf bis aufs Blut bedeutet.

Dieses Modell würde erklären, weshalb es zwischen Tieren einer Art so selten Kämpfe mit ernsthaften Verletzungen gibt. Allerdings: Es gibt sie mit einer gewissen Wahrscheinlichkeit eben doch. Wir würden uns wahrscheinlich wohler fühlen, wenn die zum Kampf führenden Falke-Falke-Situationen überhaupt nicht nötig wären, aber leider wäre dies keine Lösung für das Spiel. Denn falls in der Tierpopulation das Taube-Verhalten häufiger auftritt als das Gleichgewicht vorsieht, dann existiert sofort ein Anreiz, *Falke* zu spielen. Die Annahme, es könne eine Population aus lauter Tauben geben, zerstört sich selbst.

Dieses Modell ergibt noch etwas anderes. Es erklärt zwar, weshalb sich Tiere innerhalb einer Art meistens nicht zerfleischen, aber der Grund dafür ist nicht etwa eine innere Harmonie der Natur, sondern einzig und allein die Angst davor, dass der Gegner auch *Falke* spielen könnte, was beide teuer zu stehen kommen kann. Man muss klar sehen: Um den symmetrischen Gleichgewichtspunkt aufrechterhalten zu können, bei dem keiner der Spieler ausgebeutet wird, ist es notwendig, die implizite Drohung, man könne auch Falke spielen, manchmal wahrzumachen – obwohl man weiß, dass dies sehr gefährlich werden kann.

Das gemischte Gleichgewicht des Taube-Falke-Spiels hat noch eine weitere interessante Eigenschaft: Bei Betrachten der Gleichung (5) fällt auf, dass wenn man alle anderen Größen konstant lässt, die Wahrscheinlichkeit für die Falke-Strategie umso geringer wird, je größer der Verlust bei der Falke-Falke-Situation ausfällt. Zu Zeiten des Kalten Krieges haben sich viele Spieltheoretiker die Situation zwischen den verfeindeten Blöcken als Gefangenendilemma vorgestellt. Es spricht aber einiges dafür, dass das Taube-Falke-Spiel eine angemessenere Darstellung ist, denn das Ergebnis hiervon wäre, dass der Konfliktfall umso unwahrscheinlicher wird, je größer der dabei entstehende Schaden ist. Diese Modellierung könnte erklären, weshalb es in der damaligen Zeit *nicht* zum Atomkrieg gekommen ist, wogegen das Prisoner's Dilemma in jedem Fall zum Krieg hätte führen müssen, weil dort *defektieren* eine dominante Strategie ist. In der Interpretation als Taube-Falke-Spiel wäre der Krieg deshalb nicht entstanden, weil es in der Vergangenheit noch nicht passiert ist, dass die Zufallsmechanismen beider Parteien gleichzeitig *Falke* vorgeschrieben haben.

Allerdings hat auch die Modellierung als Taube-Falke-Spiel einige Probleme, von denen das wohl schwerwiegendste ist, dass die Lösung eines wiederholten Einmalspiels nicht unbedingt das Gleiche ergibt wie die Lösung eines "großen" Metaspiels, in dem die Spieler gleich zu Anfang die Strategie für alle zukünftigen Runden wählen.

3.4.2. Korrelierte Strategien

Wenn wir uns die Auszahlung ausrechnen, die jedes der beiden Tiere bei dem gemischten Gleichgewicht zu erwarten hat (wir müssen hierfür nur die Einzelauszahlungen in Gleichung (3) einsetzen), dann erhalten wir den Wert von etwa 0,9. Überlegen Sie bitte einen Augenblick, was das bedeutet: Das Revier war 2 Einheiten wert und wenn es jeder mit einer Wahrscheinlichkeit von 0,5 für sich erringen kann, dann sollte das Spiel eigentlich für jeden 1 Einheit wert sein. Dass das nicht so ist, liegt daran, dass die Möglichkeit zum ernsthaften Konflikt besteht, der die Auszahlungserwartung deutlich verringert. Die Lösung des gemischten Gleichgewichts führt also zu einem ineffizienten Ergebnis.

Ineffizienz bedeutet in diesem Zusammenhang, dass man mindestens einen Spieler besser stellen könnte, ohne die Situation eines anderen verschlechtern zu müssen. Wir kennen diesen Fall schon vom Gefangenendilemma: Auch dort hätten sich beide Spieler verbessern können, wenn sie einen bindenden Vertrag hätten schließen können, der sie auf die Strategie *cooperate* festlegt. Der Grund für die Ineffizienz im Gefangenendilemma war die Rahmenbedingung des nichtkooperativen Designs. So auch hier: Für das "Wohl der Art" wäre es besser, wenn die Tiere sich gemeinsam an einen Tisch setzen könnten um auszulosen, wer von den beiden das Revier erhalten soll; natürlich ist diese Idee für Tiere ziemlich unrealistisch, und außerdem müsste eine Instanz vorhanden sein, die den Vertrag durchsetzt, sich an die Losentscheidung zu halten. Denn der Verlierer weiß ja, dass seine Auszahlung bei Anerkennung der Losentscheidung 0 beträgt, wogegen er in dem Spiel als Erwartungswert 0,9 erhält. Folglich wird er das Spiel – ineffizient wie es ist – bevorzugen und versuchen, die Losentscheidung zu umgehen. Ob das möglich ist oder nicht, hängt sehr von den speziellen Bedingungen ab.

Einfach gemeinsam auszulosen, wer das Revier erhält, ist demnach nicht unbedingt möglich. Strenggenommen ist allerdings das Mischen zwischen den Strategien *Taube* und *Falke* auch eine Art von Losen – mit dem Unterschied, dass nicht ein Los für beide gleichzeitig gezogen wird, sondern stattdessen jeder für sich allein lost und hofft, dass nicht zufällig beide gleichzeitig *Falke* ziehen. Dieser Fall kann natürlich jederzeit eintreten, weil die verwendeten Zufallsmechanismen unabhängig voneinander sind, das heißt, sie sind **unkorreliert**.

Besser wäre es, wenn die beiden Tiere einen gemeinsamen Zufallsmechanismus verwenden würden, weil dieser den Konfliktfall verhindert. Wenn es eine übergeordnete Instanz gäbe, die den Zufallsmechanismus ausführt und das Ergebnis den Teilnehmern mitteilt, dann ist wieder ein Gleichgewicht entstanden. Denn, wenn Spieler A weiß, dass die übergeordnete Instanz der Spielerin B mitgeteilt hat, sie solle *Falke* spielen, dann kann er nichts besseres tun, als *Taube* zu wählen und umgekehrt. Beide würden sogar dieses Gleichgewicht dem unkorrelierten gegenüber vorziehen, sofern das verwendete Mischungsverhältnis so beschaffen ist, dass sich keiner durch seine unkorrelierte Strategie verbessern kann.

Man nennt ein derartiges Gleichgewicht ein **Gleichgewicht in korrelierten Strategien**, ein Konzept, das von ROBERT AUMANN vorgeschlagen wurde (AUMANN 1974).

Die Idee ist insofern sympathisch als sie den ineffizienten Konfliktfall vermeidet und sie ist aus normativer Sicht auch schwer anzugreifen. Für die Beschreibung realer Situationen, also aus deskriptiver Sicht, ist allerdings nicht ganz klar, ob es genügend geeignete Zufallsmechanismen gibt, die eine geeignete Mischung bilden, sodass sich für keinen der Spieler eine Abweichung auf die unkorrelierte Strategie lohnt, zumal diese Mischung mitunter sehr genau sein muss. Weiterhin ist es schwierig, sich vorzustellen, wie sich das Gleichgewicht herausbilden soll, bei dem mehrere unabhängige Individuen gerade denselben Zufallsmechanismus beobachten müssen, wobei die Zufallsmechanismen teilweise recht seltsamer Natur sein können, wie zum Beispiel, mit welcher Seite ein herunterfallendes Herbstblatt auf dem Boden ankommt, oder ob ein Sonnenfleck auftritt oder nicht. Hierher stammt übrigens die Bezeichnung **Sunspot Modelle**, auf die man in der Volkswirtschaftslehre gelegentlich stößt. Deskriptiv ist daher dieses Konzept im Wesentlichen dann sinnvoll, wenn eine bewusst handelnde Instanz den Zufallsmechanismus verwaltet, um Rahmenbedingungen zu schaffen, die Ineffizienzen vermeiden.

Allerdings gibt es auch Fälle, in denen sich ein korreliertes Gleichgewicht bereits durch Kommunikation stabilisieren lässt. Nehmen wir das Battle of the Sexes aus Abbildung 13: Ohne jegliche Vorinformation über das Verhalten des anderen Spielers kommt nur ein gemischtes Gleichgewicht in Frage. Hier ist es offensichtlich, dass im Gleichgewicht jeder seine beiden Strategien mit jeweils 50% wählt, das heißt, die erwartete Auszahlung beträgt 0,75. Würden die beiden vor dem Spiel eine Münze werfen, so wäre die Auszahlung sogar für den Verlierer des Münzwurfs mit 1 höher als im gemischten Gleichgewicht und folglich hätte er ein Eigeninteresse, sich an die so getroffene Vereinbarung zu halten.

Das Konzept des Gleichgewichts in korrelierten Strategien ist von außerordentlich weitreichender Bedeutung. Man kann dies schon daran erkennen, dass es das Nash-Gleichgewicht in unkorrelierten, gemischten Strategien formal als Spezialfall enthält (denn unkorreliert bedeutet schließlich, dass der Korrelationskoeffizient den speziellen Wert von null hat). In der Literatur hat sich eine umfangreiche Diskussion um dieses Konzept entwickelt und es spielt eine wichtige Rolle im Zusammenhang mit der Behandlung von unvollständiger Information (Seite 140), auf die ich allerdings nicht näher eingehe. Weiterhin folgt es aus sehr elementaren Annahmen über rationales Verhalten, wie AUMANN 1987 zeigt.

Ich möchte an dieser Stelle auch auf meine Erfahrungen mit echten Menschen in meinen Vorlesungen und Seminaren hinweisen: In Kampf-der-Geschlechter-Situationen mit einfachen Zahlen entwicklen die Teilnehmer sehr oft eine Koordination auf abwechselndes Verhalten, gehen also immer abwechselnd ins Theater und zum Fußballspiel, auch ohne sich in irgendeiner Weise abgesprochen zu haben. Sie gelangen damit zu einer symmetrischen und effizienten Lösung. Allerdings ist dafür wichtig, dass die Gleichgewichtsmischung eine 50%-Mischung vorschreibt. Bei anderen Mischungsverhältissen ist eine spontan auftretende Korrelation praktisch ausgeschlossen.

Das Konzept der korrelierten Strategien ist sehr wichtig und hat eine große Bedeutung erlangt. Gemessen daran ist die Schilderung hier ein wenig kurz ausgefallen. Eine Darstellung auf Lehrbuchniveau finden Sie in FUDENBERG / TIROLE 1991.

3.4.3. Interpretation der Auszahlungen

Angenommen, die Erwartungsauszahlung des Taube-Falke-Spiels wäre nicht 0,9 gewesen, sondern -3. Hieße das, dass ein "rationaler Spieler" das Spiel am liebsten überhaupt nicht spielen würde?

Das hängt davon ab, wofür die Auszahlungen stehen. In dem Spiel zwischen den beiden Tieren hatten wir implizit angenommen, die Auszahlungen seien eine Größe, die man durch Beobachten der Natur ermitteln kann. Dies könnte zum Beispiel der erwartete Zugewinn von Biomasse für das entsprechende Tier (bzw. für die relevanten Gene) sein. Dies ist eine Größe, die sich prinzipiell unabhängig vom Spiel ermitteln lässt, die auf einer (kardinalen) Skala messbar ist und die sogar einen sinnvollen Nullpunkt hat. In diesem Fall könnte man die Auszahlungen tatsächlich so nehmen, wie sie in der Matrix stehen. Würde ein Tier hier einen Erwartungswert von -3 haben, so würde es das Spiel lieber nicht spielen.

Gilt das auch, wenn nicht Tiere, sondern Menschen spielen und die Auszahlungen nicht Biomasse sind, sondern Geld? Nicht unbedingt, denn wir haben einfach immer den Erwartungswert der Auszahlungen genommen. Es spricht aber vieles dafür, dass Menschen eine sichere Auszahlung anders bewerten als eine unsichere: Sind Sie zum Beispiel indifferent zwischen einer sicheren Million Euro oder einer Lotterie, in der Sie mit jeweils 50%

Wahrscheinlichkeit 1002 Millionen gewinnen oder 1000 Millionen verlieren können? Wohl kaum, obwohl der Erwartungswert in beiden Fällen eine Million beträgt. Für die Beschreibung einer sozialen Interaktion müssen daher die Spielergebnisse erst in **Nutzenwerte** umgeformt werden. Der derzeit vorherrschenden Nutzentheorie zufolge können von diesen Nutzenwerten dann allerdings einfach die Erwartungswerte verwendet werden. Daher müssen wir die Auszahlungen im Kontext sozialer Interaktion immer als Nutzenwerte interpretieren. Eine ausführliche Erklärung zur Nutzentheorie folgt noch in Kapitel 4.6.Nutzen. An dieser Stelle lohnt es sich aber darauf hinzuweisen, dass bei diesen Nutzenwerten der Nullpunkt nicht feststeht, das heißt, wir hätten bei dem Taube-Falke-Spiel genausogut zu allen Auszahlungswerten 10 hinzuaddieren können – das Spiel wäre das gleiche geblieben. Wir könnten daher nichts darüber aussagen, ob ein Spieler lieber das Spiel mit einer erwarteten Nutzen-Auszahlung von -3 spielt oder gar kein Spiel, weil wir nicht den Nutzenwert des Nicht-Spielens kennen, denn dieser muss nicht gleich null sein, weil – wie gesagt – der Nullpunkt der Nutzenskala nicht absolut ist.

3.4.4. Chicken-Spiel

Im Zusammenhang mit sozialwissenschaftlichen Fragestellungen wird meistens anstelle des Taube-Falke-Spiels das Beispiel des **Chicken-Spiels** (*Game of Chicken*) gebracht, das eine sehr ähnliche Struktur hat.

Die Grundidee dieses Spiels ist durch den James-Dean-Film *Denn sie wissen nicht, was sie tun* als "Hasenfußrennen" bekannt geworden (*chicken* hat hier eine ähnliche Bedeutung wie Hasenfuß). Dort rasen zwei Jugendliche mit gestohlenen Autos auf eine Klippe zu; gewonnen hat, wer als Letzter aus dem Auto springt, bevor es in den Abgrund stürzt.

Um ein 2 x 2 – Spiel zu erhalten, muss dieses "Spiel" etwas vereinfacht werden. Stellen wir uns also vor, die beiden Autos, eine Ente und ein Käfer, begegnen sich an einer begehrenswerten Parklücke direkt vor einer Großstadt-Universität. Es geht in dieser Version nicht ums Leben, sondern darum, die Parklücke zu bekommen. Die beiden Fahrer haben nur Zehntelsekunden für die Entscheidung, ob sie in die Parklücke hineinstoßen oder nicht, das heißt, beide müssen sich gleichzeitig entscheiden und können die Entscheidung nicht revidieren. Das Problem besteht darin, dass – falls beide auf einmal hineinstoßen – es zwangsläufig zum Unfall kommt, was jeden im Erwartungswert 90 EUR kostet; fahren hingegen beide an der Parklücke vorbei, dann kostet dies beide jeweils 15 Euro (nämlich den Erwartungswert des Strafzettels); falls nur einer weiterfährt, und der andere die Parklücke bekommt, dann ärgert sich der eine so, als hätte er 25 EUR verloren, und der andere freut sich so, als hätte er sie gewonnen. Das Chicken-Spiel sieht dann in Bimatrixform folgendermaßen aus:

		Käfer:	
		weiter-fahren	parken
Ente:	weiter-fahren	(-15,-15)	(-25,25)
	parken	(25,-25)	(-90,-90)

Abbildung 26: Das Chicken-Spiel.

Dies ist prinzipiell das gleiche Spiel wie das Taube-Falke-Spiel. Allerdings sieht man hier schon eine wesentliche Schwierigkeit der sozialwissenschaftlichen Version: In dem biologischen Spiel konnten wir die Auszahlungen in einer recht befriedigenden Weise quantifizieren, denn niemand würde *prinzipiell* in Frage stellen, dass ein blutiger Kampf zwischen zwei Tieren deren Überlebenschancen reduziert; die Frage ist nur noch, ob man genügend Aufwand betreibt, um diesen Wert genügend genau zu ermitteln, nicht aber, ob es diesen Wert überhaupt gibt. Dagegen haftet der Chicken-Version das Gefühl von Willkür an, weil man sich fragt, ob es überhaupt irgendeine Methode gibt, mit der man die Nutzenwerte ermitteln könnte.

Hätten wir die Auszahlungen nicht genausogut folgendermaßen beschreiben können? Der Schaden im Fall eines Unfalls beträgt wieder 90 EUR, die Fahrer ärgern sich im Wert von 10 EUR, wenn statt einer von ihnen ein Dritter die Lücke bekommt; dagegen ärgern sie sich nur für einen Euro, wenn der andere Fahrer die Lücke bekommt und jener freut sich für 10 EUR, wenn er sie selbst bekommt. In der Tat spricht nichts dagegen, dieselbe Situation in *dieser* Form zu modellieren. Wir müssen uns daher darüber im Klaren sein, dass die spieltheoretische Analyse realer Situationen häufig eine Frage ist, wie der betreffende Forscher den Sachverhalt *wahrnimmt*, und nicht, wie der Sachverhalt objektiv *ist*. Die Spieltheorie suggeriert aber durch ihr mathematisches Instrumentarium auch in diesen Fällen ein viel höheres Maß an Objektivität als sie eigentlich erfüllen kann.

Es wäre allerdings falsch zu glauben, die einzige Aufgabe der Spieltheorie bestünde darin, reale Situationen naturgetreu abzubilden und zu "lösen". Vielmehr geht es auch darum, Klassen von Konflikten und Lösungen zu erkennen und zu benennen, prinzipielle Lösungsstrategien zu entwickeln und grundsätzliche Fragen zu klären, die mit Entscheidungen in sozialen Situationen zusammenhängen. Abgesehen davon, muss man sich eben auch in den Sozialwissenschaften Gedanken darüber machen, wie man an empirische Daten gelangt, und muss die theoretischen Modelle anhand derartiger Untersuchungen überprüfen.

3.5. Nullsummenspiele

Das Geld ist nicht weg, es gehört jetzt nur jemand anderem. (Zugeschrieben ANDRÉ KOSTOLANY)

Nullsummenspiel ist einer der spieltheoretischen Begriffe, die Einzug in den Alltagssprachgebrauch gefunden haben. Oft findet man Formulierungen wie *Irgendwer muss ja verlieren, schließlich ist es ein Nullsummenspiel.*[37] Aus diesem Grund ziehe ich es hier auch schon einmal vor und behandele es bei den Bimatrix-Spielen, obwohl Nullsummenspiele in der Regel etwas anders dargestellt werden. Die ausführlichere Beschreibung folgt dann auf Seite 307.

Als Nullsummenspiel bezeichnet man ein Spiel, in dem der eine Spieler das verliert, was der andere gewinnt. Mit anderen Worten: Die Gesamtsumme aus Gewinnen und Verlusten aller Spieler sind bei jedem Spielausgang gleich groß, und das bedeutet, die Gewinne addieren sich immer zu null, wenn man Verluste als negative Gewinne schreibt. Ein Beispiel:

[37] Wie es so ist mit dem Einzug in den Sprachgebrauch, schleichen sich dann auch bald die Fehler ein. Heutzutage wird Nullsummenspiel auch oft gesagt, wenn man ausdrücken möchte, dass "keiner etwas davon hatte"; diese Bedeutung passt aber nicht zum Wesen eines Nullsummenspiels und ist daher schlichtweg eine falsche Verwendung des Begriffs.

		Spielerin B(erta): links	rechts
Spieler A(nton):	oben	(-1,1)	(1,-1)
	unten	(1,-1)	(-1,1)

Abbildung 27: Beispiel für ein Zweipersonen-Nullsummenspiel.

Ein Nullsummenspiel ist folgendermaßen defniert:

In einem **Nullsummenspiel** addieren sich die Auszahlungen über alle Spieler bei jedem Spielausgang zu null. Der Gegensatz hierzu heißt **Nichtnullsummenspiel**.

Vielleicht ist Ihnen aufgefallen, dass das Bei-Spiel von eben sehr ähnlich ist wie das Diskoordinationsspiel auf Seite 77. In der Tat war auch bereits das dortige Spiel ein Nullsummenspiel und das Spiel hier ist ein Diskoordinationsspiel. Die beiden Zurodnungen schließen sich also nicht gegenseitig aus.

Die strategische Besonderheit der Zweipersonen-Nullsummenspiele besteht darin, dass die Spieler vollkommen entgegengesetzte Interessen haben. Daher werden Zweipersonen-Nullsummenspiele oft auch als **streng kompetitive** oder **antagonistische Spiele** bezeichnet.

Das ist ein wesentlicher Unterschied zu den meisten Beispielen, die wir bisher betrachtet haben. Dort hatten die Spieler zwar ebenfalls teilweise entgegengesetzte Interessen, aber gleichzeitig hatten sie auch gemeinsame Interessen. Nehmen Sie zum Beispiel das Gefangenendilemma: Es mag zwar ein Dilemma sein, aber wenn sich die Spieler absprechen und binden könnten, dann wüssten sie recht genau, was sie wählen würden, nämlich die Kooperation. Bei einem Nullsummenspiel ist das nicht so. Das liegt daran, dass beim Gefangenendilemma ein gemeinsames Interesse an der Kooperation besteht (auch wenn diese durch die Situation im Spiel nicht erreicht werden kann), weil sich beide gleichzeitig verbessern könnten. Im Nullsummenspiel dagegen verliert der eine zwingend das, was der andere gewinnt, und daher liegen keinerlei gemeinsame Interessen vor.

Sie können das leicht sehen, indem Sie sich für das obige Nullsummenspiel überlegen, welche Absprache Sie mit der Gegenspielerin treffen würden, wenn Sie vor dem Spiel einen bindenden Vertrag abschließen könnten: Sie können so lange verhandeln wie Sie möchten, es wird keine Einigung geben. Denn jede Einigung bringt Ihnen gemeinsam nicht mehr als es eben insgesamt zu verteilen gibt, nämlich null.[38]

Die meisten Sport-Spiele und Gesellschaftsspiele sind als Nullsummenspiele angelegt, damit sie interessanter werden. Aber das soll einen nicht dazu verleiten zu denken, die echte Welt bestehe überwiegend aus Nullsummenspielen. Tatsächlich ist der Fall der Nichtnullsummenspiele sehr viel häufiger, bei denen die Spieler zwar teilweise in Konkurrenz zueinander stehen, aber teilweise auch gleichgerichtete Interessen haben.

Daher ist es historisch gesehen ein wenig bedauerlich, dass sich die Spieltheorie anfangs (das heißt insbesondere durch VON NEUMANN / MORGENSTERN 1944) so ausführlich mit den Nullsummenspielen beschäftigt hat und erst seit der Formulierung des Nash-Gleichgewichts 1951 der Fokus in Richtung der Nichtnullsummenspiele verschoben wurde. NALEBUFF / BRANDENBURGER 1996 haben für diesen Standardfall der Nichtnullsummen-Situation im Englischen den Namen **Coopetition** bekannt gemacht, der sich aus co-operation (Kooperation) und competition (Wettbwerb) zusammensetzt und den ich sehr eingängig finde.[39] Weil dieser Begriff im Deutschen nicht sehr eingängig ist und sich daher nicht verbreitet hat, habe ich den Namen **Konkuration** geschaffen, der sich seitdem ein wenig verselbständigt hat. Es ist eine Wortschöpfung aus Konkurrenz und Kooperation, die über das reine Wortspiel hinaus schon bei vielen Unternehmensanalysen und Seminaren geholfen hat.

3.6. Andere 2 x 2 – Spiele

Es ist offensichtlich, dass es wesentlich mehr 2 x 2 - Spiele gibt als die hier vorgestellten. Ich habe einfach aus der Menge aller möglichen Spiele einige Typen herausgegriffen, die in der Literatur bereits einen Namen bekommen haben und an denen man bestimmte spieltheoretische Begriffe anschaulich

[38] Stören Sie sich nicht an dem Wert null – es dürfte auch jeder andere Wert sein, wie wir später noch sehen werden.

[39] NALEBUFF und BRANDENBURGER selbst beziehen sich auf RAY NOORDA, den Gründer des Netzwerksoftwareherstellers Novell, der den Begriff in der Zeitschrift *Electronic Business Buyer*, Dezember 1993, offenbar erstmalig benutzt hat.

klar machen kann. Es fängt damit an, dass 2 x 2 - Spiele natürlich nicht immer symmetrisch sein müssen, obwohl ich diesen Fall der Einfachheit halber meistens unterstellt habe. Das bedeutet, dass die Spieler sowohl verschiedene Strategienmengen haben können als auch unterschiedliche Auszahlungen, sodass es einen Unterschied macht, ob sich ein Spieler in Rolle A oder Rolle B befindet (bisher waren die Rollen meistens austauschbar).

Um zu wissen, wieviele andere Spiele wir in der Welt der 2 x 2 - Spiele noch analysieren könnten, überlegen wir kurz, wieviele verschiedene Typen dieser Spiele es geben kann. Dazu müssen wir uns natürlich zuerst darauf einigen, nach welchen Kriterien wir Spiele zu einem Grundtyp zusammenfassen wollen, denn sicherlich möchten wir nicht zwei Spiele als zu einem anderen Grundtyp gehörig ansehen, nur weil wir zum Beispiel zu allen Auszahlungen den Betrag 10 addiert haben oder weil das Mischungsverhältnis der reinen Strategien im gemischten Gleichgewicht ein anderes ist. Worum es uns geht, ist also, die Menge der unendlich vielen 2 x 2 - Spiele so in Klassen einzuteilen, dass wir die Spiele einer Klasse als äquivalent zueinander ansehen; man nennt dies die Zusammenfassung zu **Äquivalenzklassen**. Dafür ist es erforderlich, von den vielen Merkmalen, die 2 x 2 - Spiele besitzen, einige wenige herauszugreifen und diese als Kriterien zur Klassenbildung zu verwenden. Wenn wir dann sagen, die beiden Spiele x_1 und x_2 seien **äquivalent**, so meinen wir damit, dass wir von unwichtigen Unterschieden abstrahiert haben, wobei es natürlich Geschmacksache ist, welche Unterschiede im Einzelfall als wichtig oder unwichtig angesehen werden.

Implizit sind wir schon die ganze Zeit so vorgegangen, denn Sie sind sicherlich nicht davon ausgegangen, dass für die Klassifizierungen der besprochenen Spiele genau die von mir verwendeten Auszahlungs-Zahlenwerte wichtig sind. Andererseits: Vermutlich wird es Ihnen jetzt zwar leicht fallen, ein Zahlenbeispiel für einen bestimmten Spieltyp zu erfinden, aber wahrscheinlich fällt es Ihnen schwer, genau die wesentlichen Merkmale eines Typs aufzuzählen und genau zu definieren, welche konkreten Zahlen-Spiele zu diesem Typ gehören und welche bereits zu einem anderen Grundtyp gehören. Ich möchte deshalb kurz zeigen, wie die mathematische Behandlung dieses Sachverhalts funktioniert, die hier wesentlich präziser arbeitet als unsere Fähigkeit, aus Beispielen zu generalisieren.

Für den folgenden Mathe-Tipp können Sie sich vorstellen, x_i, x_j seien konkrete Spiele aus der Menge X aller 2 x 2 - Spiele. Eine genauere Definition des Relationsbegriffs finden Sie auf Seite 199, er ist hier aber eigentlich noch nicht nötig.

Mathe-Tip

Eine Relation kann man sich als Verknüpfung von je zwei Elementen vorstellen. Wir wollen hier eine Äquivalenzrelation "~" definieren, die eine Verknüpfung von solchen Elementen ist, die wir als gleich im Sinne einer Klassenbildung ansehen. Wenn wir die Elemente x_i und x_j als gleich ansehen, dann schreiben wir $x_i \sim x_j$. Wir nennen ~ eine **Äquivalenzrelation**, wenn die folgenden Axiome erfüllt sind:

- *Reflexivität*: $x_i \sim x_i$ für alle $x_i \in X$. (Ein Element ist immer zu sich selbst äquivalent.)
- *Symmetrie*: $x_i \sim x_j \Leftrightarrow x_j \sim x_i$. (Die Äquivalenz hängt nicht von der Reihenfolge ab, in der wir die Elemente nennen.)
- *Transitivität*: $x_i \sim x_j$ und $x_j \sim x_k \Rightarrow x_i \sim x_k$. (Sind zwei Elemente äquivalent zu einer Dritten, dann sind sie auch untereinander äquivalent.)

Ist ~ eine Äquivalenzrelation auf der Menge X, und $x \in X$ ein Element, so nennen wir die Teilmenge $\{y|y \sim x\} \subseteq X$ eine **Äquivalenzklasse** von x bezüglich ~.

Sie sehen, dass hier die Mathematik nichts anderes macht, als gründlich all das aufzuschreiben, was wir ohnehin stillschweigend voraussetzen.

Überlegen wir uns nun, nach welchen Kriterien wir Äquivalenzklassen von 2 x 2 - Spielen bilden können. Sicherlich ist Ihnen aufgefallen, dass wir zur Bestimmung der Lösung bisher nur die Rangfolge der Auszahlungen berücksichtigt haben (das Abweichungsdiagramm verwendet nur die Rangfolge, der Abstand der Auszahlungen bleibt unberücksichtigt); lediglich bei dem Errechnen des Mischungsverhältnisses in einer gemischten Strategie haben wir auch die Verhältnisse der Abstände der einzelnen Auszahlungen eines Spielers verwendet, aber wir wollen sicherlich nicht zwei Spiele als unterschiedlich ansehen, nur weil die gemischte Lösung andere Werte vorschreibt.

Es ist daher sinnvoll, zwei Spiele immer dann als nicht äquivalent anzusehen, wenn bei einem der Spieler die Rangfolge der Auszahlungen unterschiedlich ist. Betrachten wir Spieler 1: In einem 2 x 2 - Spiel sieht er sich 4 verschiedenen möglichen Spielausgängen gegenüber. Dabei kann zum Beispiel der erste Spielausgang die höchste Auszahlung liefern, der zweite die zweithöchste usw. Wenn wir zur Bestimmung der Rangfolge die ≥-Relation verwenden, dann gibt es insgesamt $4 \cdot 3 \cdot 2 \cdot 1 = 24$ verschiedene Reihenfolgen. Da dies für beide Spieler gilt, kann jede der beiden Reihenfolgen auf jede des anderen stoßen, also gibt es nach dieser Einteilung $24 \cdot 24 = 576$ verschiedene Klassen von 2 x 2 - Spielen. Natürlich hätten wir auch noch die Gleichheit von zwei Auszahlungswerten als ein klassenbildendes Kriterium berücksichtigen können, dann wäre die Zahl wesentlich höher ausgefallen.

Allerdings sind von diesen unterschiedlichen Klassen viele zueinander symmetrisch (das heißt, man kann sie durch Vertauschen der Strategien bzw. der Spieler ineinander überführen), sodass es sinnvoller gewesen wäre, die zueinander symmetrischen Spiele ebenfalls in einer Klasse zusammenzufassen, wodurch die Zahl der als verschieden anzusehenden Typen wesentlich geringer würde. Um genau zu sein würden wir in etwa (wie gesagt hängt es immer ein wenig vom persönlichen Geschmack ab) wieder bei den in diesem Kapitel besprochenen Grundtypen ankommen.

4. Grundbegriffe der Spieltheorie

Ich habe bisher eine Reihe spieltheoretischer Begriffe – zum Beispiel Strategie oder Entscheidung – in einer weitgehend intuitiven Bedeutung verwendet. Nun sind die Sachverhalte, die sich dahinter verbergen, meistens viel komplizierter als bisher zu erkennen war. Hier Klarheit zu schaffen ist das Ziel dieses Kapitels. Es wird Ihnen auffallen, dass ich viele Begriffe auf Englisch verwende; dies bedeutet dann, dass die englischen Begriffe viel gebräuchlicher sind als die deutschen, was so weit gehen kann, dass einige Spieltheoretiker die Konzepte bei den deutschen Begriffen gar nicht auf Anhieb wiedererkennen.

Zuvor müssen wir uns aber kurz dem Selbstverständnis der Spieltheorie zuwenden, damit es nicht schon in diesem Kapitel zu grundsätzlichen Verständigungsproblemen kommt.

4.1. Realitätsbezug der Spieltheorie

In einer Frage scheint die Spieltheorie alle Beteiligten zu verwirren: Inwieweit haben die vielen Modelle und Konzepte eigentlich noch etwas mit der Realität zu tun, beziehungsweise sollen sie überhaupt etwas damit zu tun haben? Ich habe den Eindruck, dass diese Frage viel Zwietracht unter den Wissenschaftlern auslöst, dass sie uns den Praktikern suspekt macht und dass sie viele Studenten frustriert. Es ist daher bestimmt eine gute Idee, diesen Sachverhalt zu klären, bevor wir kompliziertere spieltheoretische Modelle diskutieren. Allerdings muss ich Sie warnen, dass in der Spieltheorie seltsamerweise nicht viel Wissenschaftstheorie betrieben wird; die folgende Einteilung ist daher sicherlich nicht das letzte Wort.[40]

Ich gehen davon aus, dass es sich bei der Spieltheorie um eine **Realwissenschaft** handelt, deren Aufgabe also darin besteht, Phänomene der Wahrnehmungswelt zu untersuchen. Sehen wir uns an, was damit im Einzelnen verbunden ist:

Jede Untersuchung der realen Welt braucht irgendwelche Hilfsmittel, und diese werden zu großen Teilen in der jeweiligen Realwissenschaft selbst entwickelt. Die Spieltheorie ist ein derartiges Analyseinstrument, speziell ausgedacht für die Untersuchung gesellschaftlicher Fragestellungen, und die Entwicklung dieses Instruments fällt somit ebenfalls in den Aufgabenbereich der Sozialwissenschaften. Eine Aufgabe der Spieltheorie besteht also darin, den Werkzeugkasten für Sozialwissenschaftler zu füllen, das heißt, Instrumente und Methoden zu entwickeln. Man nennt diese Aufgabe **normative Theorie**. Allerdings ist man sich in der Spieltheorie nicht ganz einig, was unter normativer Theorie zu verstehen ist. Ursprünglich bedeutet normativ soviel wie *Normen setzend, eine Richtschnur bildend*. Normative Theorie hat damit zum einen Aufforderungscharakter und erhebt zum anderen einen allgemeinen Geltungsanspruch (Rechtswissenschaft ist eine typische normative Wissenschaft). Häufig wird unter normativ aber auch *idealisiert* verstanden, oft auch *Unabhängigkeit von der Empirie*.

Die nächste Aufgabe einer Realwissenschaft ist natürlich, diese Werkzeuge auch anzuwenden, das heißt die Erfahrungswelt zu untersuchen. Dieses Untersuchen nennt man **deskriptive Theorie**; ihre Aufgabe ist es, das Verhalten von Entscheidern in bestimmten Situationen zu beschreiben beziehungsweise vorherzusagen, wobei die Beschreibungen und Vorhersagen wesentlich auf empirischer Beobachtung basieren. Wenn hierbei besonderer Wert darauf gelegt wird, möglichst viele Einzelerscheinungen durch möglichst wenig Grundprinzipien zu erklären, dann spricht man von **explikativer Theorie**.

Werden die entwickelten Werkzeuge und die Erkenntnisse über die Erfahrungswelt zu Handlungsempfehlungen für reale Entscheidungssituationen verwendet, dann nennt man dies **präskriptive** (= empfehlende, befehlende)

[40] Einige Autoren, die sich ebenfalls mit diesem Themenbereich beschäftigen, sind: WEISE et al. 1991; MORGENSTERN 1972; AUMANN 1992 (dessen Standpunkt aber etwa 180 Grad anders ist als der in diesem Abschnitt von mir vertretene).

Theorie. Dabei können sowohl empirische Elemente einbezogen werden als auch theoretische Überlegungen.

Sehen wir uns an, was man unter diesen Typen der Theoriebildung genauer zu verstehen hat und welche Probleme mit den verschiedenen Auffassungen verbunden sind.

4.1.1. Präskriptive Theorie

Ich beginne hier mit der präskriptiven Auffassung der Spieltheorie, weil sie die pragmatischste und damit unproblematischste Auffassung ist. Das liegt daran, dass sie sowohl Komponenten der normativen als auch der deskriptiven Auffassung enthält. Je nach Geschmack kann sie daher eher in der einen oder der anderen Richtung ausgelegt werden.

Die Verwendung von *normativ* und *präskriptiv* ist alles andere als einheitlich: Sehr oft werden die beiden Begriffe synonym verwendet, was sicherlich unzweckmäßig ist, weil es zu unnötigen Verwechslungen führt. Häufig wird *präskriptiv* auch als eine Abschwächung von *normativ* angesehen; davon geht auch die folgende Darstellung aus. LUCE / RAIFFA 1957 verwenden das Wort *normativ* in dem hier als präskriptiv bezeichneten Sinn.

Bevor präskriptive Theorie eine Empfehlung gibt, stellt sie die Frage: Welches sind die relevanten Faktoren der Entscheidungssituation? Welches sind die zu erreichenden Ziele der beteiligten Akteure? Dann folgt eine ausführliche Analyse (die im Einzelfall außerordentlich aufwendig sein kann) und hieraus werden Verhaltensempfehlungen abgeleitet. Hinter dieser Vorgehensweise steht die Vorstellung, es sei prinzipiell möglich, die *Daten* einer Entscheidungssituation werturteilsfrei zu ermitteln und aus diesen – je nach Zielvorgaben – eine Optimallösung zu errechnen.

Oft ist die Analyse der Modelle so kompliziert, dass man von realen Entscheidern nicht erwarten kann, dass sie die notwendigen Schritte zur Lösungsfindung jemals wirklich ausführen könnten. Die Ergebnisse sind daher nicht als deskriptiv anzusehen, nicht als Beschreibung des Verhaltens realer Entscheider in der betrachteten Situation. Andererseits sind die Resultate prinzipiell in der Realität verwendbar und können daher als Anhaltspunkte für reale Entscheidungen verwendet werden, eben als Empfehlung. Zum Beispiel dienen spiel- und entscheidungstheoretische Modelle als Orientierungshilfe bei Entscheidungen von Militärs, auf Finanzmärkten oder auch bei Auktionen.

Selbst wenn reale Entscheider in der Lage sein sollten, die Modelle zu lösen,[41] wird es nie möglich sein, wirklich alle relevanten Einflussfaktoren der Realität zu erfassen, sodass jedes Modell und seine Resultate **idealisiert** sind, also in gewisser Weise unrealistisch. Diese Vereinfachungen werden normalerweise als **Annahmen** umschrieben. Es heißt dann zum Beispiel: *Nehmen wir an, das Spiel werde unendlich oft wiederholt.* Jeder weiß, dass diese Annahme nicht zutrifft, aber es kann eine gute Annäherung an den Sachverhalt sein, dass die Spieler in jeder einzelnen Wiederholung so tun, als würde das Spiel fortgesetzt. Beim mathematischen Pendel nimmt man auch einen unendlich kleinen Massepunkt an, den es in der Realität nicht gibt. Weswegen sollten derartige Vereinfachungen nur in Naturwissenschaften möglich sein?

Natürlich ist meistens nicht bekannt, wie sensibel die Resultate auf die Vereinfachungen reagieren, zumal man sich vieler Vereinfachungen überhaupt nicht bewusst ist. Es ist daher unter dem präskriptiven Aspekt wichtig, Vorsicht walten zu lassen und die Resultate auf Übereinstimmung mit anderen Beobachtungen und Ergebnissen anderer Modelle zu prüfen. Weiterhin ist es Aufgabe der Theoretiker, die Voraussetzungen ihrer Modelle möglichst genau zu erkennen und zu nennen und sich in jedem Fall, in dem das Modell angewandt wird, genaue Rechenschaft abzulegen, ob die Situation in den Geltungsbereich der Theorie fällt. Weiterhin muss man versuchen abzuschätzen, zu welchen Genauigkeitsintervallen die verwendeten Daten und die Lösungsmethoden führen. Dies klingt sehr nach der Vorgehensweise in Naturwissenschaft und Technik, und in der Tat befindet sich die präskriptive Auffassung in dieser Tradition.

Im Zusammenhang mit der präskriptiven Aufgabe entsteht oft das Missverständnis, *jede* Aussage der Spieltheorie sei empfehlend gemeint. So entsteht zum Beispiel oft der Eindruck, Spieltheorie rufe zu Eigennutz auf. Das ist falsch. Denn das Streben nach individuell wünschenswerten Spielausgängen ist eine *Voraussetzung* (Annahme) der Spieltheorie, kein Resultat. Inwieweit diese Annahme sinnvoll ist, lässt sich nur durch Beobachtung der Erfahrungswelt klären. Sie sind im Prinzip frei, andere Annahmen zu treffen und zu untersuchen; allerdings müssen Sie sich Gedanken machen, inwieweit Ihre Annahmen sinnvoll sind. Beispielsweise ist es sicherlich unzweckmäßig anzunehmen, die Spieler würden immer den Spielausgang anstreben, den

---

[41] Schließlich unterhalten große Firmen leistungsfähige Forschungsabteilungen.

sie am wenigsten mögen. Die Unzweckmäßigkeit dieser Annahme besteht darin, dass die verwendeten Begriffe nicht mit dem übereinstimmen, was sie aussagen.[42]

Präskriptive Spieltheorie gibt Verhaltensempfehlungen. Sie geht davon aus, dass es – zumindest prinzipiell – empirisch beobachtbare Daten gibt, die als Voraussetzung in die Modelle eingehen.

Zu den Daten gehören neben den natürlichen Gegebenheiten einer Entscheidungssituation die Zielvorgaben der beteiligten Akteure und eventuell Informationen über andere beteiligte Akteure.

4.1.2. Normative Theorie

Es gibt zwei gleich gefährliche Abwege: Die Vernunft schlechthin zu leugnen und außer der Vernunft nichts anzuerkennen. (PASCAL)

Normative Aussagen haben einen wertenden Charakter und erheben einen allgemeinen Geltungsanspruch, zum Beispiel: *du sollst nicht töten!* Derartige Aussagen haben zwei Besonderheiten. Erstens: Man kann sie nicht widerlegen, indem man zeigt, dass sie nicht erfüllt sind. Die Feststellung, es werde oft getötet, ändert nichts daran, dass man es nicht tun *soll*. Zweitens: Jeder Mensch ist frei, normativ zu fordern, was immer er will; ob die anderen die Forderung gut heißen und/oder sich daran halten, ist eine andere Sache.

Auch in der Spieltheorie gibt es Forderungen mit einem normativen Anspruch, zum Beispiel: Sei rational! Dies allein sagt allerdings noch nicht viel, weil jeder etwas anderes unter Rationalität versteht, und so muss die Forderung konkretisiert werden, etwa durch die Definition: Rational ist, wer keine dominierten Strategien wählt. Aus diesem Grund werden Definitionen oft ebenfalls als normative Aussagen behandelt, sodass eine Definition in diesem Sinne ebenfalls nicht durch Vergleich mit der Empirie widerlegt werden kann und jedermann frei in der Wahl seiner Definitionen ist.

---

[42] Für die spieltheoretische Analyse würde diese veränderte Annahme übrigens nichts ändern, außer dass die Spieler dann nach dem Minimum ihrer Nutzenwerte suchten statt nach dem Maximum.

Das gleiche Recht wird oft für die *Annahmen* einer Theorie in Anspruch genommen: Selbstverständlich ist es prinzipiell legitim zu untersuchen, was geschieht, wenn man einen unendlich kleinen Massepunkt annimmt oder eine unendliche Wiederholung. Von diesen Überlegungen ausgehend finden Sie oft folgende Ansicht, die ich allerdings als nicht haltbar empfinde:

Normative Spieltheorie beschäftigt sich mit Fragestellungen und Annahmen, die unabhängig von jeglicher Empirie sind.

Da diese Position in der Spieltheorie sehr weit verbreitet ist, muss ich etwas ausführlicher dazu Stellung nehmen – umso mehr, als dies die Position von SELTEN und AUMANN ist, die natürlich schon dadurch ein gewisses Gewicht bekommt, denn schließlich sind beide Nobelpreisträger im Bereich der Spieltheorie.

Selbstverständlich gibt es Wissenschaften, deren Aufgabe es ist, reine Kunstwelten zu schaffen und zu untersuchen; dies sind bestimmte Teile der Mathematik und der Philosophie. Die reine Mathematik definiert Objekte und untersucht dann die Konsequenzen aus den Definitionen, ohne sich darum zu kümmern, welche Entsprechungen die Objekte in unserer Erfahrung haben und was man mit den Resultaten anfangen könnte. Dies macht sie schon durch die Namen der geschaffenen Objekte deutlich: Es gibt nichts in unserer Erfahrungswelt, was wir zum Beispiel Vektorraum nennen, und daher ist es unkritisch, ihn beliebig zu definieren.

Problematisch wird es aber, den Bereich der reinen Mathematik zu verlassen und diese Auffassung von normativer Theorie beizubehalten. Und wir müssen uns darüber im Klaren sein, *dass* wir die reine Mathematik verlassen, wenn wir für die zu definierenden Objekte Namen verwenden, die von Namen für Objekte unserer Erfahrung besetzt sind. Betrachten wir ein Beispiel. Wenn ich schreibe

$$(\infty + \infty = \infty \wedge M_1 = M_2 = \infty) \Rightarrow M_1 + M_2 = M_1$$

(oder so ähnlich), so genügt es, das System auf Widerspruchsfreiheit zu überprüfen. Kann ich aber mit der gleichen Berechtigung Folgendes behaupten: Zweimal Unendlich ist gleich Unendlich. Jedes Menschenleben hat den Wert von Unendlich. Deshalb ändert es den gesamten Wert zweier Menschenleben nicht, wenn der eine die andere tötet?

Die formale Formulierung ist reine Definitionssache und daher nicht angreifbar, die Übertragung auf den Realbereich dagegen wirft Probleme auf, die über die reine Widerspruchsfreiheit hinausgehen. Durch die Verwendung von besetzten Namen muss ich mir gefallen lassen, dass die Annahmen, Schlussregeln und Resultate auf Verträglichkeit mit der Erfahrungswelt hin untersucht werden, und ich muss mich einer Diskussion dazu stellen. Dies gilt bereits für die angewandte Mathematik, und es gilt umso mehr für die Realwissenschaften. Ich würde zwar nicht so weit gehen, Realwissenschaft mit empirischer Wissenschaft gleichzusetzen, doch ist der Erkenntnisbereich der Realwissenschaften mit Sicherheit das, was wir im weiteren Sinn als Realität empfinden, und daher kann eine Theorie, die sich selbst als unabhängig von jeglicher Realität empfindet, per Definition nie eine Realwissenschaft sein.

Nun gibt es aber möglicherweise Objekte, die nie hinreichend durch Erfahrung erklärt werden könnten, zum Beispiel: Was ist Realität? Was ist ein erkennendes Subjekt? Was ist Rationalität? Ist man in diesen Fällen nicht doch frei, normative Definitionen zu liefern, obwohl es Alltagsbegriffe gleichen Namens gibt? – Ich gebe zu, dass hier ein weites Spektrum von Definitionssystemen möglich ist, das durch Berufen auf die Erfahrung zumindest nicht offensichtlich widerlegt werden kann. Aber weshalb sollte dies ein Argument dafür sein, dass die Definitionen *unabhängig* von der Erfahrungswelt sein dürfen? Das Argument ändert nichts daran, dass man zumindest prinzipiell die Erfahrung als Instanz zulassen muss, um Argumente zu liefern, ob ein bestimmtes System sinnvoll ist oder nicht.

Oft findet man auch folgende Argumentation: Weil spieltheoretische Modelle generell unrealistisch (weil idealisiert) sind, haben sie ohnehin nichts mehr mit der Realität zu tun, folglich können die Ergebnisse der Modellanalyse auch nie auf die Realität rückübertragen werden. Deshalb ist die Erfahrungswelt allenfalls noch Quelle der Inspiration, um eigene "normative" Modelle zu schaffen, diese lösen sich aber mit ihrer Entstehung von der Realität und können beliebig geändert und analysiert werden. – Natürlich bleibt die Gegenargumentation die gleiche: Wenn man klar sagt, dass man reine Mathematik betreibt, ist dieses Vorgehen grundsätzlich zulässig (allerdings frage ich mich, wozu man dann die Erfahrung überhaupt noch als Quelle der Inspiration benötigt; weshalb nicht gleich Phantasiewelten ohne jegliche Beschränkung erschaffen?).

Falls man aber die Namen der realen Objekte beibehält und man selbst (oder seine Leser) nicht gefeit ist, vielleicht doch das eine oder andere Resultat zu glauben, dann ist diese Auffassung nur eine Methode, um seine Modelle gegen lästige Argumente zu immunisieren. Ich befürchte, dass viele Spieltheoretiker dieser Argumentation deshalb anhängen, weil sie sehr bequem ist, indem sie von jeglichem Rechtfertigungszwang befreit. Nehmen Sie sich daher in Acht vor der Behauptung, normative Theorie könne niemals durch einen Vergleich mit der Empirie angegriffen werden. Modelle, die Namen real existierender Objekte verwenden, fallen in den Aufgabenbereich der *präskriptiven* Theorie – und dort muss man sich der Diskussion stellen, ob die Modellannahmen dem Betrachtungsobjekt gerecht werden oder nicht.

Welchen Platz hat normative Theorie nun überhaupt noch in einer Realwissenschaft? Im Wesentlichen geht es darum, Grundsatzprobleme zu behandeln: In der Spieltheorie wäre das zum Beispiel die Entwicklung von Darstellungsformen sozialer Interaktion oder die Entwicklung von Lösungskonzepten. Weil man hierbei typischerweise Neuland betritt, ist die Wahl der Definitionen anfangs weitgehend frei, aber jedes System normativer Aussagen muss sich anschließend im Tagesgeschäft der präskriptiven und deskriptiven Theorie bewähren.

Normative Spieltheorie behandelt Grundsatzprobleme. Hierzu gehört insbesondere die Entwicklung von allgemeinen Begriffen, Methoden und Konzepten, meist in Form von Definitionssystemen.

Normative Theorie hat einen großen Spielraum, innerhalb dessen sich die Definitionen bewegen können. Wann immer aber der Objektbereich der Erfahrungswelt betroffen ist, muss sich auch ein normatives System der Auseinandersetzung mit empirischen Argumenten stellen.

Während eine Aufforderung der präskriptiven Theorie das *Resultat* einer spieltheoretischen Untersuchung ist, handelt es sich bei einer normativen Aufforderung um eine *Voraussetzung* für spieltheoretische Analysen.

4.1.3. Deskriptive Theorie

> Wissenschaft, das ist entweder Physik oder Briefmarkensammeln. (ERNEST RUTHERFORD)

Bei der deskriptiven Aufgabe geht es darum, Beschreibungen der Erfahrungswelt zu liefern. Dies klingt einfach, aber auch diese Aufgabe führt zu komplizierten Theoriebildungen. Vielleicht fragen Sie sich jetzt: Wieso muss Wirtschafts- und Sozialforschung eigentlich immer so theoretisch sein? Sollten wir nicht einfach die Praxis ansehen, anstatt immer in abstrakten Modellen herumzuanalysieren?

Ich weiß nicht, ob es die ganze Geschichte ist, aber vermutlich ist der folgende Grund entscheidend: Viele Erscheinungen der Natur können wir unmittelbar mit unseren Sinnen wahrnehmen und können sie daher unmittelbar begrifflich verwenden und uns vorstellen, auch ohne große Theorien darüber zu bilden. Erstaunlicherweise gilt dies nicht für soziale Beziehungen – wir haben kein Sinnesorgan dafür. Natürlich glauben wir trotzdem alle an unsere Kompetenz auf diesem Gebiet, zum Beispiel an unsere "Menschenkenntnis", aber bei genauer Betrachtung müssen wir zugeben, dass es sich hierbei bereits um eine Form der Modellbildung handelt (wenn auch um eine vorbewusst ablaufende und wenig systematische Form) – jedenfalls ist Menschenkenntnis eine viel abstraktere Form der Umwelteinschätzung als eine direkte Sinneswahrnehmung.

Geht es schließlich um die Beschreibung sehr großer sozialer Systeme, verlässt uns unser Alltagssachverstand völlig: Das Verhalten von mehreren Tausend Menschen (wie in großen Unternehmungen) oder gar von vielen Millionen Menschen (wie in Volkswirtschaften) entzieht sich vollkommen unserem Vorstellungsvermögen, das für viel kleinere Größenordnungen trainiert ist. Wir sind schlichtweg nicht in der Lage, uns diese Objekte so vorzustellen, wie sie "wirklich" sind. Unser einziger Zugang zu derartigen Erscheinungen besteht darin, den Sachverhalt in eine uns verständliche Sprache zu übersetzen, das heißt, ein (vereinfachtes) Modell zu konstruieren. Ein Modell bildet ausgewählte Aspekte so ab, dass wir damit umgehen können, ähnlich einer Landkarte. Das Erstaunliche an diesen Modellen ist, dass sie im Allgemeinen überhaupt nicht mit der Wirklichkeit übereinstimmen, sondern nur wenige Teilaspekte strukturähnlich abbilden.

Ein erster Schritt der Theoriebildung besteht darin, zu benennen und zu klassifizieren. Zum Beispiel war dies die Hauptaufgabe der Biologie des 19. Jahrhunderts; die Betriebswirtschaftslehre, die erst seit Anfang des 20. Jahrhunderts existiert, verwendet auch heute noch große Teile ihrer Energie hierauf. Rückwirkend betrachtet wirkt dieser Teil der Theoriebildung oft banal und selbstverständlich, in vielen Fällen ist aber die Entwicklung eines sinnvollen und konsistenten Begriffssystems nicht so einfach und eindeutig, wie es anschließend scheint. Jedenfalls ist dieser Schritt notwendig, denn ohne ihn könnte man sich nur viel umständlicher über den entsprechenden Gegenstandsbereich verständigen. Ich vermute sogar, dass in dieser Stufe erheblich über die Geschwindigkeit nachfolgender Fortschritte bestimmt wird, zumal spätere Erkenntnisse der höheren Theoriestufen neuen Klassifikationsbedarf schaffen. In einem späteren Reifestadium der Theorie werden diese Begriffe oft von der "normativen" Theorie formalisiert (und dann oft als apriorische Selbstverständlichkeit behandelt). Auch die Spieltheorie ist begriffsbildend. Begriffe wie *soziales Dilemma* oder *Koordination* seien hier als Beispiele genannt, aber auch *Strategie* und *Nutzen*.

In einem nächsten Schritt werden Zusammenhänge beobachtet und beschrieben; die Mechanik der Wirkungszusammenhänge (die **Mikrostruktur**) wird hierbei aber nicht hinterfragt, sondern der Zusammenhang selbst wird als Blackbox behandelt. Ein Beispiel aus der Physik hierfür sind etwa die Kepler'schen Gesetze.[43] Diese Gesetze sind gültig, sie sind sogar sehr elegant, die Theorie sagt aber nicht, *weshalb* sie gelten, das heißt, sie werden nur beschrieben, nicht auf allgemeinere Grundstrukturen zurückgeführt. Wir empfinden dieses Stadium als viel theoretischer als die Benennung von Gegenständen, weil dem Entdecken von Zusammenhängen bereits eine erhebliche Abstraktionsleistung vorausgeht und derartige Gesetze nicht offensichtlich sind. Viele Wissenschaften handeln auch heute in der Tradition dieser Vorgehensweise: große Teile der Medizin (die einfach die verschiedensten Substanzen auf ihre Wirkung in Organismen hin untersucht), der Ökonometrie (die oft einfach unterschiedliche Zeitreihen per Computer korreliert, ohne dass ein mikrotheoretisch begründetes Modell zugrundeliegt, sogenanntes Data miningder Makroökonomik, der deskriptiven Soziologie oder der Marktforschung. Meistens erreichen spieltheoretische Modelle, die präskriptiv arbeiten, ebenfalls diese Stufe der Theorie.

"Echte Theoretiker" rümpfen über dieses Vorgehen oft die Nase. Aber täuschen wir uns nicht: Solange keine bessere Theorie vorliegt, ist dies die einzige Methode, um überhaupt irgendwelche Aussagen machen zu können. Wir alle sind froh, wenn uns ein Arzt heilt und interessieren uns nicht dafür, ob er die Mikrostruktur des Wirkungszusammenhangs kennt oder nicht; genauso freuen wir uns, wenn eine Regierung eine Wirtschaftskrise verhindert ohne zu wissen, warum ihr Rezept funktioniert. Der eigentliche Nachteil

---

[43] Sie besagen folgendes: 1) Die Planeten bewegen sich auf elliptischen Bahnen, in deren einem Brennpunkt die Sonne steht. 2) Die Verbindungslinie zwischen Sonne und einem Planeten überstreicht in gleichen Zeiten gleiche Flächen. 3) Die Quadrate der Umlaufzeiten der Planeten verhalten sich wie die Kuben der mittleren Entfernungen von der Sonne.

dieser Stufe der Theoriebildung besteht darin, dass die entdeckten Zusammenhänge oft nur von kurzer Dauer sind und dass man sich eine riesige Zahl von Einzelfällen merken muss.

4.1.4. Explikative Theorie

Hier folgt die dritte Stufe der deskriptiven Theoriebildung, bei der viele einzelne Zusammenhänge auf allgemeinere, einfache Grundzusammenhänge zurückgeführt werden; das heißt, es wird die zurundeliegende Mechanik, die Mikrostruktur, der Phänomene beschrieben. Die geeignetste Bezeichnung hierfür ist **explikative Theorie**. So sind die Kepler'schen Gesetze als Spezialfall in der klassischen Newton'schen Mechanik enthalten, die die Bewegungen aller Körper auf drei einfache Grundaxiome zurückführt.[44] Es ist eine enorme theoretische Leistung, derartig viele Einzelerscheinungen auf so wenige Grundprinzipien zu komprimieren; wir sagen daher, die Einzelerscheinungen werden durch diese Grundprinzipien *theoretisch erklärt*. Die Grenze zwischen dieser und der zweiten Theorieebene ist nicht völlig scharf, aber man kann sagen, dass je größer der Geltungsbereich und je weniger Grundprinzipien nötig sind, desto eher kann eine Theorie dieser dritten Stufe zugeordnet werden – desto **leistungsfähiger** ist sie. Allerdings haben Theorien großer Allgemeingültigkeit meistens einen entscheidenden Nachteil: Während die Kepler'schen Gesetze noch genaue, unmittelbar umsetzbare Angaben gemacht haben, sind die Newton'schen Axiome auf den ersten Blick weitgehend nichtssagend. Um zu klaren Aussagen für Einzelfälle zu gelangen, müssen sie zunächst in vielfacher Hinsicht konkretisiert werden.

Auch die Spieltheorie versucht oftmals, allgemeingültige Prinzipien sozialer Interaktion zu finden, also der Stufe drei der obigen Klassifikation zu genügen. Das bedeutet, sie will möglichst viele Sachverhalte auf wenige, einfache Grundprinzipien zurückführen, die ihrerseits zur Klärung komplexer realer Sachverhalte konkretisiert werden können. Man muss sich darüber klar sein, dass diese Aufgabe eine ganz andere ist als bei der Theoriebildung zum Zwecke der Handlungsempfehlung. Dort muss ein Modell so "realistisch" sein, dass man es mit Daten auffüllen kann, um zu einer Handlungs-

---

[44] Nämlich: 1) Jeder Körper ist bestrebt, seinen Bewegungszustand beizubehalten (Trägheitsprinzip). 2) Bewegungsgleichung $\vec{F} = m \cdot \vec{a}$ (Aktionsprinzip). 3) Jeder Kraftwirkung eines Körpers auf einen anderen Körper entspricht eine gleichgroße Gegenkraft (Reaktionsprinzip).

empfehlung zu gelangen; hier geht es darum, Modelle zu bilden, die die *prinzipielle* Struktur eines gegebenen Systems beschreiben.

Sie werden daher in der Spieltheorie oft die Vorgehensweise finden, dass man von einer komplexen Beobachtung ausgeht und dann nach einer Menge von möglichst einfachen Prinzipien (Annahmen) sucht, die genau dieses Ergebnis hervorbringen[45] – wir empfinden diese einfachen Prinzipien dann als eine Erklärung, insbesondere, wenn einige dieser Prinzipien immer wieder auftauchen. Während es für präskriptive Aufgaben sinnvoll sein kann, ein Modell immer komplexer zu gestalten, um realistischer zu werden, wäre es für die explikative Aufgabe unsinnig, Modelle zu bilden, die über die einfachste Form hinausgehen. Denn hier besteht die Aufgabe darin, verständliche Prinzipien aufzustellen, um uns Einblick in eine Situation zu verschaffen, die wir wegen ihrer Komplexität nicht in ihrer Gesamtheit erfassen können.

Im Allgemeinen gibt es viele verschiedene Mikrostrukturen, die ein bestimmtes Phänomen "erklären" können. Deshalb ist es wichtig, eine Mikrostruktur, die theoretisch möglich ist, daraufhin zu überprüfen, ob sie mit empirischen Beobachtungen in Übereinstimmung steht (siehe auch Seite 101). Die Methode, mit der in der Spieltheorie das Verhalten realer Entscheider beobachtet wird, ist sehr oft das **Laborexperiment**, bei dem – ähnlich wie in der Psychologie – das Verhalten von Probanden unter reproduzierbaren Bedingungen ("Laborbedingungen") beobachtet wird. Da ein Großteil der Forscher, die sich hiermit befassen, Wirtschaftswissenschaftler sind, findet die meiste empirische Forschung zur Spieltheorie in der **Experimentellen Wirtschaftsforschung** statt, über die ein eigenes Kapitel folgt.

Kehren wir nach diesem Ausflug in die Wissenschaftstheorie wieder auf die Ebene des spieltheoretischen Handwerkszeugs zurück:

4.2. Extensive Spielform

Für viele spieltheoretische Konzepte ist es günstig, eine andere Darstellungsform für Spiele zu verwenden als die bisherigen Matrizen: die sogenannte **extensive Spielform (Extensivform)**, bei der die einzelnen Ent-

[45] Ein Beispiel dafür kennen Sie schon von der Interpretation des Matriarchat-Patriarchat-Spiels von Seite 74.

scheidungsmöglichkeiten der Spieler vollständig dargestellt werden und der Ablauf jedes möglichen Spieles chronologisch verfolgt werden kann. Gegenüber der extensiven Form ist die uns gewohnte Darstellungsform eines Spiels als Matrix eine verkürzte Schreibweise, die nicht immer alle relevanten Aspekte eines Spieles wiedergeben kann. Weil in der nichtkooperativen Spieltheorie *alle* Entscheidungsmöglichkeiten der Spieler explizit aufgeführt sein sollen, ist die Extensivform die typische Darstellungsform von nichtkooperativen Spielen.

4.2.1. Spielbaumdarstellung

In diesem Abschnitt werden wir uns zunächst der **Spielbaumdarstellung** zuwenden, die eine graphische Repräsentation (also ein Spezialfall) der extensiven Form ist; die extensive Form geht von dem mathematischen Graphenbegriff aus, der allgemeiner ist als der anschauliche Begriff, der sich auf Graphen beschränkt, die gezeichnet werden können; demgegenüber sind in der extensiven Form zum Beispiel unendliche Graphen möglich. Ich werde hauptsächlich "zeichenbare" Graphen zur Veranschaulichung verwenden und nur gelegentlich auf die Unterschiede zu der allgemeineren Form der Graphentheorie hinweisen.

Sehen wir uns zunächst ein Beispiel dafür an, wie ein Spielbaum aussehen könnte:

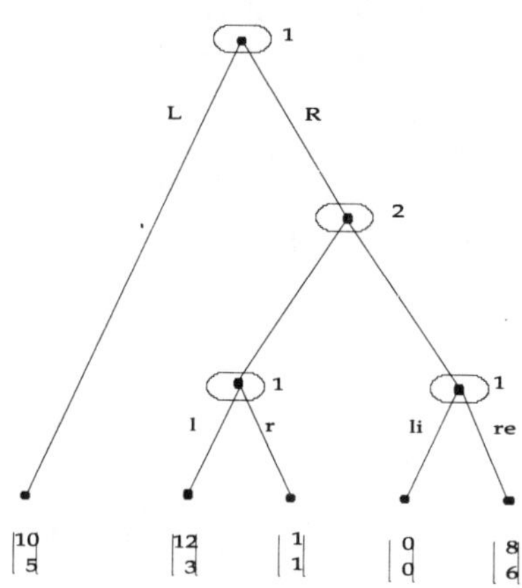

Abbildung 28: Beispiel für einen Spielbaum.

Ein derartiger Spielbaum gibt alle möglichen Entscheidungen und deren Abfolge innerhalb eines Spieles wieder, sodass jeder mögliche Spielverlauf in seinem zeitlichen Ablauf erkennbar wird; dieser Ablauf wird dann als die **dynamische Struktur** des Spiels bezeichnet.[46] Wie in einem Entscheidungsbaum kennzeichnen die **Entscheidungsknoten** Spielsituationen, in denen einer der Spieler eine Entscheidung zu treffen hat; um welchen Spieler es sich dabei handelt, ist jeweils neben dem Knoten vermerkt. Eine derartige Entscheidung ist ein **Zug**. In dem obigen Spiel kann zum Beispiel Spieler 1 an dem obersten Knoten zwischen den Zügen L und R wählen. Die Menge aller möglichen Züge an diesem Entscheidungsknoten lautet also $M_1 = \{L, R\}$. Natürlich muss eine Zugmenge nicht immer aus genau zwei Elementen bestehen, sondern kann eine beliebig große Anzahl von Zügen enthalten, sogar unendlich viele. Die Zugmenge wird im Spielbaum als aus dem Knoten herausweisende **Kanten** dargestellt. Obwohl an den Kanten meistens keine Richtung eingezeichnet ist, gilt stillschweigend die Übereinkunft, dass nur Vorwärtsbewegungen erlaubt sind. Ein Spielbaum ist also immer ein **gerichteter Graph**.

Ein **Zug** ist eine Entscheidung, die ein Spieler im Spielverlauf an einem Entscheidungsknoten trifft. Die Gesamtheit aller Züge, die an dem Knoten möglich sind, heißt **Zugmenge** des Knotens.

Manchmal kann es vorkommen, dass es an einem Entscheidungsknoten unendlich viele Zugmöglichkeiten gibt; dies wäre etwa der Fall, wenn der betreffende Spieler an einem seiner Entscheidungsknoten eine reelle Zahl zwischen null und eins nennen soll (dies könnte zum Beispiel die Ausbringungsmenge eines Produzenten sein). Man nennt diesen Fall eine **kontinuierliche Strategie**. Im Spielbaum wird dies oft durch ein angedeutetes Kontinuum zwischen zwei eingezeichneten Zügen stilisiert dargestellt:

46 Wie sich noch in diesem Abschnitt zeigen wird, ist die Abfolge der Knoten nicht immer als zeitlicher Ablauf interpretierbar. Vorerst schadet es aber nichts, es sich so vorzustellen.

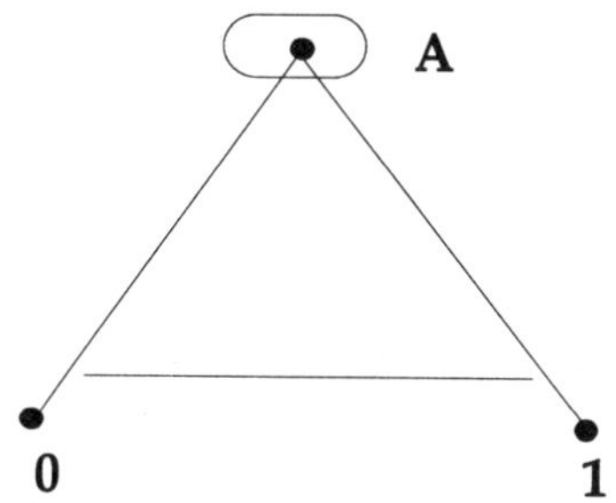

Abbildung 29: Graphische Darstellung einer kontinuierlichen Strategie.

Wenn es in einem Spiel eine endliche Anzahl von Spielern gibt und jeder Spieler eine endliche Zahl von Zügen hat, so nennt man dies ein **endliches Spiel**, andernfalls handelt es sich um ein **unendliches Spiel**.

Ein besonderer Entscheidungsknoten ist der **Startknoten**, an dem das Spiel beginnt. In diesem Buch ist dies immer der oberste Knoten, und das Spiel verläuft von oben nach unten; es gibt aber auch andere Darstellungen, in denen der Startknoten auf andere Weise besonders gekennzeichnet ist und der Baum in entsprechend andere Richtungen wächst. Der Startknoten ist auch immer daran erkennbar, dass er keine Vorgänger hat.

Neben den Entscheidungsknoten gibt es in einem Spielbaum immer auch **Endknoten**, an denen keine Entscheidungen mehr getroffen werden und die jeweils einem **Spielausgang** entsprechen; sie haben daher keine Nachfolger. Üblicherweise sind an den Endknoten **Auszahlungsvektoren** eingetragen, die die Auszahlungen an jeden einzelnen Spieler bei dem betreffenden Spielausgang bezeichnen. Die erste Komponente kennzeichnet dabei die Auszahlung an Spieler 1, die zweite an Spieler 2 usw.

Jeder **Endknoten** entspricht genau einem Spielausgang. Eine **Partie** ist eine Abfolge von Zügen, die von dem Startknoten zu einem Endknoten führt.

Eine Partie darf nicht mit einer Strategie verwechselt werden (siehe Kapitel 4.4.Strategie).

Der Zufall wird in extensiven Spielen als eigener Spieler dargestellt. Man nennt ihn den **Zufallsspieler** (manchmal auch **Natur**), im Gegensatz zu den

persönlichen Spielern, deren Entscheidungsverhalten eigentlicher Gegenstand der Spieltheorie ist. Der Zufallsspieler repräsentiert das stochastische Element eines Spiels, die persönlichen Spieler das strategische Element. In der Darstellung wird der Zufall genauso behandelt wie ein Spieler, der nur einen Entscheidungsknoten verwaltet, mit dem einzigen Unterschied, dass meist an den abgehenden Kanten diejenigen Wahrscheinlichkeiten eingetragen sind, mit denen der Zufall die betreffende Kante auswählt. Dies setzt dann voraus, dass alle Spieler von derselben Wahrscheinlichkeitsverteilung über die möglichen Züge des Zufalls ausgehen – eine Voraussetzung, von der in der Spieltheorie fast automatisch ausgegangen wird (siehe hierzu die Diskussion zur Harsanyi-Doktrin ab Seite 148).

Der Zufall wird in Spielbäumen also genau so dargestellt, wie von einem Entscheidungsbaum der klassischen Entscheidungstheorie gewohnt. Oft wird der Zufall mit der Spielernummer 0 gekennzeichnet; falls es in einem Spiel mehrere Zufallsknoten gibt, an denen jedes Mal die Null vermerkt ist, so handelt es sich dennoch um unabhängige Zufallsmechanismen (das heißt, die Zufallsentscheidungen an den verschiedenen Zufallsknoten sind nicht miteinander korreliert).

Hier ein Beispiel für ein Spiel, in dem ein Zufallszug existiert: Der Zufall wählt aus, welcher persönliche Spieler eine Entscheidung treffen darf, und zwar mit der Wahrscheinlichkeit w den Spieler 1 und mit der Gegenwahrscheinlichkeit (1 – w) die Spielerin 2:

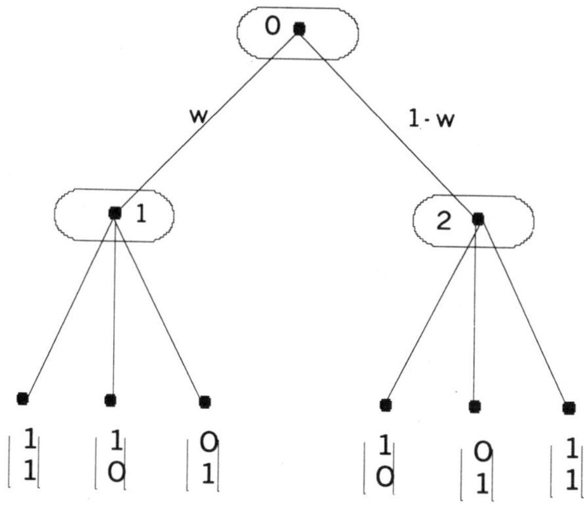

Abbildung 30: Beispiel für einen Zufallszug.

4.2.2. Besonderheiten von Spielbäumen

Fast selbstverständlich ist, dass der Baum **zusammenhängend** sein muss, dass also jeder Knoten durch eine Kante erreichbar sein muss (mit Ausnahme des Startknotens). Ebenso unsinnig wären Zweiecke und Schlingen. Eine **Schlinge** (oder auch *Schleife*) ist dabei eine Kante, die von einem Knoten wegführt und dann sofort wieder zu ihm hin; ein **Zweieck** ist ein Gebilde, das entsteht, wenn zwei Kanten dieselben beiden Knoten verbinden (der Name rührt daher, dass in der Graphentheorie die Knoten oft auch als Ecken bezeichnet werden).

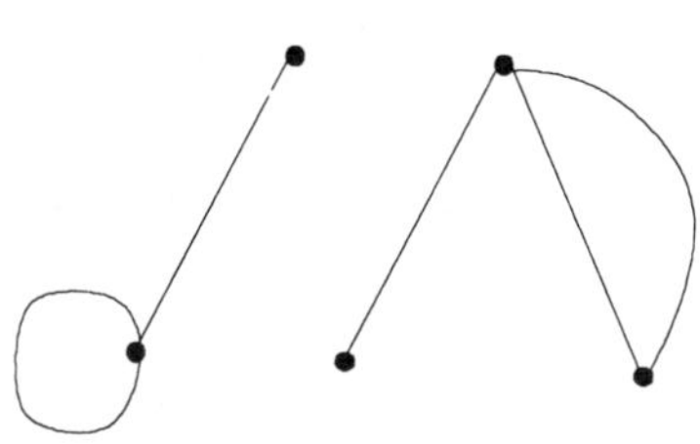

Abbildung 31: Nichtzusammenhängender Graph mit Schlinge und Zweieck.

Diese Anforderungen an Spielbäume würde man sicherlich intuitiv ohnehin beachten. Dies gilt hingegen nicht für die Forderung, dass ein Spielbaum – wie jeder Baum in der Graphentheorie – keine Kreise enthalten darf. Ein **Kreis** ist ein Kantenzug, über den man wieder beim Ausgangsnoten ankommt. Diese Forderung bedeutet, dass bei regelkonformer Zugfolge kein Knoten mehr als einmal erreicht werden kann. Zwar kann es in manchen Fällen für die graphische Darstellung anschaulich sein, von dieser Forderung abzuweichen, es erschwert aber unnötig die mathematische Behandlung. Dies ist zum Beispiel in der folgenden Situation der Fall, in der ein Basisspiel wiederholt gespielt wird und einer der Spieler darüber entscheidet, ob eine weitere Wiederholung erfolgen soll oder nicht (der Startknoten muss in einem derartigen Spiel gesondert gekennzeichnet werden; hier sei es der oberste Knoten):

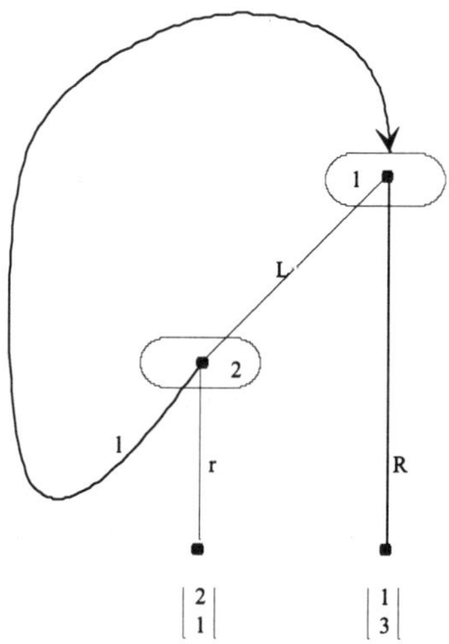

Abbildung 32: Unzulässige Darstellung eines unendlichen Graphen.

Man muss sich darüber im Klaren sein, dass ein derartiges Spiel unendlich lange dauern kann; wollte man das gleiche Spiel als schleifenlosen Baum darstellen, so müsste dieser unendlich groß sein. Ein derartiger Baum ließe sich zwar nicht mehr zeichnen, aber die mathematische Struktur ist sehr viel einfacher.

Weiterhin wird gefordert, dass alle Knoten (mit Ausnahme des Startknotens) *genau einen* unmittelbaren Vorgänger haben. Dies garantiert, dass jeder Endknoten nur auf genau einem Weg durch den Baum erreicht werden kann, dass also jeder Endknoten genau einer Partie entspricht. Diese Forderung ist gleichbedeutend damit, dass die Menge der Vorgänger eines Knotens eine vollständige Ordnung aufweist. Diese Forderung ist bei folgendem Spiel verletzt:

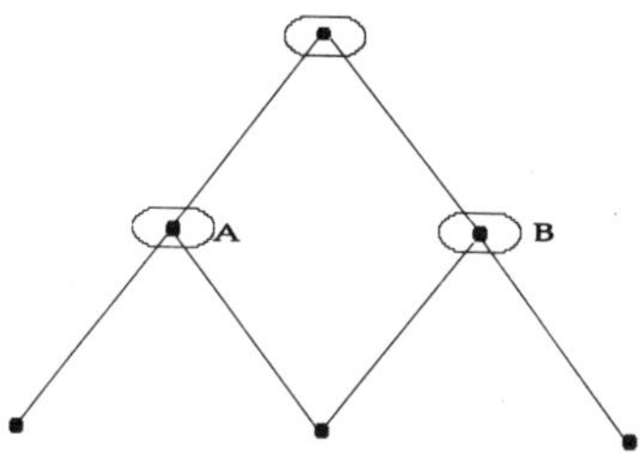

Abbildung 33: Ein nicht zulässiger Baum:
Ein Endknoten kann über mehrere Partien erreicht werden.

4.2.3. Regeln des Spiels

Obwohl die extensive Spieldarstellung ursprünglich aus der graphischen Darstellung hergeleitet ist, darf die extensive Form nicht unbedingt mit der Spielbaumdarstellung gleichgesetzt werden. Denn einige Spiele benötigten unendlich große Bäume, sodass sie überhaupt nicht graphisch darstellbar wären; dies ist beispielsweise dann der Fall, wenn die Zugmenge an einem Entscheidungsknoten unendlich groß ist oder wenn das Spiel unendlich lange fortgesetzt werden kann.

Daher verlangt die extensive Form nur, dass alle Angaben, die für einen Spielbaum notwendig wären, in irgendeiner Form gemacht werden, also zum Beispiel durch verbale Beschreibung oder durch Beschreibung als mathematische Objekte. Da die extensive Form alle Möglichkeiten der Spieler vollständig aufführt, ist sie die typische Form der Beschreibung für die nichtkooperative Spieltheorie.

Die **extensive Form** eines Spiels gibt explizit an:

- die Menge der Spieler und "wann" welcher von Ihnen am Zug ist
- die Zugmöglichkeiten in jedem Entscheidungs"zeit"punkt
- die mit den jeweiligen Partien verbundenen Auszahlungen an alle Spieler
- den Informationsstand der Spieler zu den Entscheidungs"zeit"punkten
- "Zeit"punkt, Wahrscheinlichkeitsverteilungen und Korrelationen bei Zufallszügen.[47]

Dies zusammengenommen sind die **Regeln des Spiels**.

Diese Darstellung wurde ursprünglich von VON NEUMANN / MORGENSTERN 1944 eingeführt und seitdem in einigen Punkten geändert oder anders dargestellt, zum Beispiel durch KUHN 1953 und SELTEN 1975.

Sollte die Möglichkeit des Informationsaustauschs zwischen den Spielern gegeben sein, so wird dies als Zug dargestellt.

Wie wir in Kürze sehen werden, kann ein Spielbaum nicht immer als der zeitliche Ablauf des Spiels interpretiert werden; daher kann es angebracht sein, Angaben hierzu mit zu den Regeln aufzunehmen. Ebenso ist eine Information über die Selbstbindungskraft[48] der Spieler eine wichtige Angabe. Diese beiden Informationen entscheiden darüber, welches Lösungskonzept angewandt werden soll. Fast alle Autoren nehmen aber die Angaben über die zeitliche Struktur und über Selbstbindungsmöglichkeiten *nicht* mit in den Katalog der Regeln auf, sondern setzen sie implizit voraus, indem sie sich für ein bestimmtes Lösungskonzept entscheiden.

---

47 Es nicht ganz korrekt, vom *Zeitpunkt* zu sprechen, weil die Abfolge der Entscheidungen im extensiven Spiel nicht immer der zeitliche Ablauf sein muss. – Fast immer wird angenommen, dass verschiedene Zufallszüge unkorreliert sind; prinzipiell spricht aber nichts dagegen, dass in einzelnen Spielen die Zufallsmechanismen in irgend einer Form zusammenhängen.

48 Wenn ein Spieler **Selbstbindungskraft** besitzt, legt er sich einmal auf ein bestimmtes Verhalten fest und hält es auch dann durch, wenn er aufgrund der tatsächlichen Spielentwicklung lieber ein anderes Verhalten wählen würde; es handelt sich um einen Vertrag eines Spielers mit sich selbst.

Gelegentlich wird die Abwesenheit von Selbstbindungskraft als Kennzeichen der nichtkooperativen Spieltheorie betrachtet (SELTEN 1982). Da aber auch in der nichtkooperativen Theorie immer wieder Lösungskonzepte verwendet werden, die implizit Selbstbindungskraft unterstellen, besteht hierüber alles andere als ein allgemeiner Konsens. Das ist auch kein Wunder, denn es wäre ungeschickt, sich durch eine derartige Einschränkung auf eine bestimmte Gruppe von Lösungskonzepten festzulegen. Statt dessen ist die Frage nach der Selbstbindungskraft eine weitere Dimension, die nichts mit der Unterscheidung in kooperative und nichtkooperative Theorie zu tun hat. Wieso die Frage nach der Selbstbindungskraft eine so große Bedeutung hat, sehen Sie zum Beispiel bei der Diskussion über die logische Bedeutung der Rückwärtsinduktion (Seite 239).

4.3. Informationsstände

Ganz entscheidend für die Beschreibung eines Spiels sind die Angaben darüber, was die Spieler zu ihren jeweiligen Entscheidungszeitpunkten wissen, das heißt welche Informationen sie besitzen. In diesem Kapitel beschreibe ich die üblichen Klassifizierungen und zeige Ihnen, wie sie in der Beschreibung von Spielen dargestellt werden.

Vorweg zwei Begriffe: Oft wollen wir den Fall darstellen, dass nicht alle Spieler die gleichen Informationen besitzen; dieser Fall heißt **asymmetrische Information**. Wenn irgend ein Spieler etwas weiß, was die anderen nicht wissen, dann nennen wir dies eine **private Information**.

4.3.1. Imperfekte Information

Eine kleine Schwierigkeit entsteht, wenn es möglich sein soll, Züge zu wählen, ohne dass die konkrete Wahl allen Gegnern bekannt wird. So ist es mit den bisher besprochenen Darstellungsmöglichkeiten des Spielbaums beispielsweise nicht möglich, die einfachen Bimatrixspiele des vorherigen Kapitels darzustellen, weil die extensive Form immer eine Zugreihenfolge erfordert und daher der zweite Spieler immer die Entscheidung des ersten kennt, wenn er am Zug ist. Koordinationsspiele zum Beispiel würden dadurch trivial:

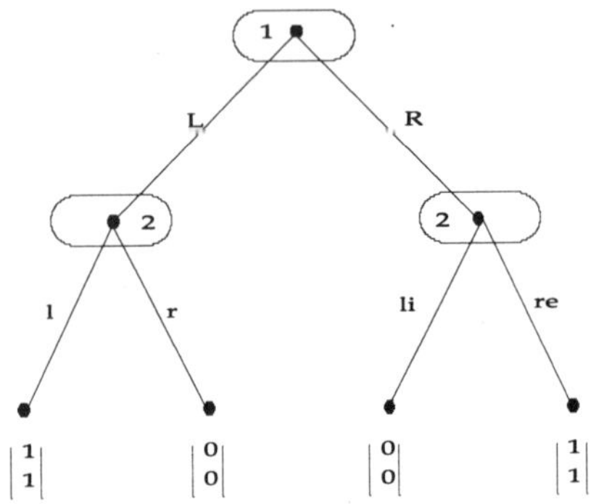

Abbildung 34: Ein "entartetes" Koordinationsspiel,
bei dem die Spieler nacheinander ziehen, nicht gleichzeitig.

Für die Spielerin 2 gibt es hier de facto kein Entscheidungsproblem, wogegen die Besonderheit der Entscheidung in Koordinationsspielen gerade darin besteht, dass Spielerin 2 entscheiden muss, *ohne* die Entscheidung des Spielers 1 zu kennen und umgekehrt. (Genau dies ist die Bedeutung des "gleichzeitigen Ziehens" in der Normalform; die Gleichzeitigkeit ist also nur ein bildlicher Ausdruck für "nicht wissen, was der andere macht".)

Um diese Spielsituation darstellen zu können, werden sogenannte **Informationsbezirke (Informationsmengen)**[49] eingeführt. Sind verschiedene Entscheidungsknoten eines Spielers zu einem Informationsbezirk zusammengefasst, so weiß der betreffende Spieler lediglich, dass er sich an einem Knoten aus dieser Knotengruppe befindet, nicht aber an welchem Knoten genau. Im Spielbaum werden die Knoten eines Informationsbezirks gemeinsam umrahmt (oder auf eine andere Weise als zusammengehörig gekennzeichnet):

49 Der Begriff *Informationsbezirk* bezieht sich eher auf die graphische Repräsentation im Spielbaum, wogegen *Informationsmenge* eher den abstrakten Begriff der gedanklichen Zusammenfassung derjenigen Knoten meint, zwischen denen der betreffende Spieler nicht unterscheiden kann. Ich benutze beide Begriffe weitgehend synonym.

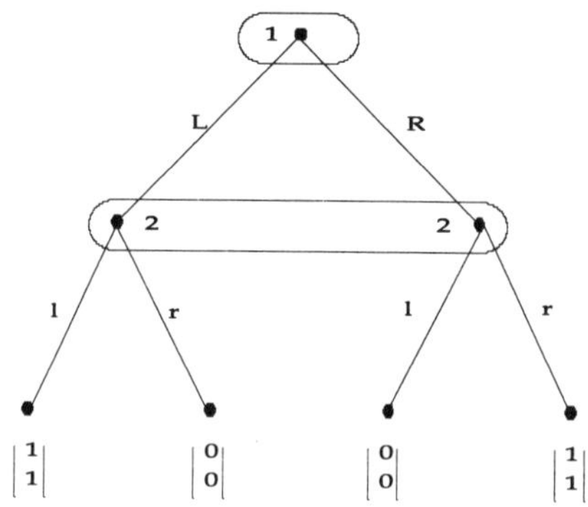

Abbildung 35: Darstellung des "gleichzeitigen Ziehens" im Spielbaum.

Wenn in diesem Spiel Spielerin 2 am Zug ist, weiß sie nicht, ob sie sich an ihrem linken Entscheidungsknoten befindet oder am rechten. Die Situation ist also (weitgehend) dieselbe wie bei dem entsprechenden Bimatrixspiel:

		Spielerin 2: l	r
Spieler 1:	L	(1,1)	(0,0)
	R	(0,0)	(1,1)

Abbildung 36: Die äquivalente Darstellung des Spiels aus Abbildung 35 als Bimatrixspiel.

An Stelle der Formulierung, "Entscheidungsknoten werden zu Informationsmengen zusammengefasst", spricht man auch davon, dass die Knotenmenge **in Informationsmengen zerlegt** wird. Der Begriff **Knotenmenge** bezeichnet dann die Gesamtheit aller Entscheidungsknoten des Spiels.

Damit die Zusammenfassung von Knoten zu einem Informationsbezirk überhaupt sinnvoll ist, muss natürlich die Zahl der an den einzelnen Knoten möglichen Entscheidungen gleich sein; sonst könnte der Entscheider anhand der Zahl der ihm zur Verfügung stehenden Zugmöglichkeiten rekonstruieren, an welchem Knoten er sich befindet:

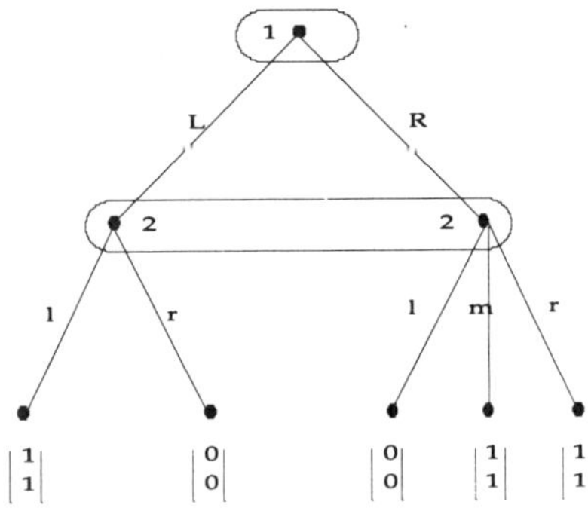

Abbildung 37: Unsinnige Zusammenfassung von Knoten zu einem Informationsbezirk.

In diesem Spiel ist der Informationsbezirk der Spielerin 2 nicht sinnvoll, da sie sofort wüsste, dass sie sich am rechten Knoten befindet, wenn sie drei Zugmöglichkeiten hat, und am linken Knoten, wenn sie zwei Zugmöglichkeiten besitzt. Dies ließe sich nur vermeiden, wenn der Spielerin auch ihre Zugmöglichkeiten verschwiegen würden, was natürlich nicht möglich ist, da sie keine sinnvolle Entscheidung treffen kann, ohne ihre Entscheidungsmöglichkeiten zu kennen. – Natürlich dürfen in einer Informationsmenge nur Knoten genau eines Spielers zusammengefasst werden.

Für einen Spieler stellt es sich also so dar, als hätte jeder Knoten eines Informationsbezirks dieselbe Zugmenge, obwohl es sich (aus der Sicht des Spielablaufs) nach wie vor um unterschiedliche Züge handelt. Die jeweils einander entsprechenden Züge an den verschiedenen Knoten eines Informationsbezirks werden üblicherweise zu einer Entscheidungsalternative des Spielers zusammengefasst. Dieser Schritt wurde in Abbildung 35 bereits stillschweigend vollzogen, indem die beiden l-Züge und die r-Züge den gleichen Namen erhalten haben und somit miteinander beziehungsweise mit dem entsprechenden Zug des Bimatrixspiels identifiziert wurden. Im Gegensatz dazu haben im Spiel 34 die Züge noch unterschiedliche Namen, da sie auch aus der Sicht der Spielerin unterscheidbar sind.

Der Informationsstand der Spieler ist ein wichtiges Unterscheidungskriterium für Spiele, sodass es hierfür eigene Namen gibt:

Bei einem Spiel mit **perfekter Information (vollkommener Information)** ist jeder Spieler immer über alle vorausgegangenen Züge informiert (das heißt, alle Entscheidungen der Gegenspieler sind beobachtbar). Alle Informationsbezirke enthalten dann genau einen Entscheidungsknoten.

Enthält ein Spiel mindestens einen Informationsbezirk mit mehr als einem Knoten, so handelt es sich um ein Spiel mit **imperfekter Information (unvollkommener Information)**.

Vollkommene Information darf nicht verwechselt werden mit vollständiger (kompletter) Information (siehe Seite 140).

4.3.2. Vollkommene Erinnerung (Perfect recall)

Eine Absonderlichkeit bezüglich der Elemente einer Informationsmenge ist allgemein ausgeschlossen: dass ein Informationsbezirk unmittelbar aufeinanderfolgende Knoten desselben Spielers enthält, denn das hieße, dass der Spieler nicht weiß, ob er noch eine Entscheidung zu treffen hat oder ob das Ergebnis der Entscheidung bereits eingetreten ist:

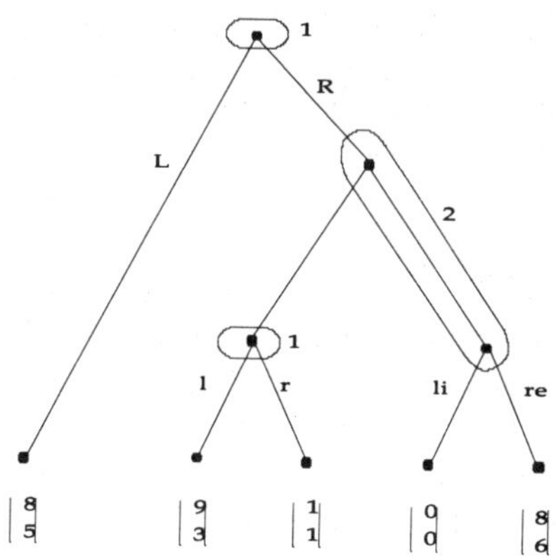

Abbildung 38: Ein unzulässiger Informationsbezirk.

Es kann aber durchaus nicht immer ausgeschlossen werden, dass ein Spieler seine eigenen Entscheidungen *im Laufe* des Spiels vergisst. Das ist zum Beispiel in dem folgenden Spiel der Fall:

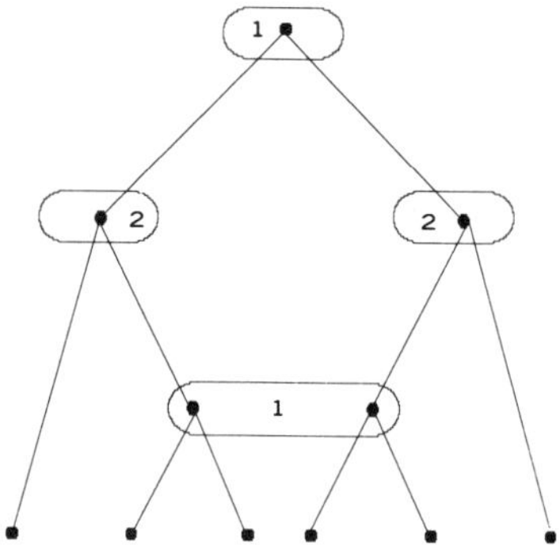

Abbildung 39: Ein Spiel ohne vollkommene Erinnerung.

Hier folgt nach der Entscheidung von Spieler 1 noch ein Zug der Spielerin 2, bevor der untere Informationsbezirk erreicht wird. Dort könnte Spieler 1 dann zwar theoretisch den tatsachlich erreichten Konten ermitteln, aber nur, wenn er sich noch an seine Entscheidung aus dem ersten Zug erinnert.

Wenn sich alle Spieler an alle eigenen vergangenen Entscheidungen erinnern können, spricht man von einem Spiel mit **vollkommener Erinnerung** (*perfect recall*).

Perfect recall ist der Normalfall, der fast immer unterstellt wird.

Ein extremer Fall von unvollkommener Erinnerung befindet sich in der folgenden Abbildung. Dort vergisst Spieler 1 seine eigene Entscheidung sofort, nachdem er sie getroffen hat, auch ohne dass zwischenzeitlich ein anderes Ereignis stattgefunden hätte. Dies ist zwar nicht per Definition ausgeschlossen, ergibt aber ein wenig plausibles Spiel.

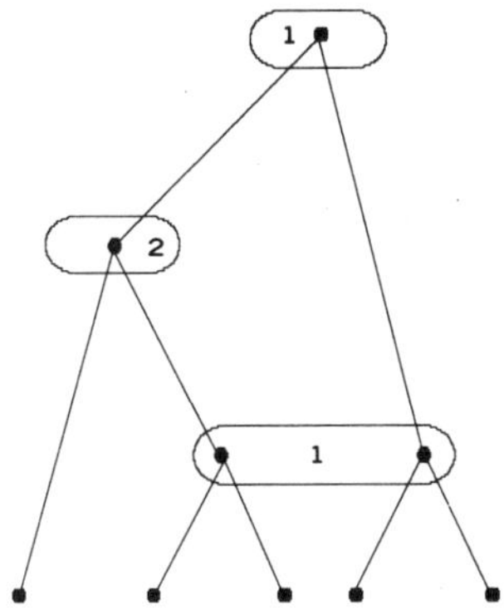

Abbildung 40: Ein Extremfall von unvollkommener Erinnerung.

4.3.3. Spiel unter Sicherheit und deterministisches Spiel

Gelegentlich taucht die Bezeichnung **Spiel unter Sicherheit** auf, worunter ein Spiel verstanden wird, bei dem es keine Zufallszüge mehr gibt, nachdem die Spieler gezogen haben (strenggenommen, nachdem mindestens einer der Spieler gezogen hat). Die Idee ist hierbei, dass die Entscheidungen der persönlichen Spieler das Ergebnis in nicht-stochastischer Weise bestimmen sollen.

Diese Definition ist aber wenig sinnvoll, weil sich ein Zufallszug, der auf eine Entscheidung folgt, fast gleichwertig als nichtbeobachtbarer Zufallszug darstellen lässt, der der Entscheidung vorgelagert ist. "Fast gleichwertig" heißt in diesem Zusammenhang, dass die Situation strategisch identisch ist, dass also sinnvoll konzipierte Lösungskonzepte auf den Unterschied nicht reagieren sollten (worüber sich natürlich streiten ließe). Ein Beispiel hierzu:

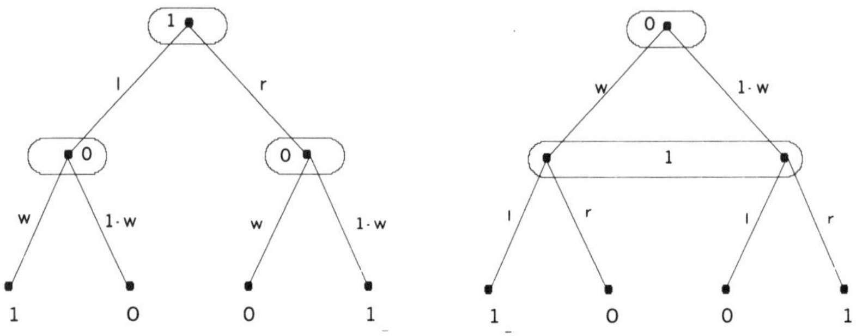

Abbildung 41: Strategisch äquivalente Spiele
mit unterschiedlicher Zugreihenfolge.

Es handelt sich hierbei um zwei Einpersonenspiele, bei denen der Spieler 1 auf l oder r setzen muss und ein Zufallszug – zum Beispiel ein Münzwurf – entscheidet, ob er gewonnen hat. Der Unterschied zwischen den zwei Spielen besteht darin, dass bei dem linken erst der Spieler seine Wahl angibt und dann der Zufall entscheidet, wogegen bei dem rechten Spiel erst der Zufall entscheidet und dann der Spieler wählt, aber *ohne* dass ihm das Ergebnis des Zufallszuges bekannt ist. Es dürfte weitgehend unstrittig sein, dass beide Situationen strategisch gleich zu behandeln sind, denn die zeitliche Lage des Zufallszuges ändert die Entscheidungssituation in keiner Weise. Trotzdem ist nach der oben genannten Definition das rechte Spiel ein "Spiel unter Sicherheit", das linke jedoch nicht. Dies zeigt, dass die Definition auf nichtbeobachtbare Zufallszüge erweitert werden muss, um der Absicht der Definition gerecht zu werden.

Bei einem **Spiel unter Sicherheit** gibt es keine Zufallszüge, nachdem einer der Spieler gezogen hat und keine unbeobachtbaren Zufallszüge.

Weitere Erklärungen befinden sich im Kapitel 4.6.1.Sicherheit und Unsicherheit.

Der Grund dafür, dass die Definition für Sicherheit normalerweise unbeobachtbare Zufallszüge nicht einbezieht, besteht vermutlich darin, dass dieser Fall sehr ähnlich zu der Behandlung von *unvollständiger Information* ist (zur unvollständigen Information siehe Kapitel 4.3.5.Unvollständige Information).

Als einen Begriff, der etwas sehr Ähnliches wie "Spiel unter Sicherheit" bezeichnet, findet man oft den folgenden:

In einem **deterministischen Spiel** gibt es keine Zufallszüge.

Die Absicht dieser Klassifizierung besteht darin, Spiele zu benennen, in denen das Ergebnis ausschließlich von der Wahl der Strategien abhängt: Die persönlichen Spieler bestimmen in deterministischer Weise den Spielausgang.

An dem Beispiel aus Abbildung 41 sieht man gleichzeitig eine generelle Schwäche der extensiven Spieldarstellung: Weil sie immer eine **Zugreihenfolge** erzwingt, ist sie in solchen Situationen übergenau, in denen es auf die Reihenfolge überhaupt nicht ankommt, weil die Züge "gleichzeitig" erfolgen – wobei "gleichzeitig" wieder bedeutet, dass die Spieler zum Entscheidungszeitpunkt den Zug der anderen nicht kennen. Daher sind in derartigen Fällen mehrere extensive Darstellungen für ein und dasselbe Spiel möglich; manchmal kann die Zahl unterschiedlicher Darstellungsmöglichkeiten beträchtlich sein. Beispielsweise entsprechen jedem der vertrauten Bimatrixspiele bereits immer zwei unterschiedliche extensive Darstellungen. Bei mehr als zwei Spielern steigt die Zahl der verschiedenen extensiven Darstellungen für dasselbe Normalformspiel außerordentlich schnell an, nämlich mit der Fakultät der Spielerzahl. Wichtig ist dann, dass die verwendeten Lösungskonzepte nicht auf diese Scheinunterschiede reagieren.

Hieran sieht man auch, dass die Entscheidungsreihenfolge in der extensiven Form nicht unbedingt als der zeitliche Ablauf eines Spiels interpretiert werden darf, obwohl natürlich die extensive Darstellungsform meistens so gewählt wird, dass sie der **dynamischen Struktur** des Spiels entspricht (sofern dies möglich ist).

4.3.4. Gemeinsames Vorwissen (Common knowledge)

Gemeinsames Vorwissen (oft auch gemeinsames Wissen genannt) ist eine Informationsannahme, die gegenüber den anderen besprochenen Informationsannahmen eine Sonderstellung einnimmt: Wie wir gleich sehen werden, befindet sich diese Form von Information auf einer anderen, übergeordneten logischen Ebene, und daher hätte diesem Abschnitt eigentlich ein Gliederungspunkt höherer Ebene zugestanden, um diese besondere Position deutlich werden zu lassen. Dass die Behandlung von Common knowledge trotzdem an dieser Stelle erfolgt, liegt daran, dass wir dieses Konzept zum Verständnis der unvollständigen Information benötigen.

Hinter dem Begriff *Common knowledge* verbirgt sich ein umfangreiches gedankliches Konzept; ich werde daher durchweg den englischen Begriff als ein Fachwort verwenden, weil die deutsche Übersetzung viel weniger gebräuchlich ist.

Alle bisher besprochenen Informationsannahmen – wie perfekte Information oder Sicherheit – beziehen sich auf den Blickwinkel eines Entscheiders, der sich im Spiel befindet: es sind Informationen *im* Spiel, beziehungsweise im Spielverlauf. Demgegenüber ist Common knowledge Wissen *über* das Spiel, aus einer übergeordneten Perspektive heraus.

Mit dieser übergeordneten Perspektive hat es Folgendes auf sich: Schon bei den vorangegangenen Informationsannahmen haben wir stillschweigend vorausgesetzt, dass die Spieler die Regeln des Spiels kennen, also den Spielbaum. Common knowledge aber ist mehr:

Wenn eine Information **Common knowledge** ist, dann heißt das: Die Spieler haben diese Information, wissen, dass die anderen Spieler sie haben, dass die anderen Spieler wissen, dass alle die Information haben, dass alle Spieler auch dieses wissen usw. über unendlich viele Wissensstufen hinweg.

Ist eine derartige Wissenskette nur endlich lang, so spricht man von **Bounded knowledge**. Dieser Begriff ist allerdings wesentlich weniger gebräuchlich.

THOMAS SCHELLING 1960 gilt als Urheber der Idee, dass gemeinsames Wissen dem eben geschilderten infiniten Regeress entspringt. ROBERT AUMANN 1976 hat dieselbe Idee formal (und unabhängig von Schelling) formuliert. Unter Anderem hierfür wurden die beiden Wissenschaftler 2005 mit dem Nobelpreis für Wirtschaftswissenschaften ausgezeichnet. Der Begriff *common knowledge* wurde wahrscheinlich von LEWIS 1969 geprägt.

Was auf den ersten Blick aussieht wie intellektuelle Haarspalterei, erweist sich bei näherem Hinsehen als zentral für die gesamte Spieltheorie. In dem Kapitel 5.3.2.Probleme der Teilspielperfektheit finden Sie ein Beispiel, in dem es einen ganz erheblichen Unterschied macht, ob eine Information Common knowledge ist oder nur Bounded knowledge. Ich möchte Ihnen den Unterschied aber schon vorab an einem sehr alten Beispiel plausibel machen, in dem es den Spielern unmöglich ist, eine bestimmte Information zu Common knowledge zu machen:

Zwei Bataillone, die voneinander getrennt sind, wollen gemeinsam einen Feind angreifen. Wenn sie gleichzeitig angreifen, gewinnen sie die Schlacht, wogegen ein Bataillon allein verlieren würde. Der Befehlshaber des Bataillons A sendet nun eine Brieftaube an das Bataillon B, mit der Nachricht, dass er am nächsten Tag angreifen werde; um aber sicher zu sein, dass die Brieftaube angekommen ist, bittet er um eine Bestätigung und kündigt an, dass er ohne Erhalt der Bestätigung nicht angreifen werde. Bataillon B erhält die Nachricht, schickt die Bestätigung per Brieftaube ab, bittet aber um eine Bestätigung der Bestätigung... Dieser Vorgang kann sich beliebig oft wiederholen, erst nach unendlich vielen Wiederholungen wird die Information Common knowledge werden, dass am nächsten Tag angegriffen werden soll.[50]

Bei fast jeder spieltheoretischen Analyse wird implizit angenommen, dass die Regeln des Spiels Common knowledge sind, und dazu gehören beispielsweise die Auszahlungen, die im vorausgegangen Kapitel besprochene Zerlegung in Informationsbezirke, die Wahrscheinlichkeiten von Zufallszügen usw. Dies ist normalerweise gemeint, wenn einfach von der **Common-knowledge-Annahme** gesprochen wird.

Unter der **Common-knowledge-Annahme** wird verstanden, dass die Regeln des Spiels Common knowledge sind.

Weiterhin ist das Rationalitätskonzept, das zur Bestimmung der spieltheoretischen Lösung herangezogen wird, meistens in der Common-knowledge-Annahme enthalten (das heißt, die Common-knowledge-Annahme besagt, dass die Spieler dasselbe Rationalitätskonzept verwenden und dass dieser Sachverhalt Common knowledge ist).

Sie erinnern sich sicherlich, dass die anderen Informationsannahmen (wie die Zerlegung der Knotenmenge in Informationsbezirke, Perfect recall usw.) Bestandteil der Regeln sind. Hieraus wird deutlich, dass sich Common knowledge tatsächlich auf einer übergeordneten Ebene befindet.

[50] Ein ähnliches Problem ergibt sich übrigens beim Versuch, im Rahmen der nichtkooperativen Spieltheorie eine Kommunikation oder Verhandlung zu modellieren.

Weil Common knowledge nicht in einer endlichen Anzahl von Schritten innerhalb eines Spiels erworben werden kann, muss man es eigentlich als *Vorwissen* interpretieren, das die Spieler einfach von irgendwoher haben, bevor sie sich überhaupt mit dem Spiel auseinandersetzen. Es ist für die Entscheider innerhalb eines spieltheoretischen Modells (die im Spiel modellierten Spieler) ein ebenso unumstößliches und nicht hinterfragbares Wissen wie für uns das Wissen (oder der Glaube) um die Existenz der Welt, das wir auch nicht in der Welt erwerben, sondern von irgendwoher mitbringen.

Man muss sich auch darüber klar sein, dass jegliche *inhaltliche* Bedeutung der Elemente eines Spiels für die Spieler nur Common knowledge sein kann, also zum Beispiel das Wissen darüber, was ein Zug ist und was ein Spieler. Auch ist jede inhaltliche Bedeutung eines Signals Common knowledge: Wenn beispielsweise im Gefangenendilemma die Spieler nicht nur den Zusammenhang zwischen einer Entscheidung und der Auszahlung kennen sollen, sondern auch wissen, was es bedeutet zu leugnen oder zu gestehen, so können sie dieses Wissen nicht im Spiel erwerben, sondern müssen es von einem Standpunkt außerhalb des Spiels mitbringen.

Wenn man an diesen Punkten konsequent weiterdenkt, wird einem deutlich, welche ungeheure Bedeutung die Common-knowledge-Annahme hat; sie wurde lange Zeit in der Spieltheorie erheblich unterschätzt, und die vollständigen Konsequenzen werden erst nach und nach klar.[51]

4.3.5. Unvollständige Information

Mit den bisherigen Informationsständen ist es zwar möglich darzustellen, dass einzelne Züge den anderen Spielern verborgen bleiben, aber weitergehende Geheimnisse können die Spieler vor den anderen bisher nicht haben. Dies ist natürlich sehr unrealistisch.

Wenn ein Spieler irgendeine Information für sich allein hat, nennt man dies eine **private Information**. Private Informationen können sich auf unterschiedliche Dinge beziehen. Zum Beispiel kann es sich um Wissen über Umweltzustände handeln: In dem Beispiel aus Abbildung 1 könnte sich etwa ein Hersteller mit Hilfe einer Marktforschung Informationen über den voraussichtlich eintretenden Umweltzustand beschaffen, die er natürlich

[51] Eine erste Formalisierung von Common knowledge befindet sich in AUMANN (1976), eine kurze Einführung in WERLANG (1987).

nicht an seine Konkurrenten weitergeben würde. Private Information könnte sich auch auf die Auszahlungen beziehen: So kennt ein Produzent zwar sicherlich seine eigenen Kosten, nicht aber die seiner Konkurrenten; oder in einer Versteigerung kennt zwar jeder Bieter seine eigene Wertschätzung des zu versteigernden Gegenstandes, nicht aber die der anderen Bieter. Eine dritte Möglichkeit besteht darin, dass die Spieler private Information über ihre Zugmöglichkeiten haben, also über die ihnen möglichen Strategien. Wenn in einem Spiel diese Arten von privater Information auftreten, so sprechen wir von einem **Spiel mit unvollständiger Information.** Der Gegensatz von unvollständiger Information ist **vollständige (komplette) Information**.

Sie erinnern sich vielleicht, dass wir die beiden letzten Arten der eben angesprochenen Informationen (die Zugmöglichkeiten und die Auszahlungen) auf Seite 128 als die Regeln des Spiels bezeichnet hatten. Deshalb werden Sie häufig die Formulierung finden, bei einem Spiel mit unvollständiger Information seien einigen Spielern nicht alle Regeln des Spiels bekannt. Dies ist zutreffend, solange wir von dem ursprünglichen Spiel sprechen, bezüglich dessen die unvollständige Information besteht; wie Sie sich aber leicht denken können, gibt es eine Möglichkeit, ein derartiges Spiel in ein anderes zu transformieren, das wohldefiniert ist, bezüglich dessen also keine Unsicherheit über die Regeln besteht. Es wäre schlimm, wenn dies *nicht* möglich wäre, denn die Spieler können natürlich kein Spiel spielen, dessen Regeln sie nicht kennen, das heißt, dessen Regeln nicht Common knowledge sind (denn dann würden sie unterschiedliche Spiele spielen, und wie sollte es dafür ein sinnvolles Lösungskonzept geben?).

Sehen wir uns also an, wie wir darstellen können, dass ein Spieler nicht genau weiß, was die anderen können, wollen oder wissen. Betrachten wir dafür ein einfaches Beispiel, in dem Spieler A ein Auto an Spielerin B verkaufen möchte. Er hat zwei Handlungsmöglichkeiten: entweder einen hohen Preis zu verlangen oder einen niedrigen; sie kann danach das Angebot annehmen oder ablehnen. Weiterhin kann das Auto entweder in gutem Zustand sein oder in schlechtem - was tatsächlich der Fall ist, ist eine private Information des Spielers A, weil Spielerin B keine Möglichkeit hat, während der Probefahrt versteckte Mängel zu finden.

Offenbar ist hier der Zustand des Autos eine zufällige Größe – in der klassischen Entscheidungstheorie würden wir sagen, ein Umweltzustand; in der Spieltheorie stellen wir diesen Sachverhalt als Zufallszug dar. Die Besonderheit dieses Beispiels besteht darin, dass nur Spieler A das Ergebnis des Zufallszuges beobachten kann, Spielerin B hingegen nicht. Diese Situation können wir problemlos mit unseren bisherigen Mitteln darstellen:

Dieses Spiel ist eine vereinfachte Version des inzwischen schon klassischen Modells *Market for Lemons* von AKERLOF 1970; der Name stammt daher, dass im Englischen eine Niete (hier das schlechte Auto) als Zitrone bezeichnet wird.

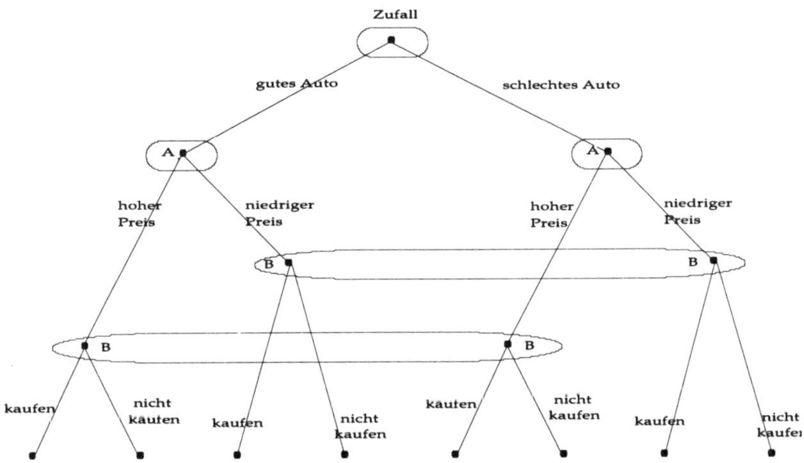

Abbildung 42: Ein einfaches Spiel mit unvollständiger Information. (Aus Gründen der Übersichtlichkeit wurden die Auszahlungsvektoren weggelassen.)

Das Ergebnis des Zufallszuges ist hier private Information des Spielers A; Spielerin B kann nur den von ihm verlangten Preis beobachten, nicht die Qualität des Autos. Dieses Spiel ist wieder wohldefiniert, und es besteht keine Unsicherheit bezüglich der Regeln; an jeden der Endknoten könnten Auszahlungsvektoren geschrieben werden. Sehr wohl besteht diese Unsicherheit aber bei dem ursprünglichen Spiel:

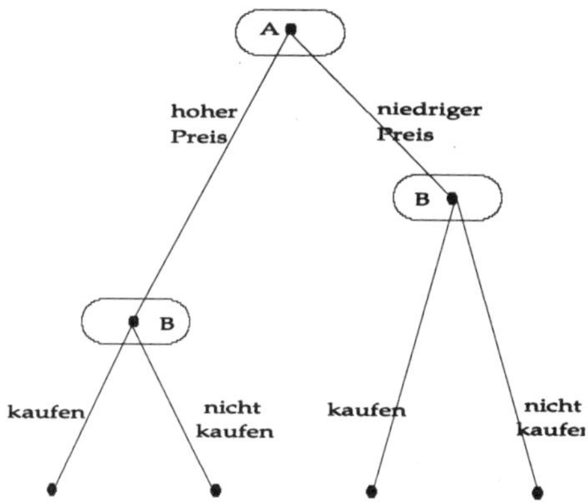

Abbildung 43: Für jeden möglichen Zustand des Autos
wird dieses Spiel gespielt, aber mit jeweils anderen Auszahlungen.

Bei diesem Spiel wüsste man nicht, welche Auszahlungen man an die Endknoten schreiben sollte, weil ein schlechtes Auto für Spielerin B ja weniger Wert ist als ein gutes, aber der Zustand des Autos nicht mit modelliert wurde. Für dieses Spiel sind also nicht alle Regeln bekannt; es ist nicht wohldefiniert, weil wichtige Regelbestandteile nicht Common knowledge sind. Wie gerade vorgeführt, kann man dieses Spiel jedoch in ein wohldefiniertes Spiel mit vollständiger, aber unvollkommener Information überführen, indem man es vervielfacht und für jede mögliche Realisation der Zufallsvariablen erneut betrachtet. Der Zufall wählt dann aus, welches Spiel wirklich gespielt wird. (Statt *Spiel* wäre es hier korrekter, *Partie* zu sagen, weil die ursprünglichen Spiele keine unabhängigen Teilspiele[52] sind, sondern über Informationsbezirke miteinander verbunden sind.)

Im Prinzip lässt sich dieses Verfahren auf jede Art der geschilderten privaten Information anwenden. Wenn beispielsweise Unsicherheit bezüglich der möglichen Strategien eines Spielers besteht, dann wählt der Zufall zu Beginn des Spiels die Zugmöglichkeiten dieses Spielers aus, das Ergebnis wird aber nur diesem einen Spieler offenbart. Betrachten wir ein Beispiel hierfür: Sie rempeln in einer zwielichtigen Spelunke mit einem schmächtigen Heimchen zusammen, sind sich aber nicht sicher, ob er Karate kann oder nicht. Sie können sich entschuldigen oder Streit anfangen; falls er Karate be-

52 Der Begriff des Teilspiels ist auf Seite 229 definiert.

herrscht, kann er Sie danach verprügeln oder zu einem Whiskey einladen; falls er nicht Karate beherrscht, kann er Sie nur noch zu einem Whiskey einladen. – In der Spielbaumdarstellung dieser Situation wählt die Natur einen bestimmten Typen von Gegenspieler aus (nämlich entweder den, der Karate kann oder den, der es nicht kann), und für jede mögliche Realisation wird ein anderes Spiel gespielt, nur wissen Sie nicht genau, welches Sie nun tatsächlich spielen – allerdings haben Sie wenigstens bestimmte Vermutungen darüber.

Wie auch immer die unvollständige Information beschaffen ist, das Prinzip ist stets das gleiche: Das Spiel beginnt mit einem Zufallszug (dem **initialen Zufallszug**), der auch als Umweltzustand interpretiert werden kann; dieser wählt einen bestimmten Spielertyp aus und gibt das Ergebnis diesem Spieler bekannt, den anderen aber nicht.

> Jeder **Typ** eines Spielers bezeichnet mögliche Charakteristika, die dieser Spieler aus Sicht der anderen aufweisen kann. Ein Typ ist gekennzeichnet durch seine *Strategien- bzw. Zugmenge*, seine *Informationszustände* und seine *Auszahlungen*.

Machen Sie sich bitte klar, was ein Typ genau bedeutet: Er stellt eine bestimmte Ausprägung eines bestimmten Spielers dar, die in den Augen der anderen Spieler möglich ist. Natürlich kann ein Spieler in Wahrheit immer nur genau einem seiner Typen entsprechen, aber nur er weiß, wie sein Typ wirklich aussieht (das heißt, nur er kennt sich selbst) die anderen haben lediglich Vermutungen darüber. Ein Spieler ist in einem derartigen Spiel also eine Fiktion, es gibt eigentlich nur einen seiner Typen. Man spricht gelegentlich von einem *schillernden* Spieler, der in seine Typen *zerfällt*.

Natürlich besteht auch die Möglichkeit, dass unvollständige Information nicht nur bezüglich *eines* Spielers besteht, sondern bezüglich mehrerer; dann zerfallen mehrere Spieler in verschiedene Typen, und der initiale Zufallszug wählt aus allen möglichen Typenkombinationen aus. Pro möglicher Kombination wird ein anderes Spiel gespielt, wobei diese Spiele wieder keinen unabhängigen Teilspiele sind, sondern über Informationsbezirke miteinander verbunden sind. Formal spricht nichts dagegen, dass ein Spieler auch selbst nicht erfährt, welcher Typ er ist.

Unter einem **Spiel mit unvollständiger Information** versteht man ein Spiel, in dem *Unsicherheiten bezüglich bestimmter Regeln* umgewandelt werden in *Unsicherheiten bezüglich der Spielertypen*. Hierfür werden die Typen der Spieler durch einen initialen Zufallszug ausgewählt (dessen Realisation meistens nur der betreffende Spieler selbst erfährt).

Bei einem Spiel mit unvollständiger Information wird demnach ein Ausgangsspiel, bei dem einige Regelbestandteile nicht Common knowledge sind, in ein wohldefiniertes neues Spiel mit unvollkommener (imperfekter) Information überführt.

Diese Form, unvollständige Information zu behandeln, geht auf JOHN HARSANYI 1967-1968 zurück. – Eine kurze Einführung, die über dieses Kapitel hinausgeht, befindet sich in SELTEN 1982.

Spiele, in denen unvollständige Information auf diese Weise dargestellt wird, werden oft als **bayesianische Spiele** bezeichnet und Nash-Gleichgewichte in diesen Spielen als **bayesianische Gleichgewichte** (die Bezeichnungen sind allerdings nicht ganz einheitlich).

Ein Punkt beschäftigt Sie vielleicht: Die Umformung von Spielen mit unvollständiger Information in Spiele mit imperfekter Information funktioniert natürlich nur dann, wenn die Menge bekannt ist, aus der die verschiedenen Typen stammen können. Das ist zwar besser als nichts, aber es entspricht nicht unbedingt dem, was wir uns unter wirklicher Ungewissheit vorstellen. Kommen wir noch einmal auf das Heimchen aus der Spelunke zurück: vielleicht kann er zwar nicht Karate, aber Ju Jutsu; vielleicht hat er gute Freunde in der Nähe; vielleicht hat er ganz andere Fähigkeiten, von denen wir noch gar nichts wissen; und vielleicht denkt er das Gleiche über Sie? Die Menge der Möglichkeiten ist unendlich groß, und es ist ein philosophisches Problem, ob es sich überhaupt noch um eine Menge handelt oder nicht. Auch hier *postulieren* wir letztlich wieder, dass alle nur denkbaren Möglichkeiten im Spiel erfasst sind. Normativ mag man damit leben können, aber als Wirklichkeitsbeschreibung bleibt ein ungutes Gefühl zurück. (Allerdings ist dies ein grundsätzliches Problem der Spieltheorie: Wir unterstellen schließlich auch, dass die Strategienmengen vollständig bekannt sind.)

Common priors

Soweit klingt noch alles recht überzeugend, aber Sie werden vielleicht bemerkt haben, dass ich bisher einer Frage ausgewichen bin: Wir haben uns noch keine Gedanken über die Wahrscheinlichkeiten gemacht, die an den Kanten des initialen Zufallszuges stehen sollen. In der Tat gibt es dabei ein Problem, denn im Prinzip ist zunächst nicht auszuschließen, dass jeder Spieler eigene Vermutungen über die Wahrscheinlichkeiten hat, mit denen die einzelnen Typen auftreten. Dies gilt auch für den Spieler selbst, dessen Typ betroffen ist: Er erfährt zwar (meistens) wer er ist, aber dennoch weiß er nicht, für wie wahrscheinlich die anderen Spieler die einzelnen Realisationen halten. Natürlich könnten wir dies wieder wie unvollständige Information behandeln, diesmal eben über die Wahrscheinlichkeitsschätzungen der einzelnen Spieler, aber dies würde das Problem nur eine Stufe weiter verlagern: Es würden neue Typen für unterschiedliche Wahrscheinlichkeitsschätzungen entstehen, die aber wieder einen neuen initialen Zufallszug verlangten usw., das heißt, wir befinden uns in einem wunderschönen infiniten Regress[53].

Eine Möglichkeit, diesen Regress aufzulösen, besteht darin zu unterstellen, es gebe eine objektiv vorhandene Wahrscheinlichkeitsverteilung über die möglichen Zufallszüge und diese Verteilung sei Common knowledge. Dies mag manchmal sinnvoll sein: So kennt zum Beispiel eine Versicherung zwar nicht den tatsächlichen Typ eines potentiellen Kunden, aber es könnte eine öffentlich bekannte Untersuchung geben, die eine Verteilung über die Schadensrisiken nennt; beim Spielen von russisch Roulette gibt es eine objektive Wahrscheinlichkeitsverteilung über die Typen des Revolvers; oder die Spieler des Autokauf-Beispiels kennen vielleicht eine ADAC-Statistik. Manchmal kann es durchaus quasiobjektive Wahrscheinlichkeiten geben, die als Common knowledge angenommen werden können.

In diesem Fall haben alle Spieler die gleichen Wahrscheinlichkeitsschätzungen bezüglich des initialen Zufallszugs und diese sind Common knowledge. Man spricht in diesem Fall von **Common priors** (gleichartige A-priori-Erwartungen). Wenn Common priors gegeben sind, dann können diese natürlich einfach an die Kanten des Zufallszuges geschrieben werden, und das Problem ist gelöst. Im Bezug auf Spiele mit unvollständiger Information findet man für diesen Fall auch die Bezeichnung **konsistente unvollständige Information**.

[53] Ein infiniter (unendlicher) Regress ist die unendlich oft wiederholte Anwendung derselben Argumentation, die dadurch entsteht, dass die Argumentation auf ihr Ergebnis genauso angewandt werden kann wie auf ihre Voraussetzungen.

Auch wenn es Beispiele gibt, in denen Common priors unmittelbar gerechtfertigt sind, gibt es doch genügend Fälle, in denen die Wahrscheinlichkeiten rein subjektiv geschätzt werden müssen. Es ist daher eine zu erwägende Möglichkeit, in einigen Spielen die Annahme von Common priors einfach aufzugeben und die Möglichkeit zuzulassen, für jeden Spieler eine andere Wahrscheinlichkeitsverteilung in den Spielbaum aufzunehmen (ein Beispiel für konsequente Vertreter dieses Vorschlags sind HARRISON / KREPS 1978, SELTEN 1982 oder, in Lehrbuchform, KREPS 1990); es entstehen dann Spiele mit **inkonsistenter unvollständiger Information**. Dieses Vorgehen ist im Prinzip möglich, und rein formal lassen sich die meisten Lösungskonzepte auch auf ein derartiges Spiel anwenden. Es läuft darauf hinaus, dass subjektive Wahrscheinlichkeiten als genauso individuell zu betrachten sind wie Präferenzen.

Ich bin mir aber nicht sicher, ob diese Auffassung unserer Empfindung von Wahrscheinlichkeiten entspricht: Normalerweise stellen wir uns vor, dass es bei Zufallsereignissen irgendeine *objektive* Wahrscheinlichkeitsverteilung gibt und dass es bei *subjektiven* Wahrscheinlichkeiten darum geht, diese objektiv gegebene Größe durch eine individuelle Schätzung möglichst gut anzunähern. Wir führen also subjektive Wahrscheinlichkeiten nicht etwa deshalb ein, weil wir sie als individuelle Geschmacksache ansehen, sondern weil wir die Wahrscheinlichkeitsrechnung auch dann anwenden möchten, wenn die beteiligten Individuen keinen Zugang zu objektiven Wahrscheinlichkeiten haben (ungefähr diese Argumentation verwendet auch AUMANN 1987). Subjektive Wahrscheinlichkeiten bedeuten einfach, dass wir zwar nichts Genaues wissen, aber doch mehr als nichts.

Diese subjektiven Wahrscheinlichkeiten resultieren aus unseren Erfahrungen mit der Welt. Nun erhebt die nichtkooperative Spieltheorie den Anspruch, *alle* relevanten Regelbestandteile abzubilden; sollten die Spieler unterschiedliche Erfahrungen gemacht haben (die zu unterschiedlichen Priors führen könnten), so müssten diese Erfahrungen eben mit modelliert werden – falls nicht, wäre das Spiel fehlspezifiziert. Wenn aber alle Informationen gleich sind, die die Entscheider (von ihrer "Geburt" an) jemals erhalten haben, dann ist es sicherlich sinnvoll zu fordern, dass rationale[54] Entscheider zu derselben Wahrscheinlichkeitsschätzung gelangen müssen. Dies ist in

[54] Diese Forderung *definiert* dann Rationalität. Es handelt sich daher hierbei um eine normative Argumentation.

etwa die Argumentation der sogenannten **Harsanyi-Doktrin**, die besagt, dass rationale Spieler beim Zugang zu identischen Informationen zu gleichen Wahrscheinlichkeitserwartungen über Zufallsereignisse kommen müssen; das heißt in dieser Situation, es müssten zwangsläufig Common priors bestehen; die Harsanyi-Doktrin wird daher in diesem Zusammenhang oft auch **Common-priors-Annahme** genannt.

Die Harsanyi-Doktrin ist in der Spieltheorie eine fast nie bezweifelte Annahme; Sie werden kaum jemals ein Spiel finden, in dem von der Common-priors-Annahme abgewichen wird. Vermutlich sind sich viele Spieltheoretiker im Alltagsgeschäft überhaupt nicht mehr bewusst, wann sie diese Annahme verwenden. Dies ist insofern ein Problem, als die Argumentation, die zu der Doktrin geführt hat, *normativ* gemeint war, aber auch in deskriptivem Zusammenhang verwendet wird. Man sollte deshalb im Hinterkopf behalten, dass diese Annahme deskriptiv in ihrer strengen Form nur dann sinnvoll ist,

- wenn tatsächlich alle relevanten Faktoren im Spiel modelliert sind (was unwahrscheinlich ist)
- oder wenn eine objektive Wahrscheinlichkeitsverteilung Common knowledge ist
- oder wenn ein gemeinsamer Erfahrungshorizont in einer weitgehend unveränderten Welt vorliegt.

Indirekt setzt man in der Spieltheorie oft diesen letzten Punkt voraus: Er kann so interpretiert werden, dass die Spieler derselben **Kultur** entstammen. Dies ist sehr wichtig, denn man rüttelt an den Grundfesten der Spieltheorie, wenn man die Common-priors-Annahme aufgibt: Selbst das Nash-Gleichgewicht verliert seinen Status als unabdingbare Rationalitätsanforderung, und ziemlich jedes Verhalten kann als "rational" gerechtfertigt werden. Sicherlich gibt es Fälle, in denen dies notwendig ist, als Normalfall sollte man es jedoch nicht ansehen, denn selbst wenn die genannten Forderungen nicht vollkommen erfüllt sind, treffen sie oft annähernd zu, sodass man auch deskriptiv meistens von zumindest ähnlichen A-priori-Erwartungen der Spieler ausgehen kann.

Wahrscheinlichkeiten "normaler" Zufallszüge

Sicherlich fragen Sie sich, ob es auch bei anderen Zufallszügen (die nicht der initiale Zufallszug sind) zu dem Problem kommen kann, dass die Spieler unterschiedliche Wahrscheinlichkeitsverteilungen erwarten. Interessanterweise kann das nicht passieren, wenn die Spieler Common priors haben. Denn hätten sie unterschiedliche Vermutungen über die Wahrscheinlichkeiten der Züge, dann müssten diese in den Regeln des Spiels aufgeführt werden, und da die Regeln Common knowledge sind, wüssten die Spieler, dass sie unterschiedliche Wahrscheinlichkeiten vermuten. Wenn sie aber wissen, dass ihre Gegenspieler (die ja rational sind) andere Wahrscheinlichkeiten erwarten, dann muss das heißen, dass sie private Informationen besitzen. Folglich müssen die Spieler ihre eigenen Erwartungen mit dem Satz von Bayes "updaten", (das heißt aktualisieren, siehe Seite 293). Wenn sie mit gleichen A-priori-Erwartungen beginnen (was wir angenommen hatten), dann lässt sich zeigen, dass sie spätestens nach unendlich vielen Update-Schritten zu denselben Wahrscheinlichkeitserwartungen gelangen müssen. Allerdings ist diese gemeinsame Wahrscheinlichkeitsverteilung nicht unbedingt dieselbe, die sie haben würden, wenn alle Zugang zu denselben Informationen gehabt hätten (AUMANN 1976 und GEANAKOPLOS / POLEMARCHAKIS 1982).

Der Trick dieser Argumentation besteht darin, dass die Spieler indirekt über den Kanal des Common knowledge miteinander kommunizieren können; dennoch lässt sich nicht Common knowledge voraussetzen, ohne dass man dieses Ergebnis akzeptiert. Leider lässt sich dieses Resultat nicht herleiten, ohne dass man Common priors voraussetzt, sodass es bei der Diskussion um die Harsanyi-Doktrin bei einer philosophischen Auseinandersetzung bleibt. Falls man die Harsanyi-Doktrin allerdings ablehnt, dann ist auch das eben besprochene Ergebnis nicht gültig, weil es ja Common priors voraussetzt.

4.3.6. Zusammenfassung

Im Zusammenhang mit den Informationsannahmen sind inzwischen sehr viele Namen aufgetaucht, die man sich erfahrungsgemäß nur schwer merken kann. Ich habe daher zum Abschluss dieses Kapitels die einzelnen Begriffe noch einmal in kurzer und übersichtlicher Form zusammengestellt:

Klassifizierung der Informationsstände in Spielen		
Informationsannahme	**Beschreibung**	**Gegensatz**
Gemeinsames Vorwissen (Common knowledge)	Wissen *über* das Spiel; Wissen, dass alle wissen, dass alle wissen, usw. ad infinitum.	Eingeschränktes Vorwissen (Bounded knowledge)
vollständige (komplette) Information	Jedem Spieler ist bekannt, gegen welchen Typ von Gegenspieler er spielt (jeder kennt die Zugmöglichkeiten, die Informationsstände und die Auszahlungen der anderen). Spiele mit unvollständiger Information werden normalerweise durch einen initialen Zufallszug in Spiele mit vollständiger, aber unvollkommener Information überführt.	unvollständige Information
vollkommene (perfekte) Information	Jeder Spieler kann immer alle Handlungen der Gegenspieler beobachten. (Alle Informationsbezirke sind einelementig.)	unvollkommene (imperfekte) Information
symmetrische Information	Alle Spieler haben die gleichen Informationen. (Es gibt keine private Information.)	asymmetrische Information
private Information	Informationen, die nur einem Spieler allein zugänglich sind.	öffentliche Information
vollständige Erinnerung (*perfect recall*)	Kein Spieler vergisst jemals seine eigenen Handlungen der Vergangenheit.	unvollständige Erinnerung (*imperfect recall*)
Sicherheit; Determinismus	Deterministisches Spiel: Es gibt keine Zufallszüge; Spiel unter Sicherheit: keine Zufallszüge, nachdem irgendein Spieler gezogen hat und keine unbeobachtbaren Zufallszüge.	Risiko, Unsicherheit, Ungewissheit (siehe Seite 169)

closed loop (Feedback)	In wiederholten Spielen oder Stufenspielen erhalten die Spieler am Ende jeder Spielstufe eine Rückmeldung über die Entscheidung der anderen. Bei *open loop* erfahren die Spieler nur den zeitlichen Ablauf und kennen ihre eigenen Entscheidungen (siehe Seite 160).	*open loop*

4.4. Strategie

4.4.1. Was ist eine Strategie?

Mit der extensiven Spieldarstellung sind wir nun genügend gewappnet, uns den Begriff der Strategie etwas genauer anzusehen, den wir in den Matrixspielen schon die ganze Zeit so sorglos verwendet hatten. Gleichzeitig erhalten wir im Laufe dieses Kapitels ein wenig Übung darin, Spiele zwischen extensiver und Normalform hin und her zu übersetzen.

Laut Duden ist eine Strategie ein "genauer Plan des eigenen Vorgehens, (...) in dem man diejenigen Faktoren, die in die eigene Aktion hineinspielen könnten, von vornherein einzukalkulieren versucht". Der spieltheoretische Strategiebegriff deckt sich weitgehend mit dieser Definition, geht aber noch etwas darüber hinaus, wie wir gleich sehen werden. Betrachten wir dazu folgendes Spiel:

		Spielerin B(erta): b1	b2
Spieler A(nton):	a1	(5,10)	(1,2)
	a2	(10,5)	(0,0)

Abbildung 44

Die Situation erinnert entfernt an einen Kampf der Geschlechter: Spieler A hätte als Lösung am liebsten die Strategienkombination (a2,b1), wogegen Spielerin B bei der Kombination (a1,b1) die höchste Auszahlung erhält; jedoch gibt es in diesem Spiel – im Gegensatz zum Kampf der Geschlechter –

nur ein Gleichgewicht, und das ist die für ihn günstigere Kombination (a2,b1). Stellen wir uns nun vor, Spielerin B sei erbost über diesen Sachverhalt und droht daher, b2 zu spielen, wenn Spieler A nicht a1 wählt.

Man kann sich leicht klarmachen, dass dieser Sachverhalt in der Normalform nicht als 2 x 2 - Spiel darstellbar ist: Denn in der Normalform wird immer gleichzeitig gezogen, und folglich wüsste Spielerin B in dem Augenblick, in dem sie zieht, überhaupt nicht die Entscheidung des A, also auch nicht, ob sie ihre Drohung wahrmachen soll oder nicht. Um die Möglichkeit der Drohung überhaupt zuzulassen, müssen wir daher das Spiel etwas abwandeln: Spieler A entscheidet zuerst, dann erst zieht Spielerin B, und zwar unter Kenntnis der Wahl des Spielers A. In extensiver Form ist diese abgewandelte Version leicht darstellbar:

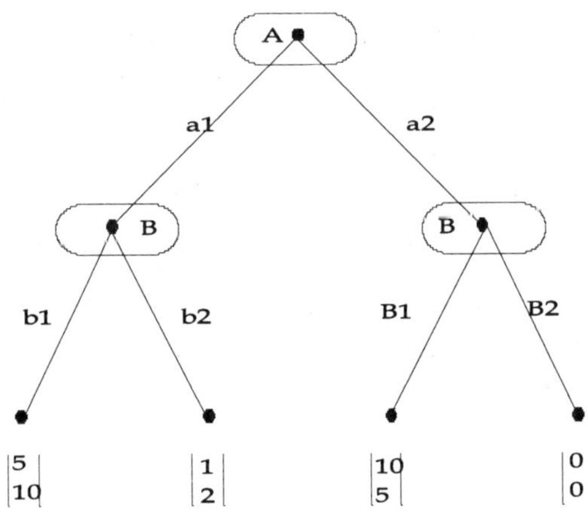

Abbildung 45: Das Spiel aus Abbildung 44, wenn die Spieler nacheinander ziehen.

Ein Gleichgewicht ist bekanntlich eine Strategienkombination, bei der es sich für keinen Spieler lohnt, als Einziger abzuweichen, das heißt eine andere als die Gleichgewichtsstrategie zu wählen. Welches sind aber in diesem Spiel die Strategien? Wir erinnern uns: Eine Strategie sollte ein genauer Plan des eigenen Vorgehens sein.

Für den A ist es einfach, seine möglichen Strategien anzugeben: Er kann – genauso wie in dem Matrixspiel – entweder a1 oder a2 wählen. Das Spiel ist in diesem Fall so einfach, dass die Entscheidung zwischen a1 und a2 bereits ein vollständiger Verhaltensplan ist. Die **Strategienmenge** von Spieler A, die alle ihm zur Verfügung stehenden Strategien auflistet, lautet daher $S_A = \{(a1),(a2)\}$.

Spielerin B hat dagegen zwei Informationsbezirke und kann an jedem zwischen zwei Möglichkeiten wählen. Will sie einen vollständigen Verhaltensplan aufstellen, so muss sie angeben, was in jedem der Informationsbezirke zu tun ist. Sie hat somit vier verschiedene Strategien, denn sie kann jede Entscheidung für den einen Informationsbezirk mit jeder für den anderen kombinieren. Ihre Strategienmenge lautet daher $S_B = \{(b1,B1), (b1,B2), (b2,B1), (b2,B2)\}$. Die Strategie (b1,B2) zum Beispiel schreibt vor, den Zug b1 zu wählen, falls der linke Entscheidungsknoten von Spielerin B erreicht wird (das heißt, falls Spieler A den Zug a1 gewählt hat), und den Zug B2 zu wählen, falls der rechte Entscheidungsknoten erreicht wird.

Eine Strategienmenge besteht immer aus Tupeln, wobei jeder Tupel so viele Einzelentscheidungen auflistet, wie der betreffende Spieler Informationsbezirke hat.

Mathe-Tip

Einen **Tupel** kann man sich einfach als eine geordnete Aneinanderreihung von Elementen vorstellen. Ein n-Tupel besteht aus n Elementen $(a_1,a_2,\ldots,a_n)$, die hier immer als Zeilentupel geschrieben werden (siehe auch Seite 198: Kreuzprodukt).

Strenggenommen handelt es sich bei den Elementen einer Strategienmenge immer um Tupel, also auch dann, wenn der Spieler nur einen Informationsbezirk besitzt – es sind dann eben 1-Tupel. Die formal korrekte Schreibweise der Strategienmenge für den Spieler A lautet damit $S_A = \{(a1),(a2)\}$, weil a1 ohne Klammer die Entscheidung am Entscheidungsknoten bezeichnet, (a1) hingegen die Strategie, die vorschreibt, am oberen Entscheidungsknoten a1 zu wählen.

Überlegen wir einen Moment, was der eben eingeführte Strategiebegriff genau bedeutet. Eigentlich kann unsere Spielerin B ja nur entweder in die Situation kommen, zwischen b1 und b2 wählen zu müssen oder zwischen B1 oder B2; wieso soll sie also immer beide Entscheidungen gleichermaßen treffen? Ganz einfach: Zum Entscheidungszeitpunkt weiß sie noch nicht, an welchem Entscheidungsknoten sie wird entscheiden müssen und muss daher **Eventualpläne** für beide Fälle aufstellen; weiterhin kann sich der A, ohne ihre Entscheidung zu kennen, nicht sinnvoll zwischen seinen Alternativen entscheiden, weil er dann nicht wüsste, welche Folgen seine Entscheidungen hätten. In einer Strategie im spieltheoretischen Sinne müssen daher vollständige Verhaltenspläne für alle Entscheidungsknoten vorhanden sein.

Eine **Strategie** eines Spielers ist ein vollständiger Verhaltensplan. Dieser muss für *jeden* Informationsbezirk des betreffenden Spielers genau vorschreiben, welche Alternative zu wählen ist.

Eine Strategie ist daher wie ein Computerprogramm, das man hinterlegen kann und das für jede mögliche Spielsituation angibt, was zu tun ist. Es handelt sich um eine **flexible Planung**, die für alle möglichen zukünftigen Entwicklungen entsprechende Maßnahmen bereithält, im Gegensatz zu einer **starren Planung**, die unabhängig von der tatsächlichen Entwicklung immer die gleichen Maßnahmen vorsieht.

Die **Strategienmenge** eines Spieler ist die Gesamtheit aller möglichen Strategien dieses Spielers.

Die Definition der Strategie geht so weit, dass sie grundsätzlich auch für solche Informationsbezirke eine Entscheidung nennen muss, die aufgrund vorangegangener Entscheidungen derselben Strategie nicht erreicht werden – dies ist der wesentliche Unterschied zu unserer Alltagsvorstellung von einer Strategie:

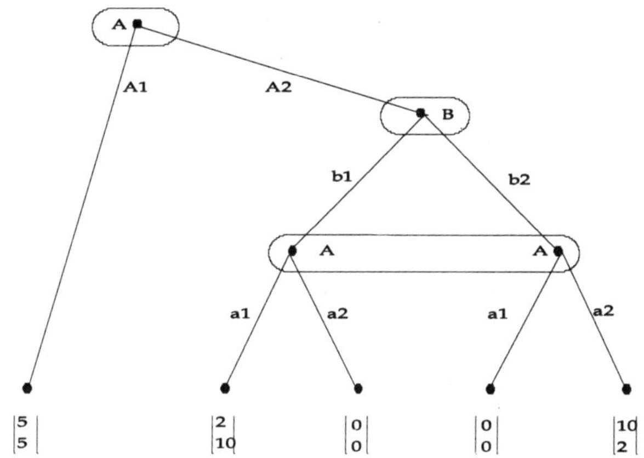

Abbildung 46: Strategien, die den Zug A_1 vorsehen, müssen kontrafaktische Überlegungen enthalten.

Angenommen, eine Strategie des Spielers A schreibe für den ersten Knoten die Entscheidung A1 vor; dann kann dadurch sein zweiter Informationsbezirk nicht mehr erreicht werden. Trotzdem muss die Strategie eine Aussage darüber machen, was zu tun wäre, wenn dort zu entscheiden wäre. Hier ist dies notwendig, damit Spielerin B sinnvoll zwischen b1 und b2 entscheiden kann; und ohne diese Entscheidung wiederum könnte Spieler A nicht zwischen A1 und A2 entscheiden. Ohne die Überlegung bezüglich des zweiten Informationsbezirkes wäre eine Strategie, die A1 vorschreibt also überhaupt nicht begründbar. Man nennt übrigens die Vorgehensweise, Sachverhalte zu erörtern, von denen bekannt ist, dass sie nicht eintreten können, **kontrafaktische Überlegungen**.[55]

RUBINSTEIN 1991 schlägt vor, den kontrafaktischen Teil einer Strategie als die Vermutung des betroffenen *Gegenspielers* darüber zu interpretieren, was der andere Spieler tun würde, sollte er aus irgendwelchen Gründen von sei-

[55] Weitere Gründe dafür, dass diese Definition einer Strategie sinnvoll ist, tauchen noch im Kapitel über die Perfektheit auf. Kleine Vorabinformation: Bei perturbierten Spielen wird eine Art Rauschen über das Spiel gelegt, sodass die Spieler mit zitternder Hand spielen und daher manchmal versehentlich eine falsche Alternative auswählen. Da dann unerwartete Informationsbezirke erreicht werden können, müssen natürlich Pläne für alle Fälle vorliegen.

nem ursprünglichen Plan abkommen. Bei dieser Interpretation enthielte eine Strategie nicht nur einen Verhaltensplan, sondern auch die Vermutung der anderen Spieler über das eigene Verhalten für den Fall der Planabweichung.

Wie man sieht, verlangt eine Strategie im spieltheoretischen Sinn sehr viel mehr als unser Alltagsbegriff einer Strategie, der eher der spieltheoretischen Partie ähnelt; man muss sich daher hüten, die beiden Begriffe durcheinanderzubringen. Eine Partie entsteht, wenn jeder Spieler sich seiner Strategie entsprechend verhält; das heißt, eine Strategienkombination aller Spieler führt zu einer Partie (die in der graphischen Repräsentation einfach ein Weg durch den Spielbaum vom Startknoten zu einem Endknoten ist). Da der Strategiebegriff so viel verlangt, ist es oft schon bei einfachen Spielen nicht mehr möglich, eine Strategie vollständig aufzuschreiben, weil zu viele Einzelentscheidungen zu notieren wären.

Auch wird die Strategienmenge eines Spielers sehr schnell außerordentlich groß. Um auszurechnen, wieviele Strategien ein Spieler zur Verfügung hat, müssen die Anzahlen der Entscheidungsmöglichkeiten aller Informationsbezirke dieses Spielers miteinander multipliziert werden:

$$\left|S_{\tilde{i}}\right| = \prod_{b_{\tilde{i}}^{j} \in B_{\tilde{i}}} \left|b_{\tilde{i}}^{j}\right| = \left|b_{\tilde{i}}^{1}\right| \cdot \left|b_{\tilde{i}}^{2}\right| \cdot \ldots \cdot \left|b_{\tilde{i}}^{\left|B_{\tilde{i}}\right|}\right| \qquad (9)$$

$\left\|S_{\tilde{i}}\right\|$	Anzahl der Strategien des betrachteten Spielers $\tilde{i}$ (Kardinalität[56] seiner Strategienmenge)
$b_{\tilde{i}}^{j} \in B_{\tilde{i}}$	Menge der Züge an dem Informationsbezirk j des Spielers $\tilde{i}$
$B_{\tilde{i}}$	Menge aller Informationsbezirke des Spielers $\tilde{i}$
$\left\|b_{\tilde{i}}^{j}\right\|$	Anzahl der möglichen Züge am Informationsbezirk j

Ein anderer verbreiteter Fehler besteht darin, die Begriffe *Strategie* und *Zug* miteinander zu verwechseln. Wahrscheinlich entsteht dieses Missverständnis dadurch, dass sich in der Normalform eine Strategie für die Spieler wie

[56] Die **Kardinalität** einer Menge bezeichnet die Anzahl ihrer Elemente. Die senkrechten Striche sind hier keine Betragstriche, sondern stehen für "Kardinalität der Menge".

ein Zug darstellt. Machen Sie sich daher den Unterschied zwischen den beiden Begriffen gründlich klar; mehr darüber im Kapitel 4.5.Normalform.

4.4.2. Kontinuierliche Strategien

Bisher sind wir immer stillschweigend davon ausgegangen, dass die Strategienmengen aus einer abzählbaren Anzahl von Strategien bestehen. Theoretisch ist aber auch der Fall denkbar, dass es ein Kontinuum von Strategien gibt. Genaugenommen kennen wir diesen Fall bereits: In gemischten Strategien kann die Wahrscheinlichkeit für die Wahl der einzelnen Strategien kontinuierlich variiert werden, sodass überabzählbar unendlich viele gemischte Strategien zur Verfügung stehen.

Da der Fall kontinuierlicher Strategien im weiteren Verlauf des Buches nicht weiter untersucht wird, möchte ich ihn hier nur kurz anhand des wohl bekanntesten Spiels mit kontinuierlichen Strategien erläutern, anhand des **Cournot-Spiels** (COURNOT 1838). Das Spiel ist durch folgende Regeln charakterisiert:

Es gibt einen Markt für ein homogenes Gut (COURNOT wählt als Beispiel Mineralwasser), auf dem zwei Anbieter tätig sind, die sich einer stetigen Preis-Absatz-Funktion gegenübersehen. Betrachten wir hier eine lineare Preis-Absatz-Funktion des Typs

$$p(x) = 24 - x = 24 - x_A - x_B \qquad (10)$$

x	insgesamt auf dem Markt angebotene Menge
x_A, x_B	von Anbieter A bzw. B angebotene Menge
$p(x)$	einheitlicher Marktpreis bei einer Angebotsmenge von x

Die Aktionsvariable der Anbieter ist nun die von ihnen angebotene Menge des Guts, wobei jede mögliche Angebotsmenge einer Strategie entspricht. Da formal jede beliebige reelle Zahl als Angebotsmenge in Frage kommt, also ein Kontinuum von Strategien möglich ist, spricht man von einer kontinuierlichen Strategie.

Wenn die Anbieter auf diesem Markt ihren Gewinn maximieren möchten, dann müssen sie jeweils folgenden Ansatz maximieren (hier aus Sicht von Spieler A):

$$G(x_A, x_B) = p(x_A, x_B) \cdot x_A - K(x_A) \rightarrow \max! \qquad (11)$$

$G(x_A, x_B)$	Gewinn des Anbieters A
$K(x_A)$	Kosten des Anbieters A

Jeder Anbieter hat lediglich Kontrolle über seine eigene Angebotsmenge, sein Gewinn hängt aber auch von der Angebotsmenge des Konkurrenten ab; es handelt sich also um eine typische spieltheoretische Situation. Wird dieser Optimierungsansatz simultan für beide Anbieter gelöst, dann ergibt sich als Lösung genau ein Nash-Gleichgewicht, weshalb bis heute gelegentlich der Name Cournot-Nash-Gleichgewicht zu finden ist. Die Situation ist übrigens sehr ähnlich wie in dem Eingangsbeispiel dieses Buches aus Abbildung 5, nur dass dort diskrete Strategien zur Verfügung standen.

Ein Wort zur Interpretation der Aktionsvariablen: Natürlich ist es unrealistisch anzunehmen, die Anbieter würden die Menge festlegen, die sie anbieten, und nicht den Verkaufspreis. COURNOT argumentiert hier so, dass die verschiedensten Entscheidungen – wie zum Beispiel der Vertriebsaufwand, die Preisgestaltung usw. – zusammengenommen so wirken, *als ob* die Anbieter die Mengen festlegten, die sie verkaufen wollen, sodass diese Annahme in Wahrheit realistischer sei als die Annahme, der Preis sei die Aktionsvariable. Diese Modellierung als **Mengenoligopol** wird bis heute sehr oft angewandt, allerdings findet man heutzutage meist als Begründung ein Stufenspiel, in dem die Anbieter in einer ersten Spielstufe ihre Produktionskapazitäten festlegen, die sie dann in der zweiten Spielstufe nicht mehr widerrufen können, sodass in der zweiten Stufe die Mengen festgelegt sind. In der zweiten Stufe wird dann ein Preisoligopol gespielt, dessen Ergebnis aber de facto durch die Kapazitätsfestlegung bestimmt ist. Die Aktionsvariable ist bei dieser Modellierung die Kapazitätsfestlegung der ersten Spielstufe. Eine genauere Darstellung befindet sich in TIROLE 1988.

Spätestens seit BERTRAND 1883 gibt es aber auch Kritiker, die das Mengenoligopol grundsätzlich ablehnen und stattdessen das **Preisoligopol** propagieren, bei dem der Verkaufspreis die Aktionsvariable der Anbieter ist, was zu grundsätzlich anderen Ergebnissen führen kann. Auch dieser Sachverhalt wird in TIROLE 1988 erörtert.

4.4.3. Wiederholte Spiele

Bei der Analyse der 2 x 2 - Spiele habe ich gelegentlich den Fall angesprochen, dass dieselben Spieler ein bestimmtes Spiel wiederholt spielen. Es ist wichtig, sich klarzumachen, dass hierbei ganz neue strategische Möglichkeiten (das heißt ganz neue Strategien) entstehen und nicht nur einfach die Anzahlen der Strategien pro Wiederholung addiert werden können.

Nehmen wir als Beispiel ein beliebiges 2 x 2 - Spiel, das zweimal hintereinander zwischen denselben Spielern gespielt wird. Wenn man diesen Fall als Spielbaum darstellt, sieht man sofort, dass die Strategienzahl ganz erheblich ansteigt:

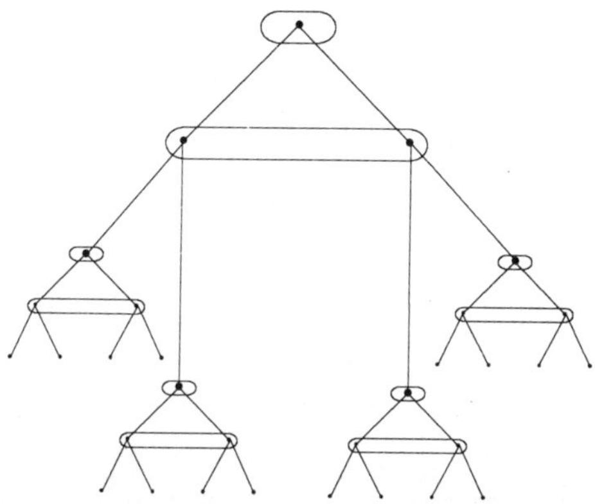

Abbildung 47: 2 x 2 - Spiel, das zweimal hintereinander zwischen denselben Spielern gespielt wird.

Jeder Spieler hat nun 4 Informationsbezirke mit jeweils 2 Zügen, die Anzahl der Strategien pro Spieler steigt daher nach Gleichung (9) auf $2^4 = 16$ an. Man kann sich leicht veranschaulichen, dass die Strategienzahl bei weiteren Wiederholungen rapide ansteigt, weil an jeden Endknoten ein weiteres komplettes 2 x 2 - Spiel angehängt würde.

Noch einige Begriffe:

Wenn man von einem **Einmalspiel** (*one shot game*) spricht, dann drückt man damit aus, dass man die strategischen Aspekte unberücksichtigt lässt, die durch Wiederholung entstehen können. Demgegenüber bezeichnet der Name **Basisspiel** (*base game, constituent game*) ein Spiel, aus dem ein wiederholtes Spiel zusammengesetzt wird.

Wenn ein Spiel unendlich oft zwischen denselben Spielern wiederholt wird, spricht man von einem **Superspiel** (*super game*).

Der Unterschied zwischen einem **Stufenspiel** (*stage game*) und einem wiederholten Spiel besteht darin, dass bei einem Stufenspiel die einzelnen Stufen nicht identisch zu sein brauchen. Während also ein wiederholtes Spiel oder ein Superspiel eine **stationäre Struktur** hat, verändern in einem Stufenspiel gegenwärtige Züge die zukünftigen Möglichkeiten.

Wenn nach jedem absolvierten Basisspiel das Verhalten des Gegners beobachtet werden kann, spricht man von **Closed loop** oder **Feedback**, weil man jeweils eine aktuelle Rückkopplung von seinem Gegner bekommt. Ist diese Rückkopplungsschleife dagegen unterbrochen, das heißt, kann man das Verhalten des Gegners erst am Ende des gesamten "großen" Spiels beobachten, spricht man von **Open loop**. Da bei Open loop sehr viele Entscheidungsknoten zu einem Informationsbezirk zusammengefasst werden (nämlich alle, die keine Endknoten sind), steigt die Anzahl möglicher Strategien sehr viel langsamer als bei Closed loop. – Bei Open loop geht die wesentliche Eigenschaft von Strategien verloren, flexibel auf das Verhalten der Gegenspieler zu reagieren, und es entsteht die gleiche Situation wie bei starrer Planung. Daher werden Open-loop-Strategien nur verhältnismäßig selten untersucht.

Um die Auszahlungen bei wiederholten Spielen zu bestimmen, werden einfach die Auszahlungen der Einzelspiele addiert; besonders bei unendlich oft wiederholten Spielen werden dabei die Auszahlungen der einzelnen Spiele noch diskontiert (also abgezinst), indem die Auszahlungen von früher liegenden "kleinen" Spielen stärker gewichtet werden als von späteren, damit die Gesamtauszahlung endlich bleibt.

4.5. Normalform

4.5.1. Was ist die Normalform?

Kehren wir noch einmal zu dem Beispiel aus Abbildung 45 zurück, in dem die beiden Spieler ein 2 x 2 - Spiel spielten, aber nacheinander zu ziehen hatten. Wie sieht das derart modifizierte Spiel in Normalform aus?

Offenbar müssen wir einfach die vergrößerten Strategienmengen der beiden Spieler in Matrixform einander gegenüber stellen:

		Spielerin B(erta):			
		(b_1,B_1)	(b_1,B_2)	(b_2,B_1)	(b_2,B_2)
Spieler A(nton):	(a_1)	(5,10)	**(5,10)**	(1,2)	(1,2)
	(a_2)	**(10,5)**	(0,0)	**(10,5)**	(0,0)

Abbildung 48: Das Spiel aus Abbildung 45 in Normalformdarstellung.

In dieser Matrix sind die Strategien noch in ihrer vollständigen Bedeutung der extensiven Form aufgeführt. In einem nächsten Schritt werden die Strategien auf ihre Namen reduziert, an denen man nicht mehr erkennen kann, welche Züge sich dahinter verbergen; mehr noch, es geht aus der Normalform noch nicht einmal hervor, ob es in dem Spiel überhaupt mehrere Züge gibt; ein Normalformspiel stellt sich immer als ein Ein-Zug-Spiel dar. So würde man normalerweise in der Normalform das ursprüngliche extensive Spiel völlig vergessen und zum Beispiel schreiben:

		Spielerin B(erta):			
		s_B^1	s_B^2	s_B^3	s_B^4
Spieler A(nton):	s_A^1	(5,10)	**(5,10)**	(1,2)	(1,2)
	s_A^2	**(10,5)**	(0,0)	**(10,5)**	(0,0)

Abbildung 49: Das Spiel aus Abbildung 45 in Normalformdarstellung, nachdem die Strategien auf ihre Namen reduziert wurden.

Man sieht hier, wie die Normalformdarstellung den eigentlichen Spielablauf unterschlägt: Bei der extensiven Form ist die Vorstellung möglich, dass die Spieler interaktiv das Spiel spielen, indem sie jeweils auf die Entscheidungen der anderen reagieren, sobald sie am Zug sind. Demgegenüber reduziert die Normalform das Spiel darauf, dass jeder Spieler seine Strategie wählt (die Spieler könnten danach auf die Bahamas fahren) und die Strategien dann allein gegeneinander spielen;[57] die aus dem Spielverlauf resultierenden Auszahlungen stehen in den entsprechenden Matrixfeldern.

In der **Normalform(darstellung)** eines Spiels werden die Strategienmengen aller Spieler einander gegenüber gestellt und die Auszahlungen für jede Strategienkombination angegeben. Die Auszahlungen sind durch die Partien bestimmt, die aufgrund der beteiligten Strategien entstehen.

Ein anderer Name für Normalform ist **strategische Spielform**.

Obwohl in allen bisherigen Beispielen nur zwei Spieler aufgetreten sind, ist die Normalformdarstellung für beliebig viele Spieler definiert. Statt der gewohnten 2-dimensionalen Matrix entsteht bei n Spielern eine n-dimensionale Matrix. – Eine formale Definition finden Sie auf Seite 202.

In der Mathematik wird eine Darstellung dann als *Normalform* bezeichnet, wenn sie einen mathematischen Gegenstand am geeignetsten in Bezug auf eine Fragestellung darstellt. In den Anfängen der Spieltheorie wurde die Normalform eines Spiels als die geeignetste angesehen und war daher tatsächlich lange Zeit der Normalfall. Heutzutage trifft dies aber eher auf die extensive Spielform zu. Vermutlich wird sich daher der Name strategische (Spiel-) Form im Laufe der Zeit durchsetzen.

Die Normalformdarstellung kann vielfach von großem Nutzen sein, weil sie höchst komplizierte Entscheidungsprobleme auf wesentliche Kernentscheidungen reduzieren kann – es gibt sogar Autoren, die diese Erfindung als eine der größten Errungenschaften der Spieltheorie preisen. Dies mag für manche Anwendungsfälle zutreffen, für andere ist die verkürzte Darstellung aber problematisch, weil sie gelegentlich bestimmte Aspekte verschweigt, die strategisch hoch relevant sein können. Einen kleinen Einblick davon, was durch die Normalformdarstellung verloren geht, erhält man, wenn man das obige Normalformspiel wieder in eine extensive Form zurückübersetzt:

---

57 In der Tat gibt es **Computerturniere**, in denen verschiedene Personen Strategien für ein bestimmtes Spiel einreichen, die dann als Computerprogramm kodiert werden und gegeneinander spielen. Das wohl bekannteste Beispiel hierfür ist das Turnier von AXELROD 1980a,b; siehe hierzu auch Seite 324. Eine kurze Einführung zu Computerturnieren befindet sich in RIECK 1991. Siehe auch die Ausführungen zur Strategiemethode in der Experimentellen Wirtschaftsforschung auf Seite 357.

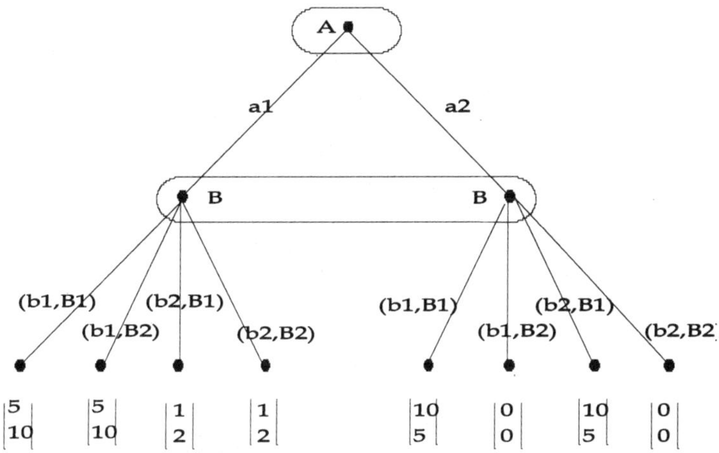

Abbildung 50: Die Rückübersetzung des Normalformspiels aus Abbildung 49, das seinerseits eine Übersetzung des extensiven Spiels aus Abbildung 45 war.

Der Sachverhalt, dass die Spieler nacheinander ziehen, ist hieraus nicht mehr zu erkennen, und ebenso ist in diesem Spiel die Frage hinfällig, welcher der beiden in der stärkeren Situation ist: sie, weil sie eine Drohung spielverlaufabhängig wahr machen kann, oder er, weil er zuerst zieht. Das liegt daran, dass in einem Normalformspiel Züge und Strategien nicht voneinander unterschieden werden können. Während die extensive Form zumindest potentiell in der Lage ist, die dynamische (das heißt die zeitliche) Struktur eines Spiels wiederzugeben, ist die Normalform konzeptionell statisch, weil sie grundsätzlich ein Ein-Zug-Spiel ist.

Beachten Sie bitte, dass es neben der eben gezeigten Rückübersetzung noch andere extensive Spiele gibt, die zu der gleichen Normalform führen; typischerweise haben viele verschiedene extensive Spiele die gleiche Normalform (siehe auch Seite 137).

4.5.2. Matrixdarstellung bei mehr als zwei Spielern

Wir haben uns durch die ausgiebige Beschäftigung mit den Bimatrixspielen daran gewöhnt, ein Spiel in Normalform als übersichtliche Matrix darstellen zu können. Leider ist dies nur bei Zweipersonenspielen möglich, also bei einem Spezialfall. Wollen wir zum Beispiel ein Dreipersonenspiel in Matrixform darstellen, dann haben wir bereits erhebliche Probleme, denn der Strategienraum ist nun nicht mehr zweidimensional, sondern dreidimensional und lässt sich daher nicht mehr als Matrix auf zweidimensionalem Papier darstellen. Während bei einem (zweidimensionalen) Matrixspiel der eine Spieler die Kontrolle über die Zeilen hat und der andere über die Spalten, hat hier noch ein dritter Spieler – anschaulich gesprochen – die Kontrolle über die räumliche Tiefe. Dies lässt sich so darstellen, dass die beiden ersten Spieler pro Strategie des dritten je ein anderes Matrixspiel spielen. Falls der dritte nicht zu viele Strategien zur Auswahl hat, lässt sich dieser Fall noch in Form mehrerer Matrizen darstellen.

Sehen wir uns dies an einer etwas modifizierten Form des Kampfes der Geschlechter an. Hier hat Spielerin B(erta) einen festen Freund namens C(äsar), der es darauf anlegt, sie mit A(nton) zu erwischen. Wenn er sie erwischt, freut ihn das am meisten, falls er sie nicht erwischt, ärgert er sich, aber er ist dann immer noch lieber im Fußballstadion als im Theater. Für A(nton) und B(erta) gelten die gleichen Regeln wie in der ursprünglichen Version, jedoch ärgern sie sich jeweils für drei Nutzeneinheiten, wenn sie erwischt werden. Dieses Spiel ist ein Koordinationsspiel zwischen A(nton) und B(erta), überlagert von einem Diskoordinationsspiel in einer weiteren Dimension. Das Spiel sieht in Doppel-Bimatrixform folgendermaßen aus:

C(äsar): Fußball				C(äsar): Theater			
		B(erta):				B(erta):	
		Fußball	Theater			Fußball	Theater
A(nton):	Fußball	(-1,-2,2)	(0,0,-1)	A(nton):	Fußball	(2,1,-2)	(0,0,-2)
	Theater	(0,0,-1)	(1,2,-1)		Theater	(0,0,-2)	(-2,-1,2)

Abbildung 51: Dreipersonenspiel in doppelter Bimatrix.

Man merkt hier schon, dass man bei größeren Spielerzahlen und größeren Strategienmengen schnell an die Grenzen stößt und die Notation für konkrete Spiele recht aufwendig wird.

Man sieht aber auch, welche neuartigen Spieltypen auftreten können, wenn man statt der 2 x 2 - Spiele einfach zu 2 x 2 x 2 - Spielen übergeht. Viele interessante Sachverhalte lassen sich überhaupt erst an Dreipersonenspielen untersuchen, zum Beispiel die Mehrheitsbildung. Für Spieltheoretiker, die an konkreten Modellen zur Wirklichkeitsbeschreibung arbeiten, eröffnen sich durch die grundlegenden Dreipersonenspiele ganz neue Möglichkeiten, zumal dieser Spieltyp im Vergleich zu den 2 x 2 - Spielen viel weniger erforscht ist.

4.5.3. Agentennormalform

Um die bei der Normalform angesprochenen Probleme zu vermeiden, gibt es noch die Agentennormalform, die ab Seite 253 noch etwas ausführlicher beschrieben wird. Die Idee bei der Agentennrmalform besteht darin, dass hier nicht die gesamten Strategien der Spieler einander gegenüber gestellt werden, sondern die Züge. Man kann das auch so ausdrücken, dass jeder Informationsbezirk von einem Spieler verwaltet wird, den man hier *Agent* nennt; in der Agentennormalform werden dann die Agenten so einander gegenüber gestellt, als seien es einzelne Spieler in der Normalform. Jeder Agent erhält dann die Auszahlung, die derjenige Spieler bekommt, von dem er einen Informationsbezirk verwaltet, zu dessen "Team" er also gehört.

Der Vorteil dieser Spieldarstellung besteht darin, dass sehr viel mehr Details der strategischen Interaktion erhalten bleiben als bei der Normalform, nämlich fast alles bis auf die zeitliche Struktur, die aber bei vielen Darstellungen in der extensiven Form ohnehin willkürlich ist.

Bei dem Spiel aus Abbildung 45 gibt es in der Agentennormalform zum Beispiel drei Agenten (Spieler), nämlich den ursprünglichen Spieler A und Spieler b (der den linken Informationsbezirk des ursprünglichen Spielers B verwaltet, also zwischen den Zügen b1 und b2 wählt) sowie Spieler B, der den rechten Informationsbezirk des urprünglichen Spielers B verwaltet, also zwischen B1 und B2 wählt. Die beiden B-Agenten haben dabei dieselben Auszahlungen, nämlich die des urprünglichen Spielers B. Da es jetzt drei Spieler (genauer gesagt: Agenten) gibt, kann man keine Bimatrix mehr verwenden, sondern man muss die zuvor beschriebene Methode der doppelten Bimatrix anwenden, um alle Kombinationsmöglichkeiten aufschreiben zu können. Das sieht dann folgendermaßen aus:

Agent B: B1				Agent B: B2			
		Agent b:				Agent b:	
		b1	b2			b1	b2
	a1	(5,10,10)	(1,2,2)		a1	(5,10,10)	(1,2,2)
Agent A:				Agent A:			
	a2	(10,5,5))	(10,5,5)		a2	(0,0,0)	(0,0,0)

Abbildung 52: Das Spiel aus Abbildung 45 in der Agentennormalform, dargestellt als doppelte Bimatrix.

Allerdings ist die Darstellung in der Agentennormalform nicht so harmlos wie sie auf den ersten Blick wirkt. Denn in der Normalform ist die Annahme versteckt, dass es eine durchgehende Spieleridentität gibt; diese wird aber in der Agentennormalform aufgehoben, weil jetzt jeder Agent eines Spielers für sich allein entscheidet. Das kann zu dramatisch anderen Ergebnissen (Lösungen) führen. Die Spieldarstellung ist also viel eher ein philosophisches Konzept als nur eine mehr oder weniger geschickte Art und Weise, ein Spiel aufzuschreiben.

Eine Besonderheit der Agentennormaform sollte auch noch erwähnt werden: Das Konzept der gemischten Strategie kann man rein formal natürlich auch auf die Agentennormalform anwenden. Statt des Namens "gemischte Strategie" nennt man die entstehenden Strategien aus Sicht des ursprünglichen Spielers dann **Verhaltensstrategien**. Sie unterscheiden sich von den gemischten Strategien dadurch, dass die Verhaltensweisen an den einzelnen Informationsbezirken nicht korreliert sein müssen. Ob Verhaltensstrategien und gemischte Strategien dasselbe sein können, hängt davon ab, ob die Agenten sich an das Verhalten ihrer Vorgänger erinnern können (also ob Perfect recall vorliegt): falls sie es können, kann man die eine in die andere überführen (KUHN 1953).

4.5.4. Verkürzte Normalform

In dem Spiel aus Abbildung 49 sieht man noch etwas recht Wichtiges: Viele Auszahlungen sind mehrfach vorhanden. Der Grund dafür ist, dass viele Partien der extensiven Form in der Normalform mehrfach aufgeführt sind, in der extensiven Form dagegen nur einmal. Die Verfeinerungen des Gleichgewichtsbegriffs (Refinements) zielen meist darauf ab, einige derartiger "Dubletten" als Lösungen auszuschließen.

In manchen Spielen geht es so weit, dass jeweils sehr viele Strategien eines Spielers in Wahrheit immer zu derselben Partie führen und man daher die Spieldarstellung vereinfachen möchte, indem man alle Doubletten-Strategien zu einer einzigen zusammenfasst. Das lässt sich am besten an einem Beispiel sehen:

In dem Tausendfüßlerspiel (ausführlicher auf Seite 232) ziehen zwei Spieler abwechselnd und können sich in jedem Zug entscheiden, ob sie das Spiel beenden oder den Zug an den anderen Spieler weitergeben. Wenn Spieler A schon im ersten Zug das Spiel beendet, dann kann er später keine weiteren Entscheidungen mehr vornehmen. Dennoch verlangen vollständige Strategien, auch für diese ausgeschlossenen Züge noch Entscheidungen anzugeben. Spieler A müsste also, obwohl er das Spiel beim ersten Zug abbrechen wird, angeben, was er tun würde, wenn er einen späteren Entscheidungsknoten erreichen würde, obwohl er dies selbst ausschließt. Auf diese Weise wird der Strategienraum extrem aufgebläht und die Normalform würde sehr unübersichtlich.

Deshalb übersetzt man derartige Spiele oftmals in die **verkürzte Normalform**, bei der all die Strategien zu einer einzigen zusammengefasst werden, die ohnehin zur selben Partie führen. In dem Beispiel würden die Spieler also nur noch angeben, an welchem Entscheidungsknoten sie aussteigen wollen. Auf diese Weise ist die Normalform dann sehr einfach darstellbar, was besonders dann wichtig ist, wenn das Spiel von realen Personen gespielt werden soll.

Allerdings muss man sich darüber klar sein, dass die verkürzte Normalform keineswegs eine strategisch äquivalente Darstellung ist, sondern dass sie wichtige Informationen unterschlägt. Das wird besonders dann deutlich, wenn man einige der Standardannahmen der Spieltheorie aufgibt und sich zum Beispiel die Spieler nicht ganz sicher sein können, ob der Andere tatsächlich rational ist. Mehr dazu folgt in dem Kapitel über das Tausendfüßlerspiel.

4.6. Nutzentheorie

> Ab einem bestimmten Punkt wird Geld bedeutungslos. Es hört auf, das Ziel zu sein. Es ist das Spiel, was zählt. (ARISTOTLE ONASSIS in *Esquire*)

In der Spieltheorie werden die einzelnen Spielergebnisse üblicherweise in Form von *Auszahlungen* an die Spieler notiert. Normalerweise ist damit kein Geld gemeint, sondern Einheiten kardinalen Nutzens. Um was es sich dabei handelt, ist Gegenstand dieses Kapitels. Normalerweise ist die Nutzentheorie ein recht abstraktes Gebiet und daher ein typisches Feld für Mathematiker; um dieses Kapitel nicht völlig aus dem Rahmen des Buches fallen zu lassen, ist auch hier die Darstellung weitgehend an die Anschauung angelehnt, was zur Folge hat, dass sich einige mathematische Ungenauigkeiten eingeschlichen haben (was Nichtmathematikern aber wahrscheinlich nicht unangenehm auffallen wird). Es geht auch hier wieder bevorzugt um die konzeptionelle Seite des Problems.

Wovon genau handelt nun dieses Kapitel? Während man von der klassischen Ökonomik das Problem der Bewertung von Gütern gewohnt ist, geht es in der Spieltheorie typischerweise um die Bewertung von Spielausgängen, also von Situationen. Bei den Bimatrixspielen haben wir bereits typische zu bewertende Situationen angesprochen, zum Beispiel: "Ich brauche keine Strafe abzuleisten, aber mein Partner wird zum Tode verurteilt" oder "Entweder habe ich die Parklücke, oder es kommt zu einem Unfall"; auch eine Brettposition im Schachspiel kann eine derartige zu bewertende Situation sein (Seite 312). Bevor man überhaupt sinnvoll bestimmen kann, wie man sich in einer Entscheidungssituation verhalten sollte, muss man sich über die Bewertung der Situationen im klaren sein, die durch die Handlungen entstehen. Nennen wir im Folgenden die zu bewertenden Objekte **Alternativen** oder **Wahlmöglichkeiten**.

Gegenstand der Nutzentheorie ist also die Bewertung von Alternativen: Es geht darum, individuelle Bewertungen derart auf einer Skala abzubilden, dass keine Widersprüche auftreten. Wie sich in diesem Kapitel zeigen wird, schränkt die Nebenbedingung, dass die Bewertungen widerspruchsfrei (konsistent) sein sollen, die Bewertungsfreiheit sehr schnell ein, obwohl man bei jeder Einzelbewertung zunächst völlig frei ist.

Die Nutzentheorie ist innerhalb der Wirtschaftswissenschaften eine ziemlich alte Geschichte, und Sie fragen sich daher vielleicht, weshalb sie im Zusammenhang mit der Spiel- und Entscheidungstheorie immer wieder neu behandelt wird. Der Grund ist einfach: Während sich die "alte" Nutzentheorie mit sicheren Ereignissen beschäftigt, behandelt die moderne Nutzentheorie Bewertungen unter Unsicherheit. Kurioserweise ist nun gerade aus dieser neueren Nutzentheorie eine Theorie *kardinalen Nutzens* hervorgegangen, obwohl das Konzept des kardinalen Nutzens in der klassischen Nutzentheorie schon lange vorher durch das Konzept des ordinalen Nutzens verdrängt worden war. Wieso das so ist und wie das Verhältnis zwischen "neuem" und "altem" kardinalen Nutzen ist, das soll in diesem Kapitel geklärt werden. Um Verwechslungen zu vermeiden, ist es günstig, bei dem hier vorgestellten Nutzenkonzept vom Von-Neumann-Morgenstern-Nutzen zu sprechen.

4.6.1. Sicherheit und Unsicherheit

Sehen wir uns kurz an, was es mit den Begriffen Sicherheit und Unsicherheit auf sich hat und weshalb Bewertungen unter Unsicherheit in der Spiel- und Entscheidungstheorie so wichtig sind. Betrachten wir dazu ein recht einfaches Entscheidungsproblem: Wie schnell soll man mit seinem Motorrad durch eine Kurve fahren? Unter Sicherheit könnte das Problem folgendermaßen aussehen:

Handlung	**Ergebnis**
langsam fahren	später am Ziel ankommen
rasen	früher ankommen

Die Handlungen führen hier zu einem eindeutigen Ergebnis, und für die Entscheidungsfindung genügt es daher zu wissen, ob man lieber früher oder später ankommen möchte. Ein **Entscheidungsproblem** lässt sich prinzipiell immer darauf reduzieren, aus einer Menge von Ergebnissen dasjenige herauszusuchen, das dem Entscheider am liebsten ist.

Nun ist die Welt aber nicht so einfach beschaffen wie in diesem Modell, und das Ergebnis hängt daher meistens auch von Einflussfaktoren ab, die man selbst nicht kontrollieren kann:

Handlung	**Ergebnis**	
	bei sauberer Straße (Wahrscheinlichkeit p)	bei Ölspur auf der Fahrbahn (Wahrscheinlichkeit $(1 - p)$)
langsam fahren	später am Ziel ankommen	am Ziel ankommen
rasen	früher am Ziel ankommen	im Krankenhaus ankommen

Man spricht in einer solchen Situation von **stochastischer Unsicherheit**, weil ein Zufallsprozess das Ergebnis mit beeinflusst. Wenn überhaupt nichts über die Eintrittswahrscheinlichkeiten der Umweltzustände bekannt ist, nennt man die Situation oft **Ungewissheit** oder **Unsicherheit im engen Sinn**; sind hingegen die Eintrittswahrscheinlichkeiten bekannt oder können sie subjektiv geschätzt werden, so spricht man von **Risiko**.[58] In der Spieltheorie hat sich die Auffassung durchgesetzt, dass jede Form stochastischer Unsicherheit als Risiko behandelt werden kann (in der extensiven Form wird Risiko als Zufallsspieler dargestellt): SAVAGE 1954 folgend, wird angenommen, dass auch bei "Ungewissheit" immer die Möglichkeit besteht, subjektive Wahrscheinlichkeiten zu verwenden.

Hätte ein vernunftbegabter Gegenspieler die Kontrolle über die Matrixspalten (das heißt, würde nicht der Zufall eine Spalte wählen, sondern ein Gegenspieler), so würden wir von **strategischer Unsicherheit** sprechen (die im nicht-spieltheoretischen Zusammenhang manchmal auch *Verhaltensunsicherheit* oder *sekundäre Unsicherheit* genannt wird). Ein dem Motorrad-Beispiel ähnlicher Fall mit strategischer Unsicherheit wäre etwa das Chikken-Spiel (Seite 101).

Strenggenommen handelt es sich bei dem letzten Beispiel um ein zusammengesetztes Bewertungsproblem: Im ersten Schritt müssen die Einzeler-

[58] Die Bezeichnungen sind nicht ganz einheitlich: Manche Autoren aus der Entscheidungstheorie sprechen von Unsicherheit zweiten Grades, wenn noch nicht einmal bekannt ist, welche Ereignisse überhaupt auftreten können; andere fordern für Risiko, dass die Eintrittswahrscheinlichkeiten objektiv gegeben sein müssen. In der Spieltheorie sind aber die oben genannten Bezeichnungen üblich.

gebnisse (die einzelnen Matrixfelder) bewertet werden; dies ist das gleiche Problem wie unter Sicherheit. Im zweiten Schritt aber müssen Gruppen von Ergebnissen bewertet werden, weil man sich nicht einzelne Ergebnisse mit Sicherheit heraussuchen kann: Man kann nur zeilenweise auswählen und muss daher jeweils ganze Zeilen bewerten.

Jede Zeile kann als Tupel dargestellt werden, in dem jeweils die möglichen Einzelergebnisse und die zugehörigen Eintrittswahrscheinlichkeiten aufgelistet werden: (Ergebnis 1, p_1, Ergebnis 2, p_2, ..., Ergebnis n, p_n); ein solcher Tupel wird als **Lotterie** bezeichnet. Vereinfachend kann man sagen: Die Nutzentheorie unter Sicherheit beschäftigt sich ausschließlich mit der Bewertung der Elementarergebnisse (aus denen eine Lotterie zusammengesetzt ist); die Nutzentheorie unter Unsicherheit versucht darüber hinaus, die Bewertungsmöglichkeiten derart zu erweitern, dass die Bewertung auch dann noch sinnvoll ist, wenn die Alternativen zu Lotterien zusammengefasst werden.

Machen wir uns den Unterschied der Bewertung einer Lotterie und der Bewertung eines sicheren Ereignisses an einem Beispiel klar: Angenommen, wir können uns aussuchen, ob wir lieber eine Euro geschenkt bekommen möchten, lieber zwei Euro oder lieber zehn Euro, dann ist die Entscheidung einfach und wir wählen die zehn Euro. Wie sieht es aber bei folgenden Lotterien aus?

Lotterie 1: Gewinn von 1020,- EUR mit der Wahrscheinlichkeit 0,5 oder Verlust von 1000,- EUR mit der Wahrscheinlichkeit 0,5 (Erwartungswert 10,- EUR).

Lotterie 2: Gewinn von 1,- EUR mit der Wahrscheinlichkeit 0,5 oder Gewinn von 3,- EUR mit der Wahrscheinlichkeit 0,5 (Erwartungswert 2,- EUR).

Lotterie 3: Gewinn von 0,- EUR mit der Wahrscheinlichkeit 0,999 oder Gewinn von 1000,- EUR mit der Wahrscheinlichkeit 0,001 (Erwartungswert 1,- EUR).

Bei jeder der Lotterien gibt es gute Gründe, sie gegenüber den anderen vorzuziehen. Offenbar gibt es im Fall von Risiko Probleme, die bei Sicherheit nicht existieren. Denn obwohl in dem Beispiel von eben alle Elementarergebnisse in der einfachen Maßeinheit EUR ausgedrückt werden können, mit der man wie gewohnt rechnen kann (das heißt, das Bewertungsproblem der Elementarereignisse fällt hier weg), genügt es nicht, einfach den mathematischen Erwartungswert zu bilden, um die Lotterien zu bewerten. Was fehlt, ist die Berücksichtigung des Risikos, denn sichere 10,- EUR sind eben nicht das Gleiche wie vielleicht 1000,- EUR verloren oder vielleicht 1020,- EUR gewonnen.

Wonach die Nutzentheorie sucht, ist ein Maß, mit dem man einerseits wie gewohnt rechnen kann und das andererseits die Beurteilungen eines Individuums sowohl im Hinblick auf die Einzelergebnisse als auch im Hinblick auf ein möglicherweise vorhandenes Risiko wiedergibt. Dieses Maß wird **Nutzen** genannt, und die Funktion, die den zu bewertenden Alternativen einzelne Nutzenwerte zuordnet, wird oft als **Risiko-Nutzenfunktion** (RNF) bezeichnet.

Die Risiko-Nutzenfunktion soll in der Lage sein, individuelle Präferenzen bezüglich verschiedener Wahlmöglichkeiten und *bezüglich des Risikos auf einer einfachen (eindimensionalen) Skala abzubilden.*

4.6.2. Bewertung unter Sicherheit

Kümmern wir uns zunächst um die vergleichsweise einfache Klasse von Bewertungsproblemen unter Sicherheit.

Die Zuordnung von "Nutzen" zu einem Gut oder zu einer Situation ist ein ziemlich abstrakter Vorgang, weil wir kein eigenes Sinnesorgan für "den Nutzen" besitzen. Um die folgenden Erklärungen etwas anschaulicher gestalten zu können, nehmen wir uns daher vorerst ein völlig analoges Bewertungsproblem vor, für das wir eine viel besser geschulte Alltagsintuition haben: Stellen Sie sich vor, wir stünden vor der Aufgabe, die Helligkeiten von zehn Lampen auf einer von Ihnen zu wählenden Skala auszudrücken. Diese Analogie passt auch insofern gut zur Entscheidung unter Sicherheit, als es sich in beiden Fällen um einen ein-eindeutigen Zusammenhang zwischen Handlung und Ergebnis handelt: Wenn Sie den Schalter einer Lampe betätigen, dann leuchtet sie.

Wir sollen also die Helligkeit von verschiedenen Lampen beurteilen, und zwar derart, dass wir jeder Lampe einen Zahlenwert für ihre Helligkeit zuordnen, sodass mit diesem Wert unsere persönliche Einschätzung der Helligkeit ausgedrückt wird; nennen wir diesen Zahlenwert *Helligkeitsindex*, der ein Wert auf einer *Helligkeitsskala* ist. Um kürzer schreiben zu können, bezeichnen wir die Helligkeit der Lampe 1 mit x_1 usw. und den zuzuordnenden Helligkeitsindex mit $u(x_1)$. Um die Dinge nicht zu kompliziert zu machen, wird hier immer unterstellt, die Anzahl der zu beurteilenden Alternativen sei endlich. Die x_i-Werte stellen hier die mit Messgeräten messbare Helligkeit dar.

Eine erste, naive Interpretation unseres Helligkeitsindexes wäre, dass er die individuell empfundene Reizwahrnehmung wiedergibt und diese wiederum in direktem Zusammenhang mit der Reizintensität (hier der Helligkeit) steht. Wann immer also eine bestimmte Reizintensität vorliegt, würde – dieser Theorie zufolge – bei einer bestimmten Person die gleiche Reizwahrnehmung ausgelöst und könnte dann auf einer absoluten Skala wiedergegeben werden. Einige klassische Ökonomen haben sich die Zusammenhänge bei der Nutzenbestimmung etwa nach diesem Prinzip vorgestellt: Sie haben so getan, als gäbe es eine reizauslösende Qualität namens *Nutzen*, die zufällig mit keinerlei Messgeräten messbar ist, und als könne jedermann seine persönliche Empfindung dieses Nutzens auf einer Skala angeben, und zwar so, dass der Zahlenwert etwas über die absolute Höhe der Nutzenempfindung aussagt. Die Werte auf dieser Skala hätten dann prinzipiell die gleichen Eigenschaften wie eine physikalische Maßeinheit, und manchmal findet man auch tatsächlich die Bezeichnung *Util* als "Maßeinheit" für den Nutzen. Die Anhänger dieser Theorie werden heute als **Kardinalisten** bezeichnet.

Deren Vorstellung befindet sich in der Tradition der (klassischen) **Psychophysik**, einem Teilgebiet der Psychologie, in dem der Zusammenhang von Reizintensität und Reizwahrnehmung untersucht wird. Allerdings musste man dort schon recht frühzeitig feststellen, dass selbst bei Sinneswahrnehmungen der Zusammenhang zwischen Reiz und Empfindung normalerweise nichtlinear ist ("Weber-Fechnersches Gesetz"), dass sich weiterhin die absolute Höhe des Reizes meistens nicht angeben lässt[59] und dass die Differenz von Reizwahrnehmungen ebenfalls meistens nicht überzeugend beurteilt werden kann. Wenn dies schon bei den anschaulichen Sinneswahrnehmungen nicht funktioniert, wie soll es dann bei einer so abstrakten Größe wie dem Nutzen möglich sein?

---

[59] Dies läßt sich leicht an einem Versuch demonstrieren, den man meist schon in der Schule durchnimmt: Wenn man seine linke Hand einige Zeit in heißem, die rechte in kaltem Wasser läßt und anschließend mit beiden Händen die Temperatur von lauwarmem Wasser beurteilen möchte, dann wirkt das lauwarme Wasser bei der einen Hand kalt, bei der anderen heiß.

Dies ist der Punkt, an dem die **Ordinalisten** auf den Plan treten konnten. Ihr Kredo ist, es sei weder möglich noch notwendig, den Nutzen als eine Zahl anzugeben, deren absolute Größe eine Aussage hätte. Was aber – den Ordinalisten zufolge – möglich ist, ist der direkte Vergleich verschiedener zu bewertender Objekte. So kann man also beispielsweise nicht sagen *wie* lieb einem die Situation A ist (ausgedrückt als Zahlenwert), aber man kann sehr wohl sagen, ob man Situation A oder Situation B bevorzugt. Und im Prinzip ist es nun möglich, jedes komplexe Beurteilungsproblem in einfachere Elementarbeurteilungen zu zerlegen, also zum Beispiel auf den paarweisen Vergleich von jeweils zwei Objekten zurückzuführen. Auf die Helligkeitsbeurteilung von zehn Lampen übertragen heißt das: Wir bemühen uns gar nicht mehr anzugeben, wie hell eine Lampe absolut ist, sondern vergleichen die Lampen paarweise und ordnen sie dann aufgrund dieser Elementarvergleiche nach ihrer Helligkeit.

Während die Kardinalisten zumindest implizit angenommen haben, ein zu bewertendes Objekt habe irgendwelche Eigenschaften, die eine Empfindung namens Nutzen auslösen (der bei verschiedenen Menschen unterschiedliche Ausmaße haben kann), so lösen sich die Ordinalisten vollständig von dieser Vorstellung: Für sie gibt es nur noch die Präferenzen - aber nicht mehr den Nutzen, der einem Gut anhaftet wie eine physikalische Eigenschaft.

Wenn die Ordinalisten den einzelnen zu bewertenden Alternativen Nutzen-Zahlenwerte zuordnen, dann haben diese eine andere Bedeutung: Sie sollen nur die Darstellungsweise vereinfachen und ermöglichen, bei mehreren Wahlmöglichkeiten auf einfache Weise die Präferenzordnung angeben zu können, also die Rangfolge von der höchsten bis zur niedrigsten Bewertung beziehungsweise von "am hellsten" bis zu "am dunkelsten". Ein derartiger **Nutzenindex** soll daher nur noch die Forderung erfüllen, dass genau dann, wenn der Beurteiler x_i vorzieht gegenüber x_j, er x_i einen größeren Nutzenindex zuordnet:

$$x_i \succ x_j \Leftrightarrow u(x_i) > u(x_j) \qquad (12)$$

Die x_i und x_j sind jetzt natürlich nicht mehr die Helligkeiten von Lampen, sondern Alternativen, die im Hinblick auf ihre Vorteilhaftigkeit zu bewerten sind (zum Beispiel Spielausgänge). Wenn wir den Spielausgang 1 gegenüber Spielausgang 2 bevorzugen, so schreiben wir dies als $x_1 \succ x_2$; das Zeichen $\succ$ bedeutet also "wird bevorzugt gegenüber" und es ist inhaltlich zu unterscheiden von der Schreibweise $x_1 > x_2$, denn diese würde bedeuten, dass der messbare Wert x_1 größer als x_2 ist. Nach Auffassung der Ordinalisten gibt es aber keinen messbaren Nutzen, sondern nur die Präferenzen, aus denen wir nachträglich (willkürliche) Nutzenwerte rekonstruieren, die nur Schreibarbeit abnehmen sollen, nicht aber als "objektive" Größen interpretiert werden dürfen.

Machen Sie sich bitte nochmals klar, dass man nach dieser Denkschule *nicht* sagen kann, x_1 wird x_2 vorgezogen, *weil* x_1 einen größeren Nutzen hat, sondern umgekehrt, x_1 hat einen größeren Nutzenwert, weil es vorgezogen wird. Man spricht davon, dass der Nutzenindex (die Nutzenfunktion) die vorhandene Präferenzordnung **repräsentiert**.

Wenn dieser Zusammenhang gegeben ist – und wir sonst keine weiteren Anforderungen an den Nutzenindex stellen – dann ist die absolute Höhe der Zahlenwerte $u(x_i)$ völlig beliebig und auch der Abstand zwischen zwei dieser Zahlenwerte hat keinerlei Bedeutung. Wenn zum Beispiel die folgende Beurteilung ausgedrückt werden soll

$$x_3 \succ x_2 \succ x_1, \tag{13}$$

dann könnte dies beispielsweise durch folgende Zahlen repräsentiert werden:

$$u(x_3) = 300,\ u(x_2) = 200,\ u(x_1) = 100 \tag{14}$$

genausogut erfüllen aber auch diese Zahlenwerte die Anforderungen:

$$u(x_3) = 300,\ u(x_2) = 299,\ u(x_1) = 100 \tag{15}$$

Vergegenwärtigen Sie sich bitte, dass diese unterschiedlichen Repräsentationen auch dann noch gültig sind, wenn es sich bei den x_i um Geldbeträge handelt; ist zum Beispiel x_1 = 1,- EUR, x_2 = 2,- EUR und x_3 = 3,- EUR, dann gibt jede der unendlich vielen ordinalen Repräsentationen immer noch die gleiche Präferenzordnung wieder. Das Gleichsetzen der Geldbeträge mit Nutzenwerten ist eine spezielle Repräsentation, die uns intuitiv sehr leicht von der Hand geht, aber es ist und bleibt eine von unendlich vielen möglichen.

Weil es hier nur auf die Reihenfolge der Zahlenwerte ankommt, nicht auf die Abstände zueinander, nennen wir dies eine **Ordinalskala**, auf die wir die Präferenzen abbilden.

Mathe-Tipp

Eine **Ordinalzahl** ist eine Zahl, die eine Reihenfolge kennzeichnet: erste, zweite, dritte usw. Bei Ordinalskalen kann nicht sinnvoll eine Differenz zwischen zwei Werten gebildet werden: die Rundenzeit des 1. Platzes eines Wettrennens ist nicht doppelt so weit von der des 3. Platzes entfernt wie die Zeit des 10. Platzes von der des 11.

Zahlenwerte auf einer Ordinalskala sind invariant gegenüber **monotonen Transformationen**, das heißt: Es seien u_1 und u_2 Zahlenwerte auf einer Ordinalskala; wir können dann an deren Stelle genausogut die Zahlen $u_1' = f(u_1)$ und $u_2' = f(u_2)$ verwenden, wobei $f(u_i)$ eine beliebige Funktion ist, für die lediglich gelten muss, dass $u_1 > u_2 \Leftrightarrow f(u_1) > f(u_2)$; diese Bedingung ist bei jeder streng monoton steigenden Funktion $f(u)$ erfüllt (daher der Name *monotone* Transformation).

Insbesondere ist wichtig, dass die auf einer Ordinalskala ausgedrückten Nutzenwerte nicht, aber auch gar nicht, intersubjektiv[60] vergleichbar sind.

Sehen wir uns jetzt etwas genauer an, wie man einen Nutzenindex auf Ordinalskalenniveau konstruieren könnte: Wir könnten der Person, deren Präferenzordnung wir ermitteln möchten, eine Reihe von Objekten präsentieren, die sie paarweise vergleichen soll. Sie wäre dann bei jeder einzelnen Beurteilung prinzipiell vollkommen frei; wir müssen lediglich auf bestimmte Konsistenzanforderungen achten, damit beim Zusammensetzen der Elementarbeurteilungen keine Widersprüche auftreten.

Wie könnte ein solcher Widerspruch aussehen? Da es für die Vorteilhaftigkeit von Alternativen keine "objektive" Messmethode gibt, ist es im Prinzip jedem einzelnen Menschen allein überlassen, ob er nun x oder y bevorzugt. Wenn er aber auf die beiden Fragen "Bevorzugst du x gegenüber y?" und "Bevorzugst du y gegenüber x?" jeweils mit Ja antwortet, dann stimmt etwas nicht. Die Anforderung an seine Beurteilungen, dass ein derartiger Fall nicht auftreten sollte, ist so selbstverständlich, dass man eigentlich überhaupt nicht darüber zu sprechen brauchte; sie ist jedem Menschen auch ohne weitere Begründung unmittelbar einleuchtend. Es hat sich daher eingebürgert, derartige Anforderungen mit einem Wort aus der Mathematik als **Axiome** zu bezeichnen.

Für eine Helligkeits- oder Nutzenbewertung dürfte ziemlich unstrittig sein, dass folgende Minimalanforderungen, also Axiome, gelten müssen:

---

60 Intersubjektive Vergleichbarkeit bedeutet: vergleichbar zwischen verschiedenen Personen.

1. Wenn $x_1 \succ x_2$, dann darf nicht gleichzeitig gelten $x_2 \succ x_1$. (**Asymmetrie**)

   Dies entspricht genau dem Beispiel von eben.

2. Wenn $x_1 \succ x_2 \succ x_3$, dann $x_1 \succ x_3$. (**Transitivität**[61])

   Es ist ebenfalls unmittelbar einsichtig, dass man dieser Forderung bei der Beurteilung von Alternativen nicht widersprechen sollte: Wenn man x_1 gegenüber x_2 bevorzugt und x_2 gegenüber x_3, dann muss natürlich x_1 erst recht gegenüber x_3 bevorzugen. Würde man nun statt dessen nach den beiden ersten Beurteilungen behaupten, x_3 sei besser als x_1, dann hätte man sich offensichtlich in einen Widerspruch verstrickt.

Man sieht hier sehr deutlich, wie schnell die Entscheidungsfreiheit durch vorausgegangene eigene Entscheidungen eingeschränkt wird, und das in einer Situation, in der man prinzipiell völlig uneingeschränkte Freiheit hat (schließlich gibt es bei der Beurteilung von Nutzen niemanden, der "objektiv" sagen könnte, was einem selbst besser oder schlechter gefällt).

Noch eine eher technische Anmerkung zur Transitivität: Dieses Axiom wird oft geschrieben als:

$$\text{Wenn } x_1 \succ x_3, \text{ dann } (x_1 \succ x \text{ oder } x \succ x_3) \text{ für alle } x. \qquad (16)$$

Diese Schreibweise wird gewählt, weil man dann für die Indifferenz kein eigenes Transitivitäts-Axiom einführen muss, was bei der oben gewählten Schreibweise notwendig wäre.

Indifferenz bedeutet, dass weder $x_1 \succ x_2$ noch $x_2 \succ x_1$ vorliegt, man sich also nicht entscheiden kann, ob man x_1 oder x_2 bevorzugt. Als Symbol für diesen Fall verwenden wir $x_1 \sim x_2$. Für den Fall, dass Präferenz *oder* Indifferenz vorliegt, verwenden wir das Zeichen $\succsim$. Mit den Präferenz- und Indifferenzzeichen kann man formal genauso arbeiten wie mit Größer- und Gleichheitszeichen, lediglich ist die inhaltliche Bedeutung eine andere:

[61] Diese Bezeichnung entstammt wiederum der Mathematik; die ursprüngliche Bedeutung des Wortes *transitiv* ist *hindurch* und seine Verwendung erklärt sich hier damit, dass die Eigenschaft der Relation $\succ$ durch das mittlere Glied in der Kette hindurch geht.

$$(a \leq b \text{ und } b \leq a) \Leftrightarrow a = b \tag{17}$$

$$(a \succsim b \text{ und } b \succsim a) \Leftrightarrow a \sim b \tag{18}$$

Eine transitive und asymmetrische Relation bildet (zusammen mit ihrer Indifferenzrelation) eine Ordnung, genauer gesagt, eine **Halbordnung**.[62] Und genau das ist es, wonach wir gesucht haben, denn schließlich wollten wir ja die Elemente einer Menge nach irgendeinem Kriterium ordnen: die Lampen nach ihrer Helligkeit und die unterschiedlichen Spielausgänge nach ihrer Vorteilhaftigkeit.

Machen wir uns noch einmal klar, was die eben aufgestellten Anforderungen an einen Nutzenindex (die Axiome) genau bedeuten:

Geben sie uns genau vor, wie wir verschiedene Objekte in Bezug auf ihre Vorteilhaftigkeit zu beurteilen haben? Natürlich nicht, die individuelle Beurteilung ist nach wie vor völlig frei. Die Axiome besagen nur, dass das Ergebnis unserer Beurteilung zu der Struktur einer schwachen Ordnung führen soll; führt sie nicht dazu, dann widerspricht die Beurteilung unserem Verständnis von einer Bewertung.

Besagen die Axiome also, dass kein Mensch Beurteilungen vornimmt, die im Widerspruch zu ihnen stehen? Nein, auch das nicht. Vielmehr besagen sie, dass ihnen kein Mensch widersprechen *sollte*, sofern er eine sinnvolle Beurteilung vornehmen will. Die Axiome sind also *normativ* und nicht *deskriptiv* gemeint. Folglich ist es für die Gültigkeit der Axiome vollkommen unerheblich, ob sich Menschen in realen Situationen in Übereinstimmung mit ihnen verhalten oder nicht. Wenn nicht, dann beurteilen sie eben inkonsistent und liefern ein weiteres Beispiel für menschliche Unvollkommenheit; dass den Axiomen nicht widersprochen werden *sollte*, bleibt so überzeugend wie es auch ohne die Erkenntnis über die menschliche Unvollkommenheit war. Anders sieht es aus, wenn wir Verhaltensvorhersagen treffen möchten:

---

62 Der Name rührt daher, dass es hier - im Gegensatz zur **vollständigen Ordnung** - auch den Fall geben kann, dass einzelne Elemente nicht in eine Ordnung gebracht werden können, also weder aRb noch bRa vorliegt; R sei hier das Zeichen der zugrundegelegten Ordnungsrelation. – Falls Sie sich Dinge gern anschaulich vorstellen und ein Beispiel suchen: In einem Spielbaum können wir die Knoten ordnen in Vorgänger und Nachfolger; allerdings gibt es Knoten, die weder Vorgänger noch Nachfolger voneinander sind. Die Vorgänger-Nachfolger-Relation ist daher eine Halbordnung auf der Menge der Knoten eines Spielbaums.

Dann müssen wir uns überlegen, ob die Aussagen, die wir aus den Axiomen ableiten, mit dem real zu beobachtenden Verhalten übereinstimmen. Im deskriptiven Sinn können die Axiome durchaus unzutreffend sein, im normativen Sinn dagegen nicht.

Die Axiome sind als Rationalitätserfordernisse zu verstehen: Sie sind eine Definition dafür, in welchem Rahmen sich die Bewertungsfreiheit von rationalen Spielern bewegen darf.

4.6.3. Bewertung unter Risiko

Wir haben uns bisher überlegt, wie ein Nutzenindex beschaffen sein muss, mit dessen Hilfe man eine Präferenzordnung über eine Menge von zu bewertenden Objekten ausdrücken kann, und wir waren bisher von dem Fall der Sicherheit ausgegangen.

Bei Sicherheit genügt es, eine Präferenzordnung auf Ordinalskalenniveau anzugeben: Man kann damit alle Entscheidungsprobleme behandeln, weil es das Ergebnis nicht beeinflusst, welche der (unendlich) vielen möglichen Skalierungen man für ein Optimierungsproblem verwendet. Bei dem Zahlenbeispiel auf Seite 175 führt jeder Optimierungsansatz, den man auf die Zahlenwerte $u(x_i)$ anwendet, immer zu dem Ergedasss, dass x_3 bevorzugt wird, gleichgültig, welche konkreten Zahlenwerte den $u(x_i)$ nun zugeordnet werden. Natürlich, denn jeder Optimierungsansatz lautet einfach

$$\max_i \{u(x_i) | i = 1,2,\ldots,n\}, \qquad (19)$$

das heißt, es geht letztlich immer nur darum, diejenige Alternative zu finden, die den höchsten Nutzenwert besitzt, und dies ist bei jeder Repräsentation auf Ordinalskalenniveau der Wert $u(x_3)$. Mit anderen Worten: Bei Sicherheit genügt eine Ordinalskala, um alle Informationen über die Präferenzen eines Individuums wiedergeben zu können. Was wir nun für den Fall von Risiko suchen, ist

- eine einfache (eindimensionale), konsistente Maßgröße, für die man einen Optimierungsansatz wie in (19) verwenden kann;
- diese Maßgröße soll alle Informationen über die Präferenzen bezüglich der Elementarereignisse enthalten

- und alle Informationen über die Präferenzen bezüglich der Wahrscheinlichkeiten, mit denen diese Ereignisse eintreten (das heißt, über die Beurteilung des Risikos).

Diese Forderung wird meistens folgendermaßen ausgelegt: Es muss möglich sein, mit der zu konstruierenden Maßgröße einfach Erwartungswerte zu bilden, sodass man anschließend an diesen Erwartungswerten genau die Präferenzen bezüglich der Lotterien ablesen kann. Als Formel ausgedrückt heißt das, die Nutzenfunktion muss – zusätzlich zu den Konsistenzforderungen, die wir für Bewertung unter Sicherheit aufgestellt hatten – folgender Anforderung genügen (x_1, x_2 und y bezeichnen wie bisher sichere Auszahlungen):

$$y \sim (x_1, p, x_2, (1-p)) \Leftrightarrow u(y) = p \cdot u(x_1) + (1-p) \cdot u(x_2) \qquad (20)$$

Eine ordinale Nutzenrepräsentation erfüllt diese Forderung nicht, wie man leicht an dem Zahlenbeispiel von Seite 175 sehen kann: Eine Entscheiderin sei gerade indifferent zwischen dem sicheren Ergebnis x_2 und der Lotterie $L_1 = (x_1, ½, x_3, ½)$, in der die Ergebnisse x_1 und x_3 mit gleicher Wahrscheinlichkeit auftreten. Dieser Sachverhalt wird durch die Zahlenwerte der Nutzenrepräsentation (14) wiedergegeben, weil sie die Gleichung $u(x_2) = ½ \cdot u(x_1) + ½ \cdot u(x_3)$ erfüllt, dagegen erfüllt die Nutzenrepräsentation (15) diese Forderung nicht; beide sind aber auf Ordinalskalenniveau als gleich zu betrachten. – Ebenso ist der naive Ansatz nicht ausreichend, einfach die Geldauszahlung selbst als Nutzen zu bezeichnen: Dass der Erwartungswert einer Lotterie durchaus anders beurteilt werden kann als eine sichere Auszahlung gleicher Höhe, haben die Beispiele auf Seite 171 gezeigt.

Nun ist es zwar leicht, eine Forderung wie die Forderung (20) aufzustellen, aber es ist nicht gesagt, dass es überhaupt irgendeinen Nutzenindex gibt, der diese Eigenschaften aufweist. Glücklicherweise gibt es in diesem Fall tatsächlich eine Nutzenrepräsentation mit den gewünschten Eigenschaften. Allerdings ist es nicht ganz einfach zu überblicken, ob nicht irgendwelche Anforderungen implizit in dieser Forderung enthalten sind, die man eigentlich nicht gewollt hat, die aber notwendig aus der Forderung folgen. Um dies zu analysieren, haben mathematisch arbeitende Spieltheoretiker untersucht, mit welcher Menge von Axiomen eine Nutzenfunktion erzeugt werden kann, die die gewünschten Eigenschaften besitzt. Das heißt, eine Nutzenfunktion mit den geforderten Eigenschaften wurde zerlegt in Axiome, die man daraufhin überprüfen kann, ob sie mit unserem Verständnis von Bewertungen in Einklang stehen.

Oft wird die axiomatische Methode also auch andersherum angewandt als im vorhergehenden Kapitel beschrieben: Anstatt von unmittelbar einleuchtenden Axiomen *auszugehen*, wird ein komplizierter Sachverhalt auf Axiome *zurückgeführt*. Hierbei gibt es unterschiedliche Auffassungen, welches die Ziele beim Zerlegen in Axiome sind: Die "Minimalisten" versuchen, mit möglichst wenigen, elementaren Axiomen auszukommen, ohne Rücksicht darauf, ob diese noch irgendeine intuitive Bedeutung haben (ein anschauliches Beispiel ist die "Hahnenlegende" auf Seite 14); andere bemühen sich, zu einzeln interpretierbaren Axiomen zu gelangen, die auf ihre intuitive Überzeugungskraft hin überprüft werden können. Dies legt schon nahe, dass es oft verschiedene Axiomensysteme gibt, die eine gewünschte Aufgabe erfüllen; das ist auch hier der Fall. Das folgende stammt von LUCE / RAIFFA 1957, das ich in etwas veränderter (hoffentlich vereinfachter) Form wiedergebe. – Falls es Ihnen nur darum geht, die Nutzentheorie im Prinzip zu verstehen, dann können Sie die Axiome zunächst überspringen, weil es an dieser Stelle recht technisch wird.

Die folgenden Axiome führen zu einer Nutzenfunktion, die die gewünschten Eigenschaften der Anforderung (20) erfüllt. p und w bezeichnen hier immer Wahrscheinlichkeiten; die "Elementarereignisse" entsprechen den sicheren Auszahlungen aus dem vorangegangenen Kapitel und werden mit x_i bezeichnet; wir beschränken uns wieder auf endliche Mengen.

1. Es existiert eine schwache Ordnung über alle Elementarergebnisse der Lotterien.

Wenn wir einzelne Elementarergebnisse aus den Lotterien herauspicken können, dann handelt es sich um den Fall der Sicherheit und folglich müssen die Forderungen des vorausgegangenen Kapitels erfüllt sein. Man kann das gleiche Resultat auch erreichen, indem man die Lotterie $(x_i, 1, x_j, 0)$[63] als identisch ansieht zu dem Ergebnis x_i selbst; auf diese Weise gelten alle folgenden Forderungen auch für die Elementarereignisse.

2. Eine zusammengesetzte Lotterie (das ist eine Lotterie, die andere Lotterien anstelle von Elementarergebnissen enthält) ist gleich zu bewerten wie eine Lotterie über Elementarergebnisse, wenn die Elementarergebnisse in beiden Fällen mit den gleichen Wahrscheinlichkeiten auftreten. Etwas formaler:

$$[(x_1, p, x_2, (1-p)), w, x_2, (1-w)] \sim [x_1, p \cdot w, x_2, (1-p \cdot w)] \qquad (21)$$

Mit anderen Worten: Wir akzeptieren, dass bei der Beurteilung von Lotterien die normale Wahrscheinlichkeitsrechnung angewandt wird.

3. Es gelte $x_1 \prec x_i \prec x_3$. *Dann gibt es immer eine Wahrscheinlichkeit p, für die das sichere Ergebnis* x_i *als indifferent zu der Lotterie* $(x_1, p, x_3, (1-p))$ *beurteilt wird.*

x_i wird als **Sicherheitsäquivalent** zu der Lotterie bezeichnet. Dieses Axiom ist eine Stetigkeitsannahme: Auch noch so große Unterschiede zwischen den Ergebnissen sollen kompensiert werden können durch ein beliebig klein werdendes p.

63 Zur Erinnerung: Diese Schreibweise bedeutet, dass das Ereignis x_i mit der Wahrscheinlichkeit 1 eintritt und das Ereignis x_j mit der Wahrscheinlichkeit 0. Strenggenommen muss die oben aufgestellte Korrespondenz erweitert werden um die Korrespondenz von $(x_i, 1, x_j, 0)$ mit $(x_j, 0, x_i, 1)$.

4. *Es sei* $x_1 \sim x_2$. *Dann ist auch jede Lotterie* $(x_1, p, x_i, (1-p))$ *als indifferent gegenüber* $(x_2, p, x_i, (1-p))$ *zu beurteilen.*

   Diese Forderung wird oft als **Unabhängigkeit von irrelevanten Alternativen** bezeichnet: Wenn x_1 gleich gut ist wie x_2, dann soll dies immer gelten, also auch dann, wenn es als Bestandteil irgendwelcher Lotterien präsentiert wird, die möglicherweise noch andere Ergebnisse hervorbringen können (die aber für die Beurteilung dieser einen Alternative irrelevant sind).

5. *Die Präferenz- und Indifferenzrelation über die Lotterien ist transitiv und vollständig.*

   Dies ist im Prinzip die gleiche Forderung, die wir schon von den sicheren Ereignissen her kennen, hier nur angewandt auf die Bewertung von Lotterien.

6. *Es gelte* $x_1 \succ x_2$. *Dann gilt* $(x_1, p, x_2, (1-p)) \succsim (x_1, w, x_2, (1-w))$ *genau dann, wenn* $p \geq w$.

   Mit anderen Worten: Wenn eine Lotterie das bevorzugte Ergebnis mit größerer Wahrscheinlichkeit hervorbringt als eine andere (und ansonsten alle Komponenten der beiden Lotterien gleich sind), dann ist sie zu bevorzugen.

Zunächst kann man sicherlich akzeptieren, dass sich diese sechs Axiome für den Normalfall recht überzeugend anhören, auch wenn es Fälle gibt, in denen sich einiges gegen sie einwenden lässt (Luce und Raiffa nennen zu jedem Axiom verschiedene Einwände, die ich hier jedoch nicht diskutieren möchte). Wir kommen daher nicht umhin, die Folgerungen, die sich aus den Axiomen herleiten lassen, für den Normalfall zu akzeptieren.

Wonach wir gesucht haben, ist ein Nutzenindex $u(x_i)$, der all diese Bedingungen erfüllt und der in der Lage ist, eine vorhandene Präferenzordnung über eine Reihe von Alternativen zu repräsentieren. Den zweiten Teil dieser Forderung kennen wir schon; er bedeutet, dass gelten soll:

$$x_1 \succ x_2 \Leftrightarrow u(x_1) > u(x_2) \qquad (22)$$

Die Auswertung des ersten Teils der Forderung erspare ich Ihnen, sondern verrate Ihnen nur das Ergebnis ("Repräsentationstheorem"): Man kann zeigen,[64] dass sich für jede Präferenzordnung, die die genannten Axiome erfüllt, Zahlenwerte $u(x_i)$ finden lassen, sodass der mathematische Erwartungswert dieser Zahlen die Präferenzordnung über Lotterien wiedergibt, wenn zu seiner Berechnung die Eintrittswahrscheinlichkeiten der Elementarereignisse verwendet werden; dies ist genau das, was wir in der Anforderung (20) gefordert hatten. Weiterhin gilt, dass wenn man derartige Zahlenwerte $u(x_i)$ gefunden hat, man an deren Stelle genausogut die Werte $u'(x_i)$ hätte verwenden können, wenn für sie gilt:

$$u'(x_i) = a \cdot u(x_i) + b, \text{mit} a > 0 \qquad (23)$$

Sie erinnern sich an das Ergebnis bei der Beurteilung unter Sicherheit: Dort gab es sehr viele Nutzenfunktionen, die die Präferenzen repräsentieren, und sie konnten durch eine beliebige monotone Transformation ineinander überführt werden; hier gibt es immer noch sehr viele Nutzenfunktionen, die unsere Forderungen erfüllen, aber sie sind bereits eingeschränkt auf eine sehr viel kleinere Klasse von Funktionen, die durch eine beliebige *lineare* Transformation gemäß 24ineinander überführt werden können; man nennt die dieser Klasse angehörenden Nutzenfunktionen **kardinale Nutzenfunktionen**.

Kardinalzahlen sind solche Zahlen, mit denen man etwas abzählen kann: 1, 2, 3, ... ("Grundzahlen").

Wenn etwas auf **kardinalem Skalenniveau (Intervallskalenniveau)** gemessen wird, dann ist es sinnvoll, von Differenzen zwischen zwei Werten auf der Skala zu sprechen: Zum Beispiel ist die Differenz zwischen 10 und 20 Grad Celsius halb so groß wie zwischen 20 und 40 Grad Celsius.

Zahlenwerte auf einer Kardinalskala sind invariant gegenüber **positiv-affinen**[65] Transformationen, das heißt: Es seien u_i Zahlenwerte auf einer Kardinalskala; wir können dann an deren Stelle genausogut die Zahlen $u'(x_i) = a \cdot u(x_i) + b$ mit $a > 0$ verwenden.

Manchmal wird für Kardinalität auch darüber hinaus gefordert, dass ein absoluter Nullpunkt vorhanden sein muss (dass also in den obigen

64 Sie finden einen ausführlichen Beweisgang (für ein geringfügig anderes Axiomensystem) bei Güth 1992.

65 Statt der Bezeichnung *positiv-affin* findet man auch oft die Bezeichnung *positiv-linear*, was aber der mathematisch weniger korrekte Begriff ist.

Transformationsfunktionen $b = 0$ gelten muss); in der Nutzentheorie wird auf diese Forderung verzichtet. Kardinalskalen mit absolutem Nullpunkt heißen **Ratioskalen**.

Während es bei der Ordinalskala nur auf die Reihenfolge ankommt, sind hier auch die Verhältnisse der Abstände relevant, nicht aber die absolute Höhe der Zahlenwerte. Hieraus resultiert der Name *kardinaler Nutzen* für diese Nutzenkonzeption. Nun ist dieser Name aber eigentlich irreführend, weil – wie wir gesehen haben – das Konzept viel eher in der Tradition der Ordinalisten steht als in der der Kardinalisten. Es gibt daher eine Reihe anderer Bezeichnungen, die eher in der Lage sind, Verwechslungen zu vermeiden: In der Entscheidungstheorie findet man meist die Bezeichnungen **Bernoulli-Nutzenfunktion** oder **Risiko-Nutzenfunktion**; in der Spieltheorie werden oft die Bezeichnungen **kardinaler Nutzen** und **Von-Neumann-Morgenstern-Nutzen(funktion)** verwendet. Wenn einfach vom kardinalen Nutzen die Rede ist, dann ist im Zusammenhang mit der Spieltheorie auf jeden Fall das hier beschriebene Nutzenkonzept gemeint, und nicht etwa das oben den "Kardinalisten" zugeschriebene Konzept.

4.6.4. Risikofreude, Risikoaversion und Risikoneutralität

Machen wir uns noch einmal klar, was wir bisher gefunden haben: Wir haben nach einer Nutzenrepräsentation gesucht, die nicht nur konsistent ist, sondern von der man auch den mathematischen Erwartungswert bilden darf, um Lotterien zu bewerten. Wir haben gesehen, dass ein derartiger Nutzenindex existiert und dass dieser eine Kardinalskala benötigt.

Was ist damit gewonnen? Wenn wir aufschreiben möchten, wie ein Individuum bestimmte Alternativen x_i bewertet, so benötigen wir nur noch den kardinalen Nutzen $u(x_i)$, den dieses Individuum den Alternativen zuordnet. Wenn die Entscheidungen nicht unter Sicherheit, sondern unter Risiko zu treffen sind, so können die Präferenzen dieses Individuums bezüglich zusammengesetzter Alternativen (also bezüglich Lotterien) einfach aus den Elementarbewertungen errechnet werden, indem man den mathematischen Erwartungswert bildet. Risikobetrachtungen sind in der Zuordnung $x_i \mapsto u(x_i)$ bereits enthalten.

Sehen wir uns den Sachverhalt zur Verdeutlichung in einigen Grafiken an. Zur Vereinfachung gehen wir hier nicht von komplizierten zu bewertenden Situationen x_i aus, sondern bezeichnen mit x Auszahlungen, die in Geld erfolgen und daher auf der Abszisse der folgenden Diagramme abgetragen werden können. Im Prinzip ist die Situation bei beliebigen x_i nicht anders zu behandeln (also auch dann, wenn die Spielergebnisse keine Geldauszahlungen sind), nur lassen sich schwer Graphiken zeichnen, wenn für die Abszisse keine natürliche Ordnung vorliegt. In der folgenden Abbildung 53 sind also die Geldauszahlungen x auf der Abszisse abgetragen und die zugeordneten Nutzenwerte $u(x)$ auf der Ordinate. Die gekrümmte Kurve ist der Graph einer bestimmten Risiko-Nutzenfunktion.

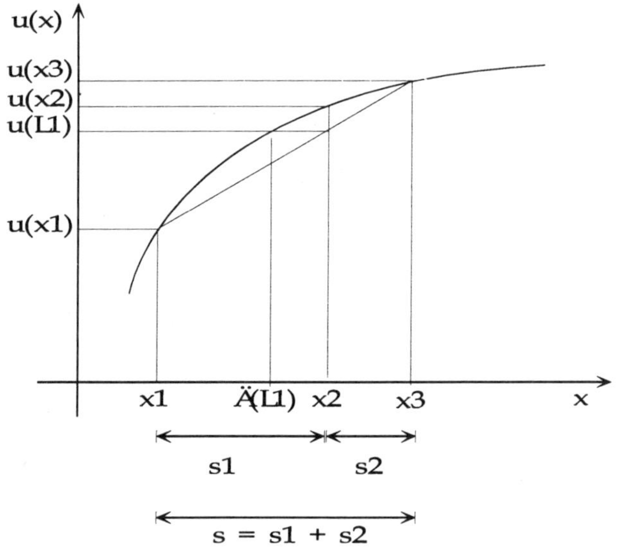

Abbildung 53: Risiko-Nutzenfunktion bei risikoscheuer Einstellung.

Ich hatte behauptet, die Risikoeinstellung des beurteilenden Individuums stecke bereits in seiner Nutzenfunktion; dies äußert sich in der Form des Graphen. Sehen wir uns diese Behauptung etwas genauer an. Nehmen wir an, x_1 und x_3 seien die möglichen Auszahlungen einer Lotterie $L_1 = (x_1, p, x_3, (1-p))$, dann liegen alle von p abhängigen möglichen Auszahlungserwartungswerte der Lotterie (nennen wir sie hier x_2) natürlich dazwischen. In der Graphik liegt x_2 an derjenigen Stelle, bei der die Strecke s gerade so in s_1 und s_2 geteilt wird, dass das Teilungsverhältnis den Wahrscheinlichkeiten der Ergebnisse in der Lotterie entspricht, das heißt

$$p = \frac{s_1}{s_1 + s_2}; \qquad (1-p) = \frac{s_2}{s_1 + s_2} \tag{25}$$

Der Nutzen dieser Lotterie entspricht dem Erwartungswert des Nutzens von x_1 und x_3 – wir hatten die Nutzenfunktion ja so konstruiert, dass gerade diese Forderung erfüllt wird. In der Graphik sind die verschiedenen von p abhängigen Nutzen-Erwartungwerte als eine die beiden Endpunkte der Lotterie verbindende gestrichelte Linie eingezeichnet. Der Ordinatenwert dieser Linie an der Stelle x_2 gibt den Nutzen $u(L_1)$ der Lotterie L_1 an; der Nutzenwert auf der Risiko-Nutzenfunktion an der Stelle x_2 dagegen gibt den Nutzen $u(x_2)$ der sicheren Auszahlung x_2 an. Wie man sieht, ist der Nutzen der sicheren Auszahlung größer als der Nutzen der Lotterie L_1, die als Erwartungswert $E(L_1)$ die gleiche Auszahlung liefert:

$$x_2 = E(L_1), \text{ aber } u(x_2) > u(L_1) \tag{26}$$

Das bedeutet nichts anderes, als dass der Entscheider einen Risikoabschlag vornimmt: Sichere Auszahlungen sind ihm lieber als risikobehaftete. Man nennt eine derartige Risikoeinstellung **risikoscheu** oder **risikoavers**. Eine risikoscheue Einstellung äußert sich immer in einer konkaven Risiko-Nutzenfunktion. Risikoscheu ist der Normalfall, der zum Beispiel für Investoren angenommen wird.

Eine stetige und zweimal differenzierbare Funktion $f(x)$ wird als (streng) **konkav** bezeichnet, wenn ihre zweite Ableitung negativ ist, das heißt, wenn ihr Graph so gekrümmt ist, dass sein "Buckel" nach oben zeigt, dass also für alle Punkte $(x_1, f(x_1))$ und $(x_2, f(x_2))$ die Verbindungsstrecke zwischen ihnen unterhalb des Funktionsgraphen von $f(x)$ verläuft. Bei einer **konvexen** Funktion ist die zweite Ableitung positiv. Ist eine Funktion schwach konkav oder schwach konvex, dann kann die zweite Ableitung auch gleich null sein.

Bekanntlich wird die erste Ableitung einer (kardinalen) Nutzenfunktion als **Grenznutzen** bezeichnet. Da bei negativer zweiter Ableitung der Wert der ersten Ableitung mit zunehmendem x fällt, impliziert Risikoscheu einen abnehmenden Grenznutzen für höhere Auszahlungen. Weiterhin ist bei Risikoscheue das Sicherheitsäquivalent einer Lotterie kleiner als der Erwartungswert der Auszahlung der Lotterie. Das **Sicherheitsäquivalent** ist diejenige sichere Auszahlung, die der Entscheider als gleichwertig zu der Lotterie empfindet. In der Graphik findet man das Sicherheitsäquivalent $Ä(L_1)$ der Lotterie $L_1 = (x_1, p, x_3, (1-p))$ (*p* wieder dargestellt als Teilung der Strecke *s*), indem man den x-Wert sucht, der den gleichen Nutzen auf der Risiko-Nutzenfunktion liefert wie die Lotterie L_1. Bei Risikoscheu liegt das Sicherheitsäquivalent immer links von dem Erwartungswert der Lotterie, das heißt, es gilt: $Ä(L_1) < E(L_1)$.

Wäre der Entscheider **risikoneutral**, das heißt, würde er sich bei der Bewertung von Lotterien nur nach dem Erwartungswert der Auszahlungen richten und sich überhaupt nicht um das Risiko kümmern, dann wäre die Risiko-Nutzenfunktion eine Gerade; das Sicherheitsäquivalent ist dann gleich dem Auszahlungserwartungswert der Lotterie. Bei **Risikofreude** ist die Funktion konvex, der Entscheider zieht dann unsichere Ergebnisse sicheren vor; dieser Fall liegt zum Beispiel regelmäßig bei Lotterien mit geringen Einsätzen und hohen Gewinnmöglichkeiten vor, wie etwa im Lotto.

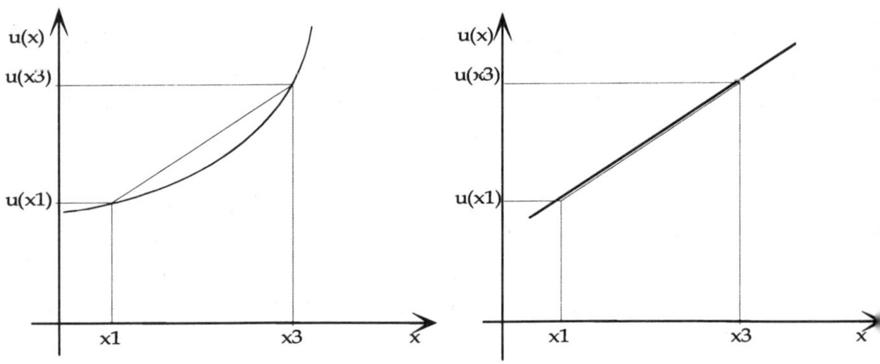

Abbildung 54: Verlauf der Nutzenfunktion bei Risikofreude (links) und Riskoneutralität (rechts).

Machen Sie sich an dieser Stelle bitte noch einmal klar, dass – nach der hier beschriebenen Theorie kardinalen Nutzens – ein rationaler Entscheider zwar einen Risikoabschlag vornehmen kann, wenn er einen risikobehafteten Erwartungswert mit einer sicheren Auszahlung vergleicht, dass aber von kardinalen Nutzenwerten immer nur der Erwartungswert genommen zu werden braucht, um den Nutzen einer risikobehafteten Lotterie zu erhalten. Die Risikoeinstellung des Spielers steckt immer bereits in seiner Nutzenfunktion, die daher kardinal sein muss und für die Ordinalität nicht ausreicht. Ein Beispiel (nach LUCE / RAIFFA): $x_4 > x_3 > x_2 > x_1$ seien Geldwerte; die Erwartungswerte der Lotterien $L_1 = (x_4, ½, x_1, ½)$ und $L_2 = (x_3, ½, x_2, ½)$ seien gleich, dann würde ein risikoscheuer Entscheider die Lotterie L_2 vorziehen, weil sie ein geringeres Risiko hat, das heißt eine geringere Varianz (Streuung) der Auszahlung. Sollte dagegen gelten, dass $u(x_4) + u(x_1) = u(x_3) + u(x_2)$, dann werden beide Lotterien als gleichwertig beurteilt, weil die Nutzen gleich sind und die Varianz der Nutzenwerte keine Rolle spielen.

Wird die **Von-Neumann-Morgenstern-Nutzenkonzeption** zugrundegelegt, dann genügt es bei der Analyse von Spielen immer, den Erwartungswert verschiedener Spielergebnisse zu betrachten, Risikoaspekte werden durch die Nutzenfunktion abgedeckt. Man spricht deshalb auch von der **Erwartungsnutzentheorie**.

4.6.5. Anmerkungen zur kardinalen Nutzenfunktion

Weil in der Spieltheorie eine Theorie der Bewertungen unter Sicherheit nicht ausreicht, haben VON NEUMANN / MORGENSTERN 1947 in ihrer Monographie über die Spieltheorie im Prinzip die hier vorgestellte kardinale Nutzenkonzeption entwickelt – daher der noch heute übliche Name Von-Neumann-Morgenstern-Nutzenfunktion. Die – besonders in der Entscheidungstheorie übliche – Bezeichnung als Bernoulli-Nutzenfunktion erinnert an den Schweizer Mathematiker und Physiker des 18. Jahrhunderts DANIEL BERNOULLI; er hat die Idee bekannt gemacht (die allerdings laut ZABELL 1990 schon andere vor ihm hatten), für die Bewertung eines Glücksspiels nicht den Erwartungswert der Auszahlungen zu verwenden, sondern den Erwartungswert des Nutzens der Auszahlungen, also genau das, was das Ergebnis dieses Kapitels war.

Er hat diese Idee propagiert, um das **Petersburger Paradoxon** zu lösen. Dies ist ein von seinem Vetter NICHOLAS BERNOULLI ins Gespräch gebrachtes (fiktives) Glücksspiel mit folgenden Regeln: Eine Münze wird so lange geworfen, bis Zahl erscheint; sodann wird der Wert 2^n in Geld als Gewinn ausgezahlt, wobei n die Anzahl der Würfe bis zum Ende des Spiels war. Der Erwartungswert E der Auszahlung dieses Spiels beträgt

$$E = \frac{1}{2^1} \cdot 2^1 + \frac{1}{2^2} \cdot 2^2 + \ldots = 1 + 1 + 1 + \ldots = \infty \,, \tag{27}$$

ist also unendlich, denn: Dauert das Spiel einen Münzwurf, so beträgt die Auszahlung 2^1, was mit einer Wahrscheinlichkeit von ½ eintritt; endet das Spiel bei $n = 2$, so beträgt die Auszahlung $2^2 = 4$, die Wahrscheinlichkeit hierfür ist ¼ usw.; jede Spielstufe wird mit einer positiven Wahrscheinlichkeit erreicht.

Weil der Erwartungswert unendlich ist, könnte man annehmen, ein rationaler Spieler müsste bereit sein, jede beliebige Summe für die Teilnahme an diesem Spiel zu bieten. Die meisten Menschen sind sich aber darüber einig, dass dieses Verhalten nicht als rational anzusehen ist. Dieses Paradoxon kann man "auflösen", indem man Nutzenfunktionen über die Geldbeträge unterstellt, die größere Beträge unterproportional bewerten, sodass die unendliche Reihe über diese Werte gegen einen endlichen Wert konvergiert. BERNOULLI hat eine Nutzenfunktion vorgeschlagen, bei der der Nutzen proportional zum Logarithmus der Geldwerte ist, was zwar zu einer konvergenten Reihe führt, aber natürlich eine recht willkürliche Annahme ist.

Wie auch immer, wenn man die Theorie kardinalen Nutzens akzeptiert und anwendet, dann sollte man auch die Transformierbarkeit der Nutzenwerte bei der Interpretation jedes Spiels ernst nehmen. So habe ich beispielsweise bei einigen Spielen negative Auszahlungswerte verwendet, um die Spielsituation anschaulicher beschreiben zu können, denn wir verwenden in unserer Vorstellung den Nullpunkt intuitiv sehr leicht als Referenzpunkt (mehr dazu gleich bei der Prospect Theory). Machen Sie sich aber bitte klar, dass ich genausogut beliebig andere Auszahlungswerte hätte verwenden können, sofern sie nur der Transformationsvorschrift aus (23) genügen, das heißt, solange es sich um eine positiv-affine Transformation handelt. Wenn also die Auszahlungen als kardinale Nutzenwerte zu verstehen sind, dann wären etwa die folgenden beiden Spiele identisch:

		Tier B: Taube	Tier B: Falke
Tier A:	Taube	(1,1)	**(0,2)**
	Falke	**(2,0)**	(-10,-10)

Abbildung 55: Das Taube-Falke-Spiel aus Abbildung 25.

		Tier B: Taube	Tier B: Falke
Tier A:	Taube	(11,177)	**(10,180)**
	Falke	**(12,174)**	(0,144)

Abbildung 56: Das Taube-Falke-Spiel aus Abbildung 25 mit positiv-affin transformierten Auszahlungen.

Obwohl die beiden Spiele völlig unterschiedlich aussehen, handelt es sich aus Sicht der kardinalen Nutzentheorie doch um das gleiche Spiel. Die Auszahlungen *v* des zweiten Spiels sind einfach nach der Transformationsvorschrift $v = 10 + u$ (für Tier A) und $v = 174 + 3 \cdot u$ (für Tier B) gebildet, worin *u* die Auszahlungen des oberen Spiels bezeichnen. Obwohl die beiden Spiele aus Sicht der kardinalen Nutzentheorie identisch sind, werden Sie mir sicherlich zustimmen, dass die Struktur im ersten Fall deutlich leichter zu erfassen ist.

Man kann sich davon überzeugen, dass die Lösungen identisch sind, indem man für die Gleichgewichte in reinen Strategien Abweichungspfeile einzeichnet und für das gemischte Gleichgewicht die Auszahlungen in Gleichung (5) auf Seite 82 einsetzt. Man kann leicht zeigen, dass die Ergebnisse dieser Gleichung von jeder positiv-affinen Transformation der Nutzenwerte unberührt bleiben: Transformiert man die auf Seite 82 verwendeten Auszahlungswerte *a*, *b*, *c* und *d* mit der Transformationsfunktion $a' = A + B \cdot a$, dann verwandelt sich Gleichung (5) in

$$\begin{aligned} p &= \frac{d' - b'}{a' - b' + d' - c'} = \frac{(A + B \cdot d) - (A + B \cdot b)}{(A + B \cdot a) - (A + B \cdot b) + (A + B \cdot d) - (A + B \cdot c)} \\ &= \frac{d - b}{a - b + d - c} \end{aligned} \qquad (28)$$

Das A fällt hier durch die Differenzenbildung weg und B durch die Quotientenbildung. Es handelt sich also um den gleichen Ausdruck wie in Gleichung (5), die Transformation ändert das gemischte Gleichgewicht tatsächlich nicht.

Ich möchte allerdings darauf hinweisen, dass diese Transformation nur vorgenommen werden darf, wenn es sich bei den Auszahlungen um *Nutzenwerte* handelt. In der Evolutionären Spieltheorie beispielsweise (die ab Seite 261 erörtert wird), wird eine andere Bedeutung der Auszahlungen unterstellt, bei der auch die Lage des Nullpunktes von Bedeutung sein kann.

Für die Bestimmung von Gleichgewichten in 2 x 2 – Spielen haben wir oft das Abweichungsdiagramm (Seite 78) verwendet. Vor dem Hintergrund der Nutzentheorie interpretiert bedeutet dieses Diagramm, dass es nur auf die *ordinale* Rangfolge der Auszahlungen ankommt, da die Abweichungspfeile nur eine Unterscheidung in größer, kleiner und gleich berücksichtigen. In der Tat genügt das zur Bestimmung von Gleichgewichten in *reinen* Strategien, wenn in dem Spiel keine Zufallszüge vorkommen. Die Grenzen sind aber erreicht, wenn Zufallszüge vorkommen, wenn verfeinerte Gleichgewichtskonzepte verwendet werden (auf die wir noch ausführlich zu sprechen kommen) oder bei gemischten Strategien; diese Fälle können erst mit der *kardinalen* Nutzenkonzeption abgedeckt werden.

Eine Frage, die viel Konfusion stiftet, ist die, ob der Von-Neumann-Morgenstern-Nutzen interpersonell vergleichbar ist oder nicht. Oft wird – implizit oder explizit – angenommen, wegen der Kardinalität sei eine interpersonelle Vergleichbarkeit automatisch gegeben. Wenn man sich aber vergegenwärtigt, wie die Nutzenfunktion hergeleitet wurde, dann sieht man leicht, dass keinerlei interpersonelles Element auftaucht. Folglich kann die Nutzenfunktion für jeden einzelnen Spieler durch eine andere positiv-affine Funktion transformiert werden, und daher sind die Nutzenwerte verschiedener Personen in überhaupt keiner Weise miteinander vergleichbar. Oft findet man aus diesem Grund die gegenteilige Interpretation, die kardinale Nutzentheorie behaupte, interpersonelle Nutzenvergleiche seien prinzipiell unmöglich. Auch dies scheint mir nicht zuzutreffen: Die kardinale Nutzentheorie sagt einfach nichts darüber aus, ob ein derartiger Vergleich möglich ist oder nicht, und daher kann sie auch nicht behaupten, er sei nicht möglich.

Diese Darstellung der kardinalen Nutzenfunktion ist ähnlich zu der in LUCE / RAIFFA 1957, einem der ersten Spieltheorielehrbücher. Einen recht ausführlichen Beweis für das Repräsentationstheorem finden Sie bei GÜTH 1992, eine stärker mathematisch ausgerichtete Behandlung des Themas bei FISHBURN 1982.

4.6.6. Alternatives Nutzenkonzept: Prospect Theory

Es existiert nur dann in jedem Spiel ein Nash-Gleichgewicht, wenn man gemischte Strategien zulässt; diese wiederum verlangen das Konzept des kardinalen Nutzens. Daher ist die Von-Neumann-Morgenstern-Nutzenfunktion ein für die Spieltheorie sehr wichtiges Konzept, ohne das große Teile der gesamten Theorie zusammenbrechen würden.

Aber auch hier gibt es gute Beispiele, die zeigen, dass eine ausschließliche Maximierung des Von-Neumann-Morgenstern-Nutzens zu Ergebnissen führt, die wir als nicht vernünftig (also nicht rational) empfinden. Wir stoßen hier ein weiteres Mal auf die Frage, ob eine Nutzentheorie normativ, präskriptiv oder deskriptiv zu verstehen ist. Gehen wir daher einmal die drei Interpretationen nacheinander durch:

Ob die kardinale Nutzentheorie *deskriptiv* zutrifft (also ob sie beschreibt, wie sich reale Menschen verhalten), lässt sich leicht beantworten: Sie tut es nicht. Es gibt inzwischen eine geradezu unüberschaubare Forschung, die erhebliche Abweichungen zwischen den Vorhersagen der kardinalen Nutzentheorie und dem Entscheidungsverhalten echter Menschen aufzeigt. Dies gilt sowohl unter Labor- als auch unter Feldbedingungen, und es zeigt sich bei Fragebogenuntersuchungen ebenso wie bei Experimenten. Als bekannteste Vertreter dieser Forschungsrichtung gelten zum einen MAURICE ALLAIS (für einen früheren Überblick: ALLAIS / HAGEN 1979) und zum anderen DANIEL KAHNEMAN und AMOS TVERSKY (für einen Überblick: KAHNEMAN / TVERSKY 2000).

Bei Untersuchungen über das Entscheidungsverhalten von Menschen zeigt sich, dass sie deskriptiv auf sehr gut vorhersehbare Weise von der kardinalen Nutzenkonzeption abweichen. Aus diesen Abweichungen haben KAHNEMAN und TVERSKY eine Theorie entwickelt, die die beobachteten Abweichungen auf wenige Elemente zurückführt. Diese Theorie hat den Namen *Prospect Theory* (*prospect* bezeichnet im Englischen unter anderem das Wort *Gewinnaussicht*).

Die **Prospect Theory** (KAHNEMAN / TVERSKY 1979 und 1992) startet mit der Beobachtung, dass Menschen bei ihren Entscheidungen regelmäßig nicht nur auf das gesamte Endvermögen abzielen, sondern dass sie sich unterschiedlich verhalten, je nachdem, ob sie eine Auszahlung als Gewinn oder Verlust ansehen. Dieses Verhalten seht in klarem Widerspruch zu der oben beschriebenen kardinalen Nutzenkonzeption, bei der der Nullpunkt bekanntlich nicht festgelegt ist, bei der also nicht zwischen Gewinnen und Verlusten unterschieden wird. Die Unterschiede nach der Prospect Theory zwischen Gewinnen und Verlusten sind folgende:

1. Im Gewinnbereich verhalten sich Menschen tendenziell risikoavers, im Verlustbereich hingegen risikofreudig. Die Nutzenfunktion ist im Gewinnbereich daher konkav (macht also eine "Rechtskurve"), im Verlustbereich ist sie konvex (macht eine "Linkskurve").
2. Menschen haben eine Verlustaversion. Die Nutzenfunktion ist daher im Verlustbereich steiler als im Gewinnbereich.

Die Risiko-Nutzenfunktion hat nach der Prospect Theory somit folgendes typisches Aussehen:

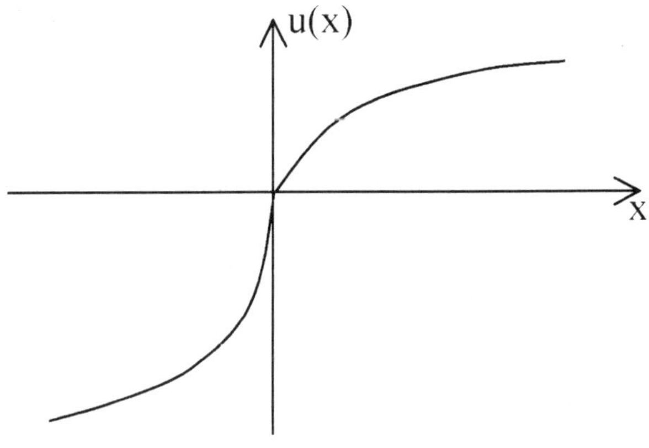

Abbildung 57: Typischer Verlauf der Nutzenfunktion nach der Prospect Theory; der Koordinatenursprung ist der Referenzpunkt, der die Gewinnzone von der Verlustzone trennt.

Der Nachteil dieser Theorie besteht darin, dass die Lage des Nullpunkts (der den Gewinn- vom Verlustbereich trennt) oft nicht allgemeingültig bestimmt werden kann, sondern von der Wahrnehmung des Entscheiders bezüglich der Entscheidungssituation abhängt.[66] Von dieser Schwierigkeit abgesehen ist die Theorie aber außerordentlich überzeugend. Im vorangegangenen Abschnitt haben wir zwei Spiele verglichen, die nach der kardinalen Nutzentheorie identisch sind, die aber von menschlichen Entscheidern völlig anders wahrgenommen werden. Erst die Prospect Theory kann dieser unterschiedlichen Wahrnehmung Rechnung tragen.

Deskriptiv hat die Prospect Theory also ganz klar einen besseren Vorhersagegehalt als die kardinale Nutzentheorie. Ist sie aber auch normativ überlegen? Da sie mit so wenigen Theorieelementen auskommt und gleichzeitig deskriptiv einen erstaunlich hohen Vorhersagegehalt über das tatsächliche Verhalten von Menschen hat, ist sie eine sehr leistungsfähige Nutzentheorie. Das aber ist genau ein Merkmal für eine sinnvolle normative Theorie. Ich bin daher der Auffassung, dass sie durchaus auch aus normativer Sicht eine Verbesserung gegenüber der einfachen Theorie kardinalen Nutzens darstellt. Wir haben die reine Erwartungs-Geldauszahlung als normatives Konzept verworfen, weil sie zu Lösungen kommt, die wir in vielen Fällen als nicht rational empfinden. Wir haben sie ersetzt durch die kardinale Nutzentheorie, weil sie einige dieser Probleme beseitigt. Ebenso wirft nun die kardinale Nutzentheorie Probleme auf, die wir durch die Prospect Theory überzeugend lösen können.

Dennoch hat die Prospect Theory für die Spieltheorie einige sehr schwerwiegende Probleme: Erstens, wenn der Nullpunkt nicht schon durch das Spiel eindeutig definiert ist, dann entsteht ein gewisser Grad an Willkür. Zweitens gibt es bisher keine überzeugende Verbindung der S-förmigen Nutzenfunktion mit den Erfordernissen der Spieltheorie. Insbesondere bricht das Konzept der gemischten Strategie weitgehend zusammen, weil man nicht mehr einfach mit den Erwartungsauszahlungen allein arbeiten kann. Das ist der Grund, weshalb man in der Spieltheorie bis heute an der kardinalen Nutzentheorie festhält, obwohl die Prospect Theory in vielen Punkten deutlich überzeugender ist.

---

[66] Zusätzlich wurde daher später das Konzept des *mental accounting* eingeführt, also der gedanklichen Buchführung. Die Idee dahinter ist, dass Menschen Entscheidungssituationen gedanklich zerlegen und den Nullpunkt für die entstehenden getrennten "Konten" festlegen. Auf diese Besonderheit soll hier aber nicht weiter eingegangen werden.

Verbleibt noch die Frage nach dem präskriptiven Gehalt der Prospect Theory im Vergleich zur kardinalen Nutzentheorie: Ist es eine sinnvolle *Empfehlung*, sich nach diesem Konzept zu verhalten? Oder ist es lediglich eine Beschreibung menschlichen Verhaltens, das man eher als Fehler ansehen sollte, der aus der beschränkten Rechenleistung des menschlichen Gehirns entsteht? Ich denke, es ist eine Kombination aus beidem. Denn man sollte Verhaltensempfehlungen natürlich in Anbetracht der Tatsache geben, dass das menschliche Gehirn eben Einschränkungen hat, aus denen man das beste machen muss. Gegeben diese Erkenntnis ist es durchaus sinnvoll, erstens Verluste generell zu scheuen und zweitens sich im Verlustbereich risikofreudig zu verhalten. Ich will kurz eine Intuition aus dem Bereich der Lebewesen geben, die wahrscheinlich schon evolutionär zu dieser Verhaltensdisposition geführt hat:

Lebewesen haben in der freien Natur normalerweise einen sehr knappen Energiehaushalt und nur einen verhältnismäßig kleinen Energiespeicher. Daher liegt es auf der Hand, dass jede Form von Verlust in der frühen Menschheitsgeschichte eine Gefahr für das Überleben dargestellt hat, die es zu vermeiden galt. Deshalb ist eine generelle Verlustaversion offensichtlich eine sinnvolle Heuristik (vereinfachende Verhaltensregel). Wieso aber sollte Risikofreude im Verlustbereich empfehlenswert sein? Auch das ist leicht zu verstehen. Stellen Sie sich ein Autorennen vor, bei dem Sie in Führung liegen, also im wahrgenommenen Gewinnbereich. In dieser Situation brauchen Sie keine Risiken einzugehen, im Gegenteil, Sie sollten sie vermeiden. Also sind Sie risikoavers. Stellen Sie sich nun vor, Sie liegen weiter hinten, sind also im Verlustbereich. Wenn Sie jetzt risikoavers fahren, werden Sie das Rennen sehr sicher nicht mehr gewinnen. Die einzige Chance, es doch noch zu gewinnen, besteht darin, gezielt Risiken einzugehen, die derjenige vermeidet, der in Führung liegt.

Das gleiche lässt sich auf Lebewesen mit knappem Energiehaushalt übertragen: Wenn das Lebewesen gut genährt ist, sollte es Risiken ausweichen. Ist es dagegen im "roten Bereich", muss es gezielt Risiken eingehen, um wieder nach oben kommen zu können. Die Risikofreude wird in dieser Situation sinnvoll, weil der Schaden nach unten begrenzt ist (mehr als sterben kann es nicht), nach oben dagegen weitgehend unbegrenzt ist. Die Situation ist daher ähnlich wie bei der Bewertung einer finanziellen Option, deren Wert durch zusätzliches Risiko (dort Volatilität genannt) steigt. Daher ist die Prospect

Theory durchaus auch aus präskriptiver Sicht für viele Situationen eine sinnvolle Verhaltensempfehlung.

Wenn Sie mehr über die Prospect Theory lesen möchten, empfehle ich die umfangreiche Paper-Sammlung in KAHNEMANN / TVERSKY 2000. Dies ist eine Zusammenstellung relevanter Beiträge rund um die Prospect-Theory (einschließlich wichtiger Originalquellen), die auch ohne größeren mathematischen Aufwand verständlich ist.

4.7. Formale Darstellungen

Die Mathematiker sind eine Art Franzosen: Redet man zu ihnen, so übersetzen sie es in ihre Sprache, und dann ist es alsobald ganz etwas anderes. (JOHANN WOLFGANG GOETHE: Maximen und Reflexionen)

Ich habe bisher fast vollständig auf formale Darstellungen verzichtet, weil sich die meisten spieltheoretischen Konzepte an anschaulichen Beispielen sehr viel leichter verdeutlichen lassen. Beispiele sind aber lediglich geeignete Mittel, um einen Sachverhalt zu verstehen; dagegen besitzen sie nur einen geringen Grad an Allgemeingültigkeit, und es ist daher schwierig, allgemeinere Aussagen über Beispiele zu formulieren. Außerdem übersieht man bei der Betrachtung von Beispielen leicht Kleinigkeiten, sodass die Vorstellung nur sehr verschwommen bleibt.

Darüber hinaus werden in der spieltheoretischen Literatur üblicherweise formale Darstellungen verwendet, und ich möchte Sie nicht anderen spieltheoretischen Texten ausliefern, ohne Ihnen gezeigt zu haben, wie man die Formalismen entschlüsselt (im Prinzip sind die verwendeten Symbole bei fast allen moderneren Texten sehr ähnlich).

Das, was Sie in dem folgenden Abschnitt erwartet, ist eigentlich keine Mathematik, auch wenn die Symbole danach aussehen. Vielmehr handelt es sich um Übersetzungen von Vokabeln, die Ihnen bereits bekannt sind, in kürzere Symbole. Das heißt, wir werden eine Reihe von Festlegungen vornehmen, die den Sprachgebrauch erleichtern und präzisieren sollen. Man muss diese Übersetzungen genauso lernen wie Vokabeln in einer Fremdsprache, allerdings mit der Erleichterung, dass die Symbole einer einfachen Systematik unterliegen, was für natürliche Sprachen meistens nicht zutrifft.

Die Mathematik fängt eigentlich erst dort an, wo man aus den Annahmen und den Definitionen Schlüsse zieht (das heißt, Sätze beweist), aber dies werden wir hier nicht tun. Das einzige, was in diesem Abschnitt etwas mit Mathematik zu tun hat, ist, dass wir einige Definitionen verwenden, die in der Mathematik entwickelt wurden. Wir übernehmen sie hier, weil sie sehr zweckmäßig für die Beschreibung unserer Sachverhalte sind. Wie Sie aber gleich sehen werden, handelt es sich dabei nur um wenige Definitionen, die Ihnen darüber hinaus im Prinzip bereits bekannt sein werden; ich habe sie zu einem Abschnitt mit mehreren Mathe-Tipps zusammengefasst.

4.7.1. Mathe-Tipps

Kreuzprodukt und Tupel.

Es seien $A_1, A_2, \ldots, A_n$ Mengen mit den Elementen $a_i \in A_i$; n sei endlich. Die Menge $A = A_1 \times A_2 \times \ldots \times A_n := \{(a_1, a_2, \ldots, a_n) | a_1 \in A_1, a_2 \in A_2, \ldots, a_n \in A_n\}$ heißt dann das **kartesische Produkt (Kreuzprodukt)** der Mengen $A_1, A_2, \ldots, A_n$. Ein Element $a = (a_1, \ldots, a_n)$ des kartesischen Produkts heißt **n-Tupel**. Mit Hilfe des kartesischen Produkts kann man neue mathematische Gebilde definieren.

Die Menge A kann als ein Raum interpretiert werden, der von den Mengen A_i aufgespannt wird; ein Element a ist dann ein Punkt in diesem Raum. In diesem Zusammenhang wird ein Tupel a auch oft **Vektor** genannt.[67]

Bei einem Tupel oder Vektor ist (im Gegensatz zu einer Menge) auch die Reihenfolge der Komponenten von Bedeutung, das heißt, zwei Tupel sind genau dann gleich, wenn die einander entsprechenden Elemente gleich sind: $(a_1, \ldots, a_n) = (b_1, \ldots, b_n) \Leftrightarrow a_1 = b_1, \ldots, a_n = b_n$.

---

[67] Ein **Vektorraum** erfordert eigentlich, dass auf ihm bestimmte Operationen definiert sind, auf die ich hier nicht näher eingehe. Die Elemente eines Vektorraums müssen keine Tupel sein, können aber bei endlichen Vektorräumen mit Tupeln identifiziert werden. – Das Nash-Gleichgewicht ist immer eine Kombination von Strategien aller Spieler, also ein Strategienvektor. Man kann sich daher das Gleichgewicht geometrisch als einen Punkt in dem Raum vorstellen, der von den Strategienmengen der Spieler aufgespannt wird. Von dieser geometrischen Anschauung abgeleitet stammt der oft verwendete Begriff **Gleichgewichtspunkt**.

Häufig wird ein Tupel $a=(a_1,a_2,...,a_n)$ auch geschrieben als $a=(a_i | i \in I)$ oder $a=(a_i)_{i \in I}$. Hierin bezeichnet I eine endliche Indexmenge, zum Beispiel sei hier $I=\{i | i=1,...,n\}$. Es wird dabei vorausgesetzt, dass für jedes $i \in I, I \neq \varnothing$ eine Menge A_i existiert ($\varnothing$ bezeichnet hier die leere Menge); von diesen Mengen wurde das kartesische Produkt A gebildet, und die Tupel a stammen aus dieser Menge A. Das kartesische Produkt wird dann auch kurz geschrieben als $\mathop{\times}\limits_{i \in I} A_i$ oder $\prod\limits_{i \in I} A_i$.

Sind die Mengen, aus denen das kartesische Produkt gebildet wird, immer gleich, so schreibt man auch kurz: $A^n = A_1 \times A_2 \times ... \times A_n$ $= A \times A \times ... \times A$, wenn $A_1 = A_2 = ... = A_n$.

Relation.

Jede Teilmenge $R \subseteq A_1 \times ... \times A_n$ heißt **n-stellige Relation**. Ist $R \subseteq A_1 \times A_2$ eine zweistellige Relation, dann kann man sie als eine Zuordnung zwischen Elementen $a_1 \in A_1$ und $a_2 \in A_2$ interpretieren. Statt $(a_1,a_2) \in R$ schreibt man in diesen Fällen üblicherweise $a_1 R a_2$, wobei R für ein Relationszeichen steht.

In der Nutzentheorie haben wir beispielsweise das Relationszeichen t verwendet, um eine **Präferenzrelation** auszudrücken; wir hätten dort an Stelle von $x_1 \succ x_2$ immer auch schreiben können $(x_1,x_2) \in \succ$.

Im Gegensatz zu einer Abbildung muss bei der "Zuordnung" einer Relation <u>nicht jedem</u> Element aus A_1 ein anderes aus A_2 zugeordnet werden, es kann aber auch <u>mehr als genau ein</u> Element zugeordnet werden.

Abbildung.

Seien X und Y Mengen mit den Elementen x und y. Eine **Abbildung *f* von *X* nach *Y*** ist eine Vorschrift, die <u>jedem</u> $x \in X$ <u>genau ein</u> Element $f(x) \in Y$ zuordnet. Man schreibt diesen Sachverhalt kurz als $f: X \to Y$. f ist der Name der Abbildung, X ist die **Ur-** oder **Definitionsmenge** und Y die **Bild-** oder **Wertemenge**. Für die Zuordnung eines einzelnen Elements $x \in X$ zu seinem Bildpunkt $f(x)$ schreibt man $x \mapsto f(x)$; um Verwechslungen mit den

Symbolen für die Mengen zu vermeiden, wird hier ein Pfeil mit Querstrich verwendet. $f(x)$ ist die abbildende **Funktion** der Abbildung f.

Eine Abbildung verlangt, dass kein Element der Urmenge ohne ein zugeordnetes Element der Bildmenge bleibt; andererseits darf jedem Element der Urmenge auch nicht mehr als ein Element zugeordnet werden. Allerdings darf jedes Bildelement verschiedenen Urelementen zugeordnet werden, und in der Bildmenge dürfen Elemente unzugeordnet bleiben. Aus Sicht der Urmenge ist eine Abbildung immer vollständig (kein Element bleibt übrig) und eindeutig (jedem Element wird genau ein Bildelement zugeordnet).

In der Theorie kardinalen Nutzens wurde für jeden Spieler eine Abbildung u definiert, die jeder Lotterie $L_j \in L$ einen reellen Zahlenwert als Nutzenzahl zuordnet: $u: L \to \mathbb{R}$, $L_j \mapsto u(L_j)$. u heißt **Nutzenfunktion**.

4.7.2. Symbolverzeichnis

Die im nächsten Unterpunkt folgenden Formalisierungen des spieltheoretischen Vokabulars sind allesamt sehr einfach, die einzige Schwierigkeit besteht darin, Ordnung in der Verwendung der Symbole zu halten. Deshalb finden Sie hier eine recht ausführliche Aufstellung der Symbolbedeutungen, von denen ich mich bemüht habe, sie im Laufe des Buches möglichst einheitlich zu verwenden.

Zur Systematik: I und J bezeichnen Indexmengen, Symbole mit dem Buchstaben S haben mit reinen Strategien zu tun, Symbole mit Q haben mit gemischten Strategien zu tun. Variable ohne Dach, Schlange o.ä. bezeichnen den typischen Vertreter einer Variablen; Variable mit Dach, Schlange usw. stehen für einen fixierten Vertreter.

$i \in I$ $i = 1, 2, K, \bar{I}$	Spielerindex
$I = \{i \mid i = 1, 2, \ldots, \bar{I}\}$	Indexmenge der Spieler (kann auch als Spielermenge interpretiert werden)
$\bar{I} = \lvert I$	Spielerzahl
$\lvert I \rvert$	Kardinalität der Menge I (Anzahl der Elemente von I)
$s_i \in S_i$	beliebige reine Strategie des Spielers i (typischer Vertreter)

$\hat{s}_i \in S_i$ spezielle Strategie des Spielers i

$s_i^j \in S_i$ die reine Strategie j des Spielers i

$j = 1,\ldots,\bar{J}_i$ hier: Index der reinen Strategien des Spielers i

$\bar{J}_i$ Anzahl der reinen Strategien des Spielers i

$S_i = \left\{s_i^1, s_i^2, \ldots, s_i^{\bar{J}_i}\right\}$ Strategienmenge des Spielers i (Menge aller Strategien, die dem Spieler i zur Verfügung stehen; es gilt: $|S_i| = \bar{J}$)

$S = S_1 \times S_2 \times \ldots \times S_{\bar{I}}$ Strategienraum des betrachteten Spiels (Menge aller möglichen Strategienvektoren des Spiels)

$s = (s_1, \ldots, s_{\bar{I}}) \in S$ Strategienvektor (Strategienkombination, in der jeder Spieler genau eine Strategie aus seiner Strategienmenge ausgewählt hat. s führt zu einer Partie)

$u_i(s)$ Auszahlung an Spieler i bei dem durch s implizierten Spielausgang

$s_{-\hat{i}} = (s_1, \ldots, s_{\hat{i}-1}, s_{\hat{i}+1}, \ldots, s_{\bar{I}})$

Strategienvektor s, bei dem die $\hat{i}$ -te Komponente weggelassen wurde ("Das Verhalten aller anderen Spieler", siehe Seite 203)

$(\tilde{s}_{\hat{i}}, s_{-\hat{i}}) = (s_1, \ldots, s_{\hat{i}-1}, \tilde{s}_{\hat{i}}, s_{\hat{i}+1}, \ldots, s_{\bar{I}})$

Strategienvektor s, bei dem die $\hat{i}$ -te Komponente durch $\tilde{s}_{\hat{i}}$ ersetzt wurde

$q_i^j = q_i(s_i^j)$ Wahrscheinlichkeit, mit der Spieler i in seiner gemischten Strategie q_i die reine Strategie s_i auswählt; es gilt: $q_i^j \in [0;1]$

$q_i = \left(q_i^1, q_i^2, \ldots, q_i^{\bar{J}_i}\right)$ gemischte Strategie des Spielers i

$q_i \in Q_i$

$Q_i \subset \mathop{\mathsf{X}}\limits_{j \in J_i} [0;1] = [0;1]^{|J_i|}$

Menge aller gemischten Strategien des Spielers i

q, Q sind analog zu den reinen Strategien definiert:

$q = (q_1, \ldots, q_{\bar{I}}) \in Q$ Strategienvektor in gemischten Strategien

$Q = Q_1 \times Q_2 \times \ldots \times Q_{\bar{I}}$ Strategienraum der gemischten Strategien

$u_i(q) = E(u_i(q))$ Erwartungswert der Auszahlung an Spieler i bei dem Strategienvektor q

$u_i(q)\ E(u_i(q))$

4.7.3. Grundlegende Definitionen

In allen folgenden Betrachtungen legen wir immer endliche Spiele zugrunde, das heißt, die Spielerzahl $\bar{I}$ und die Strategienzahl $\bar{J}_i$ ist für alle Spieler i endlich.

Normalform

Die Normalform ist formal durch folgende Angaben vollständig beschrieben: Es gibt eine Menge von Spielern, die wir durch ihren Index $i = 1,2,\ldots,\bar{I}$ benennen; $\bar{I}$ ist die Anzahl der Spieler.[68] Jeder Spieler i muss eine Strategie s_i wählen, die aus der Menge S_i der ihm zur Verfügung stehenden reinen Strategien stammen muss. Die von den einzelnen Spielern gewählten Strategien fügen wir zusammen zu einem $\bar{I}$-Tupel $s = (s_1,\ldots,s_{\bar{I}})$; diesen Tupel nennen wir einen **Strategienvektor**. An dessen erster Stelle steht immer die von Spieler 1 gewählte Strategie, an der i-ten Stelle die von Spieler i gewählte. Ein Strategienvektor s ist ein Element aus dem **Strategienraum** $S = S_1 \times S_2 \times \ldots \times S_{\bar{I}}$. Da jeder Strategienvektor zu genau einem Spielausgang führt, kann in einem Normalformspiel jeder Strategienvektor bereits selbst als ein Spielausgang interpretiert werden.[69] Jeder Spieler ordnet jedem Spielausgang einen bestimmten Nutzenwert $u_i(s)$ zu, das heißt, für jeden Spieler existiert eine Abbildung

---

68 Wir betrachten hier zwar nur endliche Spiele, aber auf die gleiche Weise können auch unendliche Spiele dargestellt werden.

69 In deterministischen Spielen tritt für jeden Strategienvektor s ein bestimmter Spielausgang mit Sicherheit ein. Falls dagegen Zufallszüge existieren, hängt das Ergebnis eines einzelnen Spiels von der Realisation der Zufallszüge ab. Nach der kardinalen Nutzentheorie kann man sich dann aber auf die Angabe des Erwartungswertes der Nutzen der erreichbaren Spielausgänge beschränken.

$$\begin{aligned} u_i &: S \to \mathbb{R} \\ s &\mapsto u_i(s) \end{aligned} \qquad (29)$$

Der Auszahlungsvektor $u(s) = (u_1(s),\ldots,u_{\bar{I}}(s))$ enthält die Erwartungsauszahlungen an alle Spieler bei dem durch s implizierten Spielausgang, wobei die i-te Komponente die Auszahlung an Spieler i bezeichnet.

"Verhalten aller anderen Spieler"

Für die folgenden Definitionen ist es sinnvoll, zunächst eine Schreibweise für "das Verhalten aller anderen Spieler" einzuführen:

Ein Strategienvektor $s = (s_1,\ldots,s_{\bar{I}})$ enthält alle von den jeweiligen Spielern gewählten Strategien und ist damit ein $\bar{I}$-Tupel. Betrachten wir nun den Spieler $\hat{i}$. Außer ihm gibt es noch $\bar{I}-1$ andere Spieler; die von den anderen Spielern gewählten Strategien lassen sich daher in einem $(\bar{I}-1)$-Tupel zusammenfassen. Dieser Tupel ist gerade der Strategienvektor $s = (s_1,\ldots,s_{\bar{I}})$, bei dem die $\hat{i}$-te Komponente fehlt. Wir schreiben diesen Vektor als $s_{-\hat{i}} = (s_1,\ldots,s_{\hat{i}-1},s_{\hat{i}+1},\ldots,s_{\bar{I}})$; er enthält das Verhalten aller Spieler außer dem Spieler $\hat{i}$. Man nennt diesen Vektor auch **$\hat{i}$-unvollständige Strategienkombination**.

Um diesen Vektor wieder zu einem vollständigen Strategienvektor zu machen, müssen wir ihn ergänzen um das Verhalten von Spieler $\hat{i}$, das heißt, um die vom ihm gewählte Strategie $\tilde{s}_{\hat{i}}$. Den so ergänzten, wieder vollständigen Strategienvektor $\tilde{s} = (s_1,\ldots,s_{\hat{i}-1},\tilde{s}_{\hat{i}},s_{\hat{i}+1},\ldots,s_{\bar{I}})$ schreiben wir kurz als $\tilde{s} = (\tilde{s}_{\hat{i}},s_{-\hat{i}})$. Die Schreibweise $(\tilde{s}_{\hat{i}},s_{-\hat{i}})$ steht hier also einfach für denjenigen Strategienvektor $\tilde{s}$, in dem sich alle Spieler (außer Spieler i) so verhalten wie im Strategienvektor s und nur Spieler i (statt der ursprünglich verwendeten Strategie s_i) nun die Strategie $\tilde{s}_i$ wählt.

Beste Erwiderung, beste Antwort

Eine Strategie $\hat{s}_i \in S_i$ des Spielers i heißt **beste Erwiderung** oder **beste Antwort** auf das Verhalten s_{-i} seiner Gegenspieler, wenn gilt:

$u_i(\hat{s}_i,s_{-i}) \geq u_i(s_i,s_{-i})$ für alle Strategien $s_i \in S_i$ des Spielers i.

Bitte beachten Sie, dass es mehrere beste Antworten geben kann.

Dominanz

Eine Strategie $\hat{s}_i \in S_i$ des Spielers i **dominiert** seine Strategie $s_i \in S_i$ falls gilt:

$u_i(\hat{s}_i, s_{-i}) \geq u_i(s_i, s_{-i})$ für alle möglichen Verhaltensweisen seiner Gegenspieler s_{-i}

und $u_i(\hat{s}_i, s_{-i}) > u_i(s_i, s_{-i})$ für mindestens ein s_{-i}.

Es liegt **strenge Dominanz** vor, falls gilt:

$u_i(\hat{s}_i, s_{-i}) > u_i(s_i, s_{-i})$ für alle möglichen Verhaltensweisen seiner Gegenspieler s_{-i}.

Nash-Gleichgewicht

Ein Strategienvektor $\hat{s} = (\hat{s}_1, \ldots, \hat{s}_I)$ heißt **Nash-Gleichgewicht**, wenn gilt:

$u_i(\hat{s}) \geq u_i(s_i, \hat{s}_{-i})$ für alle Spieler i und für alle Strategien $s_i \in S_i$.

Das heißt: Eine Strategienkombination befindet sich im Gleichgewicht, wenn alle Spieler wechselweise beste Antworten spielen.

Ein Strategienvektor $\hat{s} = (\hat{s}_1, \ldots, \hat{s}_I)$ heißt **striktes Nash-Gleichgewicht**, wenn gilt:

$u_i(\hat{s}) > u_i(s_i, \hat{s}_{-i})$ für alle Spieler i und für alle Strategien $s_i \in S_i, s_i \neq \hat{s}_i$.

Gemischte Strategie

Weil die folgenden Betrachtungen für jeden einzelnen Spieler anzustellen sind, müssen wir alle Symbole mit dem Spielerindex i indizieren; falls Sie durch die vielen Indizes verwirrt werden, können Sie daher im ersten Durchgang des Lesens den Index i einfach in Gedanken weglassen.

Bei einer gemischten Strategie wählen die Spieler nicht direkt ihre reinen Strategien $s_i \in S_i$, sondern wählen stattdessen eine Wahrscheinlichkeitsverteilung über ihrer Strategienmenge. Jeder Spieler i ordnet also jeder einzelnen ihm zur Verfügung stehenden reinen Strategie $s_i^j \in S_i$ eine Wahrscheinlichkeit $q_i(s_i^j)$ zu. Wir indizieren hier die reinen Strategien für jeden Spieler mit dem oberen Index j; dieses j stammt aus der Indexmenge $J_i = \{j | j = 1,2,\ldots,\bar{J}_i\}$, das heißt, der Spieler i hat $\bar{J}_i$ verschiedene Strategien zur Auswahl. Eine gemischte Strategie kann man daher schreiben als $q_i = \left(q_i(s_i^1), q_i(s_i^2), \ldots, q_i(s_i^{\bar{J}_i}) \right)$. Wenn wir zur Vereinfachung definieren: $q_i^j := q_i(s_i^j)$, dann können wir kürzer schreiben: $q_i = \left(q_i^1, q_i^2, \ldots, q_i^{\bar{J}_i} \right)$.

Da es sich bei den q_i^j um Wahrscheinlichkeiten handelt, müssen sie jeweils zwischen null und eins liegen, das heißt: $q_i^j \in [0;1]$ für alle q_i^j. Insbesondere kann ein q_i^j auch gleich null sein, dann wird die zugehörige reine Strategie s_i in der gemischten Strategie überhaupt nicht gewählt. Auf diese Weise kann man jede reine Strategie als Spezialfall einer gemischten ansehen: Eine bestimmte reine Strategie $s_i^{\tilde{j}}$ entspricht dann der gemischten Strategie $\tilde{q}_i$, in der gilt: $q_i^{\tilde{j}} = 1, q_i^j = 0$ für alle $j \neq \tilde{j}$.

Weiterhin gilt für die q_i^j die Restriktion, dass sie sich für jeden Spieler zu eins addieren müssen, weil allen Spielern nur die in ihrer Strategienmenge aufgelisteten Verhaltensweisen zur Verfügung stehen. Für jeden Spieler i muss daher die Bedingung $\sum_{j \in J_i} q_i^j = 1$ erfüllt sein.

Fassen wir nun noch alle gemischten Strategien des Spielers i zu einer Menge zusammen und nennen diese Q_i. Die Elemente dieser Menge sind jeweils Tupel, die für jede reine Strategie eine Komponente $q_i^j \in [0;1]$ besitzen; daher ist Q_i eine echte Teilmenge des $\bar{J}_i$-fachen kartesischen Produkts der Menge [0;1], also $Q_i \subset \bigtimes_{j \in J_i} [0;1]$. (Dass Q_i eine echte Teilmenge ist und nicht $Q_i = \bigtimes_{j \in J_i} [0;1]$ gilt, liegt an der Nebenbedingung $\sum_{j \in J_i} q_i^j = 1$.)

An dieser Stelle sieht man, wie man mit Hilfe des kartesischen Produkts neue mathematische Gegenstände definieren kann: Die gemischten Strategien q_i können wir formal genauso behandeln wie die reinen Strategien s_i, obwohl sich dahinter ein vollkommen anderes Gebilde verbirgt. Wir können alle oben genannten Definitionen einfach auf gemischte Strategien anwenden, indem wir nur jeweils die Symbole für die reinen Strategien $s_i \in S_i$ durch die Symbole für die gemischten Strategien $q_i \in Q_i$ ersetzen. So lautet zum Beispiel ein Strategienvektor in reinen Strategien $s = (s_1, \ldots, s_{\tilde{I}})$, in gemischten Strategien $q = (q_1, \ldots, q_{\tilde{I}})$.

Allerdings muss man beachten, dass die Mengen Q_i der gemischten Strategien (überabzählbar[70]) unendlich viele Elemente haben. Sie sehen hier, weshalb ich einige Definitionen nur für endliche Spiele genannt habe: Wäre die Anzahl der Strategien $\bar{J}_i$ irgendeines Spielers unendlich, dann könnten wir bereits die gemischten Strategien q_i nicht mehr als Tupel schreiben (weil diese endlich viele Elemente haben müssen) und müssten daher wesentlich aufwendigere Methoden der mathematischen Behandlung heranziehen.

Das einzige, was man bei der Umwandlung in die gemischte Erweiterung eines Spiels nicht einfach formal umschreiben kann, ist die Auszahlung, denn wenn wir mit gemischten Strategien arbeiten, dann sind die Auszahlungen eines einzelnen Spiels natürlich zufallsabhängig. Sofern wir mit kardinalem Nutzen arbeiten, ist aber nur der Erwartungswert der Auszahlung $E(u_i(q))$ relevant. Wenn wir manchmal verkürzt $u_i(q)$ schreiben, so ist damit strenggenommen der Erwartungswert der Auszahlung gemeint; er berechnet sich für den Spieler $\tilde{i}$ nach folgender Formel:

$$u_{\tilde{i}}(q) := E\left(u_{\tilde{i}}(q)\right) = \sum_{s \in S} \prod_{i \in I} q_i(s_i) \cdot u_{\tilde{i}}(s) \tag{30}$$

Hierin steht s_i für die Strategie, die Spieler i im gerade betrachteten Strategienvektor s wählt; das Produkt ist hier die normale Multiplikation und kein Kreuzprodukt. Die Formel arbeitet folgendermaßen: Es werden der Reihe nach alle Strategienvektoren (also auch alle Spielausgänge) $s \in S$ betrachtet. Das Produkt errechnet jeweils die Wahrscheinlichkeit, dass der gerade betrachtete Strategienvektor s zustandekommt; die zu s gehörige Auszahlung an den betrachteten Spieler $\tilde{i}$ wird mit dieser Wahrscheinlichkeit gewichtet und alle derartigen Zwischenwerte aufsummiert. Das Ergebnis ist der Erwartungswert der Auszahlung an Spieler $\tilde{i}$.

Noch zwei Begriffe: Ein Spiel, in dem der Strategienraum Q ist, nennt man die **gemischte Erweiterung** eines Spiels. Ist in einer bestimmten gemischten

---

70 Wenn eine Menge **überabzählbar** unendlich viele Elemente hat, dann ist deren Zahl größer als die Anzahl der natürlichen Zahlen.

Strategie $q_i = \left(q_i^1, q_i^2, \ldots, q_i^{\bar{J}_i} \right)$ die Wahrscheinlichkeit für die Wahl *jeder* reinen Strategie des betrachteten Spielers *i* größer null, das heißt

$$q_i^j > 0 \text{ für alle } j \in J_i, \qquad (31)$$

so nennt man sie eine **vollständig gemischte Strategie**.

5. Nichtkooperative Lösungskonzepte

Ein Großteil der spieltheoretischen Grundlagenforschung beschäftigt sich mit der Entwicklung von Lösungskonzepten: Dies ist das Thema dieses Kapitels.

Um einen kurzen Überblick zu geben, was Sie erwartet: Wir nehmen das Nash-Gleichgewicht als Referenzpunkt und sehen uns an, wie man es verfeinern kann ("**Refinements**") und unter welchen Bedingungen man es abschwächen sollte. Wie die einzelnen in diesem Kapitel beschriebenen Konzepte zueinander stehen, sehen Sie in der folgenden Übersicht:

<table>
<tr><th colspan="2">Überblick: Strenge der Lösungskonzepte</th></tr>
<tr><td colspan="2">Die folgende Rangfolge gilt für n-Personen-Spiele; jedes Lösungskonzept in der Liste ist eine echte Teilmenge der darüber stehenden Einträge. Je weiter unten ein Konzept steht, desto strenger ist es, das heißt, desto mehr Lösungskandidaten schließt es aus.</td></tr>
<tr><td rowspan="2">Allgemeine Lösungs-konzepte</td><td>Lösungen nach Elimination streng dominierter Strategien.</td></tr>
<tr><td>Lösungen in rationalisierbaren Strategien.
In Zweipersonenspielen sind Lösungen nach Elimination streng dominierter Strategien und rationalisierbare Strategien gleich.</td></tr>
<tr><td rowspan="2">Gleichgewichte</td><td>Gleichgewichte in korrelierten Strategien.</td></tr>
<tr><td>Nash-Gleichgewichte.</td></tr>
</table>

Verfeinerte Nash-Gleichgewichte (Refinements)	**Nash-Gleichgewichte nach einfacher Elimination schwach dominierter Strategien.** Dies ist nicht die Menge der Gleichgewichte in nicht-dominierten Strategien: Diese Menge entsteht erst bei *wiederholter* Elimination schwach dominierter Strategien.
	Teilspielperfekte Gleichgewichte.
	Sequentielle Gleichgewichte.
	Perfekte Gleichgewichte. Sequentielle und perfekte Gleichgewichte sind in fast jedem Spiel (das heißt generisch) gleich.
	Uniform perfekte Gleichgewichte. Propere Gleichgewichte. Uniform perfekte und propere Gleichgewicht sind keine Teilmengen voneinander.
	Strikte Gleichgewichte (= streng perfekte Gleichgewichte). Derartige Gleichgewichte existieren nicht in jedem Spiel.
Gleichgewichtsauswahl	**Von Gleichgewichtsauswahltheorien ausgewählte Gleichgewichte.**

Der Schwerpunkt dieses Kapitels liegt auf den Refinements, die man durchaus noch sehr viel ausführlicher hätte behandeln können; eines der umfassendsten Bücher zu diesem Thema ist VAN DAMME 1989, das allerdings recht technisch geschrieben ist und nicht gerade durch didaktische Qualitäten besticht.

Völlig ausgespart habe ich das **Stabilitätskonzept** von KOHLBERG / MERTENS 1986, einem axiomatisch orientierten Ansatz zur Verfeinerung des Nash-Gleichgewichts. Der Grund dafür ist einfach, dass es hier zu aufwendig wäre, dieses Konzept zu erklären. Allerdings handelt es sich um ein sehr überzeugendes Konzept, das es lohnt, näher angesehen zu werden, wenn man etwas Übung im Umgang mit der Spieltheorie hat.

5.1. Nash-Gleichgewicht

Wir haben das Nash-Gleichgewicht wiederholt als Lösungskonzept verwendet, und es ist auf dem besten Weg, ein neues Paradigma der Sozialwissenschaften zu werden (in der modernen mikroökonomischen Wirtschaftstheorie hat es diese Funktion bereits). Ich halte es für ein so wichtiges und universelles Konzept, dass ich seine Bedeutung etwas ausführlicher diskutieren möchte, bevor wir zu Anwendungen oder Weiterentwicklungen übergehen. Sie werden sehen, dass durchaus mehr dahinter steckt, als seine einfache mathematische Struktur, mit der man viele Probleme sehr elegant lösen kann.

5.1.1. Wann ist das Nash-Gleichgewicht sinnvoll?

Vergegenwärtigen wir uns noch einmal die Situation des Eingangsbeispiels aus Abbildung 5 (Seite 30), das eine vereinfachte Form des Cournot-Spiels ist (Seite 157). Dieses Spiel hat genau ein Gleichgewicht, und zwar ein striktes. In einer solchen Situation kann man sich gut vorstellen, dass die beiden Produzenten erst ein Kartell bilden, bis einer der beiden merkt, dass er sehr viel mehr verdienen kann, indem er abweicht. Dann ist es aber nur naheliegend anzunehmen, dass auch der andere gegen dieses neue Verhalten optimiert usw. In der klassischen Version des Cournot-Spiels führt ein derartiges **myopisches** (kurzsichtiges) Optimierungsverhalten dazu, dass nach einigen Schwingungen das Verhalten zum Nash-Gleichgewicht hin konvergiert (daher auch der heutzutage selten gewordene Name *Cournot-Nash-Gleichgewicht*). Man nennt dies die **dynamische Interpretation** des Spiels, weil hier ein zeitlicher Verlauf des Spiels unterstellt wird. Mathematisch handelt es sich um eine Differenzengleichung erster Ordnung, die zu gleichen Phänomenen führt wie im Cobweb-Modell, das den Wirtschaftswissenschaftlern unter Ihnen sicherlich bekannt ist.[71]

[71] An dieser Stelle sollte ich auch erwähnen, dass ich beim Eingangsbeispiel auf Seite 30 die Tatsache unterschlagen habe, dass man die Lösung auch durch Wiederholte Elimination dominierter Strategien erreicht hätte: Die Strategien 1 und a sind durch 2 bzw. b dominiert; im verbleibenden Restspiel dominieren dann wiederum 2 und b die Strategien 3 und c, womit (2, b) als Lösung des Spiels verbleibt. Diese Tatsache ist auch der Grund dafür, weshalb im Cournot-Spiel eine so überzeugende Geschichte erzählt werden kann, wie die Spieler das Gleichgewicht auch wirklich erreichen, wenn sie kurzsichtig handeln.

Allerdings hat diese Interpretation einige gravierende Nachteile. So muss man unterstellen, dass die Produzenten wiederholt gegen das Verhalten ihres Gegenspielers optimieren, obwohl sie jede Runde sehen, dass auch dieser sein Verhalten ändert; sie lernen also nicht. Zwar könnte man **Lernregeln** einführen, aber diese sind erstens zum großen Teil willkürlich, zweitens kann es passieren, dass dann das System nicht mehr konvergiert. Weiterhin müssen bei mehr als zwei Spielern genaue Regeln aufgestellt werden, wer wann optimiert und wer sein Verhalten nicht ändern darf, weil sonst ebenfalls die Wahrscheinlichkeit groß wird, dass das System nicht mehr gegen das Nash-Gleichgewicht konvergiert, sondern chaotische Schwingungen vollführt.

Außerdem kann man sich fragen, ob die Spieler wirklich so dumm sein werden, um des kurzfristigen Vorteils willen das gewinnbringende Kartell zu zerstören, oder ob sie nicht lieber stillschweigend beim Kartell bleiben (*tacit collusion*), wie es beispielsweise die Mineralölgesellschaften und Banken dem Anschein nach tun oder wenigstens über längere Zeiten getan haben. Dieser Einwand zielt darauf ab, dass es sich eigentlich um ein wiederholtes Spiel (siehe Seite 158) handelt, bei dem ein Basisspiel in unveränderter Form mehrfach gespielt wird. Natürlich gibt es in diesem Meta-Spiel viel mehr Strategien als in dem Einmalspiel: So kann zum Beispiel ein Produzent auf aggressives Verhalten des anderen reagieren, indem er ihn mit ebenfalls aggressivem Verhalten bestraft.

Wenn das Nash-Gleichgewicht sinnvoll sein soll, dann müssen wir also voraussetzen, dass die Spieler das Spiel nur genau einmal spielen. Sie dürfen danach nie wieder auf dieselben Gegenspieler treffen und dürfen keinen anderen Spielern ihre Erfahrungen über diese Gegenspieler mitteilen können. Falls sie es doch können sollten, so müsste dies in die Analyse des Spiels einbezogen werden. Sie erinnern sich: In der nichtkooperativen Spieltheorie müssen alle relevanten Möglichkeiten der Spieler in Form von Spielregeln aufgeführt werden. Deshalb geht man in der nichtkooperativen Spieltheorie davon aus, dass es nichts vor oder nach dem Spiel gibt (denn sonst wäre es ja mit modelliert).

Wie können die Spieler aber nun – zum Beispiel im Cournot-Spiel – zum Nash-Gleichgewicht kommen, wenn sie doch nur einmal spielen? Ganz einfach: Da alle Spieler gleichermaßen intelligent ("rational") sind und dies auch von den anderen wissen, nehmen sie den gesamten Prozess der dynamischen Interpretation gedanklich vorweg und spielen jeweils gleich das

Nash-Gleichgewicht. Man nennt diese Interpretation des Cournot-Spiels **statische Interpretation**, weil der "zeitliche" Ablauf nur in den Vorstellungen der Spieler stattfindet, die beliebig schnell rechnen und denken können.

Die statische Interpretation hat viel für sich – nur kann man sie bestenfalls dann verwenden, wenn es in dem Spiel genau ein striktes Gleichgewicht gibt. Das sieht man leicht, wenn man zum Beispiel einen Blick auf die reine Koordination wirft (Seite 57): Hier können die beiden Spieler noch so schnell denken können, nichts zeichnet den einen Gleichgewichtspunkt gegenüber dem anderen aus. Wenn wir die Situation der nichtkooperativen Theorie wirklich ernst nehmen (dass die Spieler aus dem Nichts kommen, das Spiel spielen und wieder im Nichts verschwinden), dann hat in dieser Situation das Nash-Gleichgewicht in reinen Strategien keinen, auch nicht den geringsten Wert. Man kann nun zwei verschiedene Wege einschlagen, um die nichtkooperative Theorie an derartige Situationen anzupassen:

- man überlegt sich, bis zu welchem Grad der Rationalität die Spieler aus ihrer Perspektive gelangen können, indem sie ein nichtkooperatives Spiel gedanklich durchspielen. Diese Sicht führt dazu, dass man eine viel größere Zahl von Verhaltensweisen als rational akzeptieren muss.
- oder man sucht nach einer normativen Definition von Rationalität, die in jedem nur möglichen Spiel zu einer eindeutig definierten Lösung führt, wenn sie für die Spieler – zusätzlich zu den Spielregeln – Common knowledge ist.

Welches ist der bessere Weg? Das hängt, wie immer, vom angestrebten Ziel ab. Aus deskriptiver Sicht hat man nur wenig Einfluss auf die Voraussetzungen der zu untersuchenden Situation; wenn daher die Welt so beschaffen ist, wie in einer nichtkooperativen Koordinationssituation, dann kommt man nicht umhin, sehr viele Verhaltensweisen als vernünftig zu akzeptieren. Glücklicherweise sind nicht alle realen Situationen so beschaffen, und so können wir im Allgemeinen mehr aussagen als "Alles ist möglich". Aus normativer Sicht dagegen ist es das Ziel, neue Konzepte zu entwickeln, und daher ist dann der zweite Weg durchaus sinnvoll.

Das Konzept der *rationalisierbaren Strategien* ist ein Rationalitätskonzept, das den ersten Weg einschlägt; den zweiten Weg nehmen die *Gleichge-*

wichtsauswahltheorien.[72] Wir werden uns beide noch ansehen. Wenden wir uns aber zunächst dem Mittelweg zu und stellen die Frage: Wann ist das Nash-Gleichgewicht eigentlich sinnvoll?

5.1.2. Nash-Gleichgewicht als Rationalitätserfordernis

> Zu diesem Zweck bauten sie sich einen riesigen Supercomputer, der so verblüffend intelligent war, dass er – noch bevor seine Datenbanken angeschlossen waren – aus *Ich denke, also bin ich* die Existenz von Milchreis und Einkommensteuer gefolgert hatte, ehe es irgendwer schaffte, ihn abzuschalten. (DOUGLAS ADAMS: The Hitch Hiker's Guide to the Galaxy)

Wir haben gesehen, dass selbst unendlich schnell denkende Superintelligenzen in einigen Spielen nicht unbedingt gedanklich zu demselben Nash-Gleichgewicht gelangen müssen (nämlich zum Beispiel dann, wenn es mehrere Gleichgewichte gibt). Dies bedeutet: Das Gleichgewichtskonzept ist nicht unbedingt ein **Lösungskonzept** in dem Sinn, dass genau sagt, welches Verhalten sinnvollerweise gespielt werden soll.

Andererseits schließt es bestimmte Verhaltensweisen als Lösungskandidaten aus, denn wenn es überhaupt irgendeine normative Definition für Rationalität geben sollte, dann kann diese nur ein Nash-Gleichgewicht vorschreiben, wie folgende Überlegung zeigt: Nehmen wir einmal als Gedankenexperiment an, es gebe eine Rationalität, die ein Verhalten empfiehlt, das kein Gleichgewicht ist; natürlich muss diese Rationalität für alle Spieler gelten (das heißt, sie muss – ebenso wie das Spiel selbst – Common knowledge sein). Dann hätte aber mindestens einer der Spieler einen Anreiz, von dieser Rationalität abzuweichen (genau das ist ja die Definition des Gleichgewichts). Folglich würde sich diese Form der Rationalität selbst zerstören, da der Glaube der Spieler, die Rationalität werde befolgt, einen Anreiz schafft, sie nicht zu befolgen. Dies ist einer der vielen Gründe, weshalb Nash-Gleichgewichte so wichtig sind:

---

72 Kurioserweise kommen in dem Fall der reinen Koordination beide Konzepte de facto zu demselben Ergebnis.

Die Nash-Gleichgewichtsbedingung ist eine *notwendige* Bedingung für jegliche Rationalitätsdefinition. Dies heißt nicht, dass sie auch *hinreichend* ist.

Strenggenommen stecken in dieser Behauptung noch einige Annahmen, die ich zwar hier nicht weiter problematisieren möchte, die ich aber der Vollständigkeit halber nenne: Die Spieler dürfen die Wahl ihrer Strategien nicht korrelieren können (sonst kämen Gleichgewichte in korrelierten Strategien in Frage) und sie müssen gleiche A-priori-Erwartungen haben (sonst kann man wesentlich mehr Verhaltensweisen rationalisieren, siehe Kapitel 5.2.4.Rationalisierbare Strategien auf Seite 224).

Wir müssen aber noch auf ein Problem zu sprechen kommen, das wir bisher einfach als gelöst betrachtet haben: Woher wissen wir eigentlich, dass es in jedem Spiel ein Nash-Gleichgewicht gibt? Falls es Fälle geben sollte, in denen kein Nash-Gleichgewicht existiert, könnten wir es nicht sinnvoll als Rationalitätsdefinition verwenden, weil es dann Spiele gäbe, für die keine Rationalität definiert wäre. Zum Glück hat JOHN NASH 1951 schon in seinem ursprünglichen Artikel gezeigt, dass in jedem Spiel mit endlichen Strategienmengen mindestens ein Nash-Gleichgewicht existiert, wenn man gemischte Strategien zulässt; dieses Theorem wird oft einfach **Satz von Nash** genannt. WILSON 1971 hat darüber hinaus nachgewiesen, dass die Zahl der Nash-Gleichgewichte fast immer (das heißt: generisch; siehe Mathe-Tipp auf Seite 260) ungerade ist.

5.1.3. Nash-Gleichgewicht in realen Situationen

Als Voraussetzung für Rationalität ist das Gleichgewicht also notwendig; allerdings ist dies eine normative Sichtweise. Gibt es auch Fälle, in denen das Gleichgewicht aus deskriptiver Sicht sinnvoll ist?

Kommen wir noch einmal auf einen Punkt zurück, den ich schon kurz angesprochen habe: In Spielen mit mehreren Gleichgewichten hilft das Gleichgewichtskonzept als Lösung deshalb nicht weiter, weil sich die Spieler auf dieselbe Gleichgewichts-Strategienkombination koordinieren müssen. Nehmen wir als Beispiel ein Zweipersonenspiel, in dem die Spieler A und B die Strategienmengen $S_A = S_B = \{a, b, c, d\}$ zur Verfügung haben; die beiden Strategienvektoren $\hat{s}^a = (a_1, a_2)$ und $\hat{s}^b = (b_1, b_2)$ seien *strikte* Gleichgewichte. Woher soll Spieler A wissen, ob sich Spielerin B für das a- oder das b-Gleichgewicht entschieden hat? Ein beliebiges Spiel mit zwei Gleichgewichten wird hierdurch zu einer Art Koordinationsspiel auf höherer Ebene, wodurch das Gleichgewichtskonzept als Lösungskonzept fragwürdig wird, solange man die strengen nichtkooperativen Rahmenbedingungen voraussetzt. Es wird aber schlagartig sinnvoll, wenn es irgendeine Vorab-Vermutung gibt, das eine der beiden Gleichgewichte sei die Lösung: Dann ist es für beide Spieler das Beste, genau diese Gleichgewichtsstrategien zu spielen. Das Nash-Gleichgewicht ist also in all jenen Fällen deskriptiv sinnvoll, in denen eine solche Vorabvermutung gerechtfertigt werden kann.

Eine weitere Voraussetzung für das Nash-Gleichgewicht ist, dass die Spieler sich nie wieder begegnen, weil sonst ein längerfristig angelegtes Spiel zu analysieren wäre, kein Einmalspiel. Genauer gesagt genügt es, dass die Spieler sich nicht wiedererkennen können, falls sie doch noch einmal aufeinander stoßen sollten (allerdings muss die Wahrscheinlichkeit für die Wiederbegegnung genügend klein sein).

Sehen wir uns einige Fälle an, in denen diese Voraussetzungen unter nichtkooperativen Rahmenbedingungen vorliegen:

- **Prominenz:** Wenn genau eines der Gleichgewichte aus irgendwelchen Gründen besonders auffällt, dann kann dies die Vorabvermutung der Spieler rechtfertigen, dieses Gleichgewicht sei die Lösung (siehe auch Seite 66 (Konventionen und Prominenz)). Ein Grund für das Auffallen kann zum Beispiel auch Auszahlungsdominanz (siehe Seite 280) sein.
- **Kommunikation vor dem Spiel:** Dies kann eines der Gleichgewichte zu einem Fokuspunkt machen. Auf jeden Fall rechtfertigt eine Einigung vor dem Spiel auf eines der Gleichgewichte die Vermutung der Spieler, dieses Gleichgewicht werde auch tatsächlich gespielt. Unschön an dieser Interpretation ist, dass der eigentlich spielentscheidende Prozess der Einigung nicht Bestandteil der Analyse des Spiels ist.
- **Konvention:** Die Spieler entstammen einer Gruppe von Spielern, in der es üblich ist, sich auf eine bestimmte Weise zu verhalten. Zum Beispiel ist es hierzulande üblich, im Straßenverkehr nach rechts auszuweichen, nicht nach links.
- **Population:** Wenn das Spiel sehr oft zwischen immer wechselnden Spielern gespielt wird, die alle aus einer Spielerpopulation stammen, rechtfertigt dies die Analyse als Einmalspiel. In der Population kann sich leicht eine Konvention herausbilden.

- **Blinde Prozesse:** Die Spieler haben keinen Einblick in die Mechanik ihrer Interaktion, sondern sehen nur, welches Verhalten zu welchen Resultaten führt. Dazu eine etwas ausführlichere Erklärung:

5.1.4. Nash-Gleichgewicht als Ergebnis blinder Prozesse

Der Grundtyp eines blinden[73] Prozesses liegt bei der dynamischen Interpretation des Cournot-Spiels vor: Die Produzenten verhalten sich so, als hätten sie keinen Einblick in die Situation und als wählten sie immer das gleiche Reaktionsverhalten, unabhängig von den tatsächlichen Resultaten in vorausgegangenen Situationen und ohne längerfristige Analyse der Interaktion. Kann es so etwas in der (deskriptiven) Realität geben?

Stellen wir uns vor, in einer Firma gebe es ein überliefertes Verhalten, für das ein Verbesserungsvorschlag gemacht wurde. Vielfach hört man dann den Satz *Das wurde schon immer so gemacht*. Angenommen, der Sprecher dieses Satzes habe über die tiefere Struktur der Situation nicht im Geringsten nachgedacht, aber das zur Diskussion stehende Verhalten sei zufällig ein Gleichgewichtsverhalten. Dann wird ihm die Praxis Recht geben und jede Abweichung von diesem Verhalten bestrafen, vorausgesetzt, die Interaktionspartner verhalten sich genauso. – Angenommen, das Verhalten der Interaktionspartner, der "Spieler", sei noch nicht im Gleichgewicht. Dann führt ein Änderungsvorschlag vielleicht zu einer Verbesserung und wird beibehalten; vielleicht führt er zu einer Verschlechterung und wird zurückgenommen. Jedes Nicht-Nash-Gleichgewicht hat daher eine Tendenz, sich zu ändern; sollte auf diesem Änderungsweg aber irgendwo zufällig ein Nash-Gleichgewicht erreicht werden, dann rastet das System ein und neigt dazu, dort zu bleiben. Dies gilt besonders bei einem strikten Gleichgewicht.[74] Ich gehe in dem Kapitel 5.7.Evolutionsstabile Strategie (ESS) noch etwas genauer hierauf ein.

---

[73] Statt des Namens *blind* findet man auch häufiger die Bezeichnung *kurzsichtig* oder *myopisch*.

[74] Und wenn Sie ein paar zynisch dargestelle Auswüchse dieses Verhaltens in nicht-spieltheoretischer Analyse lesen möchten, dann empfehle ich Ihnen NOLL / BACHMANN 2004, in dem Sie sowohl echte Unternehmen als auch "blinde Prozesse" wiedererkennen werden.

Daher ist das Nash-Gleichgewicht gerade auch in solchen Situationen eine gute deskriptive Vorhersage, wenn die beteiligten Personen alles andere als "rational" in unserem landläufigen Verständnis sind.

Dies macht es möglich, die Spieltheorie auch auf gänzlich vernunftlose Wesen anzuwenden, wie zum Beispiel Pflanzen. Stellen Sie sich Wüstenpflanzen vor, die ihre Wurzeln entweder in die Tiefe oder zur Seite wachsen lassen können; in der Tiefe gibt es Zugang zu Grundwasser, zur Seite Zugang zu Regenwasser. Machen alle das gleiche, dann wird ein Reservoir zu stark ausgebeutet und es lohnt sich für eine einzelne Pflanze, das jeweils andere zu tun (RIECHERT / HAMMERSTEIN 1983). Was hier vorliegt, ist ein Diskoordinationsspiel und man kann beobachten, dass sich Pflanzen tatsächlich gemäß der spieltheoretischen Lösung "verhalten".

Je nach Interpretation der Auszahlungen eines Spiels kann man daher mit dem spieltheoretischen Instrumentarium die unterschiedlichsten Phänomene analysieren. So könnte man zum Beispiel die Neuronen (Nervenzellen) des Gehirns als Spieler und ihre Erregungszustände als Auszahlungen ansehen und dann die Gehirnfunktion einer spieltheoretischen Analyse unterziehen. Genausogut könnten interagierende feste Körper als Spieler interpretiert werden und ihre Energieniveaus als Nutzen. Halten Sie solche Vorschläge nicht für absurd: Der physikalische Gleichgewichtsbegriff und das Nash-Gleichgewicht sind sehr eng verwandt und die Spieltheorie wird in der Biologie mit großem Erfolg angewandt.

Sie sehen jetzt auch, was es mit der **Rationalität** in der Spieltheorie auf sich hat: Im wesentlichen haben alle Rationalitätsdefinitionen nur die Annahme gemeinsam, dass individuell zwischen *besser* und *schlechter* unterschieden werden kann; ob *besser* nun ein geringes Energieniveau, die Anzahl der Nachkommen oder großer Gewinn ist, hat keinen Einfluss auf die spieltheoretische Analyse. Jede Rationalitätsdefinition hat zusätzlich eine stilisierte Psychologie der "Entscheider": Mal kann das die Psychologie einer Superintelligenz sein (dies ist normalerweise bei der normativen Theorie der Fall), mal nur die Psychologie einer Differenzengleichung erster Ordnung.

Dass der Begriff *Psychologie* auch für eine Differenzengleichung nicht so abwegig ist wie es zunächst scheint, merkt man bei Experimenten, in denen reale Probanden glauben, gegen einen echten Menschen zu spielen, ihr Gegenspieler in Wahrheit aber ein "**Cournot-Roboter**" ist (ein Computerprogramm, das das Verhalten eines kurzsichtig optimierenden Produzenten simuliert). Obwohl die Entscheidungen eines Cournot-Roboters letztlich nur ein Spiegelbild des Verhaltens der Probanden sind, empfinden diese einen realen Gegenspieler, dem sie auch Eigenschaften wie "aggressiv", "nachgiebig" usw. zuschreiben können.

5.2. Dominierte, inferiore und rationalisierbare Strategien

In diesem Abschnitt sehen wir uns Lösungsanforderungen an, die schwächer sind als das Nash-Gleichgewicht, bevor wir uns in den darauf folgenden Abschnitten den Verschärfungen des Gleichgewichts zuwenden.

Allerdings kann man die Elimination dominierter Strategien bereits als eine Verschärfung des Gleichgewichtsbegriffs einsetzen, weil hierdurch manche Gleichgewichte ausgeschlossen werden (ein Beispiel für einen solchen Fall hatten wir in Abbildung 24). Es ist aber genausogut möglich, das Streichen dominierter Strategien als ein eigenständiges Lösungskonzept anzusehen, das dann allerdings ein sehr schwaches Konzept ist.

5.2.1. Dominanz durch gemischte Strateigien

Unsere bisherige Definition von dominierten Strategien (Seite 24 und Seite 204) bezog sich ausschließlich auf den Vergleich von reinen Strategien. Manchmal kann aber auch der Fall eintreten, dass eine Mischung aus mehreren Strategien eine einzelne andere Strategie dominiert. Dieser Fall liegt beispielsweise in dem folgenden Spiel vor (es sind hier nur die Auszahlungen an Spieler A eingetragen):

		Spielerin B(erta):		
		L	M	R
Spieler	s1	0	0	0
A(nton):	s2	–1	1	1
	s3	1	1	–1

Abbildung 58: s1 wird durch eine Mischung aus s2 und s3 dominiert.

Nach unserem bisherigen Kriterium ist hier keine der Strategien dominiert. Wenn wir aber zulassen, dass Spieler A die gemischte Strategie wählen kann, in der er s2 und s3 jeweils mit einer Wahrscheinlichkeit von 0,5 spielt, dann wird s1 durch diese gemischte Strategie dominiert.

Dieses Vorgehen ist unproblematisch, wenn die Auszahlungen in Einheiten kardinalen Nutzens erfolgen, denn dann genügt es, den Erwartungswert der Auszahlungen zu betrachten. Wir brauchen uns in diesem Fall also keine Sorgen darüber zu machen, dass wir für diese Form von Dominanz Risikoneutralität unterstellen. Für alle deskriptiven Belange sieht man aber sofort, dass es auch einen guten Grund geben kann, die reine Strategie 1 gegenüber der Mischung aus s2 und s3 zu bevorzugen, denn bei der Mischung kann man 1 verlieren, wogegen die reine Strategie s1 die Auszahlung von 0 erzwingt. Die Verallgemeinerung der Dominanz auf gemischte Strategien ist also weniger elementar als die Dominanz zwischen reinen Strategien. Während die einfache Dominanz auch bei Auszahlungen in Geldbeträgen sehr überzeugend ist, setzt die verallgemeinerte Dominanz kardinale Nutzenbeträge bzw. Risikoneutralität voraus.

Man kann hier auch noch ein wenig weiter abstrahieren:

5.2.2. Inferiore Strategien

Dass im obigen Spiel s1 keine besonders gute Wahl sein kann, sieht man schon an folgendem Tatbestand: Welche Strategie Spielerin B auch immer wählt, in jedem Fall ist s2 und/oder s3 beste Antwort, s1 dagegen nie. Dies gilt auch dann, wenn wir für Spielerin B gemischte Strategien mit beliebiger Wahrscheinlichkeitsverteilung über die einzelnen Strategien zulassen. – Man nennt eine Strategie wie s1 eine **inferiore Strategie**:

> Eine Strategie heißt **inferior**, wenn sie nie allein beste Antwort ist und in mindestens einem Fall nicht beste Antwort ist.

Üblicherweise wird die inferiore Strategie über ihren Stabilitätsbereich definiert.

> Der **Stabilitätsbereich** $SB(s_i)$ einer Strategie s_i des Spielers i ist die Menge der (n-1)-Tupel q_{-i} seiner Gegenspieler, auf die s_i beste Antwort ist.
>
> Die Definition lässt sich auch auf gemischte Strategien q_i des Spielers i verallgemeinern.

Formal kann man die inferiore Strategie nun so definieren:

Eine Strategie $\hat{s}_i$ des Spielers i heißt **inferior**, wenn es eine andere Strategie $\tilde{s}_i$ gibt, für die gilt:

$SB(\hat{s}_i) \subset SB(\tilde{s}_i)$
oder falls $SB(\hat{s}_i) = SB(\tilde{s}_i)$, $\tilde{s}_i$ dominiert $\hat{s}_i$

Immer dann, wenn es möglich ist, aus einigen reinen Strategien eines Spielers eine gemischte Strategie zu konstruieren, die eine andere reine Strategie dieses Spielers dominiert, dann ist letztere eine inferiore Strategie. Dies gilt allerdings nicht umgekehrt, d.h. es kann sein, dass es eine inferiore Strategie gibt, ohne dass man aus den anderen Strategien eine dominierende gemischte Strategie konstruieren könnte.

GÜTH 1992 fordert, grundsätzlich dominierte *und* inferiore Strategien zu eliminieren, weil die Elimination inferiorer Strategien etwas strenger ist. Allerdings muss man sehen, dass sie sehr viel mehr voraussetzt als bei der Elimination dominierter Strategien, also die Begründung für das Streichen wesentlich weniger überzeugend ist. Das sieht man z.B. an folgendem Spiel (es sind wiederum nur die Auszahlungen Spieler A eingetragen):

		Spielerin B(erta):		
		L	M	R
Spieler	s1	0	0	0
A(nton):	s2	–99	1	1
	s3	1	1	–99

Abbildung 59: s1 ist eine inferiore Strategie. Soll man sie streichen?

s1 ist auch hier nie beste Antwort, also inferior. Wenn Spieler A sie eliminiert, dann setzt er sich aber der Gefahr aus, –99 zu erhalten, ohne Aussicht auf eine wesentliche Verbesserung gegenüber der Auszahlung von 0, die er mit der Strategie s1 erzwingen könnte. Man sieht daran: Während die Elimination dominierter Strategien immer ungefährlich ist, ist die Elimination inferiorer Strategien ohne Kenntnis des Verhaltens der Gegenspielerin nicht immer sinnvoll. Daher wurde der Vorschlag, die Elimination auf inferiore Strategien auszudehnen, allgemein nicht übernommen.

Weiterhin muss man – wie bei der wiederholten Elimination dominierter Strategien auch – genaue Regeln haben, in welcher Reihenfolge welche

Form von Elimination vorgenommen werden soll, damit das Ergebnis eindeutig definiert ist. Die Berücksichtigung von Eliminationsreihenfolgen wird im folgenden Abschnitt erörtert.

5.2.3. Wiederholte Elimination dominierter Strategien

Wenn wir die Elimination dominierter Strategien zulassen, dann kann es passieren, dass – nachdem die Spieler alle dominierten Strategien gestrichen haben – weitere Strategien dominiert werden, die es anfangs nicht waren. Vielleicht erinnern Sie sich: Bereits auf den ersten Seiten dieses Buches hatten wir ein derartiges Beispiel:

		Spielerin B(erta): links	rechts
Spieler A(nton):	oben	(2,1)	(9,0)
	unten	(1,-1)	(9,8)

Abbildung 60: Noch einmal das Spiel aus Abbildung 3.

Hier hat Spielerin B zunächst keine dominierte Strategie, streicht aber Spieler A seine Strategie *unten*, so wird für Spielerin B *rechts* von *links* dominiert. Man nennt es **einfache Elimination dominierter Strategien**, wenn man nur einmal für jeden Spieler nach dominierten Strategien sucht, und zwar unter Berücksichtigung der gesamten Matrix, also auch derjenigen Strategien, die durch Elimination der Gegenspieler wegfallen. In dem Beispiel von eben hätten wir also nur die Strategie *unten* streichen können und hätten dann aufgehört, weil für Spielerin B in der Originalmatrix keine Strategie dominiert ist. Führt man das Verfahren dagegen mehrfach hintereinander aus, so handelt es sich um **wiederholte Elimination**; hierbei wird die Elimination auch auf die durch vorausgegangene Eliminationsschritte reduzierte Matrix angewandt. Die Spieler eliminieren dann solange dominierte Strategien, bis auch die in den einzelnen Eliminationsschritten neu entstandenen dominierten Strategien beseitigt wurden. Man nennt ein Spiel, in dem alle möglichen Eliminationsschritte vollzogen wurden, ein **Spiel in undominierten Strategien**.

Wenn man schwache Dominanz als Kriterium akzeptiert, dann ist es nur konsequent, die Elimination auch wiederholt zuzulassen. Allerdings gibt es dabei ein Problem: Manchmal kann die Reihenfolge der Eliminationen für das Ergebnis entscheidend sein. Sie sehen dies in dem folgenden Beispiel (die fettgedruckten Einträge kennzeichnen Nash-Gleichgewichte). Wenn hier die Spieler immer abwechselnd ihre dominierten Strategien streichen, dann hat derjenige einen Vorteil, der mit dem Streichen beginnt. Fängt zum Beispiel Spieler A an, dann werden in der folgenden Reihenfolge die Strategien gestrichen: m (hiermit verliert Spielerin B ihre höchste Auszahlung), R, o; danach ist (u, L) das einzige Gleichgewicht in nichtdominierten Strategien. Beginnt dagegen Spielerin B mit der Elimination, so streicht sie zuerst L (womit Spieler A seine beste Auszahlung verliert), es folgen u, M; jetzt ist das einzige Gleichgewicht in undominierten Strategien (m, R).

		Spielerin B(erta):		
		L	M	R
Spieler	o	(2,1)	(1,1)	(1,1)
A(nton):	m	(1,1)	(1,2)	**(1,10)**
	u	**(10,1)**	(1,1)	(0,0)

Abbildung 61: Die Reihenfolge der Elimination dominierter Strategien hat Einfluss auf das Ergebnis.[75]

Wenn wir uns unter Rationalität vorstellen, dass Spieler mit unbeschränkter Intelligenz unabhängig voneinander zu demselben Rationalitätskonzept gelangen müssen, dann kommen wir bei schwach dominierten Strategien nicht über die einfache Elimination hinaus, denn schon bei wiederholter Elimination zeigt sich, dass auch die intelligentesten Rechenwunder nicht ohne weitere Informationen auskommen: Sie müssen entweder Informationen aus der Zeit vor dem Spiel mitbringen (zum Beispiel Konventionen, Ergebnis von Kommunikation vor dem Spiel), oder sie brauchen Informationen aus einem übergeordneten System, aus dem heraus bekannt gegeben wird, welche Reihenfolge der Elimination für die Spieler Gültigkeit haben soll. Wenn wir normativ als Rationalitätserfordernis definieren, in welcher Reihenfolge die Elimination zu erfolgen hat, dann schaffen wir damit genau ein solches

[75] Das Beispiel stammt von STEFFEN HUCK, der es mir freundlicherweise zur Verfügung gestellt hat.

übergeordnetes System.[76] Es ist interessant zu sehen, dass noch nicht einmal ein so unschuldig wirkendes Konzept wie die wiederholte Elimination schwach dominierter Strategien im streng nichtkooperativen Design von den Spielern problemlos unabhängig erschlossen werden kann. (Ein weiteres interessantes Beispiel zur wiederholten Elimination dominierter Strategien findet sich auf Seite 241.)

Obwohl ein Spieler sich nie verschlechtern kann, indem er nur dominierende Strategien wählt, ist die wiederholte Elimination *schwach* dominierter Strategien noch keine Form von Rationalität, die von den Spielern selbständig erschlossen werden könnte.

5.2.4. Rationalisierbare Strategien

Wenn ein Rationalitätskonzept von außen vorgegeben wird, dann darf es natürlich keinem Spieler Anreize geben, von dieser Rationalität abzuweichen, sofern er glaubt, dass sich die anderen daran halten, sprich: Die Vorschriften der Rationalität müssen im Nash-Gleichgewicht sein. Wir hatten aber bereits gesehen, dass dies nicht so ist, wenn die Spieler aus ihrer "Froschperspektive" eine Rationalität entwickeln sollen. Es liegt also die Frage nahe, bis wohin unbegrenzt intelligente Entscheider im nichtkooperativen Design mit ihrer Rationalitätsdefinition kommen können, ohne Informationen hinzuzuziehen, die über die reinen Spielregeln hinausgehen.

Die Spieler können in diesem Fall beliebige Annahmen darüber machen, was die Gegenspieler als rational ansehen – sie müssen lediglich voraussetzen, dass das Spiel Common knowledge ist und dass die Gegenspieler höhe-

---

76 Um wiederholte Elimination dominierter Strategien als Rationalitätserfordernis zu definieren, ist es zum Beispiel sinnvoll – wie GÜTH 1992 – vorzuschreiben, die Spieler müßten immer gleichzeitig eliminieren. Diese Vorgehensweise führt in dem obigen Beispiel interessanterweise zu einem ganz anderen Ergebnis: Die eindeutige Lösung durch wiederholte Elimination ist dann (o, M). – Diese Lösung hat auch eine intuitive Interpretation: Bei der oben beschriebenen abwechselnden Elimination verbleiben kleine Restspiele, die nur noch einen der beiden Gleichgewichtspunkte des Ausgangsspiels enthalten. Deshalb wurde oben argumentiert, dieses Gleichgewicht sei zu spielen. Aber in dem Restspiel ist auch eine andere Strategienkombination im Gleichgewicht. In diesem neu entstandenen Gleichgewicht spielt derjenige Spieler seine Strategie o bzw. M, der nicht die hohe Auszahlung von 10 bekommt. Dieses Verhalten nützt ihm zwar nichts, schadet aber auch nicht. Die gleichzeitige Elimination wählt nun genau die Kombination aus diesen beiden Strategien aus.

re Auszahlungen gegenüber niedrigen bevorzugen. Es geht hier also um die Frage, welche Strategien man im großzügigsten Fall noch irgendwie als rational rechtfertigen kann. Strategien, deren Wahl auf diese Weise begründet werden kann, nennt man **rationalisierbare Strategien**.

Die Antwort ist: Damit die Verwendung einer bestimmten Strategie gerechtfertigt werden kann, muss es irgendeine Situation geben, in der diese Strategie optimal ist, das heißt, sie muss gegen irgend ein Verhalten der Gegenspieler beste Antwort sein. Wenn sie dieses Kriterium erfüllt, kann man sich irgendwelche Beliefs (das heißt Erwartungen) über das Verhalten der Gegenspieler ausdenken, sodass gerade diese Strategie rational ist. Allerdings dürfen die Beliefs nicht ganz willkürlich sein, denn diese Überlegung muss ja für alle Spieler gelten; daher kann der einzelne Spieler nur erwarten, dass die anderen solche Strategien wählen werden, die für sie irgendwann beste Antwort sind. Und natürlich dürfen sie nur gegen solche Strategienkombinationen beste Antwort sein, die nicht herausgestrichen wurden, weil sie nie beste Antwort sind usw... – diese Überlegung wiederholt sich unendlich oft.

Wenn man versucht, diesen Sachverhalt zu formalisieren, wird es sehr schnell ziemlich technisch, deshalb nenne ich hier nur die wichtigsten Ergebnisse: In Zweipersonenspielen erweisen sich gerade all jene Strategienkombinationen als **rationalisierbar**, die bei wiederholter Elimination streng dominierter Strategien übrig bleiben; dies ist auch intuitiv sehr einleuchtend, weil eine streng dominierte Strategie natürlich nie beste Antwort sein kann. Generell in n-Personen-Spielen ist die Menge der rationalisierbaren Strategien allerdings eine echte Teilmenge der Strategien, die eine wiederholte Elimination streng dominierter Strategien überleben. Dieses "Rationalitätskonzept" hat glücklicherweise nicht das Problem, das bei der wiederholten Elimination schwach dominierter Strategien aufgetreten ist: Die Reihenfolge, in der die Strategien eliminiert werden, spielt bei streng dominierten Strategien keine Rolle.

Wenn man nach einem Rationalitätskonzept sucht, ist es natürlich immer wichtig zu wissen, ob das vorgeschlagene Konzept in jedem Spiel zu einem Ergebnis führt. Dies ist hier der Fall: In jedem Spiel existiert für jeden Spieler mindestens eine reine Strategie, die rationalisierbar ist. Alle Strategienvektoren, die man aus den rationalisierbaren Strategien der einzelnen Spieler bilden kann, sind dann Lösungen in rationalisierbaren Strategien.

Die Idee der rationalisierbaren Strategien wurde unabhängig von BERNHEIM 1984 und PEARCE 1984 vorgestellt.

Es lässt sich zeigen, dass Lösungen in rationalisierbaren Strategien eng verwandt sind mit **subjektiv korrelierten Gleichgewichten**, das sind korrelierte Gleichgewichte (siehe Seite 96), in denen jeder Spieler an eine andere Wahrscheinlichkeitsverteilung glauben kann, mit deren Hilfe die übergeordnete Instanz den Spielern einen bestimmten Strategienvektor empfiehlt. Diese enge Verwandtschaft ist auch intuitiv leicht einzusehen, weil wir Strategien ja rationalisiert haben, indem wir *irgendwelche* Beliefs über das Verhalten der anderen Spieler zugelassen haben.

Allerdings ist diese Argumentation etwas gemogelt. Denn in Wahrheit läuft es darauf hinaus, dass wir die Common-knowledge-Annahme umgehen: Die Spieler haben jetzt zwar immer noch Common knowledge über das Spiel, indem aber Jeder beliebige Beliefs über die A-priori-Erwartungen der anderen Spieler bilden kann, verändert er de facto die Erwartungsauszahlungen, und damit ist der Fall ähnlich, wie wenn das Spiel nicht Common knowledge wäre. Dies aber führt direkt zu Spielen mit unvollständiger Information und zur Diskussion um die Harsanyi-Doktrin. Wenn es um die Fragestellung der Rationalitätsentwicklung aus der Froschperspektive geht, dann ist es sinnvoll, unterschiedliche A-priori-Erwartungen zuzulassen; geht es aber um einen normativen Rationalitätsbegriff, so erscheint ein Abweichen von der Harsanyi-Doktrin tatsächlich inkonsistent.

Vielleicht sollte man sich als wichtiges Resultat dieser Diskussion merken: Für deskriptive Probleme ist ein gemeinsamer Kulturhintergrund der Spieler wichtig, damit es nicht beliebig wird, was man als rational ansehen kann.

Die Darstellung dieses Sachverhalts ist hier etwas kurz geraten. Falls Sie sich näher damit befassen möchten: AUMANN 1987 und BRANDENBERGER / DECKEL 1987 beschäftigen sich mit diesem Problemkreis.

Zum Abschluss noch einige Worte zum Vergleich von Nash-Gleichgewicht und Lösungen in rationalisierbaren Strategien. Man kann letztere – wie wir gesehen haben – als ein *Rationalitätskonzept* ansehen, das die Spieler aus ihrer eigenen Perspektive entwickeln können.[77] Rationalisierbare Strategien sind also eine Form von Rationalität, die man direkt aus den Regeln eines Spiels folgern kann, wogegen wir bisher implizit immer davon ausgegangen sind, dass *zusätzlich* zu den Regeln eine Rationalität existiert. Wenn die Ra-

---

[77] Genauer gesagt: Sie können es entwickeln, wenn Common knowledge ist, dass alle Spieler unbegrenzte Intelligenz besitzen und sich entsprechend ihrer Präferenzen verhalten, ohne Fehler zu machen.

tionalität von den Spielern selbst entwickelt werden muss, dann sind rationalisierbare Strategien eine notwendige (und wahrscheinlich auch hinreichende) Bedingung für Rationalität; existiert hingegen eine zusätzliche Rationalität, so ist die Nash-Gleichgewichtsbedingung notwendig (oder die Bedingung für korrelierte Gleichgewichte, sofern Korrelationsmechanismen zugelassen sind).

5.3. Teilspielperfektes Gleichgewicht

Nach diesem Ausflug zu etwas exotischen (weil abseits vom Mainstream liegenden) Bereichen der Spieltheorie wenden wir uns nun den Verfeinerungen des Nash-Gleichgewichts (den **Refinements**) zu. Refinements sind extrem wichtige Hilfsmittel, die immer und immer wieder bei der Lösung von Spielen verwendet werden, und die daher jeden angewandt arbeitenden Spieltheoretiker tagtäglich begleiten.

Ein Wort zur Wirkung von Refinements: Sie konzentrieren sich darauf, unplausible Verhaltensweisen auszuschließen, die in von der Gleichgewichtspartie unerreichten Spielabschnitten stattfinden. Weil Strategien, die sich nur hierin unterscheiden, in der Normalform im Gleichgewicht die gleiche Auszahlung haben, sind Refinements nur in der Lage, einige nichtstrikte Gleichgewichte als unplausibel auszusondern; spätestens bei mehreren strikten Gleichgewichten (also bei Koordinationsspielen) müssen sie dagegen alle Gleichgewichte zulassen. Um in diesen Fällen auch noch zu eindeutigen Lösungen zu kommen, wurden die Gleichgewichtsauswahltheorien entwickelt, die in diesem Kapitel nach den Refinements behandelt werden.

5.3.1. Darstellung

> Dies hier ist besser als das wahre Gedächtnis, denn das wahre Gedächtnis kann bestenfalls lernen, sich zu erinnern, nicht aber zu vergessen.
> (UMBERTO ECO: Das Foucaultsche Pendel)

Um ein Beispiel für ein unplausibles Nash-Gleichgewicht zu sehen, werfen wir einen Blick auf das Spiel aus Abbildung 62, zusammen mit seiner Normalform (es handelt sich um das gleiche Spiel wie in Abbildung 45, eine Interpretation befindet sich dort):

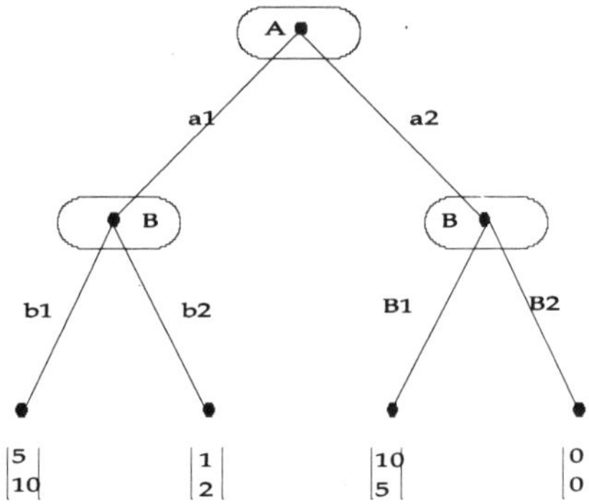

Abbildung 62: Noch einmal das Spiel aus Abbildung 45.

		Spielerin B(erta):			
		(b_1,B_1)	(b_1,B_2)	(b_2,B_1)	(b_2,B_2)
Spieler	(a_1)	(5,10)	**(5,10)**	(1,2)	(1,2)
A(nton):	(a_2)	**(10,5)**	(0,0)	**(10,5)**	(0,0)

Abbildung 63: Das Spiel aus Abbildung 62 in Normalform.

Dieses Spiel besitzt drei Gleichgewichtspunkte, und zwar die Strategienvektoren $\hat{s}^1 = ((a_2),(b_1,B_1))$, $\hat{s}^2 = ((a_1),(b_1,B_2))$ und $\hat{s}^3 = ((a_2),(b_2,B_1))$. Betrachten Sie jetzt einmal den Strategienvektor $\hat{s}^2$. Die Auszahlungskombination (5,10) ist nur deshalb im Gleichgewicht, weil Spielerin B durch die Wahl ihrer Strategie (b_1,B_2) damit droht, B_2 zu spielen, falls Spieler A mit dem Zug a_2 das für ihn günstigere Gleichgewicht anstrebt. Die durch $\hat{s}^2$ implizierte Partie verläuft nun aber entlang a_1 und b_1, sodass die Spielerin überhaupt nie in die Verlegenheit kommt, jemals ihre implizite Drohung wahr machen zu müssen. Würde sie hingegen durch irgend einen Zufall an ihren rechten Entscheidungsknoten gelangen und müsste (bzw. könnte) sich dort neu entscheiden, so würde sie selbstverständlich B_1 vorziehen, denn B_1 bringt ihr die Auszahlung von 5, B_2 hingegen nur 0. Es handelt sich daher um eine **unglaubwürdige Drohung**[78] und Spieler A kann unbesorgt a_2 spielen.

Die Idee des teilspielperfekten Gleichgewichts ist es nun, solche Nash-Gleichgewichte auszuschließen, die durch ein unplausibles Verhalten abseits des Gleichgewichtspfades entstehen. Teilspielperfektheit fordert daher, dass die Gleichgewichtsbedingung nicht nur für das Spiel als Ganzes erfüllt ist, sondern auch für jedes Teilspiel. Im obigen Beispiel bildet der Teilbaum ab dem rechten Entscheidungsknoten ein Teilspiel; wäre dies das komplette Spiel gewesen, so würde Spielerin B auf jeden Fall die Strategie (B_1) wählen.

Ein **Teilspiel** ist ein solcher Teil eines extensiven Spiels, der für sich allein genommen ein vollständiges Spiel darstellt.

Etwas technischer formuliert: Jedes **Teilspiel** beginnt mit einem einzelnen Entscheidungsknoten (einer einelementigen Informationsmenge) und enthält alle Nachfolger dieses Knotens; kein Knoten eines Teilspiels darf einer Informationsmenge angehören, die Knoten außerhalb des Teilspiels enthält.

Anschaulich heißt die zweite Formulierung: Beim Abtrennen eines Teilspiels darf man keine Informationsbezirke durchschneiden.

Ein Teilspiel kann nach dieser Definition durchaus ein Einpersonen-Spiel werden (dies war bei der eben vorgenommenen Abtrennung in Abbildung 62 der Fall), und insbesondere ist auch das gesamte Spiel ein Teilspiel von sich selbst. Ist ein Teilspiel kleiner als das Ausgangsspiel, so heißt es **echtes Teilspiel**.

Ein Nash-Gleichgewicht ist genau dann ein **teilspielperfektes Gleichgewicht**, wenn die Gleichgewichtsbedingung in jedem seiner Teilspiele erfüllt ist.

Diese Definition lässt sich sinnvoll nur auf extensive Spiele anwenden. Selbstverständlich gilt sie allgemein für n-Personen-Spiele.

Dieses Konzept stammt von dem – inzwischen emeritierten – Professor an der Universität Bonn REINHARD SELTEN 1965, der unter Anderem für dieses Kon-

[78] Sie erinnern sich: Sollte die Spielerin Selbstbindungskraft besitzen, so müssten wir dies entweder explizit angeben oder im Spiel mit modellieren.

zept 1994 den Nobelpreis in Wirtschaftwissenschaften erhalten hat. – Im Englischen heißt Teilspielperfektheit *subgame perfection* oder *subgame perfectness*. Englische Muttersprachler scheinen dem Begriff *perfection* eher zugeneigt zu sein; *perfectness* hat einen eher technischen Beiklang.

Sehen wir uns jetzt noch einmal die anderen Gleichgewichte des Spiels in Abbildung 62 an. Der Strategienvektor $\hat{s}^3 = ((a_2),(b_2,B_1))$ führt zwar zu den gleichen Auszahlungen wie $\hat{s}^1$, er schreibt aber für den linken Entscheidungsknoten der Spielerin B den Zug b_2 vor, den sie natürlich nicht wählen würde, könnte sie dort entscheiden. Auch diese Strategienkombination führt also zu nichtrationalem Verhalten abseits der Gleichgewichtspartie und ist daher nicht teilspielperfekt. Das einzig teilspielperfekte Gleichgewicht ist $\hat{s}^1$.

Bei genauerer Betrachtung wundert es nicht, weshalb gerade die beiden Gleichgewichte $\hat{s}^2$ und $\hat{s}^3$ ausgeschlossen wurden: Sie benutzen schwach dominierte Strategien der Spielerin B; in der Tat ist nur (b_1, B_1) nicht dominiert. Tatsächlich sorgt Teilspielperfektheit dafür, dass Gleichgewichte in dominierten Strategien als Lösung ausscheiden.

Dass das Streichen von dominierten Strategien eng verwandt ist mit der Teilspielperfektheit, sieht man auch an der Methode, mit der man in extensiven Spielen teilspielperfekte Gleichgewichte findet: Man muss einfach – von hinten beginnend – für jeden einzelnen Informationsbezirk prüfen, ob sich der betreffende Spieler an die von einer Gleichgewichtsstrategie vorgeschriebene Entscheidung halten würde; wenn nein, dann ist das betreffende Gleichgewicht nicht teilspielperfekt. Für den Spezialfall von endlichen Spielen mit vollständiger und vollkommener Information[79] ist diese Vorgehensweise identisch mit der wiederholten Elimination dominierter Strategien. Dieses Verfahren, angewandt auf Nullsummenspiele, ist eines der ältesten Ergebnisse der Spieltheorie überhaupt: es handelt sich um den Minimax-Algorithmus (siehe Seite 315). Teilspielperfektheit ist eine Verallgemeinerung des Rückwärtslösens von Spielen auf Spiele mit mehrelementigen Informationsmengen.

[79] Zur Erinnerung: In einem endlichen Spiel sind die Spieler- und Strategienmengen endlich; in Nullsummenspielen sind die Interessen der Spieler vollständig entgegengerichtet - der Fall von mehreren besten Entscheidungen an einem Knoten ist daher irrelevant; vollständige und vollkommene Information bedeutet: alle Informationsmengen sind einelementig.

Teilspielperfektheit im Überblick

Ich habe im Text bereits einige Aspekte der Teilspielperfektheit angesprochen, aber zur besseren Übersicht liste ich sie hier noch einmal geordnet auf:

- Teilspielperfektheit verlangt "rationales" Verhalten auch an solchen Entscheidungsbezirken, die nicht auf der Gleichgewichtspartie liegen.
- Dies bedeutet, dass während des Spielverlaufs niemals Entscheidungen revidiert werden müssen, ganz gleich, welcher Entscheidungsbezirk erreicht wird (also auch nicht an unerwarteten Informationsbezirken).

  Hierbei ist natürlich unterstellt, dass überhaupt die Möglichkeit zur Planrevidierung vorhanden ist – dass also die Spieler keine Selbstbindungskraft besitzen.
- Teilspielperfektheit fordert, sich in gleichen Situationen immer gleich zu verhalten, unabhängig davon, auf welchem Weg man in diese Situation gelangt ist.

  Genau dies ist die Aussage der Forderung, dass die Gleichgewichtsbedingung in jedem Teilspiel erfüllt sein muss: Jeder Spieler muss sich so verhalten, als sei dies der Beginn eines ganz neuen Spiels, als habe er den gesamten bisherigen Spielverlauf vergessen. In der Betriebswirtschaft ist ein Spezialfall dieser Forderung wohlbekannt: das Sunk-cost-Argument.
- Teilspielperfektheit lässt nur Gleichgewichte in nichtdominierten Strategien zu.

  Dies ist der Grund, weshalb Teilspielperfektheit so überzeugend wirkt. Sie hat (ungefähr) die gleiche Wirkung wie die Elimination von schwach dominierten Strategien, bevor Nash-Gleichgewichte bestimmt werden.

5.3.2. Probleme der Teilspielperfektheit

> Und er kommt zu dem Ergebnis:
> Nur ein Traum war das Erlebnis.
> Weil, so schließt er messerscharf,
> nicht sein *kann*, was nichts sein *darf*.
> (CHRISTIAN MORGENSTERN:
> Die unmögliche Tatsache)

So weit haben sich die Argumente recht überzeugend angehört – aber auch die Teilspielperfektheit hat ihre Schwächen. Zunächst einmal ist der Fall recht häufig, dass ein Spiel keine echten Teilspiele besitzt, eine Situation, die durch die Lage der Informationsbezirke entsteht. In diesen Fällen werden natürlich keine Gleichgewichte ausgeschlossen, das heißt das Kriterium nützt nichts – es schadet aber auch nichts.

Ob es auch im folgenden Beispiel – dem Tausendfüßlerspiel (*centipede game)* – nichts schadet, bin ich mir hingegen nicht so sicher. Ich weiche hier in der Darstellung des Spielbaums etwas von der sonst von mir verwendeten Form ab, um das literaturübliche Aussehen eines Tausendfüßlers beizubehalten (der im Englischen nur hundert Füße hat und im folgenden Spiel zweihundert):

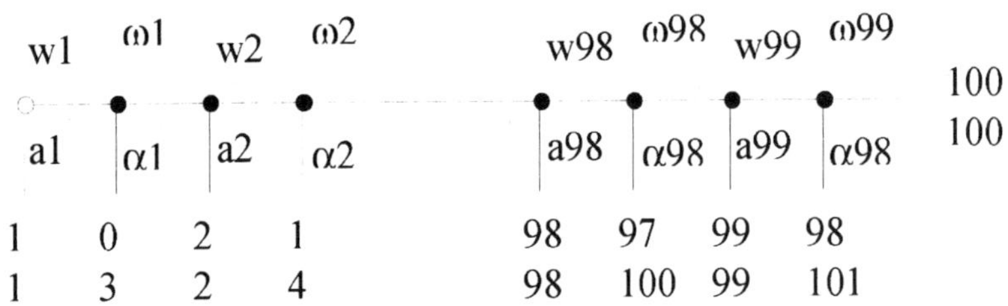

Abbildung 64: Das Tausendfüßlerspiel (*centipede game*).

Die Grundidee dieses Spiels stammt von ROSENTHAL 1981, den Namen hat BINMORE 1987 gegeben. Die Idee ist folgende: Jedesmal, wenn Spieler A am Zug ist, kann er sich entweder eine gewisse Auszahlung sichern oder den Zug an Spielerin B weitergeben; daraufhin kann Spielerin B ebenfalls entweder das Spiel beenden oder den Zug weitergeben. Falls sie den Zug zurückgibt, erhöht sich die mögliche Auszahlung an beide um 1; bricht sie hingegen ab, so erhält sie 1 mehr als wenn Spieler A im Folgezug abbrechen würde und A erhält 1 weniger als wenn er das Spiel bereits selbst beendet hätte. Wir bezeichnen die Züge jeweils mit a für "aussteigen" w für "weiter", der Index steht jeweils für die Runde, in der der Zug stattfindet und die griechischen Buchstaben kennzeichnen Züge von Spielerin B.

Um etwas Gefühl für dieses Spiel zu bekommen, sehen wir uns zunächst eine Vierfüßlerversion in Normalform an (das Vierfüßlerspiel in extensiver Form befindet sich in Abbildung 66):

		Spielerin B(erta):			
		(α1,α2)	(α1,ω2)	(ω1,α2)	(ω1,ω2)
	(a1,a2)	**(1,1)**	**(1,1)**	(1,1)	(1,1)
Spieler	(a1,w2)	**(1,1)**	**(1,1)**	(1,1)	(1,1)
A(nton):	(w1,a2)	(0,3)	(0,3)	(2,2)	(2,2)
	(w1,w2)	(0,3)	(0,3)	(1,4)	(3,3)

Abbildung 65: Das Vierfüßlerspiel in Normalform.

Dieses Spiel hat vier Gleichgewichte in reinen Strategien, die alle zu denselben Auszahlungen führen. Das liegt daran, dass die verschiedenen Gleichgewichtsstrategienkombinationen alle zu derselben Partie führen: Sie unterscheiden sich lediglich an Zügen, die von der Gleichgewichtspartie nicht erreicht werden, weil das Spiel vorher abbricht (in diesem Spiel schreiben alle Gleichgewichte vor, dass beide Spieler jeweils bei ihrem ersten Zug aussteigen). Man kann sich als Faustregel merken, dass Refinements versuchen, solche Strategien auszuschließen, die in der Normalform nur deshalb gleiche Auszahlungen ergeben, weil sie sich an Zügen unterscheiden, die von der Gleichgewichtspartie nicht erreicht werden. Da es sich dabei nie um Strategien handeln kann, die in einem strikten Gleichgewicht gespielt werden, ändern fast alle Refinements bei strikten Gleichgewichten nichts.

Betrachten wir als Beispiel das Gleichgewicht ((a1,w2), (α1,ω2)). In dem folgenden Spielbaum sind die Züge dieser Strategienkombination fett eingezeichnet:

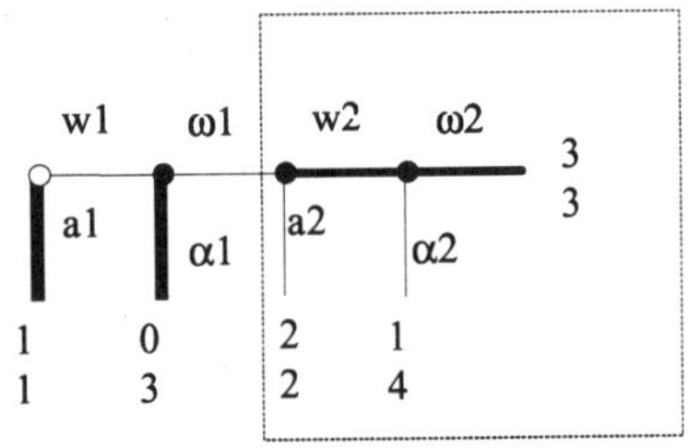

Abbildung 66: Das Vierfüßlerspiel, in das die Züge der Strategienkombination ((a1,w2), (α1,ω2)) fett eingezeichnet sind.

Man sieht hier, dass in dem eingerahmten Teilspiel andere Entscheidungen vorgesehen sind als an den ersten beiden Knoten. Dies ist deshalb möglich, weil das rechte Teilspiel im Gleichgewicht nie erreicht wird, denn die Partie endet ja in jedem Fall bereits nach dem ersten Zug. Deshalb ist das eben betrachtete Gleichgewicht nicht teilspielperfekt. In der Tat kann man sich leicht überzeugen, dass es auch im Zweihundertfüßlerspiel nur ein einziges teilspielperfektes Gleichgewicht gibt. Lösen wir dazu das Spiel von hinten, um die teilspielperfekten Gleichgewichte zu bestimmen: In der letzten Runde wählt Spielerin B natürlich *aussteigen*, weil sie dadurch 101 erhält, anstelle von 100; Spieler A erhält durch diesen Zug nur 98, also weniger als wenn er am vorletzten Knoten aussteigt. Folglich wählt er am vorletzten Knoten *aussteigen*. Damit kennen wir die Situation am vorletzten Knoten, und die Argumentation setzt sich analog bis zum ersten Knoten fort. Somit wissen wir, dass es nur *ein einziges* teilspielperfektes Gleichgewicht gibt: Beide Spieler wählen an jedem ihrer Informationsbezirke die Alternative *aussteigen*.

Welches ist der vernünftigere Vorschlag: Nash-Gleichgewicht oder teilspielperfektes Nash-Gleichgewicht? Als Verhaltensvorhersage oder Verhaltensempfehlung erscheinen beide ziemlich unbrauchbar, weil nur wenige Menschen bereit sein werden, wegen eines minimalen Verlustrisikos auf verhältnismäßig große Gewinnmöglichkeiten zu verzichten. Andererseits könnte ein Konzept, das deskriptiv nicht zutrifft, dennoch aus normativer Sicht brauchbar sein, wenn man nach überhaupt irgendeiner konsistenten Definition für Rationalität sucht. Nehmen wir also – als Arbeitshypothese – an, Teilspielperfektheit sei normativ zu betrachten und es handele sich dabei um eine Definition für Rationalität. Beachten Sie bitte, dass ich im Folgenden immer diese Rationalitätsdefinition voraussetze.

Wie wir gleich sehen werden, gibt es auch dabei Probleme. Stellen wir uns hierfür vor, ich sei Spielerin B und befände mich am zweiten Entscheidungsknoten. Eigentlich dürfte ich dort gar nicht sein, weil Spieler A bereits an dem vorhergehenden Knoten das Spiel hätte beenden müssen. Nun ist es aber eine Tatsache, dass ich dort bin. Was muss ich daraus schließen? Zum Beispiel, dass Spieler A nicht "rational" in dem oben definierten Sinn ist; und diese Vermutung wird umso stärker, je weiter hinten der Entscheidungsknoten liegt, an dem ich mich befinde, denn umso öfter muss er nichtrational gehandelt haben.

Offenbar ist es doch nicht eine unabdingbare Forderung, die gesamte (Spiel-)Vergangenheit zu vergessen und nach vorn zu denken, denn aus den vergangenen Entscheidungen meines Gegenspielers kann ich möglicherweise ein Verhaltensprinzip ableiten und so auf zukünftige Entscheidungen schließen. Ob dieser Schluss zulässig ist, hängt davon ab, was man sich unter einem Spieler vorstellt: Ist er eine Einheit, die im Verlauf des Spiels in irgendeiner Form eine Identität beibehält? Wenn ja, dann könnte

Das Chain-Store-Paradox

REINHARD SELTEN 1978 beschreibt in seinem klassischen Papier den Fall einer Ladenkette, die in zwanzig Städten Monopolist ist. Jede Filiale ist genau einem potenziellen Wettbewerber ausgesetzt, den sie auch leicht einzeln durch Kampfpreise abwehren könnte. Allerdings ist eine derartige Abwehrschlacht teuer. Wenn eine Filiale den potenziellen Konkurrenten nicht abwehrt, dann teilen sich danach beide den Markt. Dies ist für die Ladenkette zwar unerfreulich, aber immer noch billiger als der Preiskampf.

Der gesunde Menschenverstand sagt, dass die Ladenkette natürlich jeden Versuch des Eindringens abwehren wird und dadurch in allen 20 Städten Monopolist bleibt. Da das jeder weiß, wird keiner erst den Versuch machen, sich mit dem Monopolisten anzulegen. Diese Argumentation macht die Rechnung aber ohne den Wirt in Form der **Rückwärtsinduktion** (mehr dazu auf Seite 227): Denn spätestens in der zwanzigsten Stadt würde der Monopolist nicht mehr kämpfen, da das teurer für ihn wäre, als dort den Konkurrenten zu dulden. Folglich ist aber die neunzehnte Stadt die letzte, und die gleiche Argumentation gilt dort; usw. bis zur ersten Stadt, in der der resignierte Monopolist ebenfalls gar nicht erst kämpft.

Da hier zwei völlig vernünftige Überlegungen zu so unterschiedlichen Ergebnissen führen, nannte SELTEN die Situation paradox – und das ist sie bis heute geblieben.

sein vergangenes Verhalten Hinweise auf zukünftige Entscheidungen geben; man nennt dies einen **zentralistischen Spielerbegriff**. Die Teilspielperfektheit betrachtet den Spieler hingegen als eine Fiktion, die keine durchgehende Identität besitzt, sondern in viele Einzelentscheider, in **Agenten**[80], zerfällt. Dadurch ist ein Schluss in die Zukunft unmöglich.

Gehen wir einen Schritt weiter und stellen uns vor, ich sei nunmehr Spieler A, der sich am dritten Entscheidungsknoten befindet. Ich kann jetzt nicht nur schließen, dass Spielerin B nichtrational gewesen ist, sondern auch, dass ich selbst am ersten Knoten nichtrational war: Auch ich muss umso häufiger nichtrational gewesen sein, je weiter hinten im Spiel wir uns befinden. Das könnte man zum Beispiel dadurch rechtfertigen, dass ich eine A-priori-Vermutung hatte, Spielerin B sei möglicherweise nichtrational, und dass sich diese Vermutung nun nach einigen Probezügen bestätigt hat. Gegeben diese Vermutung, ist es durchaus rational, dass auch ich mich anders verhalte als gegen einen rationalen Gegenspieler. Es genügt also, dass *einer* der Spieler nicht rational ist, um zu rechtfertigen, weshalb man sich an einem "unmöglichen" Knoten befindet.

Wenn man noch einen Schritt weiter denkt, fällt auf, dass sogar keiner der Spieler wirklich nichtrational zu sein braucht: Selbst wenn beide rational sind, genügt es, dass die Spieler nicht *wissen*, ob der andere tatsächlich rational ist oder nicht. Dieses Nicht-Wissen ist natürlich nur dann möglich, wenn es nicht Common knowledge ist, dass die Spieler rational sind. Dies zeigt: Man kann "unmögliche" Knoten rechtfertigen, ohne die Rationalität der Spieler anzweifeln zu müssen, indem man statt der Rationalitätsannahme die Common-knowledge-Annahme aufgibt.[81]

Wir erinnern uns: Bei Common knowledge weiß A, dass B weiß, dass A weiß, dass B weiß usw., unendlich tief geschachtelt. Ist eine derartige Folge nicht unendlich tief, so liegt kein Common knowledge vor. Wenn wir jetzt die Annahme aufgeben, es sei Common knowledge, dass die Spieler rational sind, dann ist es ebenfalls wieder möglich, sich an einem anderen als dem

---

80 Zum Begriff des Agenten siehe Seite 253; verwechseln Sie nicht die Begriffe *Agent* und *Typ*.

81 Die folgende Argumentation ist an ein Arbeitspapier von DUFWENBERG / LINDÉN (1992) angelehnt, die mir freundlicherweise eine Version vor Veröffentlichung zur Verfügung gestellt haben. Die ursprüngliche Idee geht auf BICCHIERI (1989, 1990) zurück.

ersten Entscheidungsknoten im Tausendfüßlerspiel zu befinden. Strenggenommen ist dies eine andere Darstellung des Sachverhalts, den ich bereits weiter oben beschrieben habe, nämlich dass einer der Spieler Anlass hat zu vermuten, der andere sei nichtrational; denn diese Vermutung ist unverträglich damit, dass die Rationalität beider Spieler Common knowledge ist.

Nehmen wir als Beispiel eine sehr kurze Wissenskette an:

Spieler A:	**Spielerin B:**
A ist rational.	B ist rational.
A weiß, dass B rational ist.	B weiß, dass A rational ist.
A weiß, dass B weiß, dass A rational ist.	B weiß **nicht**, ob A weiß, dass B rational ist.
Keine weiteren Stufen bekannt.	

Abbildung 67: Die Rationalität der Spieler ist nicht Common knowledge.

Wenn A nicht weiß, ob B rational ist, dann rechtfertigt dies das Erreichen des letzten Knotens des Tausendfüßlerspiels; denn für den Fall, dass B tatsächlich nichtrational ist, könnte sie sogar am letzten Knoten die für A günstigere Alternative wählen. Wenn – wie in der obigen Tabelle – A zwar weiß, dass B rational ist, aber B dieses nicht weiß, dann können wir höchstens bis zum vorletzten Knoten gelangen. Denn am drittletzten Knoten gibt B vielleicht den Zug an A weiter, weil sie vermutet, er werde den Zug wieder zurückgeben, weil er (aus ihrer Sicht) nicht weiß, dass sie rational ist und daher am letzten Knoten die für sie günstigere Alternative wählen wird. Setzen wir diesen Gedankengang per Induktion fort, dann erkennen wir: Je mehr Wissensstufen die Spieler besitzen, desto früher werden sie aus dem Spiel aussteigen müssen; solange aber nicht Common knowledge vorliegt, wird es möglich sein, ein n-Füßler-Spiel zu konstruieren, bei dem die Spieler nicht notwendigerweise an jedem Knoten aussteigen, wenn sie sich erst einmal abseits des Gleichgewichtspfades befinden (worin n endlich ist).

Wir sehen also: Um zu rechtfertigen, dass man sich an einem Knoten befindet, dessen Erreichen durch Teilspielperfektheit ausgeschlossen wird, ist es entweder notwendig, dass mindestens einer der Spieler tatsächlich nicht rational ist, oder dass es nicht Common knowledge ist, dass alle Spieler rational sind.

Man sollte dieses Resultat nicht überbewerten, weil viele gute Argumente *für* die Teilspielperfektheit sprechen. Strenggenommen ist es nicht die Teilspielperfektheit per se, die das befremdliche Ergebnis hervorbringt, sondern die wiederholte Anwendung der Elimination dominierter Züge, also die lange Kette der Rückwärtsinduktion. Um genau zu sein: Wenn man auf eine *Begründung* der Teilspielperfektheit verzichtet (sie also einfach normativ als Lösungskonzept definiert), dann ist sie konsistent und mit Common knowledge vereinbar (folgt sogar daraus, wie AUMANN 1995 gezeigt hat – siehe weiter unten). Die obige Diskussion zeigt aber, dass die *Begründung* der Teilspielperfektheit durch Rückwärtsinduktion nicht zwingend ist. Ob man sie als eine unabdingbare Rationalitätsanforderung akzeptiert, hängt wesentlich davon ab, wie man die Spieltheorie einsetzen will und wie man mit den kontrafaktischen Situationen abseits des Gleichgewichtspfades umgeht.

Wie eben kurz erwähnt, ist AUMANN 1995 eingesprungen, um SELTENS Theorie der Teilspielperfektheit zu stützen, indem er mathematisch folgendes Resultat beweist: Wenn die Spieler ein gemeinsames Vorwissen über die gemeinsam verwendete Rationalität haben, dann kann diese Rationalität nur zu dem Pfad führen, der durch die Rückwärtsinduktion vorgeschrieben ist. Anders ausgedrückt: In der Common-knowledge-Annahme über die Rationalität steckt das Ergebnis der Rückwärtsinduktion bereits mit drin. Einige haben dieses Ergebnis so verstanden, dass die in diesem Absatz vorgestellte Literaturrichtung nun tot sei. So weit würde ich nicht gehen.

Ein Grund ist, dass die Argumentation dieses Kapitels ja gerade erklärt, wieso die Begründung zur Teilspielperfektheit Common knowledge über die Rationalität verlangt und wieso Bounded knowledge über die Rationalität nicht genügt. Insofern geht Aumanns Resultat nur ein wenig weiter, indem er beweist, dass Common knowledge nicht nur eine notwendige Bedingung für die "Rationalität" der Teilspielperfektheit ist, sondern auch hinreichende.

Ein anderer Grund ist, dass der Beweis natürlich in sich konsistent ist, er aber nichts über das Verhalten abseits des Gleichgewichtspfads sagt. Damit ist alles in bester Ordnung, solange sich alles auf diesem Pfad abspielt. Aber was man abseits des Pfades tut, bleibt weiter völlig offen. Damit sind wir jedoch so weit wie vorher: Das Ergebnis der Teilspielperfektheit ist "rational", die Begründung ist es nicht. Und wie man sich (präskriptiv) verhalten soll, wenn man sich abseits des Gleichgewichtspfades wiederfindet, geht daraus auch nicht hervor. Eine interessante Diskussion dieser und weitere Argumente dazu findet sich in BINMORE 2000.

Allerdings würde sich in der Spieltheorie nicht viel ändern, selbst wenn man die Teilspielperfektheit als Rationalitätskriterium abschaffen würde: Denn die Perfektheit (Stichwort "zitternde Hand", mehr dazu auf Seite 246) wählt ebenfalls nur teilspielperfekte Pfade aus. Man müsste also die Perfektheit gleich mit kippen. Da die Perfektheit ebenfalls von SELTEN entwickelt wurde, sollte es mich wundern, wenn er nicht schon zu einem frühen Zeitpunkt die potenziellen Probleme mit der Teilspielperfektheit gesehen und deshalb gleich die erforderliche Gegenmedizin entwickelt hätte.

Noch ein Punkt ist erwähnenswert: Wie Sie vielleicht bemerkt haben, hat das Tausendfüßlerspiel nur einelementige Informationsmengen, und daher beziehen sich die oben genannten Argumente bereits auf die wiederholte Elimination dominierter Strategien. Da die Teilspielperfektheit als eine Verallgemeinerung hiervon angesehen werden kann, gelten die angesprochenen Probleme auch für die wiederholte Elimination dominierter Strategien (nicht aber für die einfache Elimination).

Wenn Sie sich weiter mit dem Thema dieses Kapitels beschäftigen möchten, seien Sie neben BINMORE 1987 und 1988 auch auf den Artikel von BICCHIERI 1989 verwiesen. RENY 1992 ist ein recht unterhaltsam geschriebener Beitrag, der sowohl auf die hier angesprochenen Probleme eingeht als auch andere Erklärungsversuche für diese „Paradoxien" präsentiert. Auch KREPS 1990 (insbesondere Seiten 536-543) geht auf das Tausendfüßlerspiel ein.

Rückwärtsinduktion

Es sei mir an dieser Stelle noch ein Wort zur Rückwärtsinduktion gestattet, die sich ja geradezu aus der Teilspielperfektheit ergibt, wie wir in diesem Kapitel mehrfach gesehen haben. *Induktion* klingt sehr nach dem mathematischen Beweisverfahren der vollständigen Induktion, die folgendermaßen funktioniert: Man zeigt, dass die zu beweisende Aussage für einen Startwert zutrifft, der als natürliche Zahl geschrieben werden kann; dann zeigt man, dass sie für einen Folgewert zutrifft, sofern sie für den Vorgänger zutrifft. Diese beiden Informationen zusammen bedeuten dann, dass die Aussage für alle Werte ab dem Startwert wahr ist.

Das Party-Paradoxon

Auf fast allen Parties ohne Catering-Service gibt es einen höchst unangenehmen Zeitpunkt: Wenn am Ende nur noch wenige Gäste anwesend sind, dann ist die Gefahr groß, dass man mit aufräumen muss. Auch wenn die Party noch so gut ist, man würde gern ganz kurz vor diesem Zeitpunkt gehen, denn der Nutzen aus der letzten kurzen Zeitspanne der Party ist immer kleiner als der Nutzenverlust durchs Aufräumen. Daher brechen die Gäste am Ende oft so überstürzt auf: keiner will der letzte sein.

Wenn man nun aber weiß, dass die Party ein festes Ende hat (zum Beispiel, weil man die Räumlichkeiten um spätestens drei Uhr morgens verlassen muss), dann weiß man auch, dass alle Gäste kurz vorher gehen werden. Also muss man noch früher gehen. Aber auch das wissen alle, sodass alle noch etwas früher aufbrechen – und so weiter, bis wir per Rückwärtsinduktion am Anfang der Party angekommen sind und diese folglich gar nicht erst stattfinden kann.

Welche Abwehrmaßnahmen hat der Gastgeber? Am besten, kein festes Ende vorgeben, denn dann gibt es keinen Startpunkt für die Rückwärtsinduktion. Da unendlich lang andauernde Parties nicht vollständig glaubwürdig sind, reicht es notfalls schon, wenn die Gäste unterschiedliche Erwartungen über den Endzeitpunkt haben. Falls sich das nicht erreichen lässt, die Anreise nur mit öffentlichen Verkehrsmitteln zulassen: Weil man dann nur in größeren Abständen gehen kann, wird der Nutzenverlust aus früherem Gehen größer als der Schaden durch kurzes Aufräumen-Müssen und schon wird die Party wieder durch Müdigkeit begrenzt, nicht durch die Rationaltheorie. (Diese Theorie wurde übrigens von Erik Theissen und mir gegen Ende einer Party entwickelt. Soweit ich mich erinnere, war danach alles aufgeräumt.)

Die Rückwärtsinduktion ararbeitet ähnlich: Sie zeigt, dass ein Verhalten in der letzten Spielstufe rational ist; dann zeigt sie, dass hierdurch die vorletzte Spielstufe zur letzten wird und das Verhalten daher auch dort rational sein muss, woraufhin sich die Induktionskette bis zur erste Spielstufe fortsetzt. Aber die Rückwärtsinduktion hat einen kleinen Unterschied zur vollständigen Induktion, der eigentlich auf der Hand liegt, aber bisher nicht beachtet wurde: sie läuft rückwärts. Das klingt zwar ebenso trivial wie harmlos, führt aber inhaltlich zu einem wesentlichen Unterschied. Denn in der vollständigen Induktion steckt die stillschweigende Annahme, dass der Induktionsbeginn durch die nachfolgenden Induktionsschritte unbeeinflusst bleibt. Und genau diese Annahme ist bei der Rückwärtsinduktion nicht gegeben: Indem wir annehannehmen, einen bestimmten Entscheidungsknoten erreicht zu haben, stetzen wir voraus, an vorangegangenen Entscheidungsknoten solche Entscheidungen getroffen zu haben, die das Erreichen dieses Knotens ermöglichen. Indem wir uns nun per Rückwärtsinduktion nach vorn bewegen, kann es sein, dass der "Induktionsanfang" kontrafaktisch wird, indem er durch diejenige Rationalität nicht mehr erreicht werden kann, die er impliziert; oder einfacher gesagt: indem er Züge vorschreibt, die den Knoten gar nicht mehr erreichen lassen, an dem wir die Rückwärtsinduktion begonnen haben. Somit hat aber ein späterer Induktionsschritt einen Einfluss auf die Aussage über den Induktionsbeginn – und damit handelt es sich hier auf einmal nicht mehr um ein logisch zwingendes Beweisverfahren. Kein Wunder, dass dann paradoxe Ergebnisse entstehen.

Das Problem besteht darin, dass hier eine mathematische Schlussfolgerung die Voraussetzungen verändert, auf der sie aufbaut. Das führt zu einem ähnlichen Problem wie der Satz "Ich lüge jetzt", der genau dann wahr ist, wenn er falsch ist und umgekehrt, also weder wahr noch falsch sein kann. Auch hier verändert die Schlussfolgerung ihre eigene Voraussetzung.

Dies wissend wird klar, wieso SELTEN die Agentennormalform (Seite 165) so sehr schätzt: Weil dort die Agenten unabhängig voneinander agieren, macht die Handlung eines Agenten die Handlung eines anderen Agenten in keinem Fall unmöglich, unabhängig von der Zugreihenfolge in der extensiven Form. In der Agentennormalform gibt es keine kontrafaktischen Züge, weil es keine Zugreihenfolge gibt. Hierdurch wird der eben beschriebene logische Teufelskreis durchbrochen – allerdings um den Preis der durchgehenden Spieleridentität. Und dieser Preis ist in vielen Fällen zu hoch. Denn auf diese Weise wird versucht, ein philosophisches Problem einfach wegzudefinieren, was das Problem ebensowenig löst wie das Abschaffen der Kriminalstatistik das Verbrechen bekämpfen würde.

Das Urlauberspiel: Tausendfüßlerspiel in verkürzter Normalform

Normative Theorie ist bekanntlich völlig unabhängig vom Verhalten realer Menschen, aber dennoch ist es interessant zu wissen, wie sich echte Entscheider im Tausendfüßlerspiel verhalten. Um das zu untersuchen, muss das Spiel erst einmal in eine Form gebracht werden, die für die Probanden auch spielbar ist.

Unvorbelastete Menschen sind normalerweise nicht bereit, eine ganze Strategie anzugeben, in der sie alle kontrafaktischen Züge auflisten müssen, sondern sie sagen einfach, in welcher Spielrunde sie aussteigen wollen und ignorieren alle weiteren Züge, die sie hierdurch ausgeschlossen haben. Daher wird für experimentelle Untersuchungen das Tausendfüßlerspiel normalerweise in der verkürzten Normalform (Seite 166) präsentiert, in der die einzigen Strategien darin bestehen, einfach die Runde zu nennen, in der man aussteigen will. Zudem hängt das Interesse an einem Spiel auch oft von der Cover story ab, in die es eingebettet wird. Eine derartige Geschichte ist die des **Urlauberdilemmas** (Basu 1994, oder für eine populäre Darstellung: Basu 2007):

Anton und Berta hatten sich im Urlaub die gleiche Vase gekauft und beide Vasen wurden im Flugzeug auf dem Rückflug von der Fluggesellschaft beschädigt. Die Schadensabteilung der Fluggesellschaft kann den Wert nicht selber einschätzen und bittet daher beide Personen, den Wert getrennt vom Anderen aufzuschreiben, wobei die möglichen Werte auf die ganzen Zahlen zwischen 2 und 100 Euro beschränkt sind. Wenn beiden denselben Wert angeben, dann erhalten sie jeweils diesen Wert als Entschädigung. Andernfalls wertet die Fluggesellschaft den höheren Wert als Betrugsversuch und nimmt den niedrigeren Wert als den echten an, den sie auch an beide auszahlt. Als Anreiz zur Ehrlichkeit erstattet sie aber demjenigen, der den niedrigeren Wert genannt hat, 2 Euro zusätzlich und zieht diesen Wert beim Anderen ab. Wie man leicht sieht, entsteht hier dieselbe Spielstruktur wie beim Tausendfüßlerspiel, allerdings ohne den sequentiellen Ablauf und damit ohne die Möglichkeit zu kontrafaktischen Entscheidungen. Es ist vom Prinzip her das Tausendfüßlerspiel in seiner verkürzten Normalform. Das Spiel mit einer Beschränkung auf Werte von 2 bis 5 sieht folgendermaßen aus:

			Spielerin B(erta):		
		σ2	σ3	σ4	σ5
	s2	**(2,2)**	(4,0)	(4,0)	(4,0)
Spieler	s3	(0,4)	(3,3)	(5,1)	(5,1)
A(nton):	s4	(0,4)	(1,5)	(4,4)	(6,2)
	s5	(0,4)	(1,5)	(2,6)	(5,5)

Abbildung 68: Das Urlauberspiel – ein Tausendfüßlerspiel in verkürzter Normalform.

Es gibt einen entscheidenden strategischen Unterschied zu der extensiven Variante: Während man dort aus beobachteten Zügen des Gegenspielers Informationen ziehen kann, darf man sich hier nur ein einziges Mal entscheiden. Man kann also nicht wie oben mit der Spielerfahrung argumentieren ("da er schon zweimal nichtrational war, ist es wahrscheinlich, dass er es auch ein drittes Mal sein wird"). Es handelt sich so gesehen um eine statische Interpretation des Tausendfüßlerspiels. Bitte beachten Sie, dass das in der vollständigen Normalform auch der Fall ist, dass dort aber noch die kontrafaktischen Entscheidungen zumindest sichtbar waren, wogegen sie hier einfach weggelassen wurden.

Die Rationallösung ist hier ebenfalls eindeutig: Das einzige Nash-Gleichgewicht ist die Strategienkombination (s2, σ2) mit der Auszahlung (2,2), d.h. die beiden Urlauber verzichten auf die Möglichkeit, jeweils 100 bekommen zu können. Die gleiche Lösung ergibt sich auch durch wiederholte Elimination dominierter Strategien (Seite 222), denn wie man leicht sieht, dominiert z.B. s4 die Strategie s5 und σ4 die Strategie σ5; wenn beide Spieler ihre dominierten Strategien streichen, dann entsteht für die beiden darunterliegenden Strategien wiederum eine Dominanzbeziehung usw. bis zum Punkt (s2, σ2). Man sieht hier die Verwandtschaft der wiederholten Elimination dominierter Strategien zum teilspielperfekten Gleichgewicht. Und man sieht weiterhin die Verwandtschaft des Tausdendfüßlerspiels zum guten alten Chain-Store-Paradox von Selten.

Wie verhalten sich denn nun reale Entscheider in diesem Spiel? Untersucht wurde das z.B. von CAPRA et al. 1999, und die Antwort ist einfach: Sie wählen ziemlich hohe Werte, zumindest dann, wenn die Belohnung für "ehrliche" Angaben gering sind. Nur bei höheren Belohnungen ähnelt das Spiel immer mehr einem sozialen Dilemma, und als Folge verhalten sich die Spieler auch immer ähnlicher wie von derartigen Spielen gewohnt, d.h. sie wandern zu der einzigen nicht dominierten Strategie. Auch ich habe das Spiel vielfach informell bei diversen Anlässen eingesetzt und habe dort immer wieder beobachten können, dass die meisten Spieler sehr späte Ausstiegsrunden angeben – von Wirtschaftsprofessoren einmal abgesehen.

Vielfach wird dieses Spiel als ein Schlag gegen die Sinnhaftigkeit der Rationaltheorie gesehen, weil die "Rational-" Lösung so unvernünftig erscheint. Mir scheint diese Auslegung aber eine Verwechslung zu sein. Denn die Rationallösung wird unter sehr extremen Voraussetzungen hergeleitet, zu denen z.B. das Common knowledge über das Spiel und über die verwendete Rationalität gehört. Wie AUMANN 1995 gezeigt hat, folgt aus diesen Voraussetzungen die Rückwärtsinduktion ebenso wie die wiederholte Elimination dominierter Strategien, und die Lösung wird eindeutig. Wir vergleichen nun diese Lösung mit unserer Erfahrung aus der Alltagswelt, in der diese Voraussetzungen aber nicht erfüllt sein müssen. Wie die Ausführungen beim Tausendfüßlerspiel gezeigt haben, reichen hier schon kleinste Zweifel irgendwo in der Wissenskette des Common knowledge, damit man ein anderes Verhalten rechtfertigen kann. Und natürlich sind diese Zweifel in der realen Welt vorhanden, wodurch wir ein ganz anderes Verhalten an den Tag legen und auch erleben.

Es wäre daher falsch, die normative Lösung der Common-knowledge-Welt als Verhaltensempfehlung in einer ganz anders gearteten Welt misszuverstehen. Ebenso falsch wäre es aber, sie für überflüssig zu halten. Denn nur durch den Vergleich mit derartigen Extremwelten können wir verstehen, wodurch Erscheinungen wie Kooperation überhaupt entstehen können. Und dies kann uns helfen, Rahmenbedingungen zu schaffen, die Kooperation fördern (z.B. innerhalb einer Gesellschaft) oder auch verhindern (z.B. zwischen konkurrierenden Unternehmen, damit diese nicht die anderen Marktteilnehmer ausbeuten – Kartellgesetze zielen genau auf diesen Aspekt ab).

5.4. Vorwärtsinduktion

Teilspielperfektheit fordert, jede Entscheidung so zu treffen, als befände man sich am Anfang eines vollkommen neuen Spiels; man darf also aus der Spielvergangenheit keinerlei Schlüsse auf zukünftige Entscheidungen der Gegner ziehen. Vor diesem Hintergrund ist die Idee der Vorwärtsinduktion interessant, die in gewisser Weise ein Refinement der Teilspielperfektheit darstellt, und zwar eines, das explizit die durchgehende Spieleridentität mit einbezieht.

Sehen wir uns zur Illustration der Vorwärtsinduktion folgendes Spiel an:

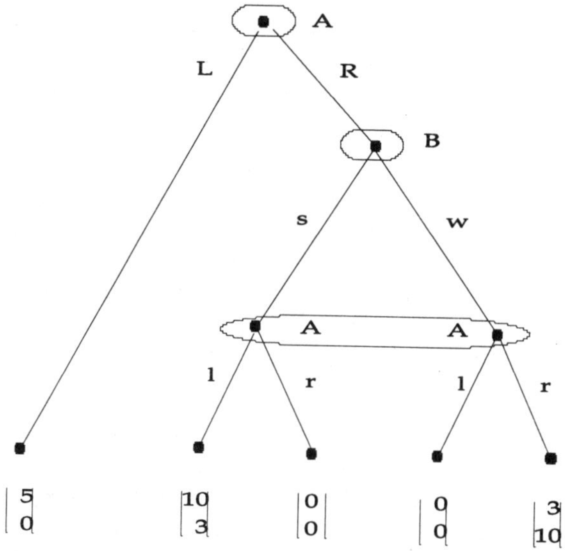

Abbildung 69: Battle of the Sexes mit einer Outside option für Spieler A.

Hier entscheidet Spieler A in seinem ersten Zug, ob er ein Battle of the Sexes spielen möchte oder nicht; die Möglichkeit, es nicht zu spielen, nennt man eine **Outside option**. Wie vom Battle of the Sexes gewohnt, gibt es auch hier in dem Teilspiel nach R zwei gleichwertige Gleichgewichtspunkte; das Konzept der Teilspielperfektheit sondert daher keines der vorhandenen Gleichgewichte aus.

Nehmen wir einmal an, das Spiel werde als Populationsspiel gespielt, und in dem Kampf der Geschlechter habe sich aus irgendwelchen Gründen ein Gleichgewicht herausgebildet, das die Partie entlang R,w,r vorschreibt. Wie wird sich Spieler A an seinem ersten Knoten verhalten, wenn er dies weiß? Natürlich wird er seine Outside option wählen, weil er dann 5 erhält, wogegen er im Battle of the Sexes nur 3 erhielte. In das Teilspiel "Kampf der Geschlechter" wird er nur dann gehen, wenn dort die Gleichgewichtspartie entlang s,l verläuft. In einem Populationsspiel ist daher die Gleichgewichtspartie R,w,r sehr unwahrscheinlich, weil Spieler A einfach mit seiner Outside option ausweichen kann, sollte sich die für ihn ungünstigere Konvention w,r herausbilden – und da Spielerin B bei der Outside option 0 erhält, hat sie ein Interesse, ihn zum Spielen des rechten Teilspiels zu bewegen. Also wird sich dort mit sehr viel größerer Wahrscheinlichkeit die Konvention s,l entwickeln.

Zum gleichen Ergebnis kommt man auch, wenn das Spiel als reines Einmalspiel gespielt wird: Entweder Spieler A wählt seine Outside option, dann sind die Komponenten der Strategien, die das Verhalten im rechten Teilspiel vorschreiben ohnehin irrelevant; oder er geht in das Teilspiel und Spielerin B kann daraus schließen, dass er die Partie R,s,l anstrebt, denn wieso sollte er eine Gleichgewichtsauszahlung von 3 akzeptieren, wenn er sich 5 sichern kann? Spielerin B ist also gut beraten, den Zug s zu wählen, da sie mit w die Auszahlung 0 erhält, wenn Spieler A den Zug l gewählt hat.

Wir sehen, obwohl das Koordinationsspiel für sich allein genommen zwei vollkommen gleichberechtigte Lösungen hat, kann man aus einer vom Gegner in der Spielvergangenheit nicht wahrgenommenen Entscheidungsalternative Rückschlüsse auf sein weiteres Verhalten ziehen. Vorwärtsinduktion setzt also einen etwas höheren Grad an Spieleridentität voraus als die Teilspielperfektheit, denn die Spieler können sich zwar nicht binden, aber sie berücksichtigen eigene vergangene Entscheidungen für die Wahl zukünftiger Entscheidungen.

VAN DAMME 1989 definiert Vorwärtsinduktion folgendermaßen:[82]

> In extensiven Zweipersonenspielen ist ein Gleichgewicht G vereinbar mit **Vorwärtsinduktion**, wenn keiner der Spieler durch eine Abweichung von der Gleichgewichtspartie die Erreichung eines Teilspiels erzwingen kann, in dem G zu genau einem Spielausgang führt, der ihm streng mehr bringt als die Gleichgewichtspartie, und ansonsten nur zu Spielausgängen, die ihm streng weniger bringen.

5.5. Perfektes Gleichgewicht

Teilspielperfektheit ist ein intuitiv einleuchtendes und pragmatisches Konzept, aber wir hatten gesehen, dass die Begründung der Teilspielperfektheit zu logischen Problemen führen kann. Perfektheit hat diese logischen Pro-

[82] Die hier wiedergegeben Definition ist etwas vereinfacht; VAN DAMMES Definition bezieht sich auf generische Spiele und allgemein auf Lösungskonzepte.

bleme nicht, dafür ist sie weniger intuitiv und die Anwendung ist komplizierter – obwohl es immer noch viel einfacher ist als fast alle anderen Refinementkonzepte.

Die Idee der Perfektheit besteht darin, dass die Spieler ihre reinen Strategien nicht mit hundertprozentiger Sicherheit wählen können, sondern dass sie mit einer geringen Wahrscheinlichkeit Fehler machen; sie spielen gewissermaßen mit zitternder Hand und greifen manchmal den falschen Zug. Deshalb wird Perfektheit oft auch **Trembling-hand-Perfektheit** (*tremble* = zittern) genannt.[83] Grob gesagt ist ein Gleichgewicht **perfekt**, wenn es seine Gleichgewichtseigenschaften auch in einem derartig gestörten Spiel behält. Zwei Fragen drängen sich auf: Wozu das Zittern? Und: Ist es sinnvoll anzunehmen, *dass* die Spieler zittern?

Beginnen wir mit der ersten Frage. Anschaulich handelt es sich um eine Überprüfung, ob das Gleichgewicht einigermaßen robust ist; es ist so, als würde man erproben, ob ein Kartenhaus auch noch bei leichtem Rütteln am Tisch stehen bleibt. Wenn ein Gleichgewicht bei beliebig kleinen Fehlern sofort zusammenbricht, verdient es nicht den Namen "perfekt".

Zu der anderen Frage: Deskriptiv ist es sicherlich zutreffend, dass Entscheider schlichtweg Fehler machen: Man drückt den falschen Knopf am Computer, schreibt eine Zahl falsch, wird falsch verstanden usw. Aus deskriptiver Sicht ist es also höchst wünschenswert, dass die Theorie auch gegen derartige Fälle immun ist. Ist es aber auch normativer Sicht sinnvoll anzunehmen, dass rationale Entscheider sich irren? Dieses Problem wird von der Perfektheit einfach dadurch gelöst, dass im Laufe der Analyse eines Spiels das Zittern immer weiter verringert wird, bis als mathematischer Grenzwert das Zittern verschwunden ist. Darüber hinaus ist Zittern auch normativ durchaus sinnvoll, denn es bedeutet, dass Rationalität als Grenzfall von Unrationalität angesehen werden kann. Wir hatten die Probleme gesehen, die auftreten, wenn man "Rationalität pur" unterstellt – es ist interessant, dass sich Rationalität leichter definieren lässt, wenn man etwas Unrationalität einführt.

Sehen wir uns ein Beispiel für ein Normalformspiel an, in dem ein nicht perfektes Gleichgewicht existiert und wenden den Perfektheitsgedanken intui-

---

83 Im englischen Sprachgebrauch wird *perfection* ohne Zusatz oft für Teilspielperfektheit verwendet und dann zur Unterscheidung immer *trembling-hand perfection* gesagt.

tiv an. Das folgende Beispiel ist sehr einfach, weil die Strategienkombination (*oben, links*) zwar ein Gleichgewicht ist, aber in dominierten Strategien. Wir wissen also schon, dass es bei der kleinsten Unsicherheit über das Verhalten des Gegenspielers zusammenbrechen muss.

		Spielerin B(erta): links	rechts
Spieler A(nton):	oben	**(9,9)**	(0,9)
	unten	(9,0)	**(1,1)**

Abbildung 70: Das Gleichgewicht (*oben, links*) ist nicht perfekt.

Um jetzt Spielerin B zittern zu lassen, können wir annehmen, sie müsse jede ihrer Strategien mit einer gewissen Mindestwahrscheinlichkeit auswählen, ob sie will oder nicht; nennen wir diese Mindestwahrscheinlichkeit ε, für die wir annehmen, sie befinde sich in der Nähe von null, sei aber immer größer null. Will Spielerin B *links* wählen, dann legt sie alles Wahrscheinlichkeitsgewicht, das ihr zur Verfügung steht, auf *links*. Da sie wegen des Zitterns *rechts* mit der Wahrscheinlichkeit ε wählen muß, kann sie links nur noch mit der Wahrscheinlichkeit $1 - \varepsilon$ wählen.

Im Gleichgewicht werden wechselweise beste Antworten gespielt. Wir müssen also prüfen, ob in dem gestörten Spiel *oben* jemals eine beste Antwort auf *links* sein kann. Wenn dies für beliebig kleine Störungen nicht der Fall ist, dann ist das Gleichgewicht (*oben, links*) nicht perfekt. Nun ist *oben* genau dann beste Antwort auf *links* wenn gilt:

$$\begin{aligned} &u_1(oben,links) \geq u_1(unten,links) \\ &(1-\varepsilon)\cdot 9+\varepsilon\cdot 0 \geq (1-\varepsilon)\cdot 9+\varepsilon\cdot 1 \end{aligned} \tag{32}$$

Wir können jetzt das Zittern von Spielerin B so klein werden lassen wie wir wollen, solange das Zittern noch vorhanden ist, lässt sich die Ungleichung nicht erfüllen, folglich ist das Gleichgewicht (*oben, links*) nicht perfekt. Hätten wir dagegen irgendeine größte Schranke für $\varepsilon > 0$ angeben können, ab der die Ungleichung erfüllt ist, dann wäre das Gleichgewicht perfekt gewesen.

5.5.1. Perfektheit in der Normalform

Das ist alles recht einleuchtend, und in der Tat geht man etwa so wie eben vor, wenn man in einem gegebenen Spiel perfekte Gleichgewichte sucht. Versuchen wir nun, eine korrekte Definition für Perfektheit zu finden. Die Idee besteht darin, dass wir das ungestörte Spiel als Grenzfall des gestörten betrachten; mathematisch bedeutet das, dass wir eine Folge konstruieren wollen, die gegen das ungestörte Spiel konvergiert. Formal formulieren wir das folgendermaßen (falls Sie mit dem Formalismus nicht mehr vertraut sind, blättern Sie zurück zu Seite 200): Jeder Spieler i möchte eine bestimmte gemischte[84] Strategie q_i wählen. Im gestörten Spiel kann er aber nur *vollständig*[85] gemischte Strategien wählen, die wir hier durch einen zweiten oberen Index kennzeichnen: q_i^n. Wir konstruieren jetzt für jeden Spieler eine Folge derartiger vollständig gemischter Strategien und kennzeichnen das einzelne Folgenglied mit dem oberen Index: $\{q_i^1, q_i^2, q_i^3, \ldots\}$. Ebenso schreiben wir den Strategienvektor q mit dem oberen Index n, wenn er aus den entsprechenden Folgengliedern zusammengesetzt ist: $q^{\tilde{n}} = (q_1^{\tilde{n}}, \ldots, q_{\bar{I}}^{\tilde{n}})$.

Ein Nash-Gleichgewichtsstrategienvektor $q = (q_1, \ldots, q_{\bar{I}})$ ist genau dann **perfekt**,

- wenn es für jeden Spieler *i* eine Folge vollständig gemischter Strategien $\{q_i^1, q_i^2, q_i^3, \ldots\}$ gibt, für die gilt, dass $\lim_{n \to \infty} q_i^n = q_i$
- und wenn jede aus den Folgengliedern resultierende Strategienkombination q^n ein Nash-Gleichgewicht ist.

Diese Definition gilt für die Normalform.

Das perfekte Gleichgewicht wurde von REINHARD SELTEN 1975 entwickelt.

[84] Eine reine Strategie läßt sich immer auch als gemischte darstellen, in der nur diese eine reine Strategie mit Wahrscheinlichkeit eins gewählt wird.

[85] Vollständig gemischt heißt hier: jede reine Strategie wird mit einer Wahrscheinlichkeit größer null gewählt.

Vielleicht fragen Sie sich, weshalb wir den Umstand treiben, eine Folge von vollständig gemischten Strategienvektoren einzuführen, die bei $n \to \infty$ gegen den zu untersuchenden Strategienvektor strebt, anstatt einfach die Störung gegen null gehen zu lassen. Der Grund ist einfach: Wir möchten erreichen, dass beim Grenzübergang wieder das ungestörte Spiel entsteht; andererseits soll aus Sicht der Spieler schon vor dem Grenzübergang ein Gleichgewicht vorliegen. Denn würde für die Spieler die Störung vollkommen verschwinden (was beim Grenzübergang der Fall ist), könnten sie auch wieder ein nicht perfektes Gleichgewicht spielen. Deshalb fordern wir, dass die Gleichgewichtsbedingung für *jedes* Element der Folgenglieder erfüllt ist, also schon im Endlichen. Während für uns das Spiel gegen das ungestörte Spiel strebt, müssen die Spieler auch schon in Gegenwart der Störung optimal handeln. Außerdem erreichen wir mit der Forderung, dass die Gleichgewichtsbedingung für *alle* Folgenglieder erfüllt sein soll, dass sie nicht periodisch erfüllt und wieder nicht erfüllt sein kann, dass sie also wirklich in einer Umgebung des ungestörten Spiels gilt.

Sehen wir uns kurz an, was die Forderung nach Perfektheit bewirkt. Auf jeden Fall sorgt sie dafür, dass keine Strategien gewählt werden, die im *ersten* Eliminationsschritt dominierter Strategien gestrichen würden; allerdings hat Perfektheit nicht die gleiche Wirkung wie *wiederholte* Elimination dominierter Strategien. Perfektheit ist aber nicht etwa das Gleiche wie einfache Elimination, sondern es kann auch sinnvoll auf Spiele ohne dominierte Strategien angewandt werden, denn sie bewirkt mindestens so viel wie Teilspielperfektheit und schließt darüber hinaus noch einige teilspielperfekte Gleichgewichte aus.

Nur damit Sie sich nicht wundern, falls Sie auf eine andere Definition der Perfektheit stoßen, möchte ich Ihnen eine alternative formale Definition skizzieren (der Unterschied zu der oben beschriebenen Definition bezieht sich nur auf die Schreibweise; inhaltlich sind die Definitionen identisch): Oft finden Sie die Formulierung, das extensive Spiel mit dem Namen Γ sei gestört durch η, wobei η eine Angabe zu den Mindestwahrscheinlichkeiten ist, mit denen die einzelnen Züge gewählt werden müssen. Dieses η ist das Rauschen, das über das Spiel gelegt wird und heißt **Perturbation** (*perturbation* = Störung, Unruhe); das gestörte Spiel wird dann als Tupel geschrieben: (Γ, η). Nun wird angenommen, es gebe ein Folge derartig perturbierter Spiele (Γ, η^n), die mit dem Index n durchnummeriert werden. Für die Störungen der so durchnummerierten Spiele soll gelten, dass sie immer kleiner wird, wenn n gegen unendlich strebt, also: $\lim_{n\to\infty}(\eta^n)=0$. Wenn die Perturbation gegen null geht, dann strebt gleichzeitig das gestörte Spiel offenbar gegen das ungestörte, was oft folgendermaßen geschrieben wird: $\lim_{n\to\infty}(\Gamma,\eta^n)=\Gamma$. Ein Gleichgewicht ist dann perfekt, wenn sich eine Folge von Perturbationen $\{\eta^n\}n=1{,}2{,}\ldots$ finden läßt, sodass die Gleichgewichtsbedingung in allen derart gestörten Spielen erfüllt ist.

5.5.2. Perfektheit in der extensiven Form

Unsere bisherige Definition der Perfektheit hat sich auf die Normalform bezogen. Weshalb es einen Unterschied zur extensiven Form macht, sieht man an folgendem Beispiel (es stammt in abgewandelter Form aus KREPS 1990):

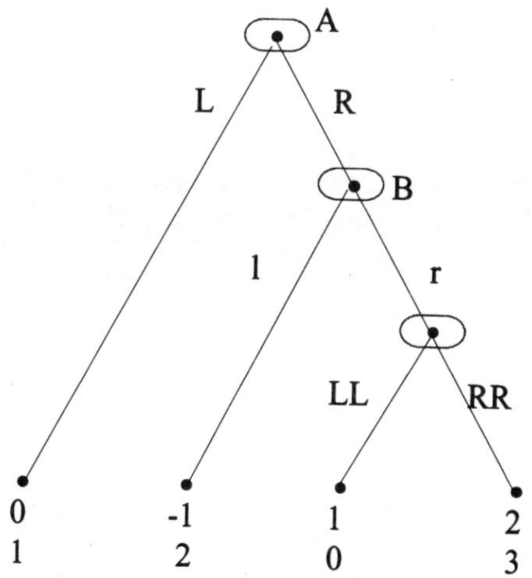

Abbildung 71

Dieses Spiel hat genau ein teilspielperfektes Gleichgewicht: ((R,RR), (r)); dieses führt zu der Auszahlung (2,3).

		Perturbation:	Spielerin B(erta): (l)	(r)
	(L,LL)	1-3/n	(0,1)	(0,1)
Spieler	(L,RR)	1/n	(0,1)	(0,1)
A(nton):	(R,LL)	1/n	(-1,2)	(1,0)
	(R,RR)	1/n	(-1,2)	(2,3)

Abbildung 72: Das Spiel aus Abbildung 71 in Normalform.

In der Normalform hat das gleiche Spiel zusätzlich solche Gleichgewichte, in denen der Zug L vorgesehen ist, und diese sind zu allem Überfluss auch noch perfekt. Prüfen wir dies kurz für den Strategienvektor ((L,LL),(l)) aus Sicht von Spielerin B. Wir verwenden hier für die Störung des Spiels die Folge $\varepsilon = \frac{1}{n}, n = 1,2,\ldots$ als Mindestwahrscheinlichkeiten für die einzelnen Züge. Wenn Spieler A die in die Matrix eingetragenen Perturbationen verwendet, dann ist die Erwartungsauszahlung von Spielerin B bei der Strategie (l) größer als bei (r); also ist das Gleichgewicht perfekt:

$$u_B(l) = \left(1 - \frac{3}{n}\right) \cdot 1 + \frac{1}{n} \cdot 1 + \frac{1}{n} \cdot 2 + \frac{1}{n} \cdot 2 = 1 + \frac{2}{n} >$$

$$u_B(r) = \left(1 - \frac{3}{n}\right) \cdot 1 + \frac{1}{n} \cdot 1 + \frac{1}{n} \cdot 0 + \frac{1}{n} \cdot 3 = 1 + \frac{1}{n}.$$

Das ist unschön, denn schließlich war es das Ziel der Perfektheit, unplausible Lösungen auszuschließen – und die beiden Strategien, die den Zug L vorsehen, sind schon deshalb unplausibel, weil sie nicht teilspielperfekt sind. Der Grund, dass diese Gleichgewichte in der Normalform perfekt sind, liegt darin, dass bei diesem Spiel Spieler A in der extensiven Form *zwei* Möglichkeiten hat, Fehler zu machen, in der Normalform dagegen immer nur *eine*: Wenn er in der Normalform zittert, dann kann es passieren, dass er sich an seinen beiden Informationsbezirken gleichzeitig irrt; dagegen würden wir es in der extensiven Form als einen weiteren Fehler ansehen, wenn er erst gegen seinen Willen den zweiten Informationsbezirk erreicht und dann dort nochmals zittert und einen Zug wählt, den er eigentlich nicht beabsichtigt hatte. Das bedeutet, seine Perturbationen sind in der Normalform miteinander korreliert, in der extensiven Form dagegen unkorreliert.

5.5.3. Agentennormalform und Verhaltensstrategien

Aus diesem Grund muss man bei extensiven Spielen fordern, dass die Fehler an jedem Informationsbezirk unabhängig erfolgen. Dies wird erreicht, indem man das Spiel in die **Agentennormalform** umschreibt (siehe auch Seite 165). Das Prinzip ist folgendes: Jeder einzelne Spieler wird aufgeteilt in mehrere **Agenten**, die jeweils genau einen seiner Informationsbezirke verwalten. Statt der ursprünglichen Spieler spielen dann die Agenten gegeneinander, von denen es genau so viele gibt, wie Informationsbezirke. Man kann sich die Agenten als eigenständige Spieler vorstellen, die jeweils ein Ein-Zug-Spiel spielen; alle Agenten, die zu einem Spieler gehören, haben die gleichen Auszahlungen wie der ursprüngliche Spieler.

Ein **Agent** des Spielers i ist eine selbständige Entscheidungseinheit, die genau die gleichen Auszahlungen besitzt wie Spieler i, aber nur genau einen seiner Informationsbezirke verwaltet. Die Strategienmenge eines Agenten ist die Zugmenge des von ihm verwalteten Informationsbezirks.

Verwechseln Sie einen *Agenten* nicht mit einem *Spielertyp* (Seite 144). Weiterhin bedeutet dieser Agentenbegriff auch etwas vollkommen Anderes als in Principal-Agent-Modellen.

In der **Agentennormalform** zerfällt jeder Spieler in Agenten, für jeden Informationsbezirk des Spieles ein Agent. Die Strategienmengen dieser Agenten werden einander als Normalformspiel gegenübergestellt (so, als handelte es sich um völlig eigenständige Spieler).

Das Spiel aus Abbildung 71 würde dann folgendermaßen aussehen:

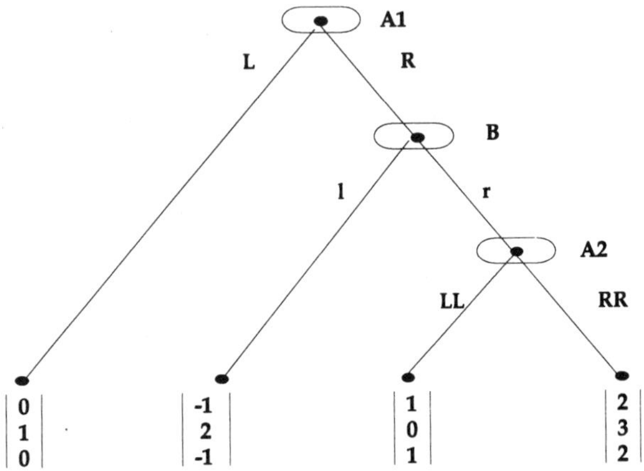

Abbildung 73: Agenten(normal)form des Spiels aus Abbildung 71.

Der Spieler A ist hier in seine Agenten A1 und A2 zerfallen. Die Agentennormalform hat daher statt der zwei ursprünglichen Spieler nun drei Spieler; daher lässt sie sich nicht mehr als zweidimensionale Matrix schreiben.

Wenn Perfektheit auf extensive Spiele angewandt wird, dann muss immer die Agentennormalform zugrunde gelegt werden. Während die Normalform und das Nash-Gleichgewicht den Spieler als eine Einheit betrachten (**zentralisierter Spieler**), unterstellt die Agentennormalform einen **dezentralen Spielerbegriff**; hier hat ein Spieler im Spielverlauf keine durchgehende Identität und daher auch keinerlei Selbstbindungskraft (wir kennen dieses Phänomen schon von der Teilspielperfektheit).

Normativ ist dies eine sehr elegante Lösung. Deskriptiv ist allerdings fraglich, wann Entscheidungseinheiten vorliegen, die tatsächlich derartig unabhängig voneinander sind. Eine schöne Interpretation wäre, die verschiedenen Agenten eines Spielers tatsächlich als unterschiedliche Personen anzusehen, die demselben **Team** angehören. Allerdings kann man dann nicht mehr generell Perfect recall unterstellen, weil sich ein Spieler bei unbeobachtbaren Zügen natürlich nicht an diejenigen Entscheidung seiner Teampartner erinnern kann, die er gar nicht kennt. Dies führt zu einem Problem:

Wir hatten bisher eine Wahrscheinlichkeitsverteilung über reine Strategien als *gemischte Strategie* bezeichnet. In der Agentennormalform gibt es aber unsere vertrauten reinen Strategien nicht mehr, sondern stattdessen hat jeder Agent seine eigene Strategienmenge; diese besteht aus den Zügen des Informationsbezirks, den er verwaltet. Natürlich können wir für jeden einzelnen Agenten nach wie vor eine Wahrscheinlichkeitsverteilung über seine Züge unterstellen.

Man nennt es eine **Verhaltensstrategie** des Spielers i, wenn jeder Informationsbezirk dieses Spielers eine eigene Wahrscheinlichkeitsverteilung über seine Züge besitzt. (Die einzelnen Wahrscheinlichkeitsverteilungen sind unkorreliert.)

Bei einer **vollständig gemischten Verhaltensstrategie** wird jeder Zug an jedem Entscheidungsknoten des Spielers mit positiver Wahrscheinlichkeit gewählt.

Bei einer gemischten Strategie verwendet der Spieler also einmal zu Anfang seinen Zufallsmechanismus und überlässt es danach der so ausgewählten Strategie, das Spiel zu spielen. Bei einer Verhaltensstrategie dagegen wartet er, bis er einen Informationsbezirk erreicht hat und würfelt dann, welchen Zug er wählt. Oder anders formuliert: In einer gemischten Strategie wird *global* gemischt, in einer Verhaltensstrategie *lokal*. KUHN 1953 hat bewiesen, dass sich in Spielen mit vollständiger Erinnerung jede gemischte Strategie als Verhaltensstrategie darstellen lässt und umgekehrt (das heißt, alle Knoten werden in beiden Fällen mit der gleichen Wahrscheinlichkeit erreicht). Somit haben wir keine Probleme bei der Anwendung der Agentennormalform – vorausgesetzt, es liegt perfekte Erinnerung vor. Und genau das ist bei der Interpretation der Agenten als Team nicht der Fall.

5.5.4. Uniform perfekt, streng perfekt und proper

Kommen wir noch einmal auf die Perfektheit zurück und werfen einen Blick auf die Perturbationen: Je nachdem, wie man sie interpretiert, ist es sinnvoll, ihnen bestimmte Restriktionen aufzuerlegen.

Nehmen wir beispielsweise an, eine Perturbation sei ein Fehler, auf den die Entscheider nicht den geringsten Einfluss haben – dann sollte man auch annehmen, dass dieser Fehler in jedem Einzelfall die gleiche Wahrscheinlichkeit hat. Diese Annahme ist aus deskriptiver Sicht besonders im naturwissenschaftlichen Zusammenhang sinnvoll, wenn die Trembles zum Beispiel durch thermische Störungen (etwa in Form von Mutationen) hervorgerufen werden. Diese Voraussetzung führt dann dazu, dass man die Wahrscheinlichkeitsverteilungen (die Mindestwahrscheinlichkeiten der einzelnen Züge) nicht mehr beliebig wählen kann, sondern dass jeder einzelne Zug – egal an welchem Informationsbezirk – die gleiche Mindestwahrscheinlichkeit besitzen muss. Man nennt diesen Fall **uniforme Perturbation** (*uniform* = gleichförmig, einheitlich). Ein Gleichgewicht in einem uniform gestörten Spiel heißt **uniform perfektes Gleichgewicht**. Uniforme Perfektheit ist eine strengere Forderung als ("normale") Perfektheit; weiterhin existiert in jedem extensiven Spiel mit vollständiger Erinnerung ein uniform perfektes Gleichgewicht in Verhaltensstrategien (GÜTH 1992). GÜTH schlägt daher vor, dieses Konzept zu einer normativen Rationlitätsanforderung zu machen, weil die resultierenden Gleichgewichte willkürfreier sind als bei Perfektheit.

Sofern es um menschliche Entscheider geht, kann (deskriptiv) ebensogut die Annahme gerechtfertigt werden, dass die Fehler (die Perturbationen) mit einem gewissen System erfolgen: Je schlimmer die Auswirkungen für den betroffenen Entscheider, desto stärker wird er sich bemühen, gerade diesen Fehler zu vermeiden. Hierauf baut das Konzept des **properen Gleichgewichts** von MYERSON 1978 auf: Falls für den Spieler i die Strategie s_i' eine schlechtere Erwiderung auf das Verhalten der anderen Spieler ist als s_i'' (also wenn $u_i(s_i', \hat{s}_{-i}) < u_i(s_i'', \hat{s}_{-i})$) dann darf die Mindestwahrscheinlichkeit für s_i' höchstens ε-mal so hoch sein wie für s_i''. Wenn diese Bedingung bei kleinen Störungen für alle Spieler erfüllt ist, handelt es sich um ein properes Gleichgewicht (es kann für die verschiedenen Spieler und Strategien unterschiedliche Epsilons geben).

Deskriptiv kann dieses Vorgehen sinnvoll sein: Die Überlegungen und Maßnahmen des Entscheiders, die zur Fehlervermeidung führen, werden dann nicht explizit im Spiel abgebildet, weil sie im Einzelnen zu schwierig zu analysieren wären (diese Begründung ähnelt einer der Rechtfertigungen für gemischte Strategien). Als normatives Konzept ist das propere Gleichgewicht aber problematisch, weil die "Rationalität der Fehler" mit modelliert werden müsste.

In der Definition für Perfektheit wird gefordert, dass es *irgendeine* Folge perturbierter Spiele gibt, für die jeweils die Gleichgewichtsbedingung erfüllt ist, und nicht, dass sie für *alle* Folgen erfüllt sein muss. Vielleicht haben Sie sich schon gefragt, ob es nicht sinnvoll wäre, die Bedingung auf alle Folgen auszuweiten. Der Grund liegt einfach darin, dass nicht in jedem Spiel ein solches **streng perfektes Gleichgewicht** existiert. Streng perfekte Gleichgewichte entsprechen den strikten Gleichgewichten in der Normalformdarstellung.

Falls Sie jetzt befürchten, dass vielleicht auch manchmal kein perfektes Gleichgewicht existiert, kann ich Sie beruhigen: In jedem Spiel mit vollkommener Erinnerung und endlichen Strategienmengen existiert mindestens ein perfektes Gleichgewicht (SELTEN 1975).

5.6. Sequentielles Gleichgewicht

Als letztes Refinement möchte ich das sequentielle Gleichgewicht vorstellen, das sowohl methodisch als auch inhaltlich zwischen Perfektheit und Teilspielperfektheit liegt. Um zu verstehen, was ich mit "dazwischenliegen" meine, brauchen Sie nur einen Blick auf das folgende Spiel zu werfen:

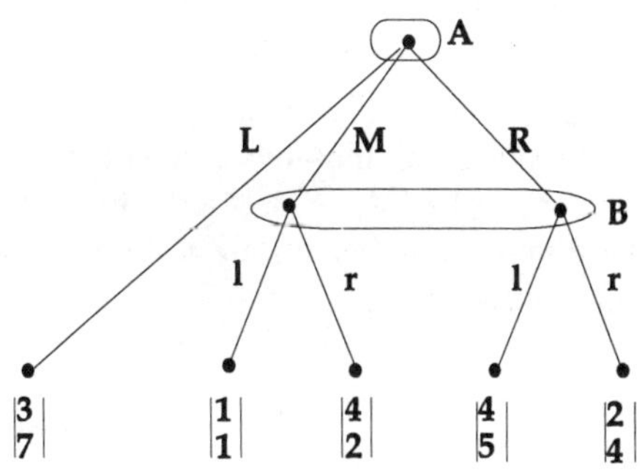

Abbildung 74: Beim Informationsbezirk der Spielerin B beginnt ein "Teilbaum" mit einer mehrelementigen Informationsmenge.

Hier haben wir das Gefühl, dass der Teil des Spielbaums ab dem Informationsbezirk von Spielerin B so etwas Ähnliches ist wie ein Teilspiel (wenn Sie dieses Gefühl nicht haben, dann vergleichen Sie das Spiel einmal mit dem Beispiel für Vorwärtsinduktion aus Abbildung 69). Das Problem besteht darin, dass ein Teilspiel mit einer einelementigen Informationsmenge beginnen muss, in diesem "Teilspiel" jedoch zwei Startknoten vorhanden sind. Um den Gedanken der Teilspielperfektheit anwenden zu können, führt das sequentielle Gleichgewicht nun sogenannte **Beliefs** ein: Das ist der "Glaube" von Spielerin B, an welchem der beiden Knoten ihrer Informationsmengen sie sich befindet, wenn sie am Zug ist. So betrachtet ist das sequentielle Gleichgewicht also eine Verallgemeinerung der Teilspielperfektheit auf "Teilspiele", die mit einer mehrelementigen Informationsmenge beginnen.

Um zu verstehen, was Beliefs genau sind, betrachten wir das obige Beispiel: Wenn Spielerin B am Zug ist, dann weiß sie, dass sie sich an ihrem Informationsbezirk befindet; sie weiß aber nicht, an welchem der beiden Knoten sie sich befindet. Darüber kann sie nun Beliefs bilden und zum Beispiel glauben, sie sei mit einer Wahrscheinlichkeit von 0,3 am linken Knoten und mit 0,7 am rechten. Beliefs sind eine Wahrscheinlichkeitsverteilung über den Knoten eines Informationsbezirks, die jedem Knoten eine bestimmte Wahrscheinlichkeit zuordnet; formal handelt es sich bei der **Belief-Funktion** um eine Abbildung von den Knoten des Informationsbezirks auf das Intervall [0,1]. Natürlich muss gelten, dass sich die Wahrscheinlichkeiten jedes Informationsbezirks zu eins addieren; weiterhin sind die Beliefs an einelementigen Informationsbezirken trivial, denn dort weiß jeder Spieler ja mit Sicherheit, an welchem Knoten er sich befindet.

Was die Beliefs angeht, können die Spieler zunächst einmal glauben, was immer sie wollen. Allerdings soll ihr Glaube nicht den Tatsachen widersprechen, die im bisherigen Verlauf des Spiels aufgetreten sind. Sehen wir uns dazu den folgenden Baum an, in dem zwei Zufallszüge darüber entscheiden, ob Spielerin B zum Zug kommt:

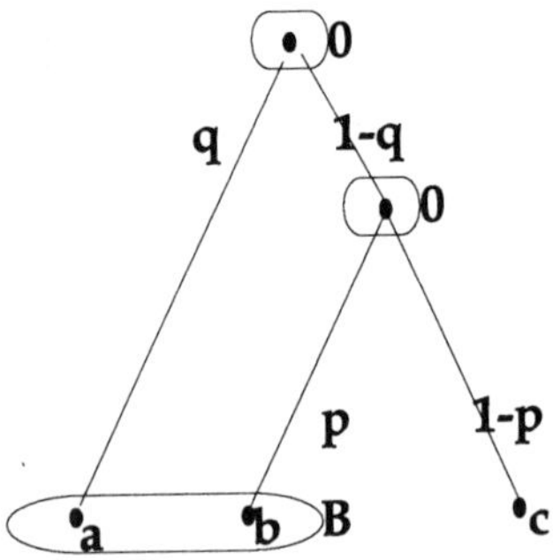

Abbildung 75: Mit welcher Wahrscheinlichkeit befindet sich Spielerin B am Knoten a?

Wenn Spielerin B am Zug ist, dann weiß sie zwar nicht, an welchem der beiden Knoten sie sich befindet, sie kann aber immerhin die Wahrscheinlichkeiten für jeden der beiden Knoten errechnen: Die Wahrscheinlichkeit dafür, den Knoten a zu erreichen, beträgt q; die Wahrscheinlichkeit für b beträgt $(1-q)\cdot p$; beides addiert ergibt die Wahrscheinlichkeit, an a *oder* b zu sein: $w(a \text{ oder } b) = q + (1-q)\cdot p$. Dann ist aber die Wahrscheinlichkeit für den Knoten a: $w(a) = \frac{q}{q + (1-q)\cdot p}$ und für den Knoten b: $w(b) = \frac{(1-q)\cdot p}{q + (1-q)\cdot p}$. Was wir gerade gemacht haben, ist nichts anderes als den Satz von Bayes anzuwenden.[86]

Die Forderungen des **sequentiellen Gleichgewichts** sind nun:

- die Beliefs in der Abfolge der Züge (Abfolge = *sequence*) müssen verträglich sein mit dem Satz von Bayes, gegeben die vorausgegangenen Züge.

Weiterhin soll wieder ein Gleichgewicht entstehen, daher:

- von jedem Informationsbezirk ab muß das Verhalten des Spielers dieses Informationsbezirks optimal sein, gegeben seine Beliefs und gegeben den Strategienvektor, dessen Gleichgewichtigkeit überprüft werden soll.

Diese beiden Forderungen allein werden manchmal als **(teilspiel)perfektes bayesianisches Gleichgewicht** bezeichnet. Ein Paar (q, W) aus einem Strategienvektor q und Beliefs W heißt **Assessment.**

Bei dieser Art von Gleichgewicht gibt es aber noch ein Problem: Für Informationsbezirke, die von der Gleichgewichtspartie überhaupt nicht erreicht werden, beträgt natürlich die Wahrscheinlichkeit null, dass sich ein Spieler an einem derartigen Bezirk befindet. Folglich kann er den Satz von Bayes nicht anwenden und die Restriktion seiner Beliefs greift nicht, das heißt, er kann glauben, was er will (alle Beliefs sind grundsätzlich mit dem tatsächlichen Spielverlauf verträglich). Das sequentielle Gleichgewicht führt daher – genau so wie das perfekte Gleichgewicht – Perturbationen ein, sodass nur noch vollständig gemischte Strategien gespielt werden können. Dann wird auch jeder Informationsbezirk mit positiver Wahrscheinlichkeit erreicht und die Beliefs können überall nach Bayes gebildet werden. Die Definition des sequentiellen Gleichgewichts fordert also weiterhin:

[86] Wir sehen ihn uns im Anschluß an das sequentielle Gleichgewicht noch einmal an.

Es muß eine Folge vollständig gemischter Strategienvektoren q und Beliefs W geben, für die die Bedingungen des teilspielperfekten bayesianischen Gleichgewichts erfüllt sind und für die ferner gilt, dass die Folge ihrer Assessments (q^n, W^n) gegen das Gleichgewichts-Assessment (q, W) strebt, also dass $\lim_{n \to \infty} (q^n, W^n) = (q, W)$.

Wie Sie sehen, gibt es ganze Reihe von Elementen in der Definition des sequentiellen Gleichgewichts, sodass es mir schwer fällt, den Vorteil gegenüber dem perfekten Gleichgewicht zu erkennen. Dies gilt umso mehr, als die beiden Konzepte generisch ("fast immer") zum gleichen Ergebnis gelangen, und nur in Spezialfällen das perfekte Gleichgewicht sogar etwas strenger ist. Auf jeden Fall ist das sequentielle Gleichgewicht außerordentlich beliebt, vielleicht deshalb, weil die Beliefs anschaulicher wirken als die Perturbationen (obwohl sie letztlich auseinander folgen); vgl. auch GÜTH 1992 und MAILATH / SAMUELSON / SWINKELS 1993.

Mathe-Tip

Die Formulierung **fast immer** steht meistens für den mathematischen Begriff **generisch**. Umgangssprachlich würden wir sagen: Wenn eine Aussage generisch wahr ist, dann trifft sie nur in Spezialfällen nicht zu.

Mathematisch heißt das: Wenn eine Aussage auf einer Menge M generisch wahr ist, dann ist sie immer wahr bis auf **eine Menge vom Maß Null (Nullmenge)** bezüglich der Menge M, das heißt: In der Menge M gibt es zwar Elemente, für die die Aussage nicht wahr ist, greift man aus ihr aber ein beliebiges Element heraus, so ist die Wahrscheinlichkeit gleich null, dass das herausgegriffene Element gerade eines ist, für das die Aussage nicht wahr ist.

Dies klingt zwar paradox, wird aber anschaulich einsichtig, wenn man sich folgendes Beispiel ansieht: Eine Aussage A sei auf der Menge $P = \{p | 0 < p \leq 1\}$ wahr. In der Menge $M = \{p | 0 \leq p \leq 1\}$ (die die Null enthält) ist die Aussage *generisch* wahr, denn M enthält überabzählbar unendlich viele Elemente; die Wahrscheinlichkeit, zufällig gerade ein bestimmtes Element $\tilde{p}$ herauszugreifen ist also (anschaulich gesagt) gleich $\frac{1}{\infty} = 0$. Dies gilt insbesondere auch für die Wahrscheinlichkeit, das Element $\tilde{p} = 0$ zufällig zu greifen.

Die Idee des sequentiellen Gleichgewichts stammt von KREPS / WILSON 1982. Ich habe hier das Konzept – gemessen an seinem Verbreitungsgrad – recht kurz abgehandelt. Wenn Sie sich für eine ausführlichere Darstellung interessieren, empfehle ich Ihnen das Lehrbuch eines der Erfinder dieses Konzepts: KREPS 1990.

5.7. Evolutionsstabile Strategie (ESS)

5.7.1. Darstellung

Das Konzept der ESS fällt gegenüber den bisher besprochenen Lösungskonzepten etwas aus dem Rahmen: Während die anderen Konzepte von einem Rationalitätsbegriff ausgehen, der sich an menschlicher Vernunftfähigkeit orientiert, so versucht die ESS, das Verhalten von Individuen zu beschreiben, die gerade keine Vernunftfähigkeit besitzen. Um sich mit diesem Konzept anfreunden zu können, muss man zunächst die Mechanismen verstehen, die hierbei vorausgesetzt werden. Anhand der biologischen Evolution lässt sich am einfachsten erläutern, wie nicht vernunftbegabte Entscheider zu einer **quasirationalen** Auswahl von Strategien kommen. Daher heißt das Teilgebiet der Spieltheorie, das sich mit derartigem quasirationalem Verhalten beschäftigt, **Evolutionäre Spieltheorie**.

Vergegenwärtigen wir uns dafür noch einmal das Taube-Falke-Spiel (die Cover story befindet sich auf Seite 93):

		Tier B: Taube	Tier B: Falke
Tier A:	Taube	(11,11)	**(7,15)**
	Falke	**(15,7)**	(1,1)

Abbildung 76: Taube-Falke-Spiel.

Um die Dinge nicht gleich zu kompliziert werden zu lassen, gehen wir zunächst von sehr einfachen Lebewesen aus, die folgende Eigenschaften haben sollen:

- Das Verhalten der beteiligten Tiere sei vollständig genetisch bedingt (in der Biologie nennt man dies ein **geschlossenes Verhaltensprogramm**), das heißt, wir nehmen an, es gebe ein Gen, das den Träger dieses Gens dazu veranlasst, immer die Falke-Strategie zu spielen, und ein anderes Gen, das phänotypisch[87] immer zur Taube-Strategie führt.
- Stellen wir uns weiterhin vor, die Vermehrung erfolge ungeschlechtlich und die Nachkommen hätten immer das gleiche Gen wie der Elter[88], es sei denn, es tritt der sehr seltene Fall einer **Mutation** auf, bei der sich das Gen zufällig ändert.

Das Spiel werde jetzt sehr oft zwischen den Individuen der Population gespielt; die zwei Spieler eines einzelnen Taube-Falke-Spiels werden dafür jeweils aus einer sehr großen Population zufällig ausgewählt. Nach dem Spiel verschwinden beide wieder in der Population und sind danach nicht in der Lage, sich wiederzuerkennen. Man nennt diesen Ablauf ein **Populationsspiel**.

Wir betrachten vorerst nur den symmetrischen Fall, in dem die Rollenbezeichnungen als Tier A und Tier B willkürlich sind (beide Tiere kommen immer gleichzeitig zu der Ressource und es gibt nicht zum Beispiel einen Revierverteidiger und einen Eindringling).

Um den Evolutionsprozess untersuchen zu können, müssen wir noch die Auszahlungen der Spielmatrix etwas uminterpretieren. Es handelt sich nun nicht mehr um Nutzen, sondern um die erwartete Zahl von Nachkommen; man nennt diese Größe **Fitness**. Wenn zum Beispiel ein Tier *Taube* spielt und der Gegner *Falke*, dann erhält der Falke-Spieler das erstrebenswerte Revier und bekommt im Erwartungswert 15 Nachkommen (die sein Falke-Gen tragen) und der Taube-Spieler muss auf ein schlechteres Revier ausweichen, sodass er nur 7 Nachkommen erwarten kann. Wie es aufgrund dieser

---

87 Der **Genotyp** bezeichnet die Erbanlagen eines Individuums, der **Phänotyp** ist die sichtbare Erscheinung eines Individuums, die durch die Erbanlagen hervorgebracht wird. Wir gehen hier davon aus, dass alle Eigenschaften eines Phänotyps als Strategien formuliert werden können und dass es für jede phänotypische Eigenschaft (für jede Strategie) ein Gen gibt.

88 Bei ungeschlechtlicher Vererbung ist es nicht sinnvoll, von *Mutter* oder *Vater* zu sprechen; daher gibt es in der Biologie tatsächlich den Ausdruck **Elter**, auch wenn er etwas seltsam klingt. Elter kann auch ein Elternteil bei gemischtgeschlechtlicher Vererbung bezeichnen.

Voraussetzungen zu Quasirationalität kommen kann, zeigen folgende Überlegungen:

Was passiert in einer Population, in der alle Individuen das Taube-Gen tragen? Zunächst wird natürlich nur *Taube* gespielt und die durchschnittliche Nachkommenzahl aller Individuen beträgt 11. Das geht so lange gut, bis die erste Mutation auftritt und ein Falke-Gen entsteht; kaum ist das passiert, wird der Träger dieses Gens sich schneller vermehren als alle anderen Individuen: Weil alle anderen mit Sicherheit *Taube* spielen, ist die Falke-Strategie völlig gefahrlos und er kann mit 15 Nachkommen rechnen. Da sich die Träger dieses Gens somit schneller vermehren als der Populationsdurchschnitt, wird sich das Falke-Gen sehr schnell in der Population verbreiten.

Bevor Sie weiterlesen, überlegen Sie sich kurz selbst, was in der Population geschehen wird. Werden nach genügend langer Zeit nur noch Falke-Gene übrig sein?

Um die Frage zu beantworten, nehmen wir einmal an, das Falke-Gen habe sich tatsächlich so weit verbreitet, dass alle Träger von Taube-Genen ausgestorben sind. Ist dieser Zustand stabil? In einer reinen Population aus Falke-Spielern beträgt die erwartete Nachkommenzahl 1, weil sich alle Individuen auf kostspielige Kämpfe einlassen. In dieser Umgebung ist es vorteilhaft, *Taube* zu spielen (was jeweils 7 Nachkommen einbringt) und daher wird sich in einer reinen Falke-Population ein Taube-Gen leicht verbreiten.

Weder eine reine Population aus Taube-Genen noch eine aus Falke-Genen ist also stabil. Wir könnten jetzt in tiefer in die **Populationsdynamik** einsteigen und uns überlegen, wie sich die Populationszusammensetzung im Zeitablauf ändert, je nach dem, von welcher Zusammensetzung man ausgeht. Diese Fragestellung ist zwar interessant, kann aber mitunter recht aufwendig werden. Wir wollen uns daher abkürzend darauf beschränken, nach einer Populationszusammensetzung zu suchen, die im Zeitablauf konstant bleibt, wenn sie einmal erreicht wurde. Mit anderen Worten, wir suchen nach einer evolutionsstabilen Strategie.

Eine **evolutionsstabile Strategie (ESS)** ist eine Strategie, die – wenn sie einmal von der gesamten Population gespielt wird – nicht mehr durch eine in geringer Zahl eindringende, andere Strategie verdrängt werden kann.

Um diese Forderung problemloser in eine mathematische Bedingung umsetzen zu können, stellen wir uns zunächst vor, es gäbe nicht nur Gene für das reine Taube- und Falken-Verhalten, sondern auch für gemischte Strategien; später können wir diese Annahme wieder fallen lassen. – Da wir hier nur Zweipersonen-Normalformspiele betrachten wollen, können wir einen Strategienvektor $s=(s_i, s_{-i})$ immer so auffassen, dass die erste Komponente des Vektors die Strategie des gerade betrachteten Spielers i ist und die zweite Komponente die Strategie der Gegenspielerin. Wir sparen eine ganze Menge Indizes, wenn wir mit $E(p, q)$ die erwartete Fitness-Auszahlung an den ersten Spieler bezeichnen, wenn er die Strategie p wählt und seine Gegnerin die Strategie q; diese Schreibweise hat auch den Vorteil, dass sie mit der Notation übereinstimmt, die meistens in biologischen Veröffentlichungen verwendet wird.

Gehen wir nun von einer Population aus, in der ausschließlich die Strategie p gespielt wird und stellen uns vor, infolge einer Mutation seien wenige Spieler eingedrungen, die die Strategie q spielen. Den Anteil der Eindringlinge bezeichnen wir mit ε; jeder Spieler in der Population trifft dann mit einer Wahrscheinlichkeit von ε auf einen q-Spieler und mit der Wahrscheinlichkeit $(1-\varepsilon)$ auf einen p-Spieler. Die eindringenden q-Spieler werden in der Population wieder verdrängt, wenn sie eine geringere Vermehrungsrate aufweisen als die p-Spieler; die Bedingung dafür lautet:

$$(1-\varepsilon)\cdot E(p,p)+\varepsilon\cdot E(p,q)>(1-\varepsilon)\cdot E(q,p)+\varepsilon\cdot E(q,q) \qquad (33)$$

Eine Strategie p, die dieser Bedingung genügt, kann nicht verdrängt werden, wenn q-Spieler in geringer Zahl eindringen. Es lässt sich zeigen, dass diese Bedingung äquivalent zu der folgenden Forderung ist (den einfachen Beweis finden Sie in BINMORE 1992):

Eine Strategie p heißt **evolutionsstabil (ESS)**, wenn gilt:

$$E(p,p)\geq E(q,p) \text{ für alle } q \qquad (34)$$

und falls $E(p, p) = E(q, p)$, dann muss gelten $E(p,q) > E(q, q)$ für alle $q \neq p$. (35)

Diese Definition gilt für *Zweipersonen*spiele.

Die Definition der ESS geht zurück auf MAYNARD SMITH / PRICE 1973; MAYNARD SMITH 1982 nennt als Vorgänger HAMILTON 1967, dessen Begriff der **unschlagbaren Strategie** (*unbeatable strategy*) die gleiche Grundidee besitzt.

5.7.2. Interpretation der ESS

Bei einem Blick auf Ungleichung (34) merkt man sofort, dass es sich dabei exakt um die Nash-Gleichgewichtsbedingung von Seite 204 handelt, mit der Einschränkung, dass hier nur symmetrische Gleichgewichte zugelassen sind. Symmetrisch heißt, dass im Gleichgewicht beide Spieler die gleiche Strategie spielen müssen, was implizit voraussetzt, dass die Strategienmengen der Spieler identisch sind. Da das Nash-Gleichgewicht eine notwendige Bedingung für Rationalität ist,[89] ist die Bezeichnung **quasirational** entstanden.

Zusätzlich zu der *Gleichgewichtsbedingung* (34) enthält die Definition der ESS noch die *Stabilitätsbedingung* (35). Falls ein symmetrisches Nash-Gleichgewicht eine ESS sein soll aber kein striktes Gleichgewicht ist, dann fordert Bedingung 35, dass alle anderen besten Antworten gegen sich selbst schlechter sind als die ESS gegen die anderen besten Antworten. Wenn dies erfüllt ist, dann verändern alle sich verbreitenden Eindringlinge die Population derart, dass die ursprüngliche Strategie wieder einen Vorteil erhält und sich stärker verbreiten kann.

Weshalb kommen nur symmetrische Gleichgewichte in Frage? Einfach deshalb, weil ein Gen, das sich in der Population verbreitet, mit zunehmender Wahrscheinlichkeit auf eine Kopie von sich selbst stößt. Daher kann sich nur ein solches Verhalten verbreiten, das gegen sich selbst gut abschneidet, das heißt, gegen sich selbst stabil ist.

Um das Konzept der ESS auf das Taube-Falke-Spiel aus Abbildung 76 anzuwenden, brauchen wir nur mit Hilfe von Gleichung (5) (Seite 82) das gemischte Nash-Gleichgewicht zu errechnen und erhalten als Lösung die gemischte Strategie, in der mit 60% Wahrscheinlichkeit *Taube* gespielt werden soll und mit 40% *Falke*; man kann sich davon überzeugen, dass in diesem Fall die Stabilitätsbedingung (35) ebenfalls erfüllt ist. Heißt das, dass sich ein Gen entwickeln muss, das phänotypisch zu genau diesem Mischungsverhältnis führt, und dass die Populationszusammensetzung nur dann stabil ist, wenn alle Individuen genau dieses Gen tragen? (Man nennt eine Population, in der alle Individuen das gleiche Gen tragen, eine **monomorphe Population**.)

Glücklicherweise ist es für die ESS nicht notwendig, dass eine monomorphe Population mit genau einem Gen für eine gemischte Strategie entsteht. Um

[89] Zumindest unter bestimmten Voraussetzungen, siehe Seite 214.

die Bedingung (33) zu erfüllen, genügt es, dass in der gesamten Population die beiden reinen Strategien mit denjenigen relativen Häufigkeiten gespielt werden, die der Gleichgewichtsmischung entsprechen; dies könnte beispielsweise auch dann erreicht werden, wenn es nur genau zwei verschiedene Gene gibt – eines für das Taube-Verhalten und ein anderes für das Falke-Verhalten – und wenn die Häufigkeiten der beiden Gene in der Gesamtpopulation gerade dem geforderten Mischungsverhältnis entsprechen. Da für jede einzelne Interaktion ein Gegenspieler zufällig aus der Population gezogen wird, ist es unerheblich, ob jedes einzelne Individuum mischt oder ob jedes Individuum eine reine Strategie spielt und das Mischungsverhältnis durch die Genmischung der Population entsteht. Auch eine **polymorphe Population** kann daher stabil sein, sofern nur das gesamte Mischungsverhältnis der Gleichgewichtsmischung entspricht. In dem vorliegenden Beispiel hieße das, dass 40% der Tiere in der Population das Falke-Gen tragen müssen und 60% das Taube-Gen.

Wenn man einfach von einer ESS in gemischten Strategien spricht, dann tut man aus formaler Sicht so, als handele es sich um eine monomorphe Population, in der es ein Gen für die korrekte Mischung gibt. Man sollte sich aber immer daran erinnern, dass in diesen Fällen genausogut eine polymorphe Population vorliegen kann, in der die reinen Strategien mit den entsprechenden relativen Häufigkeiten auftreten. Auch wenn man von einem symmetrischen Gleichgewicht spricht, können daher die einzelnen Individuen der Population unterschiedliche Strategien wählen.

Man kann sich leicht anschaulich klarmachen, weshalb gerade bei dem gemischten Nash-Gleichgewicht die Populationszusammensetzung unverändert bleibt: Wir wissen aus der Analyse des gemischten Gleichgewichts, dass die Mischung gerade so gewählt ist, dass jede Strategie (die im Gleichgewicht verwendet wird) die gleiche Auszahlungserwartung einbringt. Daher hat in der polymorphen Population mit der ESS-Zusammensetzung jedes Gen die gleiche Verbreitungserwartung.

Eigenschaften der ESS

Laut Definition können nur Strategien eines *symmetrischen* Nash-Gleichgewichts eine ESS sein. Daher sondert das Konzept der ESS – im Gegensatz zu allen anderen Refinements – auch einige strikte Gleichgewichte aus. Jedes *symmetrische strikte* Gleichgewicht in Zweipersonenspielen ist allerdings eine ESS; man sieht das sofort, weil bei einem symmetrischen strikten Gleichgewicht Bedingung (34) automatisch erfüllt ist und außerdem Bedingung (35) überhaupt nicht mehr geprüft zu werden braucht.

Nur in 2 x 2 - Spielen ist gesichert, dass es überhaupt eine ESS gibt. Schon in dem einfachen 3 x 3 - Spiel *Knobeln* (also dem Schnick-Schnack-Schnuck, siehe Seite 80) gibt es keine ESS. Es existiert zwar das symmetrische gemischte Gleichgewicht, in dem jede Strategie mit der Wahrscheinlichkeit 1/3 gespielt wird, die gemischte Strategie $p = (\frac{1}{3}, \frac{1}{3}, \frac{1}{3})$ ist aber keine ESS: Da jede im gemischten Gleichgewicht verwendete reine Strategie die gleiche Auszahlung einbringt, ist zum Beispiel die reine Strategie q = (*Stein*) ebenfalls eine beste Antwort gegen p; die Auszahlungserwartung beträgt in beiden Fällen 0: $E(p, p) = E(q, p) = 0$. Falls p trotzdem eine ESS wäre, müsste Bedingung (35) erfüllt sein, was aber nicht der Fall ist, da $E(p, q) = E(q, q) = 0$ gilt. Das einzige symmetrische Gleichgewicht p ist also keine ESS, und folglich besitzt das Spiel überhaupt keine ESS.

Eine interessante Frage ist natürlich, ob sich das gemischte Gleichgewicht beim Schnick-Schnack-Schnuck denn wenigstens so ähnlich verhält wie eine ESS, also ob es in einer Population im Evolutionsprozess als stabile Zusammensetzung bestehen bliebe. Die Antwort ist ein klares jein: Wenn ein Eindringling eine Population stört, die aus der gemischten Strategie besteht, dann hat diese gemischte Strategie zunächst einmal keinen Vorteil gegen ihn (daher ist ja die Stabilitätsbedingung der ESS, Gleichung (35), nicht erfüllt). Aber bei jeder Störung hat eine der anderen reinen Strategien einen Vorteil gegen die nun gestörte Population. Als Folge davon verschiebt sich die Populationszusammensetzung, sodass der Eindringling einen *Nachteil* erfährt und sich nicht weiter verbreiten kann. Allerdings hat er damit einer der anderen Strategien zur weiteren Verbreitung verholfen, die nunmehr ihrerseits als eine Störung der Population angesehen werden kann, die wiederum eine Gegenreaktion verursacht. Als Folge davon entsteht eine Schwingung um das Gleichgewicht. Im Mittel bleibt der ESS-Kandidat (das gemischte Gleichgewicht) also erhalten, aber in fast jedem Einzelzeitpunkt gibt es eine Abweichung von der langfristigen Populationszusammensetzung. Leider können sich bei bestimmten Bedingungen die Schwingungen immer weiter aufschaukeln, sodass nach einiger Zeit nur noch eine der reinen Strategien (zufällig) überlebt, was dann natürlich ein Ende der Schwingungen bedeutet. Man sieht, dass die Definition der ESS gut daran getan hat, diesen Fall nicht als evolutionsstabil anzusehen.

Ein Lösungskonzept, das nicht in jedem Spiel zu einer Lösung führt, ist nicht als *Rationalitätskonzept* geeignet. Das ist in diesem Fall aber nicht weiter schlimm, weil die ESS ja gerade als Lösungskonzept für quasirationale Verhaltensweisen entwickelt worden ist. – Man kann sich allerdings darüber streiten, ob es sich bei der ESS um ein Refinement des Nash-Gleichgewichts handelt oder ob sie als ein eigenständiges Lösungskonzept anzusehen ist. Die Nash-Gleichgewichtsbedingung ist eine notwendige Voraussetzung für eine ESS, die ESS ist aber in zwei Punkten strenger: Sie lässt nur symmetrische Gleichgewichte zu und besitzt zusätzlich eine Stabilitätsbedingung. Daher handelt es sich formal um ein Refinement. Allerdings unterscheidet sich die ESS in zwei Punkten von anderen Refinements: (1) nicht in jedem Spiel existiert eine ESS und (2) weil nur symmetrische Gleichgewichte in Frage kommen, ist nicht jedes strikte Gleichgewicht eine ESS. Daher ist die Klassifizierung mehr oder weniger Geschmacksache.

Bedeutung für *soziale* Interaktion

Es ist auffällig, dass die Annahmen der nichtkooperativen Spieltheorie bei blinden Prozessen und bei Populationsspielen besonders gut erfüllt sind: Kommunikation zwischen den Spielern ist ohne Einsicht in die Entscheidungssituation praktisch nicht möglich (insbesondere, wenn es sich um Tiere oder Pflanzen handelt), und wegen der Populationsmischung kann man die Analyse tatsächlich auf genau eine Wiederholung des Spiels beschränken.

Dennoch werden Sie sich wahrscheinlich fragen, ob die ESS auch außerhalb der Biologie von Bedeutung ist. Im Kapitel über das Nash-Gleichgewicht habe ich bereits begründet, weshalb die Idee des Gleichgewichts auch dann – oder gerade dann – von Bedeutung ist, wenn die beteiligten Entscheider nur eingeschränkt rational sind. Der Grund dafür ist, dass ein reiner Versuch-und-Irrtum-Prozess ausschließlich bei einem Gleichgewichtsverhalten zum Stillstand kommen kann. Andererseits wissen wir bereits, dass Gleichgewichte labil sein können, und daher ist die Forderung nach einem Gleichgewicht bei blinden oder kurzsichtigen Prozessen noch etwas zu schwach; erst durch eine Stabilitätsbedingung – wie der Bedingung (35) – wird es wahrscheinlich, dass derartige Prozesse auch wirklich bei einem Gleichgewicht verharren. Bei "vernunftbegabten" Entscheidern ist man eher geneigt, auf eine Stabilitätsbedingung zu verzichten, weil dort die weitsichtige Einsicht der Entscheider zur Stabilität führen könnte.

Immer dann aber, wenn eine derartige Einsicht in den gesamten Prozess seitens der beteiligten Entscheider nicht vollständig gegeben ist, ist die ESS zumindest potentiell sinnvoll. Dies gilt umso mehr, wenn bestimmte Verhaltensweisen beibehalten und weitergegeben werden können, zum Beispiel durch Gewohnheit, Lernen und Imitation. Interessante Beispiele zu diesen Fällen hat schon SCHELLING 1978 gegeben. Die ESS kann daher ein sinnvolles Lösungskonzept für eingeschränkte Rationalität sein.

Man nennt die Übertragung evolutionstheoretischer Gedanken auf soziale Zusammenhänge **Verhaltensevolution** oder **Kulturevolution**. DAWKINS 1976 beispielsweise fasst Evolution als ein universales Prinzip auf und spricht im Zusammenhang mit der Kulturevolution von *Memen*, das ist eine Wortschöpfung in Anlehnung an *Gene*. Ein **Mem** ist dabei eine bestimmte Verhaltensweise, die von einem Individuum an ein anderes weitergegeben werden kann und prinzipiell den gleichen Gesetzen unterliegt wie die biologischen Gene: Erfolgreiche Meme verbreiten sich mit größerer Wahrscheinlichkeit in einer Population als erfolglose. Beispielsweise könnte eine Verhaltensregel in einer großen Organisation ein Mem sein oder eine bestimmte Anlagestrategie am Aktienmarkt. DAWKINS nennt Verhaltensweisen, die in einem derartigen Zusammenhang stabil sind, **entwicklungsstabile Strategien** (*developmentally stable strategy*) oder – wenn es sich um langfristige Entwicklungen handelt – **kulturell stabile Strategien** (*culturally stable strategy*), ohne jedoch die Eigenschaften derartiger Strategien genauer zu beschreiben oder zu untersuchen.

Es ist nicht möglich, hier ausgiebig zu erörtern, inwieweit derartige Übertragungen sinnvoll sind. Weitere Literaturangaben und einen guten Überblick über verschiedene Argumente zu diesem Thema finden Sie in SELTEN 1991, einer fiktiven Podiumsdiskussion zwischen Anhängern verschiedener Denkschulen. In HARLEY 1981 und in CRAWFORD 1989 befinden sich Untersuchungen, in denen konkrete Lernregeln als "kultureller Vererbungsmechanismus" unterstellt werden. Grundlegende Überlegungen zur Evolutionstheorie im sozialwissenschaftlichen Zusammenhang und beispielhafte Simulationen zu wirtschaftlichen Fragestellungen befinden sich in RIECK 1988 und 1992. Hinweise zur Kulturevolution bei Tieren finden Sie in BONNER 1983.

5.7.3. Erweiterungen der ESS

ESS in der Extensivform

Die oben genannte Definition der ESS bezieht sich auf die Normalform. SELTEN 1983 macht einen Vorschlag, wie die Definition auf extensive Spiele erweitert werden kann. Eine derartige Erweiterung ist insbesondere deshalb sinnvoll, weil hierdurch der Perfektheitsgedanke leichter auf die ESS zu übertragen ist. Dies ist wichtig, denn in der Normalform kann der Fall auftreten, dass eine Strategie nur deshalb evolutionsstabil ist, weil bestimmte Verhaltensweisen zwar in der ESS vorgesehen sind, aber in Wahrheit nie unter Beweis gestellt werden müssen, da infolge der ESS die entsprechenden "Informationsbezirke" nie erreicht werden.

Symmetrisierung von Spielen

Eine Einschränkung der ESS besteht darin, dass die Spieler die gleichen Strategienmengen zur Verfügung haben müssen, da nur symmetrische Gleichgewichte in Frage kommen. Was ist aber in den Fällen, in denen offensichtlich eine Asymmetrie zwischen den Spielern vorliegt? Im Taube-Falke-Spiel kann dieser Fall zum Beispiel auftreten, wenn die beteiligten Tiere nicht gleich stark sind; wenn das eine ein Revierverteidiger ist, das andere ein Eindringling; oder wenn das eine Tier ein Weibchen, das andere ein Männchen ist.

Die Symmetrie der Strategienmengen ist auch in diesen Fällen nicht schwer zu erreichen, indem einfach in den Strategienmengen jedes einzelnen Tiers die Strategien für jede mögliche Rolle enthalten sind. Ein Revierverteidiger muss also nicht nur eine Verhaltensweise für seine tatsächliche Rolle besitzen, sondern auch für den kontrafaktischen Fall, dass er der Eindringling wäre. Man kann somit ein asymmetrisches Spiel einfach symmetrisieren, indem man eine Art Fallunterscheidung vorschaltet, die jeweils unterschiedliche Verhaltensweisen vorsieht, je nach der aktuellen Rolle, in der sich das Individuum gerade befindet.

Schon vom spieltheoretischen Strategiebegriff her kennen wir die Forderung, dass ein Entscheider auch für kontrafaktische Situationen Eventualpläne haben muss. In Evolutionsspielen ist es erforderlich, dass alle Individuen eine vollständige Verhaltensanweisung besitzen, weil die Anweisung an die Nachkommen weitergegeben werden soll, und die Nachkommen sich natürlich auch in einer anderen Rolle befinden können als der Elter.

Spiel gegen die gesamte Population (Playing the Field)

Wir haben bisher nur Zweipersonenspiele betrachtet. Für allgemeine n-Personen-Spiele ist es nicht einfach, eine handhabbare Forderung aufzustellen, die der Bedingung (33) entspricht. Einfacher wird es wieder, wenn an dem Spiel die gesamte Population auf einmal beteiligt ist; MAYNARD SMITH 1982 bezeichnet diesen Fall des Spielens gegen die gesamte Population als **Playing the Field**. Als biologisches Beispiel für diese Situation nennen RIECHERT / HAMMERSTEIN 1983 den Fall von Wüstenpflanzen, deren Wurzeln sich entweder darauf spezialisieren, Regenwasser aufzufangen oder auf ein gemeinsames Grundwasserreservoir zuzugreifen. Auch im wirtschaftlichen Bereich gibt es viele Beispiele für derartige Fälle; so spielt beispielsweise auf Wertpapiermärkten jeder Spieler gegen alle anderen Marktteilnehmer, also gegen den Rest der Population.

MAYNARD SMITH 1982 nennt für den "Playing the Field"-Fall folgende Definition für die ESS, die er HAMMERSTEIN zuschreibt; sie befindet sich zum Beispiel auch in RIECHERT / HAMMERSTEIN 1983:

$$E(p, Pop_p) \geq E(q, Pop_p) \text{ für alle } q \quad (36)$$

und falls $E(p, Pop_p) = E(q, Pop_q)$
muss gelten $E(p, Pop_{p,\varepsilon \cdot q}) > E(q, Pop_{p,\varepsilon \cdot q})$ für genügend kleines ε und $q \neq p$ (37)

mit:

$E(q, Pop_p)$ Fitness-Auszahlung an einen q-Spieler, wenn der Rest der Population p spielt

$E(q, Pop_{p,\varepsilon \cdot q})$ Fitness-Auszahlung an einen q-Spieler, wenn in der restlichen Population ein Anteil von $(1-\varepsilon)$ die Strategie p spielt und ein Anteil von ε die Strategie q

Allerdings handelt es sich bei diesen Bedingungen um eine *Definition*, die nicht aus einer Stabilitätsbetrachtung (wie der Bedingung (33)) hergeleitet wurde. Leider ist eine Strategie, die dieser Definition genügt, in einigen speziellen Spielen nicht vor der Invasion durch einen Eindringling sicher. Betrachten wir dazu folgendes Normalformspiel (es hat Ähnlichkeit mit Spielen, die von VAN HUYCK / BATTALIO / BEIL 1990 und 1991 sowie von RIECK / SYHA 1992 verwendet wurden):

Beispiel (Koordinationsspiel "verallgemeinerte Hirschjagd"): Alle Mitglieder einer Population müssen eine ganze Zahl zwischen 1 und 10 nennen (das heißt, die Strategienmenge jedes Spielers i lautet $s_i = \{1,2,...,10\}$; die Auszahlung an die Spieler beträgt:

$$E(p) = \begin{cases} 0 \text{ falls } p > p_{min} \\ p \text{ falls } p = p_{min} \end{cases} \qquad (38)$$

mit:

p	zu nennende Zahl ($1 \leq p \leq 10$)
E(p)	Auszahlung an einen Spieler, der p genannt hat
p_{min}	Minimum aller genannten Zahlen

In diesem Spiel gibt es zehn strikte Nash-Gleichgewichte: Wann immer alle Spieler dieselbe Zahl nennen, erhalten sie eben diesen Betrag als Auszahlung und jeder kann sich nur strikt verschlechtern, wenn er von dieser Zahl abweicht. Allerdings hat ein Spieler, der nach unten abweicht, nur einen kleinen Nachteil, verursacht bei den anderen Spielern aber einen sehr viel größeren Schaden gegenüber dem "höheren" Gleichgewicht. Spielen z.B. alle Spieler die Strategie 10 und ein Spieler die Strategie 9, dann erhält er eine Auszahlung von 9, die anderen dagegen von 0. Die Strategie, die hier einen Evolutionsprozess überleben würde, ist nur die Maximin-Strategie, also die Strategie p = 1. Man kann daher dieses Spiel als eine Verallgemeinerung der Hirschjagd ansehen (Seite 61), wobei die größeren Zahlen die Hirsche, die kleineren die Hasen sind.

Unter all diesen Gleichgewichten hat das Gleichgewicht, in dem alle Spieler 10 nennen, die Eigenschaft, auszahlungsdominant zu sein. Es ist sogar eine ESS: Die Bedingung (36) ist offenbar streng erfüllt, weil ein 10-Spieler in einer Population aus 10-Spielern die Auszahlung von 10 erhält, ein 9-Spieler in derselben Population aber nur 9 erhält. Somit braucht nicht mehr geprüft zu werden und nach der Definition von MAYNARD SMITH ist p = 10 eine ESS.

Würden wir die Bedingung (37) aber prüfen, so stellten wir fest, dass in der q-verschmutzten Population die 9-Spieler viel besser abschneiden als die 10-Spieler: Erstere erhalten 9, letztere nur 0. Eine Population aus 10-Spielern wäre also ganz offensichtlich *nicht* stabil gegen eine Invasion von 9-Spielern, obwohl die Strategie 10 eine Playing-the-Field-ESS nach obiger Definition ist. Anschaulich kann man sich diesen Sachverhalt so vorstellen, dass die Eindringlinge in die Suppe spucken, von der sich die Population gemeinsam ernährt, und dass die Suppe damit für die alten Populationsmitglieder verdorben ist, die Eindringlinge sie aber immer noch essen können. Deshalb ist es nicht ausreichend, nur zu prüfen, ob die alten Populationsmitglieder besser mit der unverschmutzten Suppe zurechtkommen als die Eindringlinge.

Die Bedingung für eine ESS im Playing-the-Field-Fall müsste daher sinnvollerweise folgendermaßen lauten (sie befindet sich in ähnlicher Form in CRAWFORD 1990b):

$$E(p, Pop_{p,\,\varepsilon \cdot q}) > E(q, Pop_{p,\,\varepsilon \cdot q})$$
$$\text{für alle } q \neq p \text{ und genügend kleines } \varepsilon > 0 \qquad (39)$$

und

$$E(p, Pop_p) \geq E(q, Pop_p) \text{ für alle } q \qquad (40)$$

Beachten Sie bitte, dass man nach dieser Definition *immer* beide Bedingungen prüfen muss. Die zweite Bedingung ist eine Lockerung der ersten Bedingung für den Fall der unverschmutzten Population, das heißt für $\varepsilon = 0$.

An dem Spiel mit der Auszahlungsfunktion 38 (der verallgemeinerten Hirschjagd) sieht man eine interessante Eigenschaft dieser Definition: Obwohl die Strategie $p = 10$ ein striktes, symmetrisches Nash-Gleichgewicht ist, ist sie nach dieser geänderten Definition keine ESS mehr. Im Playing-the-Field-Fall ist also nach dieser verschärften Definition selbst ein symmetrisches, striktes Gleichgewicht nicht automatisch eine ESS; dies ist in Bezug auf die Strategie $p = 10$ umso erstaunlicher, als es ein auszahlungsdominantes Gleichgewicht ist und daher von der Gleichgewichtsauswahltheorie von HARSANYI / SELTEN 1988 als Lösung ausgewählt würde – ganz abgesehen davon, dass die meisten Menschen es wohl auch für das "vernünftigste" Gleichgewicht halten dürften. Das zeigt abermals, dass ein Evolutionsprozess wesentlich verschlungenere Wege geht als den eines reinen Optimierungsprozesses.

Falls Sie sich fragen, weshalb ich diesen Fall so sehr herausstelle: Das Spiel ist ein Beispiel für eine Situation, in der es ein striktes Nash-Gleichgewicht gibt, in dem sich alle besser stellen als in einem anderen strikten Nash-Gleichgewicht. Dennoch führt ein blinder Prozess weg von dem vorteilhaften Ergebnis hin zu einem anderen, ineffizienten Gleichgewicht, in dem sich alle Spieler schlechter stellen. Hier bedarf es tatsächlich einer Einsicht in die Situation und eines Vertrauens in das Verhalten der anderen Spieler, damit das auszahlungsdominate Gleichgewicht zustandekommt. Im Gegensatz zum Gefangenendilemma kann dieses Ergebnis dann aber auch stabil sein, denn es verlangt nicht die Wahl einer dominierten Strategie (es ist, wie gesagt, vergleichbar mit dem Fall der Hirschjagd von Seite 61).

Weitere Hinweise zur ESS

Kommen wir noch einmal auf den Fall der zufälligen Paarbildung zurück, das heißt auf die ESS-Bedingung für den 2-Spieler-Fall. Bedingung (33) scheint dort auf den ersten Blick völlig ausreichend zu sein, um eine Invasion durch eine geringe Zahl abweichender Strategien zu verhindern. Ich möchte aber auf zwei Annahmen besonders hinweisen, die dabei gemacht wurden:

Die Population muss groß sein und sich zufällig mischen. Wenn der **Genfluss** in der Population in irgendeiner Form gestört sein sollte (das heißt, wenn sich die Population nicht zufällig mischt), dann können sich Subpopulationen bilden, in denen eine kleine Zahl von Mutanten einen großen Anteil hat und sich dadurch ausbreitet. Eine biologische Interpretation dieses Sachverhalts wäre etwa, dass durch eine natürliche Barriere (zum Beispiel durch ein Gewässer) ein Teil der Gesamtpopulation zeitweise von dem Rest abgeschnitten ist.

Auch sind wir bisher von ungeschlechtlicher Vermehrung ausgegangen. Obwohl sich in vielen Fällen nichts ändern dürfte, ist nicht sicher, ob bei Rekombination der Erbanlagen verschiedener Individuen nicht eine ganz andere Populationsdynamik entsteht als bei Mutation allein. Dies kann insbesondere dann zu Problemen führen, wenn in der Population nicht nur Zwitter existieren, sondern auch verschiedene Geschlechter.

VICKERS / CANNINGS 1987 liefern eine geringfügige, aber sinnvolle Änderung der ESS-Definition, die von CRAWFORD 1990 auf das Playing-the-Field-Modell erweitert wurde. Ich möchte hier nur auf diese Erweiterung aufmerksam machen, ohne näher darauf einzugehen.

Falls Sie mehr über Evolutionäre Spieltheorie wissen möchten: Ein ausführliches und gut verständliches Lehrbuch ist MAYNARD SMITH 1982; DAWKINS

1976 ist eine sehr interessante, populärwissenschaftliche Einführung; in HOFBAUER / SIGMUND 1984 finden Sie eine Erörterung aus eher naturwissenschaftlicher Sicht, die sich nicht explizit auf Spieltheorie beruft, aber letztlich das gleiche Instrumentarium verwendet.

5.7.4. Das Schelling-Spiel

Es gehört von der Systematik zwar nicht in das Kapitel über die ESS, aber ich möchte Ihnen dennoch nicht das berühmte Schelling-Spiel vorenthalten, das auf der Idee der Populationsspiele aufbaut (oder ist es umgekehrt?). Sie finden die Originalversion in SCHELLING 1978 ab Seite 147.

Es ist eigentlich gar kein Spiel im Sinne der Spieltheorie, sondern es ist eher eine Simulation, die der Veranschaulichung eines einfachen Sachverhalts dienen soll: wie aus individuellen Entscheidungen makroskopische Erscheinungen entstehen. Um genau zu sein, geht es darum, dass ein Schachbrett von unterschiedlichen Spielsteinen bewohnt wird, die alle ein klein wenig lieber in der Nähe gleichartiger Spielsteine wohnen als in der Nähe andersartiger. Selbst dann, wenn die Vorliebe für die Gleichartigkeit nur ganz gering ist, entwickeln sich aus einer anfänglichen durchmischten Population regelrechte Gettos. Sie sehen hier übrigens, wie in dieser Simulation die Idee des Koordinationsspiels (siehe Seite 57) in etwas komplizierterer Form eingebaut ist, indem jeder Spielstein "das gleiche" tun möchte wie seine Nachbarn.

Wenn Sie die Simulation einmal selber nachvollziehen möchten, dann nehmen Sie sich ein wenig Zeit und ein Go-Spiel. Ersatzweise geht es auch mit einem Schachbrett und zwei Arten von Spielsteinen, zum Beispiel mit Reversi-Steinen oder mit Ein- und Zweicentstücken.

Nehmen Sie einfach zufällig die verschiedenfarbigen Spielsteine aus einem Beutelchen und verteilen Sie sie der Reihen nach auf dem Spielfeld, sodass die beiden Farben einigermaßen gleichmäßig auf dem Spielfeld verteilt sind. Am Ende sollten die meisten, aber nicht alle Felder mit Spielsteinen besetzt sein. Die beiden Farben stellen Unterschiede zwischen den Bewohnern der Spielfelder dar, das könnte zum Beispiel tatsächlich die Hautfarbe sein, es kann aber auch Eigenschaften ausdrücken wie arm und reich, jung und alt, hessisch oder bayrisch usw.

Nun führen wir die Regel ein, dass beide Typen lieber bei Ihresgleichen leben als bei den anderen. Schelling schlägt als eine Möglichkeit vor, dass die weißen Steine[90] mindestens die Hälfte ihrer Nachbarn ebenfalls weiß haben möchten, und die schwarzen Steine mindestens ein Drittel schwarz. Wenn nicht, dann zieht der einzelne Spielstein um, und zwar zu einer Stelle, an der die Bedingungen erfüllt sind. Nachbarn sind hierin einfach alle in gerader oder diagonal Richtung angrenzenden Felder. Man kann die Umzugsentscheidungen einfach der Reihe nach ausführen, also zum Beispiel links oben startend und dann zeilenweise, bis man wieder vorn anfängt. Natürlich kann man die Reihenfolge auch nach Belieben variieren (auch zufällig), man kann die Beliebtheitsregeln ändern, oder die Steine in unterschiedlichen Häufigkeiten auf das Brett legen.

Das Resultat ist nach ziemlich kurzer Zeit fast immer das gleiche: Die beiden Typen von Steinen wohnen in voneinander abgetrennten (*segregated*) Gebieten, die fast wie Gettos auf dem Spielfeld verteilt sein können. Es ist überraschend und erschreckend zugleich, wenn man sieht, mit welcher Kraft die Spielsteine von einem durchmischten Ausgangszustand in diese Abtrennung hineinwandern. Und das selbst dann, wenn der Wunsch nach Gleichheit in der Nachbarschaft noch nicht einmal sehr groß ausgeprägt ist.

Auch wenn es sich hierbei lediglich um eine Illustration handelt, ist die Entdeckung dieses Sachverhalts – einschließlich seiner anschaulichen Darstellung – eine großartige Leistung (wobei Schelling in seinem Buch durchaus noch einige weitere Untersuchungen zu seinem Spiel macht). Dieses Spiel hat mit Sicherheit viele Wissenschaftler in aller Welt stark beeinflusst – um ehrlich zu sein, ich bin einer von ihnen. Oft habe ich mit Kollegen darüber gesprochen, wie schade es ist, dass jemand wie Schelling trotz seiner großartigen Ideen nie den Nobelpreis bekommen werde. Aber zum Glück haben wir das Nobelpreiskommittee deutlich unterschätzt. Es vergibt den Preis tatsächlich nicht nur für unverständliche Arbeiten von Mathematikern (für die ich übrigens ebenfalls große Bewunderung habe), sondern auch für einfache, aber dennoch richtungsweisende Leistungen – und das sogar dann, wenn sie anschaulich vorgetragen wurden.

---

[90] Eigentlich hat Schelling das Schwarz-Weiss-Problem gelöst, indem er das Spiel mit Fünf- und Zehncentstücken vorgeschlagen hat. Da ich aber stolzer Besitzer eines Go-Spiels bin, beschreibe ich es mit den Farben der bei diesem Spiel eben vorhandenen Spieltsteine, ohne implizieren zu wollen, dass die Interpretation auf Rassentrennung beschränkt ist – wobei dies natürlich eine mögliche und auch naheliegende Interpretation ist.

Wie auch immer, dieses Spiel ist eine gute Überleitung zu dem folgenden Kapitel. Denn wir hatten es im Schelling-Spiel mit einer Koordinationssituation zu tun, und Koordinationsspiele haben die Eigenschaft, mehrere strikte Gleichgewichte zu besitzen. Da das so ist, sind die Refinements (die in denen vergangenen Abschnitten das Thema waren) reine Papiertiger, weil sie nur unplausible Gleichgewichte ausschließen können – strikte Gleichgewichte sind aber selten unplausible Gleichgewichte. Um hier noch weiterzukommen, dafür wurden die Gleichgewichtsauswahltheorien entwickelt, um die es im Folgenden geht.

5.8. Gleichgewichtsauswahl

Man kann rationalisierbare Strategien (siehe Seite 224) entweder als *Rationalitätskonzept* ansehen oder aber als *Lösungskonzept*, das für nichtkooperative Situationen gilt, in denen keine Form von Rationalität (zusätzlich zu den Spielregeln) mitgeliefert wird. Allerdings ist ein derartig schwaches Lösungskonzept recht unbefriedigend, weil fast jedes Verhalten im Lösungsbereich liegt. Glücklicherweise sind meistens Voraussetzungen gegeben, unter denen man das Nash-Gleichgewicht mit seinen Verfeinerungen als Lösungskonzept rechtfertigen kann, das dann als eine Form von Rationalität angesehen werden muss, die zusätzlich zum Spiel mitgeliefert wird und die unter den Spielern Common knowledge ist.

Allerdings sind auch die verfeinerten Gleichgewichtskonzepte nicht in der Lage, immer zu einer eindeutigen Lösung zu gelangen.[91] Nun ist es aus normativer Sicht eine interessante Frage, ob und wie man Rationalität definieren kann, sodass diese Rationalität in jedem Spiel zu einer eindeutigen Lösung führt. Natürlich muss es sich dabei um eine Rationalität handeln, die zusätzlich zu den Spielregeln mitgeliefert wird, und daher muss sie in irgendeiner Form zwischen mehreren Nash-Gleichgewichten auswählen; daher stammt der Name **Gleichgewichtsauswahltheorien**.

[91] Der axiomatische Ansatz von KOHLBERG / MERTENS 1986 zeigt sogar, dass bei "vernünftigen" Anforderungen an Refinements nicht in jedem Spiel eine eindeutige Lösung übrig bleibt, sodass sie im allgemeinen Fall zu einer Lösungs*menge* führen.

Absicht der **Gleichgewichtsauswahltheorien** ist es, ein Rationalitätskonzept zu entwickeln, das für jedes Spiel zu einer eindeutigen Lösung führt.

Zum Finden der Lösung dürfen dabei nur Informationen aus den Regeln des Spiels verwendet werden, die Rationalität selbst wird aber zusätzlich zu den Regeln (normativ) vorgegeben.

Die Idee der Gleichgewichtsauswahl wurde von JOHN HARSANYI und REINHARD SELTEN entwickelt (HARSANYI / SELTEN 1988); es existiert eine Modifizierung der Theorie von GÜTH / KALKOFEN 1989. – In GÜTH 1992 finden Sie an vergleichsweise einfachen Beispielen recht ausführlich beschrieben, wie eine Gleichgewichtsauswahltheorie prinzipiell arbeitet. Ebenso kann die Nash-Verhandlungslösung (NASH 1950a, 1953) als eine sehr frühe Gleichgewichtsauswahltheorie angesehen werden, die zwar lediglich eine recht spezielle Klasse von Spielen behandelt, die aber dennoch bereits axiomatisch fundiert ist (HARSANYI / SELTEN 1988, S. 86-88 zeigen durch eine Axiomatisierung des Konzeptes der Risikodominanz in 2 x 2 - Spielen die Verwandtschaft zu der Nash-Verhandlungslösung).

Es ist zu beachten, dass die folgenden Überlegungen nicht eine der bestehenden Theorien wiedergeben, sondern nur das Prinzip darstellen, nach dem man eine Gleichgewichtsauswahltheorie konstruieren kann; die verwendeten Elemente stammen allerdings größtenteils aus einer der Theorien.

Gleichgewichtsauswahltheorien sind nicht sehr verbreitet. Das liegt zum einen daran, dass es sie noch nicht lange gibt, und zum anderen daran, dass sie in ihrer bisherigen Form recht kompliziert und wenig ausgereift sind. Insbesondere haben sie bisher nur normative Bedeutung, wogegen man aus deskriptiver Sicht größte Probleme hat, sie zu rechtfertigen. Sie sind aber grundsätzlich relevant, weil keine der Varianten des Nash-Gleichgewichts den Anspruch erfüllen kann, ein *Lösungs*konzept für nichtkooperative Spiele zu sein (weil die Spieler bei mehreren Gleichgewichten nach wie vor Koordinationsbedarf haben, und deshalb die "Lösungen" keine wirklichen Lösungen in einem streng nichtkooperativen Einmalspiel sind). Ein Rationalitätskonzept, das immer zu einer eindeutigen Lösung führt, ist daher aus grundsätzlichen Überlegungen für die nichtkooperative Spieltheorie sehr wichtig, selbst wenn es zu deskriptiven Fragestellungen vorerst nichts beiträgt.

Allerdings ist durchaus denkbar, dass es überhaupt kein Rationalitätskonzept gibt, das allen sinnvollen Forderungen auf einmal genügt.

5.8.1. Das Prinzip

In Koordinationsspielen gibt es mehrere strikte Nash-Gleichgewichte. Die Grundgedanken der Gleichgewichtsauswahltheorie lassen sich deshalb am Beispiel der Koordinationsspiele besonders gut darstellen, weil hier die sonst in der Spieltheorie übliche Methode versagt, das Nash-Gleichgewicht zu verfeinern, um Lösungskandidaten auszusondern. Das heißt aber nicht, dass Gleichgewichtsauswahltheorie zwangsläufig etwas mit Koordinationsspielen zu hat.

Die Kriterien einer Gleichgewichtsauswahltheorie sind vom Prinzip her weitgehend beliebig, weil hier Rationalität normativ definiert wird; so könnte man zum Beispiel normativ festlegen, die eindeutige Lösung eines Matrixspiels sei immer dasjenige Nash-Gleichgewicht, das in der betreffenden Matrix am weitesten oben und am weitesten links steht. Dies wäre zwar rein formal durchzuhalten, es ist aber fraglich, ob ein derartiger Vorschlag unseren Vorstellungen von Rationalität entspricht. Deshalb stellen Gleichgewichtsauswahltheorien zunächst Axiome darüber auf, welche Eigenschaften eine Lösung im Allgemeinen besitzen sollte, und definieren dann eine Vorgehensweise, die zu einer entsprechenden Lösung führt.

So steht beispielsweise bei den existierenden Gleichgewichtsauswahltheorien die Forderung am Anfang, dass Spiele mit gleicher Struktur die gleiche Lösung haben sollen, das heißt, verschiedene Spiele werden zu Äquivalenzklassen zusammengefasst. Wir haben schon für die 2 x 2 - Spiele gesehen, dass dieser Vorgang nicht ganz willkürfrei abläuft (Seite 104). Es kann eine ganze Reihe von Unterschieden geben, auf die ein Lösungskonzept nicht reagieren sollte, zum Beispiel: lineare Transformation der Nutzen-Auszahlungen; Verdoppelung von Strategien; Vertauschen der Spielerrollen (Umbenennen der Spieler); verschiedene Zugreihenfolgen in der extensiven Form, die zu derselben Normalform führen. Derartige Forderungen kann man zu einer sinnvollen Gruppe von Axiomen verbinden.

Eine zweite Gruppe von Axiomen könnte vorschreiben, man solle in einem ersten Lösungsschritt möglichst schwache Rationalitätsanforderungen anwenden, die der ersten Axiomgruppe nicht widersprechen, und dann Schritt für Schritt zu immer stärkeren Anforderungen übergehen, bis genau eine Lösung übrig bleibt. So könnte man zum Beispiel erst wiederholte Elimination inferiorer Strategien verwenden, dann uniforme Perfektheit[92] und wenn danach immer noch mehrere Lösungen übrig sind, anhand weiterer Kriterien genau einen Strategienvektor auswählen.

Diese weitergehenden Kriterien sind die eigentliche Arbeitsweise der Gleichgewichtsauswahltheorie und werden wieder als Axiome formuliert. Wichtig ist für derartige Kriterien, dass sie nur Informationen verwenden, die in den Regeln des Spiels enthalten sind, denn wir suchen eine *spieltheoretische* Lösung, keine psychologische. Den Unterschied haben wir schon bei der Erörterung der Prominenz gesehen (Seite 67): Die Zahl 13 mag prominent sein, aber aus kulturellen Gründen, eine hohe Auszahlung ist dagegen ein Bestandteil der Spielregeln und damit unabhängig von dem Hintergrund der einzelnen Spieler. Ein sinnvolles Axiom wäre daher folgendes: Wenn in einem Gleichgewicht A jeder Spieler eine mindestens ebenso hohe Auszahlung erhält wie in Gleichgewicht B, dann darf B nicht die Lösung des Spiels sein; man nennt das Gleichgewicht A **auszahlungsdominant** gegenüber dem Gleichgewicht B (oft sagt man zu Auszahlungsdominanz auch **Pareto-Dominanz**). Dieses Axiom würde in einem Win-Win-Game bereits zu einer eindeutigen Lösung führen.

Die bisher genannten Axiome genügen noch nicht, um immer zu einer eindeutigen Lösung zu gelangen, aber sehen wir uns trotzdem kurz an, zu welchen Resultaten unsere bisherigen Axiome führen würden. In dem folgenden Zweipersonenspiel erhalten die Spieler den Betrag derjenigen Zahl in EUR, die sie ausgewählt haben, vorausgesetzt der andere Spieler hat dieselbe Zahl gewählt:

1, 2, 3, 4, 5

Das Spiel hat fünf strikte Gleichgewichte in reinen Strategien, daher helfen alle Refinements nicht weiter. Nehmen wir aber das Axiom der Auszahlungsdominanz hinzu, dann ist die Lösung eindeutig: Beide Spieler müssen die 5 wählen.

Was passiert aber bei reiner Koordination (Seite 57)? Dort gibt es drei Gleichgewichte, zwei in reinen Strategien und eines in gemischten Strategien. Hier ist die Auszahlungsdominanz keine Hilfe, aber das Symmetrie-

92 Auf diesen Begriff gehe ich noch genauer ein; stellen Sie es sich hier einfach als eine verschärfte Form des Nash-Gleichgewichts vor.

Axiom: Wir können die Spieler nur bei dem gemischten Gleichgewicht problemlos umbenennen (austauschen), folglich wäre dies die Lösung.

Der folgende Fall ist ganz trickreich (die Spieler erhalten hier wieder diejenige Zahl als Auszahlung, die sie genannt haben, sofern beide Spieler dieselbe Zahl genannt haben):

6, 6, 4

Auf den ersten Blick ist hier das Vierer-Gleichgewicht von den beiden Sechser-Gleichgewichten auszahlungsdominiert. Aber zwischen diesen könnten wir dann nicht mehr sinnvoll auswählen und müssten wieder das gemischte Gleichgewicht verwenden; dieses bringt aber nur eine Erwartungsauszahlung von drei, und somit ist das reine Vierer-Gleichgewicht besser.

Sie sehen schon, auf welches Problem wir zusteuern: Wir müssen aufpassen, dass sich die Axiome nicht widersprechen. Ganz deutlich wird das beim Taube-Falke-Spiel (Seite 93): Das Symmetrieaxiom fordert dort das gemischte Gleichgewicht, Auszahlungsdominanz hingegen fordert eines der reinen Gleichgewichte.

Die Auswahltheorien gehen daher lexikographisch vor, das heißt, sie bilden eine Hierarchie der Axiome und wenden sie immer streng nacheinander an, also zum Beispiel zuerst das Symmetrieaxiom, dann uniforme Perfektheit, dann Auszahlungsdominanz usw. Ärgerlicherweise kann es auf diese Art passieren, dass aus lauter sehr vernünftigen Axiomen im Einzelfall ein Resultat entsteht, das man als sehr unvernünftig oder zumindest willkürlich empfindet – ein Fall, der bei den bestehenden Auswahltheorien sehr oft vorkommt. Man könnte einwenden, dies sei kein Problem, weil die Gleichgewichtsauswahl ohnehin normativ gemeint sei; aber ganz so willkürlich kann auch normative Theorie nicht sein, denn sonst könnten wir tatsächlich einfach immer das linke obere Gleichgewicht eines Matrixspiels auswählen. Dies zeigt, dass hier noch ein weiter Weg liegt, um die Gleichgewichtsauswahltheorien salonfähig zu machen.

5.8.2. Die Details

Bevor wir etwas tiefer in die Details der Gleichgewichtsauswahltheorien einsteigen, sollen hier noch der Begriff des Auswahlkriteriums vom Begriff der Auswahltheorie abgegrenzt werden:

Ein *Gleichgewichtsauswahlkriterium* wählt aus der Menge der Nash-Gleichgewichte eines gegebenen Spiels eine Untermenge aus. Diese Bezeichnung fordert nicht, dass eine *echte* Untermenge ausgewählt wird, das heißt, ein Gleichgewichtsauswahlkriterium muss nicht in jedem Spiel mit mehr als einem Gleichgewicht auch tatsächlich einzelne Nash-Gleichgewichte aussondern. Man beachte, dass es sich bei den Gleichgewichten auch um gemischte handeln kann. Unter diese Bezeichnung im weiteren Sinn fallen somit auch die gesamten Refinementkonzepte (in dieser Weise verwenden auch zum Beispiel BANKS / SOBEL 1987 den Begriff *Gleichgewichtsauswahl*).

Im Gegensatz dazu ist eine *Gleichgewichtsauswahltheorie* eine konsistente Anwendung von Auswahlkriterien, die für jedes Spiel aus der Menge der Nash-Gleichgewichte des betreffenden Spiels genau ein Gleichgewicht auswählt.

Im Unterschied zu einzelnen Auswahlkriterien muss eine Gleichgewichtsauswahltheorie also immer zu genau einem eindeutigen Gleichgewicht führen. Die Forderung nach *Konsistenz* der Auswahlkriterien stellt sicher, dass die einzelnen Kriterien so miteinander verbunden werden, dass sie sich nicht gegenseitig widersprechen können. Es bedeutet jedoch nicht, dass sich die verwendeten Auswahlkriterien nicht ohne die Verbindung durch die Theorie widersprechen können. Im Falle sich widersprechender Kriterien muss die Theorie dann Regeln bereitstellen, die die Widersprüchlichkeit auflösen (dies war in dem oben genannten Beispiel der Gleichgewichtsauswahltheorie von HARSANYI / SELTEN 1988 der Fall: Die Kriterien *Auszahlungsdominanz* und *Risikodominanz* widersprechen sich in vielen Fällen und werden daher in lexikographischer Reihenfolge angewandt).

Wer dieses Buch bis hierher gelesen hat, der denkt vielleicht schon sehr in Nash-Gleichgewichten, dass er gar nicht mehr auf den Gedanken kommt, dass der Gleichgewichtsauswahlgedanke auf den ersten Blick auch eine triviale Ausgestaltung haben könnte, da man sehr einfache Ad-hoc-Theorien entwerfen kann, die scheinbar eine eindeutige Lösung von Spielen sicherstellen. Beispielsweise könnte man als in jedem Fall eindeutige Lösung den Centroid derjenigen Strategien vorschlagen, die nach einfacher Elimination dominierter Strategien übrig bleiben (der Centroid ist eine gemischte Strategie, die allen beteiligten reinen Strategien die gleiche Wahrscheinlichkeit zuordnet). Dieses Vorgehen führt zwar zu einer eindeutigen Lösung jedes Spiels, aber möglicherweise schreibt sie Strategienkombinationen vor, die nicht im Gleichgewicht sind (vgl. hierzu auch die Diskussion der *Austauschbarkeit* in LUCE / RAIFFA 1957, S. 106-107). Es gibt daher Fälle, in denen einzelne Spieler von dieser "Lösung" abweichen wollen, wodurch sie nicht als rational eingestuft werden kann. Daher beschränken sich die Gleichgewichtsauswahltheorien auch – ihrem Namen entsprechend – auf die *Auswahl* aus der Menge von vorhandenen Gleichgewichten. Die Gleichgewichtsbedingung wird als notwendige Bedingung für die Lösung vorausgesetzt.

Auch stellt man sich intuitiv vor, dass eine Gleichgewichtsauswahltheorie bei Anwendung auf ein bestimmtes Spiel immer *dasselbe* Gleichgewicht auszuwählen habe; dies wird aber zunächst einmal nicht gefordert. Es wäre daher zulässig, wenn eine Gleichgewichtsauswahltheorie so aufgebaut wäre, dass sie zwar bei jedem Spiel genau ein Gleichgewicht auswählt, aber möglicherweise nicht immer dasselbe, wenn sie mehrfach hintereinander auf dasselbe Spiel angewandt wird. Die Forderung nach *Eindeutigkeit* des ausgewählten Gleichgewichts ist strenggenommen bereits ein Axiom über die konkrete Ausgestaltung derartiger Theorien.

Außerdem würde die Forderung nach Eindeutigkeit der Gleichgewichtsauswahl voraussetzen, dass bereits geklärt ist, wann zwei Spiele identisch sind. Ein Beispiel: Es liegt die intuitive Vorstellung nahe, dass zwei Spiele identisch sind, die sich lediglich durch die Benennung der Strategien unterscheiden. Tatsächlich ist dies aber bereits eine Definition, die Spiele zu Äquivalenzklassen zusammenfasst, und sie muss daher gesondert getroffen werden. Das Problem der Äquivalenz von Spielen wurde auch schon indirekt bei der Erörterung der extensiven Form im Verhältnis zu der Normalform und der reduzierten Normalform angesprochen.

Kriterien für die Gleichgewichtsauswahl

In Anlehnung an VAN HUYCK / BATTALIO / BEIL 1991 können die Auswahlkriterien in *deduktive* und *induktive* eingeteilt werden:

- *Deduktive Kriterien* ziehen zur Auswahl ausschließlich die Regeln des Spiels heran.
- *Induktive Kriterien* ziehen zur Auswahl ausschließlich vorausgegangene Erfahrungen heran.

Menschliche Spieler werden typischerweise die Kriterien aus beiden Gruppen mischen. Im Folgenden werden einige wichtige Kriterien vorgestellt und kommentiert, die in der Literatur bereits diskutiert wurden.

Induktive Auswahlkriterien

Wie eben erwähnt, sind induktive Kriterien solche, die sich auf vorangegangene Erfahrungen stützen. Aus normativer Sicht handelt es sich somit immer um Heuristiken, da es dort definitionsgemäß keine Vorerfahrung vor dem zu lösenden Spiel gibt. Diese Erfahrungen können zum Beispiel sein:

- Erfahrungen mit demselben Spiel: Wird ein Spiel wiederholt gespielt, so können Spielausgänge, die in frühen Wiederholungen zustandegekommen sind, zum Referenzpunkt für spätere Wiederholungen werden. Dies ist zum Beispiel auch dann möglich, wenn das Spiel bei jeder Wiederholung mit anderen Gegenspielern gespielt wird oder wenn der erste Spielausgang zu großen Teilen zufällig zustandegekommen ist.
- Erfahrungen mit denselben Gegenspielern: Es kann versucht werden, das Verhalten einzelner Spieler auf andere Spielsituationen zu übertragen, auch wenn die Spiele eine strategisch unterschiedliche Struktur haben.
- Erfahrungen mit ähnlichen Spielen oder ähnlichen Gegenspielern: Der Begriff "ähnlich" spielt hier insbesondere auf Populationsspiele an, bei denen von einer gewissen Gemeinsamkeit der Populationsmitglieder auszugehen ist.
- Allgemeine gemeinsame Erfahrungen: Dies ist eine weite Auslegung des zuvor genannten Punktes. So kann das Wissen um eine bestimmte in der Population (zum Beispiel in einem Kulturkreis) verbreitete Information die Entscheidung beeinflussen (etwa dass die Zahl 13 eine "Pechzahl" ist).

Die Aufzählung zeigt bereits, dass derartige Kriterien kaum geeignet sind, allgemeingültige und von der konkreten Anwendung unabhängige Lösungskonzepte für Entscheidungssituationen zu entwickeln. Diese Kriterien zielen also weniger auf normative Lösungen ab, sondern eher auf die Deskription des Verhaltens konkreter Entscheider. Sie sind somit eng mit psychologischen, soziologischen oder kulturellen Fragestellungen verbunden. Dessen ungeachtet, können derartige Kriterien für reale Entscheidungssituationen von erheblicher Bedeutung sein, und sie werden daher einen großen Einfluss auf präskriptive (empfehlende) Theorien haben müssen.

Aber auch die deduktiven Kriterien sind keineswegs so unabhängig von der eben genannten Gruppe von Kriterien, wie man zunächst vermuten könnte. Es darf nicht vergessen werden, dass die vermeintlich a-priorischen deduktiven Kriterien letztlich doch ihren Ursprung in der Erfahrung derjenigen Personen haben, die sie formulieren. Daher kann es für die Beurteilung alternativer deduktiver Kriterien durchaus sinnvoll sein, das Verhalten realer Entscheider zu untersuchen und darauf aufbauend die Anforderungen an deduktive Kriterien zu formulieren. Dies wird insbesondere dann relevant, wenn gleichermaßen überzeugende Argumente für verschiedene deduktive Kriterien sprechen. Hervorzuheben ist in diesem Zusammenhang auch, dass Lernverhalten und Evolutionsprozesse (die eine enge Verbindung zueinander haben) ebenfalls zu einem induktiv zu rechtfertigenden Auswahlverhalten führen können. Da derartige Prozesse durchaus sinnvoll zur Grundlage für die Definition von Rationalverhalten gemacht werden können, ist dies ein weiteres Argument dafür, dass die induktiven Kriterien einen Einfluss auf die Beurteilung der deduktiven Kriterien haben können. Für weitere Ausführungen über den Zusammenhang zwischen deskriptiver und normativer Theoriebildung siehe auch RIECK 1993a, S. 75-83.

Bemerkenswert an den induktiven Kriterien ist weiterhin, dass sie sehr leicht zu einem Koordinationsbedarf auf höherer Ebene führen, wie es in dem klassischen, von KEYNES 1936 (S. 156) beschriebenen Schönheitswettbewerb der Fall ist, der metaphorisch den Zustand auf Märkten beschreiben sollte: Wenn es die Aufgabe bei einem Schönheitswettbewerb ist, diejenige Person als die schönste zu wählen, die von der gesamten Jury als schönste gewählt wird, so kommt es für die eigene Wahl nicht nur auf die eigene Bewertung an, sondern auch auf die Erwartungen bezüglich der Bewertungen der anderen Jurymitglieder; aber auch auf deren Erwartungen bezüglich der anderen, und so weiter, bis auf immer höhere Grade der Einschätzung über Einschätzungen. Diese Situation tritt immer dann auf, wenn zwischen mehreren potentiellen Lösungen eines Spiels ausgewählt werden muss und für diese Lösungen ähnlich überzeugende Argumente sprechen. Besonders ausgeprägt ist dies naturgemäß bei Koordinationsspielen der Fall, daher werden zahlreiche Überlegungen zu diesem Themenkomplex bereits bei SCHELLING 1960 angestellt (bei dem Koordinationsspiele erstmalig ausführlich untersucht werden). Eine methodisch einwandfreie experimentelle Untersuchung wurde erstaunlicherweise erst durch MEHTA / STARMER / SUGDEN 1994 vorgelegt.

Deduktive Auswahlkriterien

Im Gegensatz zu den soeben angesprochenen induktiven Kriterien haben die deduktiven Auswahlkriterien in der Regel den Status von Axiomen, sind also (zumindest idealtypisch) unabhängig von konkreten Situationen oder Erfahrungen. Daher sind dies die Bausteine für Gleichgewichtsauswahltheorien.

Effizienzkriterien

Es existieren verschiedene Vorschläge, wie man Effizienzüberlegungen zur Gleichgewichtsauswahl heranziehen kann. Bereits LUCE / RAIFFA 1957 (S. 106-107) haben ein derartiges Konzept für Zweipersonenspiele vorgestellt, das hier jedoch nicht in seiner ursprünglichen Form wiedergegeben wird, sondern in seiner Verallgemeinerung auf n-Personen-Spiele.

> Eine Strategienkombination s heißt genau dann *gemeinsam zulässig* (*jointly admissible*), wenn keine andere Strategienkombination $s' \neq s$ existiert, für die gilt: $u_i(s') > u_i(s)$ für alle i.

Die Besonderheit dieses Kriteriums liegt darin, dass sich die Definition auf allgemeine Strategienkombination bezieht, nicht nur auf Gleichgewichtskombinationen (es wird nicht gefordert, dass s und s' Gleichgewichte sein müssen). Es ist daher nicht sichergestellt, dass sich unter den gemeinsam zulässigen Strategienkombinationen auch immer ein Nash-Gleichgewicht befindet, sodass aufgrund dieser Definition nicht jedes Spiel eine Lösung hat. LUCE / RAIFFA benutzen daher das Kriterium der gemeinsamen Zulässigkeit auch zur Definition einer "Lösung im engen Sinn", wie sie sich ausdrücken. Da nach heutigem Verständnis ein Lösungskonzept für jedes Spiel die Existenz einer Lösung garantieren muss, handelt es sich bei der Forderung nach "gemeinsamer Zulässigkeit" nicht um ein Lösungskonzept, gleichwohl kann man sie als Auswahlkriterium einsetzen.

HARSANYI / SELTEN 1988 (S. 80-82) schlagen in ihrer Theorie das – schon mehrfach angesprochene – Auswahlkriterium der Auszahlungsdominanz vor:

$\hat{s}$ und $\bar{s}$ seien beliebige Strategienvektoren eines gegebenen Spiels. $\hat{s}$ *auszahlungsdominiert* (*payoff dominates*) $\bar{s}$ genau dann, wenn gilt: $u_i(\hat{s}) > u_i(\bar{s})$ für alle i.

Ein Strategienvektor $\hat{s}$ heißt *auszahlungsdominant*, wenn gilt: $u_i(\hat{s}) > u_i(s)$ für alle i und alle $s \neq \hat{s}$.

Im Unterschied zur Definition von LUCE / RAIFFA vergleicht diese Definition ausschließlich Gleichgewichte miteinander, sodass sichergestellt ist, dass jedes Spiel aufgrund dieser Definition eine Lösung hat.

Eng verwandt mit der Definition der Auszahlungsdominanz ist die Pareto-Dominanz. Dieser Begriff wird in der Literatur sehr oft gebraucht (er ist erheblich verbreiteter als Auszahlungsdominanz), wird aber nur selten formal definiert. Dies ist insofern problematisch, als hierdurch nicht klar wird, ob der betreffende Autor die strenge Definition zugrundelegt oder ob er auch "schwache Dominanz" zulassen will.

Risikokriterien

Die eben genannten Effizienzkriterien orientieren sich an den Auszahlungen und gehen dabei insbesondere davon aus, dass ein für alle Spieler erstrebenswerter Spielausgang auch tatsächlich erreicht wird. Unter den "klassischen" Annahmen der kooperativen Spieltheorie wäre dies auch weitgehend unproblematisch: Wenn sich die Spieler auf einen bestimmten Spielausgang einigen können (was eine Kommunikationsmöglichkeit voraussetzt), wenn diese Einigung zudem durchsetzbar ist und wenn die Spieler Selbstbindungskraft besitzen, so ist es zumindest hochgradig plausibel, als Lösung ein effizientes Spielergebnis zu vermuten. (Unberücksichtigt bleiben bei dieser Argumentation die Probleme, die durch Koalitionsbildungen entstehen können; man beachte auch, dass die Kriterien "Kommunikationsmöglichkeit" und "Selbstbindungskraft" eine eher intuitive Charakterisierung der kooperativen Spieltheorie ist).

Wenn aber – wie in der nichtkooperativen Spieltheorie angenommen – keine Kommunikationswege bestehen (außer den explizit modellierten) und keine bindenden Verträge geschlossen werden können, dann kann nicht nur die Effizienz eines möglichen Spielausgangs relevant sein, sondern es sollte auch berücksichtigt werden, welche Konsequenzen es hat, wenn der effiziente Spielausgang – aus welchen Gründen auch immer – nicht zustandekommt. Mit anderen Worten, es sollten Risikoüberlegungen berücksichtigt werden.

Ein Kriterium, das das mit der Wahl einer bestimmten Strategie verbundene Risiko explizit berücksichtigt, ist das bereits von VON NEUMANN 1928 vorgeschlagene Maximin-Kriterium (vgl. S. 312). Allerdings hat dieses Kriterium den Nachteil, im Allgemeinen nicht zu Gleichgewichten zu führen, was gegen die Verwendung als allgemeines Rationalitätsprinzip spricht. Es handelt sich dabei also nicht um eine Gleichgewichts*auswahl*kriterium.

Daher beschreiten zum Beispiel HARSANYI / SELTEN 1988 in ihrer Gleichgewichtsauswahltheorie einen anderen Weg und entwickeln das Konzept der "Risikodominanz", das im folgenden beschrieben werden soll.

Exkurs: Risikodominanz und Tracing-Prozedur

In einer früheren Auflage habe ich mich hier noch durch alle möglichen Details der Tracing-Prozedur durchgequält, "um zu zeigen, wie die 'Forschungsfront' aussehen kann und wie Theorien ihren Anfang nehmen." Einige Leser haben hierzu (zwar höflich, aber nicht zu selten) bemängelt, dass diese wohlwollende Einschätzung wohl eher daher rührt, dass ich aus SELTENs Dunstkreis stamme.

Ehrlich gesagt glaube ich heute, dass die Tracing-Prozedur keine sehr erfolgversprechende Variante ist, insbesondere, nachdem ich mich ausführlicher mit Koordinationsspielen (Seite 57) beschäftigt habe, für die die Gleichgewichtsauswahltheorien ja besonders wichtig sind. Daher erspare ich Ihnen hier die technischen Details, aber um mitreden zu können, sage ich Ihnen ein wenig die Intuition hinter der Tracing-Prozedur (sofern man hier überhaupt noch von Intuition sprechen kann).

Generell ist die *Tracing-Prozedur* (*tracing procedure*) Grundlage für das Konzept der Risikodominanz. HARSANYI / SELTEN 1988 verstehen die Prozedur als eine Verallgemeinerung des bayesianischen Ansatzes auf n-Personen-Spiele (S. 131[93]). Die Grundidee hierzu ist folgende: Angenommen, die Spieler eines Spiels sind sich noch nicht sicher, welches der Ausgang des Spiels sein wird, sie haben aber Vermutungen darüber. Diese Vermutungen lassen sich in Form von Wahrscheinlichkeitsangaben formal wiedergeben: Jeder Spieler legt dann eine Wahrscheinlichkeitsverteilung über jede reine Strategie aller Spieler (da jeder Spielausgang durch einen Strategienvektor charakterisiert werden kann, wie im Zusammenhang mit der

[93] Da sich die folgenden Ausführungen generell an HARSANYI / SELTEN 1988 anlehnen, werden Verweise auf diese Monographie im folgenden Abschnitt in der Regel nur noch durch die Seitenzahlen gekennzeichnet.

Normalform geschildert wurde). Diese Verteilungen haben formal die gleiche Struktur wie gemischte Strategien, bedeuten aber inhaltlich etwas Grundverschiedenes.

Ein naiver Ansatz zum Finden einer Lösung würde nun darin bestehen, dass jeder Spieler eine Strategie wählt, die gegen seine A-priori-Erwartung optimiert. Dies wäre jedoch wenig überzeugend, da die resultierende Strategienkombination in der Regel kein Gleichgewicht sein wird und somit mindestens ein Spieler einen Anreiz hat, von ihr abzuweichen. An diesem Punkt setzt die Tracing-Prozedur ein. Sie betrachtet einen Strategienvektor, der aus einer Optimierung gegen die A-priori-Erwartungen entstanden ist, als Ausgangspunkt für einen Prozess des Updatens: Die Wahrscheinlichkeitserwartungen über das jeweilige Verhalten der Gegenspieler und die daraus resultierenden Verhaltensweisen beeinflussen sich in diesem hypothetischen Prozess gegenseitig, bis am Ende dieses Prozesses ein Gleichgewichtspunkt erreicht wird.

Die Tracing-Prozedur macht dieselbe Überlegung in formaler Form: Sie wählt einen Endpunkt (das heißt einen Gleichgewichtspunkt aus dem Ursprungsspiel) aus, indem sie von einem bestimmten Startpunkt ausgehend (also einem Prior, repräsentiert durch $t = 0$) dem Pfad von Hilfsspielen bis zu einem Endpunkt hin folgt (*trace* = einer Spur folgen). Wenn ein zulässiger Pfad zu einem eindeutigen Endpunkt führt, so heißt dieser Pfad *wohldefiniert*. Welcher Endpunkt durch die Tracing-Prozedur erreicht wird, hängt nicht nur von dem Ursprungsspiel ab, sondern auch von den A-priori-Erwartungen der Spieler. Die Definition dieser Priors ist also von erheblicher Bedeutung dafür, welches Gleichgewicht des Originalspiels die Tracing-Prozedur auswählt.

Risikodominanz

Das Auswahlkriterium der Risikodominanz baut auf der Tracing-Prozedur auf,[94] indem diese Prozedur jeweils Paare von Gleichgewichtspunkten vergleicht. Dafür wird angenommen, es sei Common knowledge, dass alle Spieler denken, entweder der eine oder der andere der beiden möglichen Gleichgewichtspunkte sei die Lösung des Spiels. Risikodominanz versucht

94 Die genaue, formale Definition der Risikodominanz für allgemeine extensive Spiele ist recht aufwendig, sodass ich hier das Prinzip in einer etwas vereinfachten Form darstelle.

dem Gedankengang Rechnung zu tragen, dass einer der beiden Gleichgewichtspunkte weniger riskant sei als der andere. Dies geschieht in zwei Schritten: Zuerst wird versucht, einen rational begründbaren Ausgangspunkt für die Tracing-Prozedur zu ermitteln; von diesem ausgehend wird dann die Prozedur gestartet und derjenige Gleichgewichtspunkt, gegen den der Prozess konvergiert, ist der risikodominante Punkt. Der Ausgangspunkt für die Tracing-Prozedur ist der *bicentric prior*, der im Folgenden erklärt wird:

Es sei angenommen, dass entweder der (reine oder gemischte) Gleichgewichtspunkt s^u oder s^v die Lösung des Spiels ist. Es kann der Fall auftreten, dass ein einzelner Spieler i in beiden Gleichgewichtspunkten dieselbe seiner Strategien wählt, dass also gilt $s_i^U = s_i^V$; in einem solchen Fall werden die Entscheidungen und Erwartungen aller derartiger Spieler im Folgenden als konstant betrachtet (d.h. sie spielen ihre sowohl für s^u oder s^v gültige Strategie), da für einen solchen Spieler offenbar kein "Risiko" mehr besteht, welche Strategie er zu wählen hat, wenn nur noch entweder s^u oder s^v die Lösung des Spiels sein darf. Ein Spiel, das auf diese Weise eingeschränkt wurde, heißt *restricted game* (vgl. S. 205; dort befindet sich insbesondere die genaue, formale Definition).

Das Spiel G sei nun ein Spiel, von dem alle Spieler annehmen, dass entweder s^u oder s^v die Lösung ist, wobei sich die Strategien s_i^U, s_i^V für alle Spieler in den beiden Gleichgewichten unterscheiden (falls dies für das Originalspiel nicht zutrifft, bezeichne G das entsprechende *restricted game*).

Jeder einzelne Spieler verhält sich so, als ob alle anderen Spieler bereits wüssten, ob s^u oder s^v die Lösung ist (S. 207). Weiterhin hat jeder Spieler eine subjektive Wahrscheinlichkeit von z_i für s_{-i}^u und von $(1 - z_i)$ für s_{-i}^v; die Notation $z_i s_{-i}^u + (1 - z_i) s_{-i}^v$ soll diesen Zustand beschreiben. Für jedes z mit $0 \leq z \leq 1$ sei folgende Funktion definiert:

$$r_i^z = a_i(z_i s_{-i}^u + (1 - z_i) s_{-i}^v) \qquad (41)$$

$a_i(.)$ bezeichnet hierin den Centroid[95] über die besten Anworten auf das Verhalten der Gegenspieler.[96]

95 Der Centroid ist diejenige gemischte Strategie, die allen beteiligten reinen Strategien die gleiche Wahrscheinlichkeit zuordnet.

96 Strenggenommen handelt es sich um den *central local best response* (definiert in HARSANYI / SELTEN 1988, S. 57). Von dem Unterschied sei hier aber abgesehen.

Ferner wird angenommen, dass die Zufallsgröße z gleichverteilt sei auf dem Intervall [0;1]. Als Ausgangsstrategie wähle nun jeder Spieler eine gemischte Strategie, die entsteht, wenn er jeweils seine beste Antwort über alle möglichen Verhaltensweisen seiner Gegenspieler in Abhängigkeit von z wählt, das heißt, er wählt seine reine Strategie s_i^j mit der Wahrscheinlichkeit

$$p_i^j(s_i^j)=\int_0^1 {}^j r_i^z(z_i s_{-i}^u+(1-z_i)s_{-i}^v)dz \text{ für alle } s_i^j\in S_i \qquad (42)$$

Abweichend von HARSANYI / SELTEN 1988, S. 208 wird hier mit ${}^j r_i^z$ die Wahrscheinlichkeit für die Wahl der reinen Strategie s_i^j in der besten Antwort r_i^z bezeichnet. Anschaulich bedeutet dies: Der Spieler i ermittelt für jedes mögliche z seine beste Antwort auf das daraus resultierende (bzw. von ihm vermutete) Verhalten seiner Gegenspieler und bildet eine gemischte Strategie, in der jede der so entstehenden besten Anworten gleich gewichtet wird. Das Integral resultiert also aus der Gleichverteilungsannahme der Größe z.

Derjenige Strategienvektor, in dem jeder Spieler die so konstruierte gemischte Strategie wählt, heißt *bicentric prior* Strategienvektor. Der Name resultiert daher, dass dieser Strategienvektor so konstruiert wurde, dass die A-priori-Erwartungen (daher *prior*) über entweder s_{-i}^u und s_{-i}^v (daher *bicentric*) in eine Anfangsstrategie umgesetzt werden.

Es sei nun $T(G,\bar{q})$ der Gleichgewichtspunkt, gegen den die Tracing-Prozedur strebt, wenn sie in dem *restricted game* G für den Vergleich von s^u und s^v von dem entsprechenden *bicentric prior* (hier mit $\bar{q}$ bezeichnet) startet. Es risikodominiert s^u die Strategie s^v, wenn $T(G,\bar{q})=s^u$ (und umgekehrt). Sollte $T(G,\bar{q})$ weder gegen s^u noch gegen s^v laufen, dann ist die Risikodominanz für den Vergleich der beiden Gleichgewichtskombinationen nicht definiert (S. 209).

Das – hier zum Teil etwas vereinfacht wiedergegebene – Konzept der Risikodominanz ist wenig anschaulich, in vielen Fällen ist die konkrete Anwendung auf einzelne Spiele jedoch einfacher als es die recht komplizierte Definition nahelegt.

Es soll noch einmal darauf hingewiesen werden, dass die Risikodominanz jeweils Paare von Gleichgewichten miteinander vergleicht, also nicht etwa alle Gleichgewichte simultan miteinander. Problematisch hieran ist, dass die Risikodominanzbeziehung nicht transitiv ist: Es kann also durchaus sein, dass bei drei Gleichgewichten s^a, s^b, s^c desselben Spiels die Risikodominanzbeziehungen $s^a \succ s^b \succ s^c \succ s^a$ gelten. Dies ist ein entscheidender Unterschied zu anderen Dominanzkonzepten wie etwa der Pareto-Dominanz. Die fehlende Transitivität schränkt die praktische Verwendbarkeit des Risikodominanzkonzepts für Spiele mit mehr als zwei Gleichgewichten stark ein.

Am Rande sei erwähnt, dass in speziellen Fällen die Risikodominanz interessanterweise durch eine Evolutionsdynamik begründet werden kann: KANDORI / MAILATH / ROB 1991 zeigen für symmetrische 2 x 2 - Spiele mit zwei symmetrischen strikten Nash-Gleichgewichten, dass ein bestimmter Evolutionsprozess in großen Populationen gegen das risikodominante Gleichgewicht konvergiert. Im Fall gleicher "Riskanz" strebt der Evolutionsprozess gegen den paretodominanten Gleichgewichtspunkt.[97] Dies ist ein Anhaltspunkt dafür, dass es sich bei dem Konzept der Risikodominanz nicht nur um ein rein normatives Konzept handelt, das keinerlei Relevanz für die "reale" Welt hat. Dieser Zusammenhang ist umso erstaunlicher, als die Risikodominanz als rein a-priorisches Konzept entwickelt und begründet wurde, wogegen ein Evolutionsprozess immer – zumindest teilweise – eingeschränkte Rationalität unterstellt. Auch in der anderen Richtung ist diese Entdeckung von Bedeutung, weil sie zeigt, dass die Anwendung evolutorischer Gedanken auch durch rein a-priorische Überlegungen gestützt werden kann.

97 Der Evolutionsprozeß verhält sich also so, als würde er die lexikographische Reihenfolge von HARSANYI / SELTEN 1988 umgekehrt anwenden, also zuerst Risikodominanz, dann Auszahlungsdominanz.

6. Ausgewählte Themen in nichtkooperativen Spielen

6.1. Nützliche Hilfsmittel

6.1.1. Satz von Bayes

Um den Satz von Bayes wird so viel Aufsehens gemacht, dass man geradezu Angst vor ihm bekommen könnte – dabei verbirgt sich dahinter etwas ganz Einfaches. Ein Anwendungsfall ist folgender: Von zwei Ereignissen können wir nur eines beobachten; wir wollen ausrechnen, mit welcher Wahrscheinlichkeit das unbeobachtbare Ereignis eingetreten ist, nachdem wir das andere beobachtet haben.

Nennen wir im Folgenden das unbeobachtbare Ereignis einfach *Ereignis*, das beobachtbare nennen wir *Beobachtung*.

Betrachten wir zur Illustration das Spiel aus Abbildung 75 auf Seite 258: Wir wüssten gern, mit welcher Wahrscheinlichkeit wir uns am Knoten a befinden (= *Ereignis*). Bevor das Spiel beginnt, können wir nur sagen, dass wir dort mit der Wahrscheinlichkeit q ankommen werden; dies ist unsere A-priori-Erwartung. Wenn nun das Spiel läuft und wir die Information erhalten, dass der Knoten c erreicht ist (= *Beobachtung*), dann haben wir es leicht: Wir wissen dann, dass wir weder bei a noch bei b sind; hatten wir also zu Anfang mit Wahrscheinlichkeit q erwartet, dass wir bei a ankommen, so müssen wir durch die neue Information unsere Erwartung aktualisieren ("unsere **Beliefs updaten**", wie man im spieltheoretischen Neudeutsch sagt). Die A-posteriori-Erwartung (nach der Beobachtung, dass c eingetreten ist) beträgt also null für den Knoten a.

Angenommen, wir erhalten die Information, dass wir uns am linken Entscheidungsbezirk befinden. Natürlich müssen wir auch jetzt unsere A-priori-Erwartung aktualisieren: Die Wahrscheinlichkeit dafür, dass wir am Knoten a sind, ist durch diese Beobachtung gestiegen. Um auszurechnen, auf welchen Wert genau die Wahrscheinlichkeit gestiegen ist, brauchen wir den Satz von Bayes.

> Der **Satz von Bayes** lautet:
>
> $P(E|B) = \frac{P(B|E) \cdot P(E)}{P(B)}$, mit:
>
> *P(E)* Wahrscheinlichkeit für das Ereignis E
> *P(B)* Wahrscheinlichkeit für das Ereignis B
> *P(E | B)* Wahrscheinlichkeit für E, unter der Bedingung, dass B eingetreten ist (bedingte Wahrscheinlichkeit)
>
> In Worten: Es gibt ein Ereignis E, von dem wir gern wissen möchten, mit welcher Wahrscheinlichkeit es eingetreten ist. Wir können das Ereignis aber nicht direkt beobachten, sondern sehen nur eine andere Größe B, die mit dem Ereignis zusammenhängt (korreliert ist). Wir fragen jetzt nach der Wahrscheinlichkeit dafür, dass das Ereignis E eingetreten ist, gegeben unsere Beobachtung der anderen Größe B.

Dieses Theorem stammt von THOMAS BAYES 1763, der es allerdings in einer anderen Schreibweise formuliert hat. Sie finden den Originaltext im Internet unter http://www.stat.ucla.edu/history/essay.pdf .

Für das Beispiel aus Abbildung 75 (Seite 258) müssen wir jetzt nur noch die Werte in die Bayes-Formel einsetzen: Das unbeobachtbare Ereignis E ist dort *Wir befinden uns an Knoten a*. Es liegt die Beobachtung B vor, dass wir uns am linken Informationsbezirk befinden; die Wahrscheinlichkeit P(B | E) dafür, am linken Informationsbezirk zu sein, wenn wir uns am Knoten a befinden, ist hier gleich 1, daher wird die Formel besonders einfach. (Sie finden das Ergebnis im Text unter der Abbildung 75).

Wichtig ist beim Satz von Bayes Folgendes: Wir brauchen eine A-priori-Erwartung für die Wahrscheinlichkeit des Ereignisses E; diese aktualisieren wir dann mit jedem neuen Informationszugang. Oft sind aber vorab keine objektiven Wahrscheinlichkeiten gegeben. Dies sind dann die Fälle, in denen wir subjektive Wahrscheinlichkeiten einführen und diese mit jedem weiteren Informationszugang aktualisieren. Da die Aktualisierungsschritte jedes Mal auf objektiven Informationen beruhen, nähert sich dieses Verfahren immer weiter einer objektiven Wahrscheinlichkeit an. Ein Problem beim Aktualisieren ist aber dieses: Das beobachtbare Ereignis B muss a priori mit einer Wahrscheinlichkeit größer null auftreten, sonst ist der Satz von Bayes nicht definiert, weil man durch null teilen müsste.

Inhaltlich ist das auch klar: Wenn ein Ereignis die Wahrscheinlichkeit null hat, dann darf es eigentlich gar nicht auftreten. Was soll man also schließen, wenn man ein Ereignis beobachtet, dass nicht auftreten kann? Dies ist der Grund, weshalb das (trembling-hand-) perfekte Gleichgewicht logisch überzeugender ist als das teilspielperfekte Gleichgewicht (obwohl letzteres das pragmatischere ist); und es ist auch der Grund dafür, dass das sequentielle Gleichgewicht nicht ohne Perturbationen auskommt, denn es muss sichergestellt sein, dass jeder Informationsbezirk mit positiver Wahrscheinlichkeit erreicht wird, um den Satz von Bayes anwenden zu können.

Damit die Anwendung des Satzes von Bayes ein wenig klarer wird, kommt hier noch ein kleines Beispiel auf ein bekanntes Problem: das Ziegenproblem.

Das Ziegenproblem

Das Ziegenproblem ist eines der Probleme, das die Gemüter einige Zeit erhitzt hat und ganze Scharen von Mathematikern an den Rand der Verzweiflung gebracht hat (insbesondere, weil Sie von ihrer Intuition irregeführt wurden und lange gebraucht haben, das zu bemerken). Es gibt wohl keinen Spieltheoretiker, der Ende der 1980er Jahre nicht in irgendeiner Form über dieses Problem nachgedacht hat. Und das, obwohl es eigentlich gar kein Mehrpersonenspiel ist. Aber zunächst die Regeln für diejenigen, die das Problem noch nicht kennen sollten.

In einer amerikanischen Quizsendung steht eine Kandidatin vor drei verschlossenen Türen, hinter denen in einem Fall ein Auto steht und in zwei Fällen eine Ziege. Die Kandidatin darf jetzt eine der Türen wählen; anschließend öffnet der Showmaster eine der verbleibenden zwei Türen, und zwar immer so, dass auf jeden Fall eine Tür mit Ziege geöffnet wird, sodass das Auto also hinter einer der noch verschlossenen Türen sein muss. Er bietet der Kandidatin dann an, jetzt noch einmal die Türe zu wechseln oder bei der zuerst gewählten Tür zu bleiben, bevor sie geöffnet wird. Die Kandidatin bekommt dann das, was hinter der von ihr endgültig gewählten Tür steht (wobei wir hier davon ausgehen wollen, dass sie das Auto der Ziege vorzieht).[98]

In einer Kolumne von MARILYN VOS SAVANT stellte jemand die Frage, ob es in dieser Situation besser sei zu wechseln oder bei der ursprünglichen Wahl zu bleiben. Die meisten Menschen dachten damals, dass es egal sein müsse. MARILY VOS SAVANT, die den höchsten jemals gemessenen IQ hat und daher als der intelligenteste Mensch der Welt gilt, antwortete allerdings lapidar mit "wechseln ist besser" und löste damit die Diskussion aus, in der es Wochen dauerte, bis sich die Menschheit auf die bis heute akzeptierte Lösung einigen konnte. Davor bekam sie allerdings so nette Zuschriften wie: "Sie sind die Ziege!", oder: "Sie haben einen Fehler gemacht. ... Wenn sich all diese Doktoren irren würden, dann wäre unser Land in ernsthaften Schwierigkeiten." Aber wenigstens ist der intelligenteste Mensch der Welt dadurch berühmt geworden.

Dabei lässt sich das Problem durch Anwendung des Satzes von Bayes lösen. Darin ist E das unbeobachtbare Ereignis (wo steht das Auto?) und B ist die Beobachtung (welche Tür lässt der Quizmaster geschlossen?). Das führt dann zu folgenden Werten, die wir für den Satz von Bayes brauchen:

P(E) = Wahrscheinlichkeit, dass hinter einer Tür das Auto steht;
da es ein Auto hinter drei Türen gibt, ist dieser Wert 1/3

P(B) = Wahrscheinlichkeit, mit der eine Tür nach der Wahl des Quizmasters geschlossen bleibt;
da der Quizmaster eine von zwei verschlossenen Türen öffnet, ist dieser Wert 1/2

P(B/E) Wahrscheinlichkeit, mit der der Quizmaster eine Tür geschlossen lässt, wenn hinter ihr ein Auto steht;
da der Quizmaster nur eine Tür öffnet, wenn hinter ihr kein Auto steht, ist dieser Wert 1

[98] Der Vollständigkeit halber sei angemerkt, dass die echte Fernsehshow ein wenig anders lief als in der inzwischen überlieferten Variante: Der Moderator, Monty Hall, hätte auch gleich die erste vom Kandidaten gewählte Tür öffnen können, ohne zuvor einen Wechsel anzubieten. Zudem waren die Ziegen nur aufgeblasen. Aber ich finde das Beispiel mit echten Ziegen irgendwie plastischer.

P(E/B) = Wahrscheinlichkeit, mit der hinter der vom Quizmaster geschlossen gelassenen Tür ein Auto ist; dies ist der Wert, den wir suchen.

Eingesetzt in die Formel von Bayes ergibt sich:

$$P(E|B) = \frac{P(B|E) \cdot P(E)}{P(B)} = \frac{1 \cdot \frac{1}{3}}{\frac{1}{2}} = \frac{2}{3}$$

Die Wahrscheinlichkeit, dass das Auto hinter der Tür steht, die der Quizmaster geschlossen lässt, beträgt somit 2/3, wogegen sie hinter der ursprünglichen Tür nur 1/3 beträgt. Somit ist klar, dass man seine Chancen auf das Auto verdoppelt, wenn man wechselt.[99] Vos Savant hatte also Recht.

Falls Sie sich fragen, weshalb man hier mit den Wahrscheinlichkeiten für das Geschlossenbleiben von Türen arbeitet und nicht mit denen für das Öffnen: Da der Quizmaster die richtige Tür mit einer Wahrscheinlichkeit von null öffnet, ist P(B/E) = 0 und wir würden auf diese Weise nur erfahren, dass hinter der geöffneten Tür nie ein Auto steht, was zwar durchaus korrekt ist, uns aber nicht weiterbringt.

Ich habe weiter oben schon erwähnt, dass dies eigentlich kein Mehrpersonenspiel ist. Denn der Quizmaster ist hier kein Entscheider, der sich noch aufgrund seiner eigenen Präferenzen zwischen zwei Türen zu entscheiden hat, sondern er verhält sich wie ein rein ausführender Algorithmus, der nur eine Tür öffnet, hinter der mit Sicherheit kein Auto steht. Somit handelt es sich hier um ein Spiel gegen die Natur (das heißt gegen die Wahrscheinlichkeitsverteilung, mit der hinter den Türen Autos und Ziegen stehen).

---

99 Nur falls Sie sich fragen, ob ich damals die korrekte Lösung gefunden habe: ich habe es nicht. Aber ich hatte auch keine falsche Lösung, sondern ich habe glücklicherweise bemerkt, dass ich so etwas weder im Kopf lösen kann, noch eine Formel finde. Statt dessen habe ich es einfach mit einem Computer simuliert, und wenn man das macht, dann sieht man sofort, dass man das Programm gar nicht mehr laufen lassen muss, sondern dass VOS SAVANTS Lösung richtig ist. Auf diese Weise hat sie dann übrigens auch den Rest der Menschheit überzeugt. Die Idee mit dem Satz von Bayes, so offensichtlich sie eigentlich sein sollte, stammt von STEFFEN HUCK und ist mir nicht selbst in den Sinn gekommen.

6.1.2. Wie findet man dominierte Strategien?

Wenn man sich mit Spieltheorie beschäftigt, steht man oft vor der Aufgabe, in einem gegebenen Spiel dominierte Strategien zu eliminieren oder nach Gleichgewichten zu suchen. Da es nicht nötig ist, dass jeder Mensch von neuem überlegt, wie man hier am besten vorgeht, schildere ich hier kurz einige kochrezeptartige Verfahren (Algorithmen). Seien Sie aber vorsichtig: Die Algorithmen sind nicht ganz so genau geschrieben wie ein Computerprogramm, sodass man bei der Anwendung manchmal "mit der Hand" eingreifen muss.

Wenn ich im Folgenden Anweisungen schreibe wie *Färben Sie die Kante rot*, so können Sie dies natürlich auch in Gedanken tun; die Algorithmen lassen sich auf diese Art nur einfacher formulieren.

In Matrixspielen

Sehen wir uns zunächst an einem Beispiel an, wie man beim Vergleich von zwei Strategien herausfindet, ob eine die andere dominiert:

		Spaltenspielerin:		
		l	m	r
Zeilen-	O	**(1,1)**	(0,1)	(0,1)
spieler:	M	(0,0)	(1,0)	(0,1)
	U	(1,0)	(0,1)	(1,0)

Abbildung 77: Die Strategie U dominiert O, und r dominiert l.

Für den Zeilenspieler vergleicht man jeweils für zwei Zeilen seine Auszahlungen miteinander: Hier ist seine Strategie U immer mindestens gleichgut wie O, und wenn sie r wählt, ist für ihn U besser als O; daher dominiert U die Strategie O. Für die Spaltenspielerin geht man analog vor, betrachtet aber immer Paare aus Spalten und beachtet nur ihre Auszahlungen. Um alle dominierten Strategien zu finden hilft folgender Algorithmus:

✓ Betrachten Sie nacheinander alle Zeilen. Nennen wir die gerade betrachtete Zeile i.

✓ Betrachten Sie nacheinander alle noch nicht gestrichenen folgenden Zeilen i + j. (Die Anzahl der Folgezeilen verringert sich bei jedem Durchlauf um 1.)

?! Überprüfen Sie, ob eine der beiden betrachteten Zeilen die andere dominiert. Wenn nein: Gehen Sie zum nächsten j über. Wenn ja: Versehen Sie die dominierte Zeile mit einer Löschmarkierung. Falls die zu streichende Zeile die Zeile i war, gehen Sie zum nächsten i über.

✓ Gehen Sie analog für die Spalten vor. Betrachten Sie dabei auch die Auszahlungen der in diesem j-Durchgang mit einer Löschmarkierung versehenen Zeilen.[100]

! Streichen Sie alle Zeilen und Spalten, die mit einer Löschmarkierung versehen sind.

✓ Falls Sie wiederholte Elimination vornehmen: Wiederholen Sie den Algorithmus so lange, bis Sie bei einem vollen i-Durchgang keine dominierte Strategie mehr finden.

In extensiven Spielen

Bei Zweipersonenspielen kann es günstig sein, nicht in der extensiven Form zu suchen, sondern das Spiel in die Normalform zu übersetzen. Sucht man direkt im Spielbaum, dann streicht man dominierte Züge; es bleiben dann automatisch nur nichtdominierte Strategien übrig. Leider lässt sich das genaue Vorgehen nur schwer als ein hilfreicher Algorithmus schreiben. Ich begnüge mich deshalb damit, das Prinzip zu beschreiben.

✓ Beginnen Sie bei dem Streichen dominierter Züge immer von hinten, das heißt, beginnen Sie mit Informationsbezirken, die direkt vor einem Endknoten liegen, und arbeiten Sie sich nach vorn durch.

✓ Wenn Sie noch wenig Übung haben, dann übersetzen Sie das gerade betrachtete Teilspiel (in dem Sie nach dominierten Zügen suchen) in

[100] Diese Regel ist zwar willkürlich, garantiert aber, dass die Reihenfolge unerheblich ist, in der die Strategien gestrichen werden. Sollten Strategien dadurch dominiert werden, dass der Gegenspieler einige seiner Strategien gestrichen hat, so wirkt sich das bei diesem Algorithmus in dem nächsten Eliminationsschritt aus. Dies ist auch sinnvoll, da es sich dann bereits um wiederholte Elimination handelt.

die Normalform. Später sehen Sie die Struktur auch im Baum und können die Übersetzung im Kopf vornehmen.

Im Prinzip werden Sie immer wieder auf zwei Grundmuster stoßen, wie die Auszahlungen angeordnet sind, die zu einer Strategie gehören. Sehen wir uns dafür ein Beispiel an:

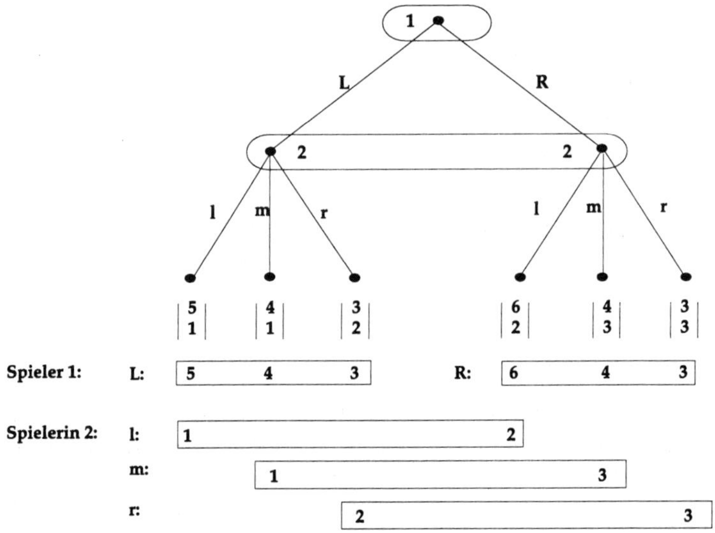

Abbildung 78: Visueller Zusammenhang von extensiver Form und Normalform.

Wenn Sie wissen, wo die zusammengehörigen Auszahlungen stehen, dann ist es einfach, dominierte Strategien zu finden. Man sieht hier sofort, dass R die Strategie L dominiert und r die Strategien m und l.

Falls in dem Spiel kein Spieler 1 vorgekommen wäre, sondern an dessen Stelle ein Zufallszug, dann hätten Sie für Spielerin 2 genauso vorgehen können wie in dem Zweipersonenfall: Wieder hätte r die beiden anderen Strategien dominiert.

6.1.3. Wie findet man ein Gleichgewicht?

In Matrixspielen

Am einfachsten ist die Suche in 2 x 2-Bimatixspielen: Dort verwendet man einfach das **Abweichungsdiagramm**, das schon einmal kurz auf Seite 78 eingeführt wurde. Es funktioniert folgendermaßen: Sie versetzen sich zunächst in die Rolle des Spielers A und gehen nacheinander die besten Antworten für alle möglichen Strategien Ihrer Gegenspielerin durch. Das machen Sie, indem Sie für jede Spalte einen senkrechten Pfeil von ihrer niedrigeren Auszahlung zur höchsten Auszahlung einzeichnen. Die Pfeile zeigen somit immer in die Richtung, in die ein Spieler A abweichen würde, wenn er wüsste, dass seine Gegenspielerin die Strategie der Spalte wählt, in der sich der Pfeil befindet. Daher der Name "Abweichungsdiagramm". Sind zwei Auszahlungen in einer Spalte gleich groß, zeichnen Sie in beide Richtungen einen Pfeilkopf, was andeutet, dass der Spieler zwar keinen Anreiz hat abzuweichen, aber auch keinen Anreiz hat, dort zu bleiben. Mathematisch gesprochen bezeichnet ein Pfeil mit zwei Köpfen die Größer-oder-gleich-Bedingung, ein Pfeil mit nur einem Kopf die Größer-Bedingung.

Achten Sie darauf, dass die senkrechten Pfeile immer für den Spieler A gelten und daher immer zwei erste Zahlen der Auszahlungstupel miteinander verbinden. Es zeigt sich immer wieder, dass man diese Art von Gleichgewichtssuche am besten rein schematisch betreibt und wirklich immer die beiden Zahlen mit einem Pfeil verbindet, die man gerade vergleicht. Jede Abweichung vom Standardschema führt sehr schnell zu Flüchtigkeitsfehlern, die später viel Zeit kosten, wenn man merkt, dass irgend etwas nicht stimmt und bei der Suche nach dem Fehler praktisch von vorn beginnen muss.

Nach den senkrechten Pfeilen wechseln Sie Ihre Betrachtungsperspektive und versetzen Sie sich in die Rolle der Spielerin B, denn das Prinzip der Spieltheorie besteht ja gerade darin, die Froschperspektive der egozentrierten Sicht zu verlassen und das Spiel aus der Perspektive *aller* Spieler zu analysieren. Dafür gehen Sie nacheinander die möglichen Strategien des Spielers A durch, also nacheinander alle Zeilen, und überlegen sich, was für jede Zeile die beste Erwiderung von Spielerin B ist. In jeder Zeile zeichnen Sie daher einen waagerechten Pfeil ein, der in die Richtung der höheren Auszahlung für Spielerin B zeigt. Da für Spielerin B die zweiten Zahlen der beiden Auszahlungswerte gelten, verbinden Sie mit den waagerechten Pfeilen immer die zweiten Zahlen. Wenn in einer Zeile zwei gleichgroße zweite Zahlen stehen, dann bekommt der Pfeil wiederum zwei Spitzen, zeigt also in zwei Matrixfelder. Achten Sie auch hierbei darauf, streng schematisch vorzugehen, also: waagerechte Pfeile verbinden immer zwei zweite Zahlen miteinander und zeigen in die Richtung der größeren Zahl.

Nachdem Sie nun beide individuelle Perspektiven nacheinander eingenommen haben, setzen Sie beides zusammen, indem Sie nach Matrixfeldern suchen, in die die Pfeile ausschließlich hineinzeigen. Da die Pfeile immer in die Richtung einer lohnenden Abweichung zeigen, sind dies die Felder, von denen es sich für keinen der Spieler lohnt, als einziger abzuweichen – also die Nash-Gleichgewichte. Wenn die betreffenden Pfeile alle nur einen Kopf haben, dann handelt es sich um ein striktes Nash-Gleichgewicht; wenn mindestens einer der hineinzeigenden Pfeile auch noch einen weiteren Kopf hat, dann handelt es sich um ein nichtstriktes Nash-Gleichgewicht. Wann immer von einem Matrixfeld ein Pfeil nur herauszeigt, dann hat mindestens einer der Spieler einen Anreiz, von diesem Feld abzuweichen (denn genau das zeigt ja der Pfeil), und daher handelt es sich bei diesem Feld um kein Nash-Gleichgewicht.

Diese Methode ist vielleicht am einfachsten anhand eines Beispiels zu verstehen:

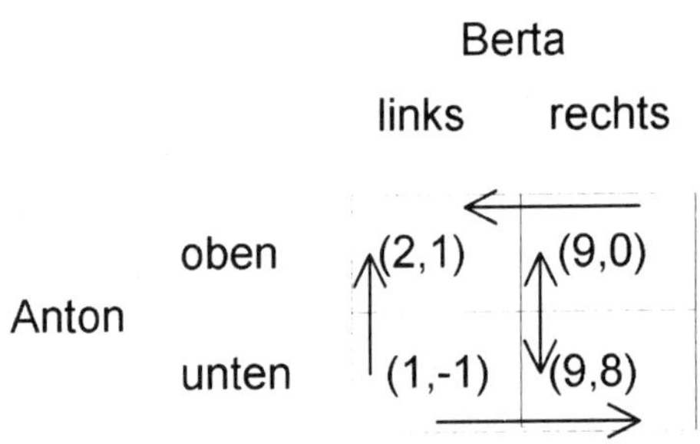

Abbildung 79: Das Eingangsbeispiel von Seite 26 mit Abweichungspfeilen.

Man sieht hier, dass die senkrechten Pfeile immer die ersten Zahlen der Auszahlungstupel verbinden und die waagerechten Pfeile die zweiten Zahlen verbinden. In das Matrixfeld links oben zeigen die Pfeile nur hinein, es handelt sich daher um ein striktes Nash-Gleichgewicht (zur Erinnerung: jedes Matrixfeld entspricht einem Spielausgang bzw. einer Strategienkombination). In das Matrixfeld unten rechts zeigen auch beide Pfeile hinein, daher ist auch dies ein Nash-Gleichgewicht. Allerdings ist es im Gegensatz zu dem anderen Gleichgewicht ein nichtstriktes Nash-Gleichgewicht, weil der senkrechte Pfeil zwei Pfeilköpfe hat. – Desweiteren sieht man, dass in diesem Spiel Antons Strategie *unten* durch *oben* dominiert ist, weil beide senkrechte Pfeile nach oben zeigen. Dass die Dominanz hier schwach ist, sieht man daran, dass der rechte senkrechte Pfeil zwei Spitzen hat, bei ihm also die Größer-oder-gleich-Bedingung gilt.

Die Methode des Abweichungsdiagramms ist sehr einfach anzuwenden und funktioniert bei allen Bimatrixspielen, wird aber bei mehr als zwei Strategien für jeden Spieler schnell unübersichtlich. Man kann sich aber auch ohne die vielen Pfeile die Eigenschaft des Gleichgewichts zunutze machen, dass wechselweise beste Erwiderungen gespielt werden. Gehen Sie dafür folgendermaßen vor:

✓ Betrachten Sie nacheinander alle Spalten.

  ! Markieren Sie die beste Erwiderung des Zeilenspielers auf die jeweilige Spalte durch ein Kreuz in dem entsprechenden Matrixfeld. Für den Zeilenspieler gelten immer die ersten Zahlen, machen Sie das Kreuz daher neben diese ersten Zahlen in den Matrixfeldern. Falls die höchste Auszahlung mehrfach vorkommt, gibt es mehrere beste Erwiderungen; markieren Sie alle.

✓ Betrachten Sie anschließend nacheinander alle Zeilen.

  ! Markieren Sie die beste Erwiderung der Spaltenspielerin auf die jeweilige Zeile durch einen Kringel in dem entsprechenden Matrixfeld. Für die Spaltenspielerin gelten immer die zweiten Zahlen, machen Sie den Kringel daher neben die zweiten Zahlen. Falls die höchste Auszahlung mehrfach vorkommt, gibt es mehrere beste Erwiderungen; markieren Sie alle.

! Alle Felder, die sowohl einen Kringel als auch ein Kreuz enthalten, sind Gleichgewichte. Falls in der Zeile kein weiterer Kringel ist und in der Spalte kein weiteres Kreuz, so handelt es sich um ein striktes Gleichgewicht.

Auf diese Weise zeichnen Sie gewissermaßen nur die Pfeilspitzen ein und lassen die Pfeile selbst weg. Ob der angedeutete Pfeil senkrecht oder waagerecht verlaufen wäre, sehen Sie daran, ob Sie ein Kreuz (= senkrechter Pfeil) oder einen Kringel (= waagerechter Pfeil) machen.

Sie finden nach dieser Methode nur *reine* Gleichgewichte; gemischte zu finden, ist komplizierter, und man muss jedes Mal neu nachdenken. Allerdings gibt es in endlichen Spielen immer eine ungerade Anzahl von Gleichgewichten (WILSON 1971).[101] Sollten Sie daher eine gerade Anzahl reiner Gleichgewichte (oder gar keines) gefunden haben, so wissen Sie, dass es noch mindestens ein weiteres gemischtes geben muss.

Angenommen, Sie wollen ein Gleichgewicht in einem Dreipersonen-Matrixspiel suchen, das so notiert ist, wie ab Seite 163 beschrieben, dann gehen Sie für jede einzelne Matrix der ersten beiden Spieler so vor, wie eben beschrieben. Überprüfen Sie dann, ob diejenige Strategie von Spieler 3, die zu der jeweiligen Matrix gehört, eine beste Antwort auf das "vorläufige" Gleichgewicht der beiden ersten Spieler ist. Wenn ja, dann handelt es sich um ein Gleichgewicht.

In extensiven Spielen

Prinzipiell können Sie jedes extensive Spiel in ein Matrixspiel übersetzen und dann mit dem eben beschriebenen Algorithmus nach Gleichgewichten suchen. Bei Zweipersonenspielen ist dies oft auch die einfachste Methode, bei Mehrpersonenspielen ist es aber meistens einfacher, im Spielbaum zu suchen.

Sie erinnern sich: Eine Partie ist eine Folge von Kanten vom Startknoten zu einem Endknoten. Meistens ist es einfach, eine Gleichgewichts*partie* zu finden und anschließend nach Strategien zu suchen, die zu dieser Partie führen; auf diesem Prinzip basiert die folgende Methode.

---

[101] Genaugenommen gilt diese Regel nur generisch, also mit Ausnahme einiger Spezialfälle. Ein solcher Spezialfall kann dann vorliegen, wenn eines der Gleichgewichte in dominierten Strategien ist. Ein solcher Fall liegt bei dem Beispiel auf Seite 302 vor. Dieses Spiel hat zwei Gleichgewichte in reinen Strategien, es müsste also noch ein drittes in gemischten Strategien geben. Wenn man jedoch ausrechnet, wo das Gleichgewicht in gemischten Strateigen liegt, dann stellt man fest, dass die Gleichgewichtsmischung vorschreibt, Spielerin Berta solle ihre Strategie *links* mit einer Wahrscheinlichkeit von null spielen, also immer *rechts* wählen. Das "gemischte" Gleichgewicht ist also faktisch doch eines in reinen Strategien, sodass das Gleichgewicht (*unten, rechts*) gewissermaßen doppelt zählt. Das ist gemeint, wenn es heißt, die Anzahl der Gleichgewichte sei im "generischen" Fall immer ungerade. Siehe zum Begriff "generisch" auch Seite 260.

Der Algorithmus klingt beim ersten Lesen ziemlich kompliziert, aber wenn Sie es einmal ausprobiert haben, werden Sie sehen, dass die praktische Anwendung fast immer sehr einfach ist. Gehen Sie folgendermaßen vor:

✓ Betrachten Sie nacheinander alle Partien (alle Endknoten).

 ! Färben Sie die betrachtete Partie rot.

 ✓ Betrachten Sie nacheinander alle Informationsbezirke auf dieser Partie.

 ? Es folgt die Überprüfung: Kann sich derjenige Spieler, dem der betrachtete Informationsbezirk gehört, verbessern, indem er einen Zug wählt, der nicht auf der betrachteten Partie liegt? Prüfen Sie dazu im Einzelnen:

  ? Kann er einen für ihn besseren Spielausgang *erzwingen*? Wenn ja: Die Partie ist keine Gleichgewichtspartie. Betrachten Sie die nächste Partie!

  ? Kann er durch die Abweichung einen Endknoten erreichen, der ihn besser stellt? Wenn ja: Färben Sie alle Züge aller Gegenspieler grün, die zu solchen Endknoten führen.

  ? Kann er überhaupt keinen Endknoten erreichen, der für ihn besser ist als die rot gefärbte Partie? Wenn ja: Betrachten Sie den nächsten Informationsbezirk auf der Partie!

 ! Wenn an keinem der Informationsbezirke einer der Spieler durch Abweichung eine Verbesserung erzwingen konnte, dann handelt es sich bei der rot gefärbten Partie um eine Gleichgewichtspartie.

 ✓ Notieren Sie für jeden an der Partie beteiligten Spieler alle Strategien, die *alle* rot gefärbten Züge enthalten und *keine* grün gefärbten. (Mit anderen Worten: Suchen Sie nach Strategien, die zur Gleichgewichtspartie führen und die sich nur an solchen Informationsbezirken unterscheiden, die durch die Gleichgewichtspartie nicht erreicht werden.)

 ✓ Falls ein Spieler auf der Gleichgewichtspartie nie entscheiden durfte, dann notieren sie alle seine Strategien.

 !! Bilden Sie alle möglichen Strategienvektoren aus den notierten Strategien. Alle so gebildeten Strategienvektoren sind Gleichgewichte.

✓ Löschen Sie alle Markierungen und betrachten Sie die nächste Partie.

Ein **striktes Gleichgewicht** erkennen Sie daran, dass

- kein Spieler von der Gleichgewichtspartie abweichen könnte, ohne dabei seine Auszahlung zu verändern (bei einem nichtstrikten Gleichgewicht können seine Auszahlungen manchmal gleich bleiben)
- und dass keiner der Spieler Informationsbezirke besitzt, die von der Gleichgewichtspartie unberührt sind (in denen er also machen kann, was er will, ohne dass es einen Einfluss auf die Auszahlungen der Gleichgewichtspartie hat).

Sie finden nach dieser Methode wieder nur Gleichgewichte in reinen Strategien. Außerdem wurde implizit vorausgesetzt, dass es sich um ein deterministisches Spiel (ohne Zufallszüge) handelt.

Es ist normalerweise einfacher **teilspielperfekte Gleichgewichte** zu finden als normale Nash-Gleichgewichte: Sie brauchen den obigen Algorithmus nur auf jedes echte Teilspiel anzuwenden, wobei Sie bei möglichst weit hinten liegenden Teilspielen beginnen und sich nach vorn durcharbeiten. Dies könnte ein Grund dafür sein, dass sich die Teilspielperfektheit so schnell und so weit verbreitet hat.

Nichtdeterministische Spiele

Falls Zufallszüge vorliegen, müssen Sie die Auszahlungen mit den Wahrscheinlichkeiten gewichten; normalerweise ist es möglich, die Erwartungsauszahlungen an die Endknoten zu schreiben und dann den Algorithmus normal anzuwenden. Sehen wir uns ein Beispiel an, in dem wir herausfinden wollen, ob ein Zug m oder ein Zug r besser ist. Stellen wir uns vor, in Abbildung 78 sei Spieler 1 ein Zufallsspieler, der L mit der Wahrscheinlichkeit p wählt und R mit der Wahrscheinlichkeit $(1 - p)$. Sie hätten dann an den Endknoten einfach folgende Auszahlungen für Spielerin 2 notieren können: $1 \cdot p$, $1 \cdot p$, $2 \cdot p$; $2 \cdot (1-p)$, $3 \cdot (1-p)$, $3 \cdot (1-p)$. Falls Sie sich dafür interessieren, bei welchen Wahrscheinlichkeiten p der Zug r besser ist als der Zug m, müssen Sie einfach die Erwartungsauszahlungen der einzelnen Züge miteinander vergleichen, das heißt, sie müssen überprüfen, für welche p die folgende Ungleichung erfüllt ist:

$$\begin{aligned} u(m) &< u(r) \\ p\cdot 1+(1-p)\cdot 3 &< p\cdot 2+(1-p)\cdot 3 \end{aligned} \quad (43)$$

Wenn Sie die Ungleichung auflösen, erhalten Sie die Bedingung 0 < p, das heißt, r ist fast immer besser als m (bei p = 0 ist er gleichgut); das Ergebnis ist nicht weiter verwunderlich, denn wir hatte schon herausgefunden, dass m durch r dominiert ist – also ist es nur dann sinnvoll, m zu wählen, wenn man ganz sicher ist, dass der Zufallszug (bzw. der Gegenspieler) R wählt, weil nur dann m und r gleichgut sind.

6.2. Nullsummenspiele

6.2.1. Darstellung

Auf Seite 102 hatten wir schon einmal einen kurzen Blick auf die Nullsummenspiele geworfen, dabei aber noch einige Punkte offen gelassen; diese will ich hier aufgreifen.

Noch einmal zur Erinnerung: Als Nullsummenspiel bezeichnet man ein Spiel, in dem einige der Spieler das verlieren, was andere gewinnen. Die Gesamtsumme aus Gewinnen und Verlusten aller Spieler addieren sich immer zu null, wenn man Verluste als negative Gewinne schreibt. – Zum Beispiel ist folgendes Spiel ein Nullsummenspiel:

		Spielerin B(erta): links	rechts
Spieler A(nton):	oben	(-20,20)	(9,-9)
	unten	(9,-9)	(0,0)

Abbildung 80: Beispiel für ein Nullsummenspiel.

Es ist völlig ohne Bedeutung, wieviele Spieler an dem Spiel teilnehmen oder wie groß die Strategienmengen sind; von Bedeutung ist nur das folgende Kriterium:

In einem **Nullsummenspiel** addieren sich die Auszahlungen über alle Spieler bei jedem Spielausgang zu null. Der Gegensatz hierzu heißt **Nichtnullsummenspiel**.

In einem **Konstantsummenspiel** ist die Summe aller Auszahlungen bei jedem Spielausgang gleich (konstant), aber ungleich null. Der Gegensatz ist **Nichtkonstantsummenspiel**.

Die strategische Besonderheit, die zur Definition von Nullsummenspielen geführt hat, ist, dass die Spieler vollkommen entgegengesetzte Interessen haben; dies ist eigentlich nur bei Zweipersonen-Nullsummenspielen gegeben. Daher werden Zweipersonen-Nullsummenspiele oft auch als **streng kompetitive** oder **antagonistische Spiele** bezeichnet. Das Entscheidende an derartigen Spielen ist, dass für alle Spielausgänge x_i und x_j gilt:

$$u_1(x_i) > u_1(x_j) \Leftrightarrow u_2(x_i) < u_2(x_j) \text{ für alle } i, j \text{ und } i \neq j \qquad (44)$$

Die Formel sagt aus, dass jeder einzelne Vergleich zweier Spielausgänge von den beiden Spielern jeweils genau entgegengesetzt beurteilt wird: Spieler 1 findet immer genau den Spielausgang besser, den Spielerin 2 schlechter findet.

In Zweipersonen-Nullsummenspielen enthält die Bimatrix redundante Informationen: Statt die Auszahlungen an beide Spieler anzugeben, würden die Auszahlungen an einen der Spieler genügen, weil der andere immer den gleichen Betrag bei nur umgedrehtem Vorzeichen erhält. Das Spiel aus Abbildung 80 hätte daher genausogut folgendermaßen dargestellt werden können (diese Schreibweise ist die für Nullsummenspiele übliche):

		Spielerin B(erta): links	rechts
Spieler A(nton):	oben	-20	9
	unten	9	0

Abbildung 81: Nullsummenspiel in üblicher Darstellung: Spielerin B erhält die gleichen Beträge wie Spieler A, mit jeweils umgedrehtem Vorzeichen.

Nullsummenspiele sind Spezialfälle von Konstantsummenspielen. Aus strategischer Sicht gibt es keinen Unterschied zwischen Null- und Konstantsummenspielen. Dies lässt sich leicht zeigen: Die strategische Position eines Spielers bleibt unverändert, wenn man ihm bei jedem Spielausgang einen konstanten Betrag abzieht, ihm aber diesen Betrag unabhängig von seiner zu wählenden Strategie nach dem Spiel zusätzlich zu seinem Gewinn in dem Spiel gibt. Angenommen, in einem bestimmten Konstantsummenspiel betrage die konstante Auszahlungssumme 10. Dann könnte man einem der Spieler immer diese 10 abziehen und sie ihm stattdessen nach dem Spiel zusätzlich geben; damit wäre aus dem Spiel ein Nullsummenspiel mit nachfolgender Einmalzahlung geworden – an der strategischen Situation des Spiels selbst hätte sich nichts geändert.

Wir haben für die ebige Argumentation implizit angenommen, dass die Auszahlungen auf einer Skala notiert sind, die einen absoluten Nullpunkt aufweist. Wenn wir kardinalen Nutzen unterstellen, ist die Argumentation noch einfacher: Wir könnten in diesem Fall einfach eine der Nutzenfunktionen so transformieren, dass ein Nullsummenspiel entsteht, da der Nullpunkt der einzelnen Nutzenskalen ohnehin willkürlich ist.

Wenn wir die Transformierbarkeit der Nutzenwerte ernst nehmen, müssten wir eigentlich noch einen Schritt weiter gehen. Auf den ersten Blick ist das folgende Spiel kein Nullsummenspiel:

		Spielerin B(erta): links	rechts
Spieler A(nton):	oben	(-20,140)	(9,82)
	unten	(9,82)	(0,100)

Abbildung 82: Getarntes Nullsummenspiel.

Nun wissen wir aber, dass der Nutzenindex nur bis auf positiv-affine Transformationen festgelegt ist, das heißt, wir könnten einfach von den Nutzenwerten der Spielerin B hundert abziehen und dann durch zwei teilen und haben immer noch die gleiche kardinale Nutzenfunktion. Dies ergibt aber gerade das Nullsummenspiel aus Abbildung 80. Allgemein müssten wir uns daher bei jedem Spiel zunächst fragen, ob es eine positiv-affine Transformation der Nutzenwerte gibt, sodass ein Nullsummenspiel entsteht; ohne dies zu untersuchen, könnten wir nicht entscheiden, wie das Spiel zu klassifizieren ist.

In einem endlichen Spiel hieße das, wir müssten untersuchen, ob es Zahlen a_i, b_i gibt, sodass das folgende lineare Ungleichungssystem gelöst wird:

$$\sum_{i=1}^{n}(a_i + b_i \cdot u_i(s)) = 0 \quad \text{für alle Spielausgänge s} \tag{45}$$

$$b_i > 0 \quad \text{für alle i}$$

mit:

$i = 1...n$	Spielernummer
s	Strategienvektor, der zu genau einem Spielausgang führt
a_i, b_i	Werte zur postiv-affinen Transformation der Nutzenwerte des Spielers i
$u_i(s)$	Auszahlung an Spieler i bei dem Spielausgang s

Dieses Ungleichungssystem lässt sich noch etwas vereinfachen, aber es bleibt eine ziemlich aufwendige Angelegenheit, es zu lösen. Immer wenn es eine Lösung gibt (wenn das Gleichungssystem also nicht widersprüchlich ist), würde es sich um ein Nullsummenspiel handeln. In jedem 2 x 2 – Spiel beispielsweise gäbe es vier Gleichungen und zwei Ungleichungen mit immerhin zwei Freiheitsgraden. Natürlich muss für zwei Spieler mindestens die ordinale Rangfolge der Auszahlungen kompetitiv sein (Gleichung (44)), damit ein Spiel als Nullsummenspiel überhaupt in Frage kommt, daher sieht man es Spielen meist auch ohne die aufwendige Rechnung an, ob sich die Rechnung überhaupt lohnt.

Üblicherweise wird diese Überprüfung aber überhaupt nicht vorgenommen, sondern es wird einfach nach den Auszahlungen geurteilt, die gerade dastehen. Strenggenommen steckt in dieser Vorgehensweise die Annahme, die Auszahlungswerte seien interpersonell vergleichbar; in dem Gleichungssystem (45) stünden dann keine unterschiedlichen Werte a_i, b_i, sondern für jeden Spieler identische Werte a und b. Zwar gibt es Autoren, die behaupten, das Konzept des kardinalen Nutzens führe zu interpersonell vergleichbaren Werten, ich kann diesen Standpunkt aber nicht nachvollziehen, weil ich keine Stelle in der Konstruktion der Nutzenwerte sehe, die interpersonelle Vergleiche einbezieht. Der Begriff des Nullsummenspiels scheint mir daher nur dann sinnvoll zu sein, wenn mit interpersonell operationalisierbaren Auszahlungswerten gearbeitet wird, nicht bei kardinalem Nutzen. Interpersonell vergleichbar wäre zum Beispiel Geld oder die Fitness der evolutionären

Spieltheorie, wobei bei Geld natürlich wieder die Probleme der Bewertung unter Risiko hineinspielen.

Allerdings ist die Unterscheidung in Nullsummen- und Nichtnullsummenspiel nicht so entscheidend, wie sie oft dargestellt wird, weil die meisten Lösungskonzepte so definiert sind, dass sie für Nichtnullsummenspiele genausogut geeignet sind wie für Nullsummenspiele. Für die Lösung eines Spiels ist es daher völlig unerheblich, ob wir es mit Hilfe einer aufwendigen Transformation als Nullsummenspiel erkannt und in eines umgewandelt haben oder nicht.

Ohnehin muss man bei der Analyse von realen Situationen aufpassen, dass man nicht unbewusst eine Nullsummensituation unterstellt; unser gesunder Menschenverstand scheint uns nahezulegen, dies sei die Normalsituation. Dabei ist selbst in scheinbar offensichtlichen Fällen Vorsicht geboten: Wenn zum Beispiel zwei Personen Backgammon um Geld spielen, dann muss es sich nicht unbedingt um ein Nullsummenspiel handeln, obwohl der eine immer den Betrag verliert, den der andere gewinnt: Der *Nutzen* des Geldes kann durchaus für die beiden Spieler unterschiedlich sein. In neuerer Zeit sind Nullsummenspiele aus der Mode gekommen, teils deshalb, weil die meisten Konflikte eben nicht vollständig kompetitiv sind, aber auch wegen der genannten Probleme mit der Interpretation der Auszahlungen und wohl auch, weil hier nur noch wenig Forschungsarbeit zu leisten ist.

Die Bedeutung von Nullsummenspielen wurde sicherlich lange Zeit deshalb überschätzt, weil das erste überzeugende Lösungskonzept der Spieltheorie für Nullsummenspiele definiert war[102] und weil man derartige Lösungen sehr gut numerisch mit Hilfe der linearen Optimierung finden kann. Aus diesem Grund war die Spieltheorie in ihrer Anfangszeit bei Militärs sehr beliebt und wurde dort wie ein Teilgebiet der Operations research behandelt. Dies wurde natürlich auch dadurch unterstützt, dass bei militärischen Auseinandersetzungen die Zweipersonen-Nullsummensituation recht naheliegend scheint, weil in einer Schlacht der eine das verliert, was der andere gewinnt. Damals wurde die Aufgabe der Spieltheorie sicherlich bevorzugt im präskriptiven Bereich gesehen, bevor man gesehen hat, dass erst die normativen Konzepte genügend weit entwickelt sein müssen, bevor man sie auf präskriptive Probleme anwenden kann.

---

[102] Es handelt sich um den Minimax-Konzept, das wir uns gleich ansehen werden.

6.2.2. Maximin-Theorem und Schachcomputer

Die Beschäftigung mit Lösungen für Nullsummenspiele ist besonders für präskriptive Fragestellungen interessant; statt einer militärischen Aufgabe verwende ich hier allerdings lieber das Beispiel von Schachcomputern.

Schach ist ein deterministisches, endliches[103] Zweipersonen-Nullsummenspiel, wenn man den Sieg als Auszahlung 1 bezeichnet, die Niederlage als -1 und Remis als 0. Deshalb könnte man das Spiel theoretisch als großen Spielbaum darstellen, den man von hinten her lösen kann. Leider ist die Zahl der möglichen Partien derart groß (HSU et al. 1990 nennen den Wert von 10^{120}), sodass kein Computer in der Lage wäre, auf diese Weise eine Lösung zu finden. Daher generiert ein Schachcomputer, ausgehend von der aktuellen Spielposition, alle regelkonformen Nachfolgezüge. In der Spieltheorie nennt man dies einen Zug, Schachspieler nennen es einen **Halbzug**. Für jede der so erreichbaren Positionen generiert der Computer wiederum alle möglichen Folgezüge usw., sodass er auf diese Art einen Teil des theoretischen Gesamtbaums aufbaut. Da in jedem Halbzug durchschnittlich 38 Zugmöglichkeiten existieren, wird jeder noch untersuchbare Teilbaum verhältnismäßig klein sein, gemessen an dem gesamten Baum des Schachspiels.

Jede Position, die an einem der Endknoten dieses erzeugten Baumes steht, wird bewertet. In die Bewertung gehen alle bis dahin erreichten Figuren- und Positionsvorteile ein, sodass die Bewertung eine Einschätzung der zukünftigen Möglichkeiten in dem Spiel darstellt; je höher die **Bewertungsziffer**, desto besser schätzt der Computer die Aussichten in dem nachfolgenden Spiel ein. Diese Bewertungsziffer entspricht unseren Auszahlungen. Wenn man eine perfekte Bewertungsfunktion hätte, dann würde diese Funktion bereits alle Informationen über die jeweils möglichen Nachfolgespiele enthalten und man brauchte jeweils nur einen Halbzug zu analysieren und den Halbzug zu wählen, der die höchste Bewertung hat. Natürlich sind real verwendete Bewertungsfunktionen weit davon entfernt.

Bemerkenswert ist die Interpretation der Auszahlungen, die sich in diesem Zusammenhang ergibt: Man kann dann ein Spiel als Ausschnitt aus einer eigentlich länger andauernden Interaktion ansehen; die Auszahlungen sind

[103] Hierbei ist bereits angenommen, dass entsprechende Regelzusätze unendlich lange Partien verhindern, die beispielsweise durch abwechselndes Hin- und Herschieben derselben Figuren entstehen können.

nunmehr die Einschätzungen der Spieler, wie gut ihre Position für die Zukunft ist. Die Auszahlungen sind also Erwartungen über die zukünftigen Möglichkeiten in einem viel größeren Spiel, das wegen seiner Größe nicht vollständig untersucht werden kann.

Wenn man den Baum derart aufbaut, dass immer eine bestimmte Zugtiefe untersucht wird, dann kann es passieren, dass die Analyse des Spiels mitten in einer kritischen Situation abbricht, zum Beispiel einem abwechselnden Figurentausch. Um dies zu verhindern, ist es sinnvoll, manchmal etwas tiefer zu suchen, wenn sich die Auszahlungen an den Endpunkten erheblich voneinander unterscheiden. Man nennt dieses Vorgehen **selektives Weiterverfolgen** (*singular extension*), eine Methode, die der Schachcomputer Deep Thought verwendet (HSU et al. 1990).[104]

Sehen wir uns nun an, wie ein Computer in einem derartigen Baum suchen kann; wir gehen hier davon aus, dass der folgende Spielbaum ein vollständiges Zweipersonen-Nullsummenspiel beschreibt, und wir befinden uns in der Rolle von Spieler A:

[104] Weil ich lange Jahre für IBM gearbeitet habe, kann ich mir nicht verkneifen, auf die ja eigentlich allgemein bekannte Tatsache hinzuweisen, dass in der Nacht zum 12. Mai 1997 der von IBM entwickelte Schachcomputer *Deep Blue* den entscheidenden Sieg gegen den damaligen Schachweltmeister Gary Kasparow errungen hat und damit erstmalig ein Computer (wennauch inoffizieller) Weltmeister wurde. Der Name des Computers setzt sich übrigens aus "Big Blue" (dem Spitznamen für IBM) und "Deep Thought" (dem legendären Supercomputer aus *Per Anhalter durch die Galaxis*) zusammen und spielt damit auf einen Roman an, den eigentlich jeder Spieltheoretiker gelesen haben sollte.

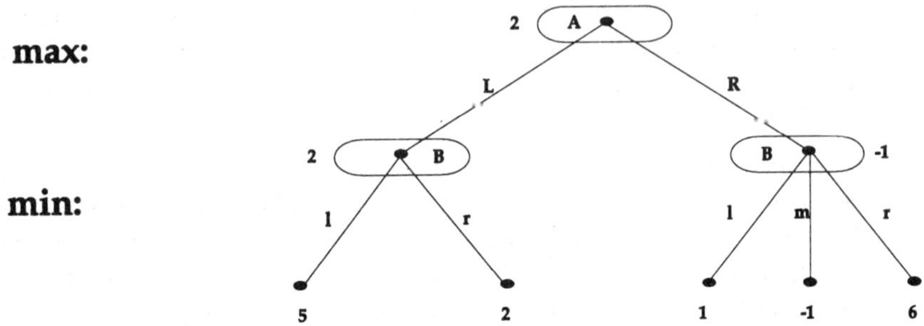

Abbildung 83: Maximin-Algorithmus.

Wenn Spielerin B am Zug ist, dann wird sie denjenigen Zug wählen, der ihr den größten Auszahlungswert bringt, das heißt, sie maximiert $u_B(z)$, worin z die Zugmenge des aktuellen Entscheidungszeitpunkts bezeichnet. Da in einem antagonistischen Spiel für Spielerin B ein Zug umso besser ist, je schlechter er für Spieler A ist, können wir genausogut annehmen, sie minimiere die Auszahlung von Spieler A. Da die Auszahlungen an den Endknoten seine Auszahlungen sind, versucht er, deren Wert zu maximieren, was für Spielerin B wiederum bedeutet, dass er ihre Auszahlung minimiert. Jeder Spieler kann deshalb davon ausgehen, dass sein Gegenspieler die für ihn schlechteste Möglichkeit wählt.

Wenn im obigen Beispiel Spieler A den Zug L wählt, dann kann er damit die Auszahlungen 5 oder 2 erreichen; er weiß aber, dass Spielerin B immer seine Auszahlungen minimieren will und daher den Zug r wählen wird. Wählt er R, so wird sie wieder das Minimum seiner Auszahlungen wählen, also –1 mit dem Zug m. Spieler A weiß daher, dass er mit seinem Zug L die Auszahlung 2 erhält, mit dem Zug R dagegen –1; wir können daher in dem Baum ihre Entscheidungsknoten durch das Minimum der Auszahlungen ersetzten – daher sind die entsprechenden Werte neben ihre Entscheidungsknoten geschrieben. Spieler A wählt das Maximum daraus, also wählt er den Zug L, mit dem er sich die Auszahlung von 2 sichern kann.

Unabhängig vom Verhalten von Spielerin B kann er sich bei optimaler Strategie diese Auszahlung sichern und könnte sogar mehr erhalten, wenn Spielerin B einen Fehler macht; er würde daher bis zu 2 bezahlen, um an dem Spiel teilnehmen zu können. Wenn sich ein Spieler eine bestimmte

Auszahlung sichern kann, sagt man, dies sei der **Wert des Spiels** für ihn; diese Bezeichnung geht noch von der Interpretation der Auszahlung als Geld aus.

Mit diesen Überlegungen können wir auch ein größeres Spiel von hinten her lösen: Wann immer sie am Zug ist, wählt sie das Minimum der Auszahlungen; dieser Wert wird neben ihren Entscheidungsknoten geschrieben und gibt die Auszahlung an, die Spieler A durch den Zug erreichen kann, der zu jenem Entscheidungsknoten führt. Wann immer er am Zug ist, wählt er das Maximum der von ihr erreichbaren Minima. So können wir von hinten her Stück für Stück die Züge beider Spieler herausfinden und ermitteln auf diese Art eine Partie. Man nennt diese Vorgehensweise **Minimax-Algorithmus**; im Beispiel oben führt er zu der Partie (L, r).

In einem Matrixspiel können wir prinzipiell genauso vorgehen. Die Überlegung, die wir gerade für Züge angestellt haben, können wir ohne weiteres auf Strategien übertragen (wir brauchen uns das Spiel dazu nur als Normalformspiel vorzustellen, in denen die Wahl einer Strategie ja formal wie ein Zug behandelt wird). Spieler A sei der Zeilenspieler, Spielerin B die Spaltenspielerin, und wir betrachten das Spiel wieder aus der Sicht von Spieler A; in dem Strategienvektor $s = (s_A, s_B)$ bezeichnet s_A die Zeile und $s_B = s_{-A}$ die Spalte; in der betreffenden Matrixzelle steht die Auszahlung $u_A(s) = -u_B(s)$.

Wenn Spieler A zuerst eine Zeile wählen müsste und Spielerin B danach eine Spalte, dann hätten wir die gleiche Situation wie in Abbildung 83: Spielerin B würde immer das Minimum der Zeile wählen, die Spieler A vorgegeben hat, und folglich würde Spieler A diejenige Zeile vorgeben, in der das Minimum maximal ist. Die Optimierungsvorschrift für Spieler A lautet daher: Wähle die Strategie s_A, für die gilt

$$\max_{s_A}[\min_{s_B} u_A(s_A, s_B)]. \qquad (46)$$

Man nennt dies seine **Maximin-Strategie**. Da die Gewinne von Spieler A Verluste für Spielerin B sind, sucht sie nach einer Strategie s_B, die genau die umgekehrte Bedingung erfüllt, sucht also eine **Minimax-Strategie**:

$$\min_{s_B}[\max_{s_A} u_A(s_A, s_B)] \qquad (47)$$

Sehen wir uns das an einem Beispiel an:

		Spielerin B(erta):			
		s_B^1	s_B^2	s_B^3	$\min\limits_{s_B} u_A(s_A, s_B)$ (Zeilenminimum)
	s_A^1	4	2	4	2
Spieler	s_A^2	7	**5**	8	**5**
A(nton):	s_A^3	3	1	2	1
	$\max\limits_{s_A} u_A(s_A, s_B)$ (Spalten-maximum)	7	**5**	8	

Abbildung 84: Nullsummenspiel mit Minimax- und Maximinwerten.

Jeder Spieler geht hier davon aus, dass der andere das für ihn schlechteste macht und maximiert unter dieser Annahme. Spieler A sucht daher in jeder Zeile nach dem Minimum und wählt dann die Zeile, in der das Minimum am höchsten ist; dies ist hier die Strategie s_A^2. Spielerin B sucht in jeder Spalte nach dem Maximum und wählt die Spalte, in der das Maximum am niedrigsten ist; dies ist hier bei der Strategie s_B^2 der Fall. Die Strategienkombination, die auf diese Weise entsteht, nennt man einen **Sattelpunkt**. Falls es mehrere gleichhohe Zeilenminima oder Spaltenmaxima gibt, wäre der Sattelpunkt nicht eindeutig, man kann dann aber auf gemischte Strategien ausweichen.

Die eben beschriebene Vorgehensweise war einer der ersten Lösungsvorschläge der Spieltheorie. Das **Minimax-Theorem** von VON NEUMANN 1928 zeigt, dass jedes Zweipersonen-Nullsummenspiel einen solchen Sattelpunkt besitzt, notfalls in gemischten Strategien. Die notwendige und hinreichende Bedingung für einen Sattelpunkt ist

$$\max_{s_A}[\min_{s_B} u_A(s_A, s_B)] = \min_{s_B}[\max_{s_A} u_A(s_A, s_B)] \qquad (48)$$

Das Minimax-Theorem ist extrem bekannt geworden; das liegt sicherlich zum großen Teil daran, dass der Aufsatz von VON NEUMANN 1928 praktisch die erste wichtige Veröffentlichung zur Spieltheorie war. Weiterhin handelt es sich um ein äußerst überzeugendes Lösungskonzept für Zweipersonen-Nullsummenspiele; dies wird auch dadurch deutlich, dass der Sattelpunkt ein Spezialfall des Nash-Gleichgewichts für Zweipersonen-Nullsummenspiele ist.

Trotz seiner großen Bekanntheit hat das Minimax-Theorem heutzutage keine große Bedeutung mehr, weil es nur bei Zweipersonen-Nullsummenspielen wirklich relevant ist. Schon bei Zweipersonen-Nichtnullsummenspielen ist es wenig überzeugend anzunehmen, der andere Spieler wolle einem immer das schlechteste antun; dies ist umso weniger überzeugend, als dies ja beide Spieler vermuten müssen und daher die Vermutungen nicht unbedingt kompatibel sind.

Ganz problematisch wird das Lösungskonzept bei Mehrpersonenspielen: Dort ist die Definition des Sattelpunkts nicht sinnvoll (wenn man sie sinnvoll auf Mehrpersonenspiele erweitern möchte, gelangt man zum Nash-Gleichgewicht), daher könnte man höchstens Lösungen in Maximin-Strategien als Lösungskonzept vorschlagen. Allerdings setzt dies voraus, jeder einzelne Spieler leide an dem Verfolgungswahn, alle anderen hätten sich gegen ihn verbündet und wollten ihm nur das Schlechteste. Abgesehen davon, dass diese Wahnvorstellungen wiederum nicht kompatibel sind (weil ja *jeder* Spieler glaubt, alle anderen hätten sich gegen ihn verbündet), kann sich ein einzelner Spieler meistens verbessern, wenn er sein Verhalten ändert und gegen das Verhalten der anderen maximiert – es handelt sich eben um kein Nash-Gleichgewicht. Allerdings kann man das Maximin-Verhalten dann rechtfertigen, wenn wenig Informationen über die Gegenspieler vorliegen und die einzelnen Spieler jeweils großen Schaden von sich abwenden wollen, denn Maximin ist eine Worst-case-Analyse, mit der man auf Nummer sicher geht (HOLLER 1993 geht diesem Sachverhalt an einem Beispiel nach). Es ist allerdings zu beachten, dass dieses Verhalten meistens nicht mit Von-Neumann-Morgenstern-Nutzen vereinbar ist, da dort nur der Erwartungswert der Auszahlungen relevant ist und der schlechteste Fall für sich allein genommen keine Bedeutung hat.

Man kann hier auch gut die Entstehung der Bedeutung des Wortes "rational" sehen: Wenn Sie noch einmal einen Blick auf Abbildung 83 werfen, sehen Sie, dass der Minimax-Algorithmus nur dann eine sinnvolle Verhaltensempfehlung liefert, wenn man annimmt, dass der Gegenspieler seine Auszahlung maximieren will und keine Fehler macht. Nehmen wir zum Beispiel an, Spieler A wüsste, dass sich Spielerin B am rechten Entscheidungsknoten mit großer Wahrscheinlichkeit irrt und den Zug r wählen wird: Dann ist es für ihn optimal, von der Maximin-Strategie abzuweichen und R zu wählen. Weil die Spieltheorie aber nicht eine Theorie des Spielens zwischen einem dummen und einem intelligenten Spieler sein sollte, wurde in der Spieltheorie von Anfang an der Begriff **Rationalität** verwendet, der andeuten sollte, dass alle Spieler gleichermaßen vernünftig entscheiden. Erst im Laufe der Zeit stellte sich heraus, wie schwer fassbar diese Forderung ist.

Wenn ein Computer tatsächlich einen derartigen Baum nach einer Partie durchsuchen soll, ist das mit sehr großem Rechenaufwand verbunden. Es ist daher wichtig, sich nach Abkürzungen umzusehen – man nennt dies **Pruning** (Beschneiden des Spielbaums). Wenn man beispielsweise in dem Spiel 83 von links nach rechts die Züge bewertet, weiß Spieler A, dass der linke Zug den Wert 2 hat, wenn er das Minimum der Nachfolgezüge des rechten Knotens bestimmen soll. Stößt er dort auf den Wert 1, so weiß er bereits, dass das Minimum unter 2 liegen muss, auch ohne die anderen Gegenzüge weiter auszuwerten. Auf diese Weise kann er die Zahl der notwendigen Auswertungen etwa um den Faktor sechs senken (HSU et al. 1990).

6.3. Entstehung von Kooperation unter Egoisten

Die etwas nihilistisch wirkende Lösung des Gefangenendilemmas hat schon seit langem Spieltheoretiker herausgefordert, Erklärungen zu finden, wodurch auch in diesen Dilemma-Situationen Kooperation zwischen den "egoistischen" Spielern entstehen kann. Als Ansatzpunkt für die Erklärung von Kooperation wird oft die Wiederholung des Gefangenendilemmas gewählt, die daher hier ein wenig genauer beschrieben werden soll.

6.3.1. Wiederholtes Gefangenendilemma und Folk-Theoreme

Sehen wir uns zunächst das wiederholte Gefangenendilemma an und stellen uns vor, wir würden zweihundert Mal mit derselben Gegenspielerin das klassische Gefangenendilemma aus dem ersten Kapitel spielen (hier mit leicht geänderten Auszahlungen):

		Gangster B(erta): C	D
Gangster A(nton):	C	(3,3)	(0,5)
	D	(5,0)	(1,1)

Abbildung 85: Noch einmal das Gefangenendilemma als Schwarzmarkthändler-Dilemma.

Im Einmalspiel war die Situation so, dass wir uns nur ein einziges Mal begegnet sind und danach nie wieder, der klassischen Annahme in der nichtkooperativen Spieltheorie. Unter diesen Bedingungen ist klar, dass die Strategie D eine dominante Strategie ist und wir damit die ineffiziente Auszahlung (1,1) erhalten. Wenn wir uns nun nicht nur einmal, sondern 200 mal begegnen, dann werden die Überlegungen komplexer, weil nun Superstrategien möglich werden, also Strategien für das wiederholte Spiel. Wir könnten zum Beispiel das Risiko eingehen, in den ersten Runden zu testen, ob Spielerin B nicht doch bereit ist, die kooperative Lösung (C,C) zu spielen und ihr einfach unsere Strategie C anbieten. Falls sie darauf eingeht, dann können wir 200 mal pro Wiederholung gut verdienen. Falls sie es nicht tut, dann haben wir nicht viel verloren und können immer noch auf D umschalten. Reale Spieler denken so, aber ist diese Vorgehensweise auch rational unter den klassischen Annahmen der nichtkooperativen Spieltheorie?

Die Antwort lautet: nein. Solange wir Common knowledge über das Spiel voraussetzen, ist diese Vorgehensweise nicht rational. Der Beweis erfolgt einfach per Rückwärtsinduktion: Angenommen, wir haben 199 mal freundschaftlich kooperiert und befinden uns nun in der Runde 200. Dann sehen wir noch ein einfaches Gefangenendilemma vor uns. Da wir annahmegemäß nichts außerhalb des Spieles tun können und uns anschließend nie wieder sehen, verhalten wir uns so, wie man sich im Gefangenendilemma eben verhält, und wählen die dominante Strategie D. Das Gleiche gilt für Spielerin B. Somit ist die Lösung für Runde 200 bekannt und die faktisch letzte Entscheidung erfolgt in Runde 199. Da dies nun aber die letzte Runde ist, gilt dort die gleiche Argumentation wie eben und beide müssen nach dem Dominanzkriterium D wählen. Diese Argumentation zieht sich durch bis in die erste Runde, sodass trotz der 200-fachen Wiederholung das gleiche Ergebnis entsteht wie beim Einmalspiel. Wir haben es hier mit der gleichen Situation zu tun wie beim Chain-Store-Paradox oder dem Tausendfüßlerspiel.

Die Sachlage ändert sich erst, wenn das Spiel *unendlich* oft wiederholt wird. Da es jetzt keinen Induktionsbeginn für die Rückwärtsinduktion gibt, lassen sich prinzipiell auch andere Verhaltensweisen als rational darstellen. Für reale Situationen enthält dies eine gute eine schlechte Nachricht: Die gute ist, dass das Spiel nicht wirklich unendlich oft wiederholt werden muss, sondern dass es auch genügt, wenn es in jeder Periode mit genügend kleiner Wahrscheinlichkeit zufällig abbricht, sodass es zwar theoretisch unendlich lang wiederholt werden könnte, es aber fast immer nach endlicher Wiederholung abbrechen wird. Diese Darstellung ist ähnlich zu der, bei der die Auszahlungen eines unendlich wiederholten Spiel abgezinst werden. Die schlechte Nachricht ist aber, dass es tatsächlich keine endliche Grenze für die Wiederholbarkeit geben darf. Da in der realen Lebenswelt aber alles endlich ist, wird man immer einen Zeitpunkt finden, zu dem man sich sicher sein kann, dass das Spiel beendet sein muss, und sei es erst beim Verglühen der Sonne in einigen Milliarden Jahren. Sofern dieser Zeitpunkt gemeinsames Wissen ist, gibt es schon wieder einen Induktionsbeginn und die wiederholte Elimination dominierter Strategien greift.

Werfen wir dennoch einen Blick auf den Fall der unendlichen Wiederholung des Gefangenendilemmas. Angenommen, es sei allgemein bekannt, dass alle Gangster die sogenannte **Grimm-Strategie** spielen. Diese (Super-) Strategie macht das, was wir oben schon einmal angedacht haben: Sie bietet zunächst das kooperative C und spielt es so oft weiter, wie es der Gegner auch tut. Weicht der Gegner nur ein einziges Mal davon ab, dann schaltet Grimm bei der nächsten Wiederholung auf das nichtkooperative D um und bleibt dort für alle Ewigkeit. Grimm wird auch manchmal eine **Trigger-Strategie** genannt, weil sie durch einen Auslöser (= engl. *trigger*) umschaltet.

Wenn man gegen Grimm spielt, dann steht man in jeder Runde vor folgender Entscheidung: Bei C erhält man den Barwert von 3 in jeder Wiederholung; bei D erhält man einmal 5 (weil man den anderen einmal ausbeutet) und danach den Barwert von 1 in jeder Wiederholung (weil ab da beide immer D spielen). Man sieht sofort, dass bei jedem hinreichend kleinen Abzinsungsfaktor der Verlust in der Zukunft größer ist als der Gewinn durch die einmalige Ausbeutung. Wie bereits gesagt, kann der Abzinsungsfaktor auch als Wahrscheinlichkeit interpretiert werden, mit der das Spiel abbricht.

Man nennt dieses Ergebnis ein **Folk-Theorem**, was wörtlich übersetzt Volks-Theorem heißt, wobei dieser Begriff allerdings nicht verwendet wird. Der Name stammt daher, dass es sich hier um eine in der Spieltheorie bekanntes Ergebnis handelt, dessen Herkunft aber keiner individuellen Person zugeschrieben wird. Was für denjenigen sehr schade ist, der diese Idee wirklich das erste Mal hatte, denn er wäre ein sehr heißer Kandidat für den Nobelpreis gewesen.

Es gibt auch andere Folk-Theoreme, die auf etwas feineren Super-Strategien aufbauen als Grimm. Zum Beispiel kann es je nach Auszahlungsstruktur und Diskontierungsfaktor schon genügen, dass die Strategie eine endliche Bestrafung ("Rache") vorsieht und anschließend zu C zurückkehrt. Dies ist in dem oben gewählten Beispiel-Gefangenendilemma der Fall: Durch eine einmalige Abweichung von der Kooperation erhält man 5 statt sonst 3; wenn sich der Gegner in der Folgerunde einmal rächt, erhält man dort (weil man wegen der erwarteten Rache ebenfalls D spielt) nur 1 statt 3. Wenn das Spiel ohne Diskontierung zukünftiger Auszahlungen gespielt wird, dann erhält man also bei Abweichung von der Kooperation gleichviel wie ohne die Abweichung. Da auch kein Spieler einen Anreiz hat, während der Rachephase abzuweichen, ist dies ein (nicht striktes) Nash-Gleichgewicht. Ein striktes würde entstehen, wenn die Rache immer zwei Runden lang dauert.

Das Ganze kann auch komplizierter werden. Oft genügt es nicht, sich nur einmal zu rächen, sondern man muss längere Rachephasen androhen, die allerdings kürzer sein können als bei Grimm. Da diese Rache auch für denjenigen eine kostspielige Angelegenheit ist, der sie ausführt, können Spieler manchmal einen Anreiz haben, nicht zu rächen. Da das Ausbeutung heraufbeschwören würde, muss man dann auch diejenigen bestrafen, die nicht bestrafen. Es gibt inzwischen eine ganze Reihe von Theoremen, die auf derartigen Überlegungen aufbauend zeigen, dass Kooperation möglich ist. Sie werden heutzutage übrigens auch dann Folk-Theoreme genannt, wenn sie auf einen einzelnen Autor zurückgehen.

6.3.2. Sind Folk-Theoreme sinnvoll?

Neben der immer feiner werdenden Mathematik stellt sich die Frage, wie sinnvoll die Folk-Theoreme eigentlich für praktische Belange sind. Dazu sollte man sich deren Voraussetzungen und Vorgehensweise etwas genauer ansehen:

Eine Voraussetzung ist, dass das Spiel unendlich oft wiederholt wird. Diese Voraussetzung ist theoretisch sehr einschränkend, praktisch aber nicht. Denn die meisten Menschen behandeln eine noch lange Zukunft subjektiv sehr oft wie "unendlich". Obwohl wir genau wissen, dass unser Geschäftspartner und wir selber einmal pensioniert sein werden, betrachten wir eine derartige endliche Begrenzung einer (Geschäfts-) Beziehung meist als unendlich. Das mathematische Konzept der Unendlichkeit muss man oft als eine Metapher für "weit hinter dem Planungshorizont" ansehen.

Nichtsdestotrotz gibt es ein **Endspielverhalten**, wenn dieses Ende näher kommt. Wie verhalten Sie sich gegenüber einem Chef, der bereits angekündigt hat, das Unternehmen zu verlassen? Wieso treten offene Streitereien zwischen Vermieter und Mieter oft zu Ende der Mietdauer hin auf, auch wenn es vorher jahrelang gut ging? Man muss sich also bei jeder praktischen Anwendung der Folk-Theoreme immer fragen, ob die Metapher der Unendlichkeit eine gute Beschreibung der realen Situation ist oder nicht.

Weiterhin arbeiten alle Folk-Theoreme so, dass sie einen Sollpunkt definieren, der als Kooperation gilt und eine Bestrafung androhen, falls ein Spieler von diesem Sollpunkt abweicht. Das ist eine viel stärkere Voraussetzung als es zunächst scheint.

Erstens muss für alle Spieler klar sein, wo dieser Punkt der Kooperation genau ist. Im Gefangenendilemma ist das einfach, weil es nur zwei Strategien gibt, die genau zuordenbar sind. Aber schon in etwas komplexeren Spielen mit mehr als zwei Strategien, kann es passieren, dass die Spieler leicht unterschiedliche Vorstellungen darüber haben, was genau unter Kooperation zu verstehen ist. Wenn die Spieler aber unterschiedliche Auffassungen über den Kooperationspunkt haben, dann kann es passieren, dass einer die Abweichung des anderen bestrafen will, dieser sich aber für kooperativ hielt und die Bestrafung seinerseits als Abweichung von der Kooperation ansieht, die er bestrafen muss. Und schon ist die Kooperation zerstört.

Selbst bei völliger Einigkeit der Spieler kann es kleine Störungen (*trembles*) geben, die manchmal eine Kooperation unmöglich machen. Etwa weil einer der Spieler einfach einen Fehler macht oder weil er gerade die Steuerfahndung im Haus ist und er deshalb heute nicht seine gewohnte Strategie spielen kann. Wenn diese Möglichkeit besteht, kann es sein, dass die Spieler immer häufiger diesen Fall vorzutäuschen versuchen, um sich zulasten der Gegenspieler zu bereichern, ohne dass sich diese rächen. Das aber wiederum zerstört auf Dauer die Kooperation.

Außerdem verwenden alle Folk-Theoreme letztlich den Trick, dem Spiel eine Art Einigungsprozess voranzustellen, der aber nicht mitmodelliert ist. Nehmen wir den Fall der Grimm-Strategie. Diese ist sehr wirksam, Kooperation zu erzeugen (sofern die eben angesprochenen Probleme nicht vorliegen), weil sie jeden Ausbeutungsversuch extrem teuer macht. Aber kann man aus dem Spiel heraus erschließen, dass der Gegenspieler ein Grimm-Spieler ist? Natürlich nicht, sondern die Strategie ist nur dann wirksam, wenn man eine Vorab-Information über den Gegner hat. Letztlich heißt das aber, dass es einen impliziten Informationskanal gibt, der sich außerhalb des eigentlichen Spiels befindet. Letztlich sagen die Folk-Theoreme also nicht, wie es zu der Kooperation kommt, sondern nur, dass sie möglich ist. Die genaue Ausgestaltung der Kooperation muss außerhalb des Spiels festgelegt werden, zum Beispiel durch vorherige Absprache, durch Konventionen, durch Kulturhintergrund, durch Lernen in einer Population usw. Ein wenig mehr dazu folgt noch im Kapital über Kommunikation und Selbstbindung.

Trotz dieser Kritikpukte sind die ins Altagsleben übersetzten Folk-Theoreme eine hochinteressante Beschreibung realer Beziehungen, durch die man sehr viel über Konflikt und Kooperation lernen kann. Zum Beispiel kann man verstehen, wie wichtig es ist, einen gemeinsamen Hintergrund zu haben. Oft passiert es bei Geschäften mit anderen Kulturen (sei es aus anderen Ländern oder auch nur anderen Unternehmen), dass man implizit andere Sollpunkte als die kooperative Lösung ansieht oder dass man andere Superstrategien zum Einhalten der Kooperation verfolgt. Viele Konflikte im Straßenverkehr werden ebenfalls auf unterschiedliche Erwartungen über das Verhalten des Anderen zurückgehen (etwa wie schnell man die linke Spur wieder freigibt) und wie man bei Abweichungen von diesem als korrekt empfundenen Verhalten reagiert (ist die Lichthupe Rache, Defektion oder nur ein Signal?).

Auch ist die Analyse der Rache interessant. Denn sie ist eine wesentliche Voraussetzung dafür, dass Kooperation überhaupt entstehen kann, weil ohne die Androhung von Rache der Anreiz zur Ausbeutung zu groß ist. Andererseits gibt es aber auch so etwas wie optimale Rache: Zuviel zerstört die Kooperation ebenso wie zu wenig. Solche endlichen Phasen der Rache (oder Bestrafung) sind durchaus Kennzeichen langanhaltender Beziehungen, im Privaten wie im Geschäftlichen. Eine (endliche) Beziehungsstörung unterscheidet sich also deutlich von einer Zerrüttung, bei der die Phase der Kooperation nie wieder aufgenommen wird. Auch ist bemerkenswert, dass Rache ebenfalls für denjenigen teuer ist, der sie ausübt, und dass daher ein Anreiz bestehen kann, *zu wenig* zu rächen.

6.3.3. Robert Axelrods Computerturnier

Trotz der Überlegungen von eben bleibt die Frage offen, ob sich innerhalb von Spielen (also ohne Vorwissen) die Konventionen selbständig entwickeln, die bei den Folk-Theoremen stillschweigend vorausgesetzt werden. Eine bahnbrechende Untersuchung dazu stammt von dem Politologen ROBERT AXELROD 1980a und 1980b, die er 1984 auch als Monographie veröffentlicht hat.

Axelrod wollte untersuchen, welche (Super-) Strategien im Gefangenendilemma erfolgreich sind und lud daher einige Spieltheoretiker ein, Superstrategien für das hundert Mal wiederholte Gefangenendilemma als Computerprogramme zu entwickeln, die er dann in einem Computerturnier gegeneinander spielen ließ. In der Jeder-gegen-Jeden-Anordnung war auch immer eine Zufallsstrategie mit dabei, und jede Strategie musste auch einmal gegen sich selbst spielen, was beides den Teilnehmern bekannt war. Das Gefangenendilemma selbst hatte genau die Auszahlungsmatrix aus Abbildung 85. Die teilnehmenden Spieltheoretiker stammten aus den Bereichen Psychologie, Wirtschaft, Politologie, Mathematik und Soziologie. Nachdem das Turnier gespielt war, stellte er die Ergebisse öffentlich zur Verfügung und lud zu einem zweiten Turnier ein.

Einige Beispiele für eingereichte Strategien sind folgende:

Grimm. Diese Strategie verhält sich so, wie bei den Folk-Theoremen bereits besprochen: Sie beginnt kooperativ, schaltet aber bei der ersten Defektion auf ewige Vergeltung um, also auf *immer D*.

Tit for Tat ist eine Strategie mit kurzer Bestrafungsperiode: sie beginnt mit Kooperation und imitiert danach das Verhalten des Gegners, d.h. sie bestraft jede Defektion einmal. Übersetzt heißt sie Auge um Auge, Zahn um Zahn.

Downing versucht abzuschätzen, inwieweit der Gegner überhaupt auf das eigene Verhalten reagiert. Wenn sie merkt, dass der Gegner reagiert (also sich rächt und Kooperation erwidert), dann geht sie in Richtung Kooperation, ansonsten schließt sie, dass sich Defektion lohnt, und wird immer aggressiver.

Joss ist eine Art von Tit for Tat, die aber manchmal Defektionen einstreut, um den Gegner ein wenig auszubeuten.

Tit for Two Tats verhält sich wie Tit for Tat, bestraft aber erst dann, wenn der Gegner zweimal defektiert hat.

Tester beginnt aggressiv und versucht dadurch herauszufinden, wie provozierbar sein Gegner ist. Wenn er sich sofort wehrt, schaltet sie um auf *Tit for Tat*. Andernfalls defektiert sie jede zweite Runde.

Tranquilizer bemüht sich zu Beginn, eine vertrauensvolle Beziehung der Kooperation aufzubauen, die sie dann mit wohldosierten Defektionen auszunutzen versucht.

Man kann bereits an den Unterschieden in den Strategien sehen, wie schwer es ist, eine Strategie zu entwickeln, die in so verschiedenen Umgebungen erfolgreich ist. Es zeigt auch, wie stark einschränkend die Annahmen der Folk-Theoreme sind, man kenne bereits die Art der Strategie, gegen die man spielt.

Wenn man das Ergebnis nicht schon kennt, ist es folglich auch sehr schwer vorherzusagen, wie das Turnier ausging. Viele vermuten bei den oben genannten Strategien, dass *Tranquilizer* am erfolgreichsten war; das ist aber nicht der Fall. Statt dessen war der Gewinner der ersten Runde Tit for Tat, die auch zugleich die einfachste aller eingereichten Strategien war. Allerdings gab es andere Strategien, die erfolgreicher gewesen wären, wenn sie eingereicht worden wären. Dazu gehört z.B. Tit for Two Tats, die aber erst im zweiten Turnier eingereicht wurde.

Am zweiten Turnier beteiligten sich sogar noch mehr Teilnehmer als am ersten, und alle kannten die Ergebnisse des ersten. Daher ist es umso überraschender, wer diesmal der Sieger wurde: Es war wiederum Tit for Tat.

Da es Sie vielleicht interessiert, hier auch noch der Erfolg einiger anderen Strategien:[105] *Grimm* ist erwartungsgemäß nicht sehr erfolgreich, weil sie zu

[105] Um Missverständnissen vorzubeugen: Der Erfolg einer Strategie besteht nicht darin, bei einer einzelnen Spielsequenz gegen seinen Gegner zu "gewinnen". Es nützt nichts, wenn man ein paar Auszahlungspunkte mehr hat als der Gegner aber insgesamt nur sehr wenig erhält. Da das Gefangenendilemma kein Nullsummenspiel ist, geht es darum, mit seinem Gegner gemeinsam viel zu erreichen, ohne dabei ausgebeutet zu werden. Mehr zu diesem Problem im Geschäftsleben findet man auch in BRANDENBURGER / NALEBUFF 2007.

hart zurückschlägt. Sie hat das Problem, das weiter oben schon angesprochen wurde: Sie könnte Kooperation fördern, wenn der Gegner wüsste, mit wem er es zu tun hat. Da er es aber nicht weiß, merkt er es erst, wenn es schon zu spät ist. *Downing* ist gut, wenn sie die richtige A-priori-Vermutung über das Verhalten der Gegner hat. Sie hätte in der ersten Turnierrunde gewinnen können, wenn sie von einer anderen Vermutung ausgegangen wäre. In der Wiederholung des Turniers war dann zwar ihre Anfangsvermutung verbessert, aber leider gab es andere Strategien, die genau das ausnutzten. *Joss* ist eine ganz schlechte Idee: Wer selbst Streit anfängt, sollte nicht die Rache des Gegners wieder rächen, sonst hört der Streit nie auf. *Tit for Two Tats* wäre in der ersten Turnierrunde ganz oben gewesen; in der zweiten wurde es eingereicht, dafür gab es aber andere, die sich darauf spezialisiert haben, eine derart nachgiebige Strategie auszubeuten. *Tranquilizer* ist anfangs sehr erfolgreich, zerstört sich aber seine eigene Lebensgrundlage: Indem er die nachgiebigen Strategien ausbeutet, verdrängt er sie und hat dann niemanden mehr, den er ausbeuten kann. – Bei dieser Abfolge der Verbesserung der Strategien und der Verbesserung der Ausbeutung stellt sich die Frage, was eigentlich passiert wäre, wenn es noch weitere Turnierrunden gegeben hätte.

Genau dafür verwendete Axelrod anschließend eine Anordnung, mit der er weitere Turnierrunden simulierte, ohne sie tatsächlich zu spielen. Die Idee war, dass erfolgreiche Strategien vermehrt eingereicht werden und erfolglose verschwinden. Daher stellte er aus den teilnehmenden Strategien eine Population zusammen, in der jede Strategie so oft vorkam, wie sie in der vorangegangenen Simulationsrunde an Punkten gewonnen hatte. Auf diese Weise vermehrten sich die erfolgreichen Strategien und die erfolgloseren wurden weniger, sodass die verbleibenden Strategien vermehrt gegen andere erfolgreiche Strategien spielen mussten und auch vermehrt gegen sich selbst (mehr dazu auch bei der evolutionsstabilen Strategie (ESS) auf Seite 261). Man nennt dies eine **ökologische Simulation** (im Gegensatz zu **evolutionären Simulationen**, bei denen sich nicht nur die Populationszusammensetzung ändert, sondern auch die Strategien selbst).

In dieser ökologischen Simulation zeigt sich, dass ausbeutende Strategien nur anfangs Erfolg haben. Wenn die zu sanften Strategien erst einmal verdrängt wurden, dann treffen die aggressiven zunehmend auf ihresgleichen und schneiden schlechter ab als die kooperativen Strategien. Auf diese Weise verbreitete sich auch in dieser Anordnung die Strategie Tit for Tat immer weiter in der Population und belegte auch hierbei dauerhaft den ersten Platz. Als Resultat verbreitet sich in der Population auch immer weiter die Kooperation, denn Tit for Tat kommt mit sich selbst sehr gut zurecht und kooperiert dauerhaft. In gewisser Weise kann man dieses Resultat als einen sehr starken Hinweis dafür ansehen, dass sich die in den Folk-Theoremen beschrieb Kooperation auch endogen unter den Spielern einer Population ("Gesellschaft") bilden kann.

Ich selbst habe in RIECK 1988 die Entwicklung der Kooperation durch Strategien vom Tit-for-Tat-Typ erstmalig in einer evolutionären Simulation untersucht, bei der sich die Strategien selbst verändern konnten (heutzutage werden die Nachfolger derartiger Simulationen oft *agent based simulations* genannt). Es zeigte sich, dass tatsächlich aus einer Vielzahl von Populationszusammensetzungen Tit for Tat entstehen kann und sich mit dieser Strategie auch die Kooperation verbreitet. Aber dieser Zustand ist nicht stabil. Denn bei zufälligen Störungen kann es passieren, dass eine lange Folge von Rache und Gegenrache entsteht, die das Rächen sehr teuer macht. Daher besteht ein Anreiz, immer nachsichtiger zu werden und nicht jede Defektion zu ahnden. Das geht einige Zeit lang gut, aber irgendwann sind viele Strategien so nachsichtig geworden, dass sich die Ausbeutung stark lohnt. Wenn das entdeckt wird, dann bricht die Kooperation innerhalb kürzester Zeit zusammen, und es verbreiten sich in großer Geschwindigkeit aggressive Strategien. Eine gute Nachricht ist allerdings: Nach einiger Zeit entwickelt sich langsam aber sicher auch wieder die Kooperation. Leider hält sie wiederum nicht sehr lange. Sie verschwindet, weil Ausbeutung zu oft ungestraft bleibt.

6.4. Kommunikation, Verträge und Selbstbindung

6.4.1. Kommunikation in nichtkooperativen Spielen

Vergegenwärtigen Sie sich bitte noch einmal die Beispiele aus Kapitel 4.4. Strategie (Abbildung 44ff, Seite 151). Ich hatte dort behauptet, mit der Extensivform sei es möglich, dass Spielerin B eine Drohung ausspricht. Vielleicht haben Sie sich bereits dort gefragt, ob eine Drohung der Spielerin B überhaupt mit den Grundannahmen der nichtkooperativen Spieltheorie vereinbar ist. Schließlich hatten wir gesagt, dass die Spieler in nichtkooperativen Spielen nur über die im Rahmen der Spielregeln festgelegten

Wege miteinander kommunizieren dürfen – und ein Kommunikationsweg für die Drohung ist in dem geschilderten Spiel nicht vorgesehen. Wir wollen in diesem Abschnitt ein wenig der Frage nachgehen, wie Kommunikation in Spielen abgebildet werden kann (interessante Ausführungen zu diesem Thema finden sich auch in WÄRNERYD 1990 sowie in dem Klassiker zu diesem Thema LEWIS 1969).

Bei der im Beispiel genannten Situation handelt es sich um sogenannte **Preplay communication**, also um Kommunikation vor dem Spiel. Als NASH 1951 den Gleichgewichtsbegriff für nichtkooperative Spiele definierte, ist er wahrscheinlich von der Vorstellung ausgegangen, dass die Spieler in einer ersten Spielstufe darüber verhandeln, wie sie sich in dem Spiel verhalten werden, aber ohne die Möglichkeit, bindende Verträge abzuschließen; erst in einer zweiten Spielstufe spielen sie dann das eigentliche Spiel, jetzt aber ohne weiter kommunizieren zu können. Es ist einleuchtend, dass nur solche Verhandlungsergebnisse eine Aussicht haben, in der zweiten Stufe tatsächlich realisiert zu werden, die sich im Nash-Gleichgewicht befinden (bei allen anderen Verhandlungsergebnissen hat laut Gleichgewichtsdefinition mindestens ein Spieler einen Anreiz, von der Vereinbarung abzuweichen). Besonders wenn mehr als zwei Spieler beteiligt sind, ist eine gleichgewichtige Vereinbarung ein starker Anreiz für jeden Beteiligten, sich in seinem eigenen Interesse der Vereinbarung gemäß zu verhalten, obwohl kein bindender Vertrag möglich war. Da in diesem Fall die Anreize mit der vorausgegangenen Vereinbarung kompatibel sind, nennt man derartige Vereinbarungen **anreizkompatibel**.

Das Ärgerliche an dieser Auffassung eines nichtkooperativen Spiels ist, dass der eigentlich wichtige Prozess der Entscheidungsfindung in der ersten Spielphase stattfindet und damit diejenigen Entscheidungsprozesse, die schließlich zum Spielergebnis führen, *vor* dem Spiel liegen, das ursprünglich untersucht werden sollte. Heutzutage würde man daher die Verhandlung mit in das zu untersuchende Spiel integrieren, das dann in seiner Gesamtheit mit nichtkooperativen Mitteln untersucht werden muss. Jegliche andere Form von Kommunikation, mit der spielrelevante Informationen übermittelt wurden, ohne explizit modelliert worden zu sein, würde den Grundprinzipien der nichtkooperativen Spieltheorie widersprechen.

Bezogen auf das Beispiel bedeutet dies, dass – wenn wir Spielerin B die Möglichkeit geben möchten zu drohen – wir diese Möglichkeit explizit in das Spiel aufnehmen müssen:

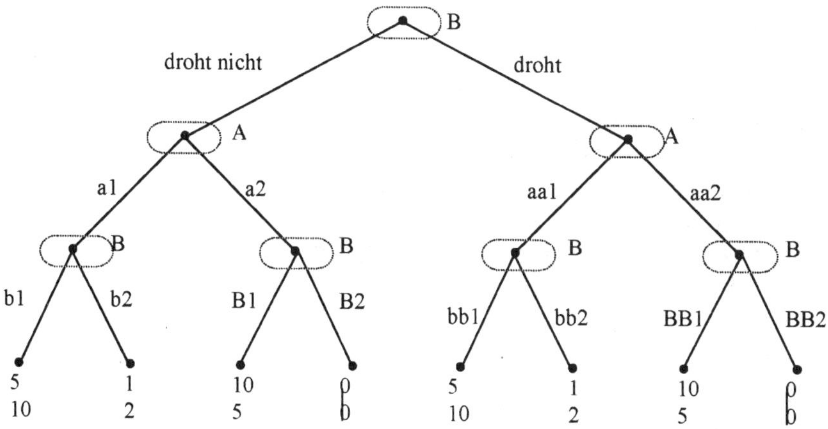

Abbildung 86: Das Spiel aus Abbildung 45, in das die Möglichkeit für Spielerin B zu drohen explizit aufgenommen wurde.

Auf diese Weise könnten wir die gesamten Möglichkeiten des Verhandlungsprozesses darstellen – so könnten wir zum Beispiel dem Spieler A die Möglichkeit geben zu sagen, ihm sei die Drohung gleichgültig usw. Auf diese Weise beziehen wir den eigentlichen Entscheidungsprozess mit in unsere Analyse ein, der für uns vorher lediglich eine Blackbox war. Allerdings kann es – wie man leicht sieht – ziemlich ausufern, wenn ein natürlichsprachlicher Verhandlungsprozess vollständig modelliert werden soll, sodass es für jede Modellierung außerordentlich wichtig ist, sich auf die wesentlichen Elemente zu beschränken.

Sehen wir uns nun an, was die Kommunikationsmöglichkeit (das heißt der hinzugefügte erste Entscheidungsknoten) in dem Spiel eigentlich bewirkt hat: Erstaunlicherweise verändern sich die Gleichgewichtslösungen in keinster Weise. Genauer gesagt werden zwar die Strategienmengen der Spieler größer (sie wachsen auf 4 Strategien für Spieler A und auf 32 für Spielerin B), somit gibt es auch "neue" Gleichgewichte, aber die Gleichgewichte im eigentlichen Spiel (das nun zum Teilspiel geworden ist) bleiben dieselben: $((a_1), (b_1,B_2))$, $((a_2), (B_1,b_1))$ und $((a_2), (B_1,b_2))$. Bei genauerer Betrachtung ist dies auch überhaupt nicht erstaunlich, denn der hinzugefügte Knoten ändert schließlich nichts an dem eigentlichen Spiel – wieso sollte er also die Gleichgewichte verändern?

Heißt das, dass unsere ganzen Mühen umsonst waren, eine Kommunikationsmöglichkeit einzuführen, weil Kommunikation generell nichts ändert? Das Problem ist, dass wir uns nicht gründlich genug überlegt hatten, was Kommunikation überhaupt bedeutet. Wir hatten die Entscheidung am ersten Knoten einfach als Kommunikation interpretiert, weil ich natürlichsprachliche Interpretationen daneben geschrieben hatte: *droht*, bzw. *droht nicht*. In Wahrheit (das heißt aus Sicht der Spieler) handelt es sich aber um eine reine Dummy-Entscheidung, die in jedem Fall zu einem identischen (Teil-) Spiel führt. Die Situation ist genau die gleiche, wie wenn Spielerin B vor dem Spiel eine rote oder eine blaue Fahne schwenken könnte. Soll dies irgendetwas ändern, so muss beiden Spielern klar sein, was die Farben bedeuten sollen – ist ihnen dies aber klar, so muss dem Fahne schwenken bereits eine Kommunikation vorausgegangen sein, die nicht mit ins Spiel aufgenommen wurde.

Um einer derartigen Entscheidung auch eine Bedeutung für die Spieler zu geben (die ja nicht *über* das Spiel sprechen können, sondern nur die ihnen durch das Spiel zugestandenen Kommunikationsmöglichkeiten in Anspruch nehmen können), muss die Kommunikations-Entscheidung etwas in dem nachfolgenden Spiel verändern – zum Beispiel an den Auszahlungen. Da das Spiel mit all seinen Regeln (also auch mit den Auszahlungen) gemeinsames Vorwissen (Common knowledge) aller Spieler ist, erhält damit der Kommunikationszug eine spielendogene Bedeutung. Wir könnten dies beispielsweise derart modellieren, dass der Nutzen der Auszahlung an Spielerin B nach ihrer Entscheidung BB_1 auf -1 absinkt; die Verminderung um 6 ist dann sozusagen der Wert, den sie dem Gesichtsverlust beimisst, die angekündigte Drohung nicht wahrgemacht zu haben. Man kann sich überzeugen, dass durch diese Modifikation nach der Drohung in dem eigentlichen Spiel nur noch solche Strategienkombinationen im Gleichgewicht sind, die zu der Partie entlang aa_1 und bb_1 führen.

Einen Sachverhalt muss ich an dieser Stelle anmerken: Die Informationsübermittlung von dem einen an den anderen Spieler ist jetzt über den Kanal der Common-knowledge-Annahme erfolgt, also in gewisser Weise spielexogen, weil Common knowledge über das Spiel ja vorausgesetzt und nicht endogen erklärt wird. Die Veränderung der Auszahlung hat somit nicht spielendogen Informationsbedeutung *erzeugt*, sondern lediglich die Tatsache abgebildet, dass ein Informationsfluss, also Kommunikation, stattfinden kann, indem ein Zeichen für alle beteiligten Spieler die gleiche inhaltliche

Bedeutung hat. Die spielendogene Zuweisung von Bedeutung an Signale (die Erzeugung inhaltlicher Information) ist weitaus komplizierter; ein Ansatz zur Untersuchung dieses Sachverhalts sind die Signalisierspiele (siehe Kapitel 6.4.3.Signalisierspiele).

Cheap talk

Weil der ursprüngliche Fall der "Kommunikation" in Abbildung 86 nicht die Auszahlungen verändert, wird er **Cheap talk** genannt. Cheap talk bezeichnet die Möglichkeit, gratis ein beliebiges Signal auszusenden, das dann natürlich in einem Einmalspiel keinerlei Bedeutung für die nachfolgenden Entscheidungen hat, und zwar unabhängig davon, welche Bezeichnungen für die Signale gewählt werden. Denn die Bezeichnungen haben ihre Bedeutung nur außerhalb des Spieles, von einer übergeordneten Sicht aus, nicht aber aus der Sicht der Spieler.

Cheap talk ist erst seit verhältnismäßig kurzer Zeit ins Gespräch gekommen. Daher ist der Gebrauch dieser Bezeichnung nicht ganz einheitlich, und viele Autoren verwenden den Begriff de facto synonym zu Preplay communication. Ich halte diese Verwendung für nicht sinnvoll, weil ich als Cheap talk nur solche Signale bezeichnen würde, deren Bedeutung nicht Common knowledge ist. Die Bedeutung einer natürlichsprachigen Kommunikation ist aber gerade Common knowledge und kann folglich mindestens zur Auswahl von Gleichgewichtspunkten führen, obwohl sie in einem Einmalspiel keine *neuen* Gleichgewichte erzeugen kann. Daher empfehle ich, Preplay communication und Cheap talk nicht einfach gleichzusetzen.

Machen wir uns den Unterschied noch einmal an einem Beispiel klar: Wenn wir ein Koordinationsspiel derart modifizieren, dass wir einem der Spieler die Möglichkeit geben, an den anderen eines von zwei beliebigen Signalen zu senden, so haben wir den Fall von Cheap talk; daran ändert sich auch nichts, wenn der andere ein Signal zurücksenden kann oder ein beliebig langes Hin und Her von Signalen möglich ist. Solange kein Zusammenhang zu Spielausgängen beobachtbar wird, erhalten die Signale keine Bedeutung. Bei Preplay communication aber tauschen die Spieler Signale aus, deren Bedeutung ihnen schon vorher bekannt ist, und sie können daher einen der Gleichgewichtspunkte zum Fokuspunkt machen, was es auch für rationale Spieler sinnvoll werden lässt, gerade dieses Gleichgewicht zu spielen. Man darf hieraus allerdings nicht den Schluss ziehen, Preplay communication nütze immer zur Gleichgewichtsauswahl. Im Taube-Falke-Spiel zum Beispiel hat immer einer der Spieler einen Anreiz abzuweichen, falls der Versuch unternommen worden sein sollte, eines der Gleichgewichte in reinen Strategien zum Fokuspunkt zu machen.

Die Forderung, dass Kommunikation etwas verändern muss, entspricht auch unserer alltäglichen Auffassung von Kommunikation: Wenn jemand den Satz ausspricht "Ich komme um sieben Uhr", dann erwartet man, dass er sich wenigstens schlecht fühlt, falls er die Vereinbarung nicht einhält – andernfalls hat das Signal bei dieser Person keine inhaltliche Bedeutung (obwohl es uns im täglichen Leben schwer fällt, uns in solchen Fällen von der üblichen Bedeutung freizumachen; das ist die sprichwörtliche Macht des Wortes).

Von dieser Warte aus betrachtet, ist jede Kommunikation eine Form von Vertrag mit sich selbst, durch den sich der Sender eines Zeichens dazu verpflichtet, es in einer bestimmten Weise zu verwenden. Ohne diese Voraussetzung liegt keine Kommunikation vor: Wer sich in keiner Weise festlegt, was er meint, wenn er das Wort "Baum" sagt, und es willkürlich für jeden beliebigen Gegenstand einsetzt, der kommuniziert offenbar auch nicht, weil ihn natürlich niemand verstehen kann. Jetzt wird auch aus einer anderen Perspektive klar, weshalb die klassische Unterteilung der Spieltheorie in kooperativ / nichtkooperativ an der Möglichkeit festgemacht wird, bindende Verträge zu schließen, und nicht an der Möglichkeit zu kommunizieren: Kommunikation in der eben geschilderten Interpretation ist eine spezielle Form des Vertragsabschlusses. Dies wird im folgenden Abschnitt nochmals deutlich.

6.4.2. Verträge und Selbstbindung

Wir haben gesehen, dass es in manchen Spielen entscheidend ist, ob die Spieler die Fähigkeit haben, sich auf bestimmte Handlungen festzulegen; man nennt dies **Selbstbindung** (*self commitment*). Die Möglichkeit zur Selbstbindung ist eine außerordentlich wichtige Komponente in Spielen, die das Ergebnis ganz wesentlich beeinflussen kann, wie auch in dem Beispiel von eben sichtbar wurde. Viele Kontroversen unter Spieltheoretikern entstehen dadurch, dass sie unterschiedliche Selbstbindungsmöglichkeiten unterstellen.

Betrachten wir zunächst den Begriff: Eine **externe (Selbst-) Bindungsmöglichkeit**[106] liegt vor, wenn die Spieler bindende Verträge mit den anderen Spielern oder mit spielexternen Personen abschließen können, die nicht in die Regeln des Spiels aufgenommen worden sind. In derartigen Verträgen könnten sie sich zum Beispiel auf Seitenzahlungen oder auf ein bestimmtes Spielverhalten festlegen. Nun ist es aber das definierende Kennzeichen der nichtkooperativen Spieltheorie, dass *alle* derartigen Bindungsmöglichkeiten explizit mit in die Regeln des Spiels aufgenommen sind. Daher ist es in extensiven Spielen unsinnig anzunehmen, es gäbe irgendwelche Möglichkeiten zu externer Selbstbindung, die über die vorhandenen Regeln hinausgehen: Falls derartige Möglichkeiten bestehen und spielrelevant sind, dann müssen sie mit in die Regeln des Spiels aufgenommen werden.

Wir haben in dem vorausgegangenen Abschnitt eine externe Bindungsmöglichkeit in das Spiel aus Abbildung 86 aufgenommen, indem wir die Auszahlung von Spielerin B nach dem Zug BB_1 auf –1 festgelegt haben. Im vorherigen Abschnitt hatte ich vorgeschlagen, die veränderten Auszahlungen als Gefühle zu interpretieren; das Resultat ist aber das Gleiche, wie wenn Spielerin B die Möglichkeit hätte, gleichzeitig mit dem Drohsignal einen Vertrag mit einer spielexternen Person abzuschließen, der vorschreibt, den Betrag von 6 zu vernichten, falls Spielerin B den Zug BB_1 spielen sollte. Der Drohzug hätte dann diese Möglichkeit mit in die Regeln des Spiels aufgenommen, und damit aus der ursprünglich externen Selbstbindungsmöglichkeit eine interne gemacht.[107]

---

106 SELTEN 1982 nennt diesen Fall **externe Selbstbindungskraft**, ich verwende das Wort Selbstbindungskraft dagegen für die Unterscheidung in zentralisierten und dezentralisierten Spieler, die wenige Zeilen weiter unten erörtert wird.

107 Man könnte einwenden, der Externe, mit dem der Vernichtungsvertrag abgeschlossen wurde, habe ein Interesse daran, neu zu verhandeln, falls der relevante Entscheidungsknoten tatsächlich erreicht werden sollte. Er würde dann anbieten, gegen Zahlung eines Betrages (in dem obigen Beispiel wäre der Betrag von 2 möglich) den Vertrag für nichtig zu erklären; Spielerin B nähme natürlich an, denn sie erhält auf diese Weise 5 – 2 = 3 und der Externe erhält 2, wogegen bei Einhaltung des Vertrags er nichts und sie -1 erhielte. Aber auch hier gilt: Sollte die Möglichkeit zur Neuverhandlung bestehen, so muss diese explizit in die Regeln aufgenommen werden.

Zentralisierter / dezentralisierter Spieler

Es gibt aber auch eine ganz andere Form der Selbstbindung: Indem wir sagen, ein Spieler wähle eine bestimmte Strategie, unterstellen wir, dass er sich einmal auf ein bestimmtes Verhalten festlegt; dieses ist zwar auf das Verhalten der Gegenspieler konditioniert, aber es ist bindend. Man muss sich deshalb darüber klar sein, dass man automatisch für alle Spieler diese Form der **Selbstbindungskraft** unterstellt, wenn man nur die Normalformdarstellung eines Spiels verwendet, weil sie auf dem Strategiebegriff aufbaut; ebenso unterstellt das Nash-Gleichgewicht implizit diese Form der Selbstbindungskraft. Verwendet man dagegen die Agentennormalform als Spieldarstellung, so unterstellt man, die Spieler hätten keinerlei Selbstbindungskraft; das Gleiche gilt, wenn man Teilspielperfektheit gegenüber dem einfachen Nash-Gleichgewicht bevorzugt.

GÜTH 1991 nennt einen Spieler, der diese Form der Selbstbindungskraft besitzt, einen **zentralisierten Spieler**, im Gegensatz zum **dezentralisierten Spieler**. Die wesentlichen Merkmale der beiden Typen sind hier noch einmal übersichtlich zusammengestellt:

	Zentralisierter Spieler	**Dezentralisierter Spieler**
Charakterisierung:	*vollständige Selbstbindungskraft*: legt sich einmal auf ein bestimmtes globales Verhalten fest (das allerdings auf das Verhalten der anderen konditioniert ist)	*keinerlei Selbstbindungskraft*: wählt nur lokale Verhaltensweisen
Auszuwählende Alternativen:	(reine und gemischte) Strategien	Züge, Verhaltensstrategien
Adäquate Spieldarstellung:	Normalform	Agentennormalform
Typisches Lösungskonzept:	Nash-Gleichgewicht	teilspielperfektes Nash-Gleichgewicht

Man sieht, dass die Wahl der Darstellungsform eines Spiels und die Wahl des Lösungskonzepts implizite Annahmen über die Selbstbindungsmöglichkeiten der Spieler machen. Dies ist insofern bemerkenswert, als in der extensiven Spieldarstellung keine Möglichkeit vorgesehen ist, Angaben über diese Form der Selbstbindungskraft zu machen. Es ist daher dringend erforderlich, sich bei einzelnen Spielen genau zu überlegen, welche Form der Selbstbindungskraft sinnvoll ist und diese Information mit zu den Regeln des Spiels hinzuzufügen, anstatt die Annahmen darüber im Darstellungs- oder Lösungskonzept zu verstecken.

6.4.3. Signalisierspiele

Kommen wir noch einmal auf das Thema der Kommunikation zurück: Die Methode, die in Abbildung 86 gewählt wurde, um Kommunikation darzustellen, ist recht unbefriedigend, weil dort die Bedeutung der Signale vollständig spielexogen vorgegeben ist. Es wäre treffender, wenn sich die Bedeutung eines Signals als Lösung eines Spiels ergeben würde; genau dies ist in Signalisierspielen der Fall.

Es gehört zum Wesen von Kommunikation, dass eine Person eine Information besitzt, die eine andere Person nicht hat, und dass die besser informierte Person ein Zeichen an die andere Person sendet, das die Information übermitteln soll. Wenn man diesen Sachverhalt in die Sprache der Spieltheorie übersetzt, dann handelt es sich um einen Fall asymmetrischer Information, der sich sehr elegant als Spiel mit unvollständiger Information darstellen lässt. Dieser Typus von Spielen mit unvollständiger Information ist einer der Schwerpunkte neuerer spieltheoretischer Forschung innerhalb der ökonomischen Theorie. Häufig wird diese Forschungsrichtung als **Informationsökonomik** bezeichnet, oft werden die darunter fallenden Modelle auch unter dem Namen **Principal-Agent-Modelle** behandelt: Der "**Agent**" hat dann private Informationen gegenüber dem "**Principal**", der seinerseits nur bestimmte Vermutungen über die Typen des Agenten hat.

Es gibt die verschiedensten Versionen von Spielen mit unvollständiger Information; eine gute und sehr ausführliche Darstellung befindet sich in RASMUSEN 1989. Ich beschränke mich hier darauf, einige Begriffe anhand eines Beispiels darzustellen, einer vereinfachten Version des Modells von SPENCE 1974, das – zusammen mit dem *Market for Lemons* von AKERLOF 1970 – einer der Klassiker dieser Forschungsrichtung ist. Das

Prinzip des Akerlof-Modells kennen wir bereits aus Abbildung 42, in der ein Spiel dargestellt ist, das die gleiche Struktur hat wie das im folgenden dargestellte Spiel.

Es geht hier um folgendes: Spieler A sucht einen Arbeitsplatz und bewirbt sich bei der Arbeitgeberin B. Spieler A ist mit der Wahrscheinlichkeit p ein fähiger Bewerber und mit der Wahrscheinlichkeit $1 - p$ ein ungeeigneter Bewerber. Weiterhin kann er sich entscheiden, ob er eine gute Ausbildung wählt (Studium) oder eine schlechtere Ausbildung (Lehre). Er selbst weiß, ob er ein guter oder schlechter Bewerber ist, die Arbeitgeberin aber nicht, sondern sie kann nur beobachten, welche Ausbildung der Bewerber gewählt hat. Natürlich hat ein fähiger Bewerber eine größere Produktivität für die Arbeitgeberin und außerdem sei hier angenommen, dass einem fähigen Bewerber das Studium leichter fällt als einem ungeeigneten Bewerber.

Die Auszahlungen in diesem Spiel seien nun folgendermaßen zu ermitteln: Falls die Arbeitgeberin den Bewerber einstellt, zahlt sie ihm den Lohn und erhält dafür als Gegenleistung seine Arbeitskraft; der Lohn sei abhängig vom Bildungsabschluss. Falls sie ihn nicht einstellt, muss sie nichts zahlen, erhält aber auch nichts. Er muss in jedem Fall den Aufwand für seine Ausbildung aufbringen, unabhängig davon, ob er eingestellt wird oder nicht; falls er eingestellt wird, erhält den Lohn. Die Werte, die wir als Beispiel für das zu untersuchende Spiel annehmen, befinden sich in der folgenden Tabelle:

	fähiger Bewerber	ungeeigneter Bewerber	Studium	Lehre
Lohn			5	3
Arbeitsproduktivität	7	3		
Aufwand für Studium	1	4		
Aufwand für Lehre	0	1		

Daraus ergibt sich folgender Spielbaum (die Erweiterungen der Zugnamen geben jeweils an, nach welcher Information der Zug erfolgt; *Studium_F* bedeutet zum Beispiel Studium des fähigen Bewerbers, *einstellen_S* bedeutet, dass der studierte Bewerber eingestellt wird usw.):

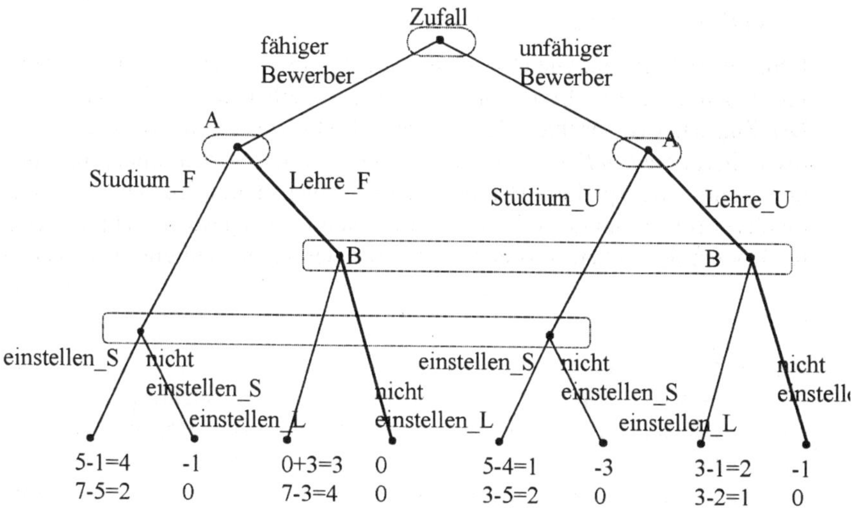

Abbildung 87: Vereinfachte Form des Spence-Modells (*Job Market Signaling*).

Zusammengefasst geht es in dem Spiel um folgendes: Spieler A hat eine private Information (seine Fähigkeit als Bewerber) und kann ein Signal an Spielerin B senden (den Bildungsabschluss); bei geglückter Kommunikation kann sie an dem Signal erkennen, welche Information Spieler A hatte. Daher nennt man diesen Typ von Spielen **Signalisierspiele**.

Der eben geschilderte Fall der geglückten Kommunikation liegt vor, wenn ein geeigneter Bewerber das Signal "Studium" wählt, ein ungeeigneter Bewerber das Signal "Lehre" und die Arbeitgeberin alle Bewerber einstellt. Sehen wir uns kurz an, ob dieser Fall ein Gleichgewicht des obigen Spiels ist: Angenommen, die Arbeitgeberin stelle jeden Bewerber ein, das heißt, sie wähle die Strategie (*einstellen_S, einstellen_L*). Dann ist es für einen fähigen Bewerber eine beste Antwort, zu studieren, weil seine Netto-Auszahlung dann 4 beträgt, wogegen er ohne Studium nur 3 als Auszahlung erhielte. Für einen ungeeigneten Bewerber dagegen wäre es eine beste Antwort, nicht zu studieren, weil für ihn der Aufwand für das Studium höher ist; seine Nettoauszahlung ist bei einer Lehre höher. Die Strategie (*Studium_F, Lehre_U*) des Spieler A ist also eine beste Antwort auf die Strategie (*einstellen_S, einstellen_L*) von Spielerin B.

Damit es sich um ein Gleichgewicht handelt, muss gleichzeitig die Strategie von Spielerin B eine beste Antwort auf das Verhalten von Spieler A sein. Der Zug nach Beobachten des Bildungsabschlusses Lehre ist unproblematisch: Dort ist *einstellen_U* ein dominierender Zug. An dem linken Informationsbezirk von Spielerin B gibt es zwar keinen dominierenden Zug, aber Spielerin B weiß, dass sie in dem vermuteten Gleichgewicht nicht am rechten Knoten des linken Informationsbezirks sein kann, weil ein ungeeigneter Spieler A den Zug *Lehre_U* wählt; deshalb ist es optimal, beim Erreichen des linken Informationsbezirks mit *einstellen_U* zu antworten.

Wir erhalten also als Ergebnis: Die Strategienkombination ((*Studium_F, Lehre_U*), (*einstellen_S, einstellen_L*)) ist ein Gleichgewicht. Da bei dieser Strategienkombination die verschiedenen Bewerbertypen verschiedene Signale senden, sie also anhand des Signals unterschieden werden können, nennt man ein derartiges Gleichgewicht ein signalisierendes oder **separierendes Gleichgewicht**. In diesem Beispiel gibt es nur ein separierendes Gleichgewicht, theoretisch kann es in Signalisierspielen aber auch **paradoxe**[108] **Gleichgewichte** geben: Dieser Fall läge vor, wenn das Verhalten im Gleichgewicht wäre, dass ein fähiger Bewerber den Zug *Lehre_F* wählt und ein ungeeigneter Bewerber den Zug *Studium_U*.

Neben dem separierenden Gleichgewicht könnte in dem obigen Beispiel aber auch der Fall eines Gleichgewichts eintreten, in dem das Signal *keine* Information über den Bewerbertyp transportiert: Dies wäre zum Beispiel der Fall, wenn ein Gleichgewicht existierte, in dem sowohl ein geeigneter als auch ein ungeeigneter Bewerber den Zug *Lehre* wählt. Würden in dem obigen Spiel die Kosten für das Studium für einen ungeeigneten Bewerber nicht 4, sondern nur 2 betragen, so hätte ein ungeeigneter Bewerber einen Anreiz, zu studieren, um vorzutäuschen, er sei ein fähiger Bewerber. Damit in diesem Fall für Spielerin B der Zug *einstellen_S* optimal ist (also das separierende Verhalten ein Gleichgewicht ist), muss folgende Ungleichung erfüllt sein:

---

108 Im Englischen findet man hierfür die Bezeichnung *perverse equilibrium*, weil *perverse* auch "abwegig" bedeutet.

$$\begin{aligned} &u_B(einstellen\_S) \geq u_B(nichteinstellen\_S) \\ &p \cdot 2 + (1-p) \cdot (-2) \geq p \cdot 0 + (1-p) \cdot 0 \end{aligned} \tag{49}$$

Diese Bedingung ist erfüllt, falls die A-priori-Wahrscheinlichkeit für einen guten Bewerber größer oder gleich 0,5 ist; es würde dann die Strategienkombination (*Studium_F, Studium_U*), (*einstellen_S, einstellen_L*)) gespielt. Sollte dagegen $p < 0{,}5$ gelten, so wäre für Spielerin B die Gefahr zu groß, dass sich ein ungeeigneter Bewerber mit einem Studium getarnt hat, und sie müsste jeden Bewerber mit Studium ablehnen, das heißt, die Strategienkombination ((*Lehre_F, Lehre_U*), (*nicht einstellen_S, einstellen_L*)) wäre im Gleichgewicht. Man nennt die beiden letzten Gleichgewichtstypen, in denen das Signal keine Information über den Typ von Spieler A transportiert, **Pooling-Gleichgewichte**.

Ob die Kommunikation funktioniert, das heißt, ob sich ein separierendes Gleichgewicht herausbildet, hängt in diesem Modell also davon ab, inwieweit das Signal mit Kosten für die verschiedenen Typen des Spielers A verbunden ist: Falls die Kosten für das "falsche" Signal zu gering sind, kann es im Gleichgewicht sein, dass einer der Typen ein Mimikry betreibt und sich tarnt, sodass ein Pooling-Gleichgewicht entsteht.

Übrigens hat die Interpretation des Spence-Modells noch eine interessante Komponente: Wir hatten an keiner Stelle angenommen, dass die Ausbildung im Studium irgendwelche Vorteile für das Berufsleben erzeugt, sondern wir waren davon ausgegangen, dass die Bewerber von vornherein entweder fähig oder ungeeignet sind, unabhängig von ihrer Ausbildung. Trotzdem kann es – dem Modell zufolge – für die Bewerber sinnvoll sein, sich den Mühen des Studiums zu unterziehen, nur um gegenüber der Arbeitgeberin zu demonstrieren, dass sie zu den fähigen Typen gehören. Solange nur gewährleistet ist, dass das Signal hinreichend immitationssicher ist (dass es also für die "richtigen" Typen billiger ist, das Signal zu verwenden als für die "falschen" Typen), hätten wir als Signal genausogut irgendetwas ganz anderes wählen können, zum Beispiel ein Motorradrennen, die Fähigkeiten im Tetris-Spielen oder die Aufgabe, ein Spieltheoriebuch zu schreiben.

7. Experimentelle Wirtschaftsforschung

Die reine Spieltheorie beschäftigt sich mit normativen und präskriptiven Fragestellungen und gelangt damit manchmal (wenn nicht gar ziemlich oft) zu Ergebnissen, die vom gesunden Menschenverstand als nicht sehr überzeugend angesehen werden. In der Tat beschimpfte mich einmal ein Zuhörer nach einem meiner Vorträge mit den Worten, Spieltheorie sei offenbar der geistigen Gesundheit nicht zuträglich. Er hatte zuvor im Tausendfüßlerspiel 98 Pfennig[109] gewonnen, bevor ich ausführte, dass dies nur die Folge seiner eingeschränkten Rationalität war und er bei vollständiger Rationalität eigentlich nur 2 Pfennig hätte erhalten dürfen – er nahm daraufhin noch nicht einmal die 98 Pfennig an, was ich nur als weiteren Beleg seiner Irrationalität werte. Womit wir bereits beim Thema dieses Kapitels wären: der Konfrontation spieltheoretischer Ergebnisse mit dem Verhalten realer Menschen (oder manchmal auch anderer Entscheider, wie, sagen wir, Laborratten).

Diese Aufgabe, *deskriptive* Forschung zu betreiben, wird von der Experimentellen Wirtschaftsforschung erfüllt, bei der das Entscheidungsverhalten realer Versuchspersonen unter kontrollierten Bedingungen beobachtet wird. Diese Forschungsrichtung bedient sich dabei sehr oft einer Methodik, die sehr stark der experimentellen Psychologie ähnelt (obwohl einige wesentliche Unterschiede bestehen), und der Anwendungsbereich bezieht sich inzwischen auf weite Teile der Wirtschaftswissenschaften, nicht nur auf rein spieltheoretische Fragestellungen.

Noch vor wenigen Jahrzehnten wurde die Wirtschaftswissenschaft für eine prinzipiell nichtexperimentelle Wissenschaftsdisziplin gehalten, dennoch ist der Umfang der experimentellen Literatur in den letzten Jahren – besonders in der volks- und finanzwirtschaftlichen Forschung – rapide gewachsen. Der Wirtschaftsnobelpreis des Jahres 2002 ging dann sogar an zwei ausgeprägte

[109] Es waren tatsächlich Pfennig, denn die gab es damals noch.

Experimentatoren, nämlich VERNON SMITH und DANIEL KAHNEMAN (wenngleich unter großem Protestgeschrei der alteingesessenen Wirtschaftswissenschaftler, die derartige verhaltensorientierte Ansätze als den Wirtschaftswissenschaften fremd ablehnen – wieso sie das tun, habe ich nie so recht verstanden).

Natürlich müssen alle Dinge, wenn Sie bekannt werden, einen englischen Namen bekommen, und so verbreitet sich inzwischen immer mehr die Bezeichnung **Behavioral Economics** oder (weil besonders in der Finanzwirtschaft viele Experimente durchgeführt werden) **Behavioral Finance**. Ohne diese Bezeichnungen abzulehnen, verwende ich aber nach wie vor die deutsche Bezeichnung Experimentelle Wirtschaftsforschung; schließlich hat diese Forschungsmethode hierzulande ebensofrüh begonnen wie in Amerika, auch wenn die dortigen Wissenschaftler ihre Ergebnisse konsequenter veröffentlicht haben.

7.1. Darstellung der experimentellen Methode

7.1.1. Definition des Experiments

Wesentliches Kennzeichen eines Experiments ist es, dass der Experimentator in das zu untersuchende System eingreift und einige Größen bewusst beeinflusst ("*kontrolliert*"). Ziel ist es dabei meistens, den Einfluss der kontrollierten Größen ("*unabhängige Variable*") auf die davon abhängigen Systemgrößen ("*abhängige Variable*") untersuchen zu können. Vollständiger formuliert (eine alternative, leicht abweichende Definition befindet sich bei TIETZ 1974):

> Ein **Experiment** liegt vor, wenn eine reale (empirische) Erscheinung systematisch beobachtet wird, indem bestimmte Konstellationen relevanter Einflussgrößen absichtsvoll und wiederholbar herbeigeführt werden.

Diese Definition bezieht sich auf alle Experimente, unabhängig vom konkreten Erkenntnisobjekt, also zum Beispiel auch auf naturwissenschaftliche Experimente.

Ein Beispiel: Soll der Zusammenhang zwischen Preis und Absatz eines Gutes (auf einem real existierenden Markt) ermittelt werden, so würde man bei experimenteller Vorgehensweise zum Beispiel den Verkaufspreis gezielt variieren und die verschiedenen Preise den sodann gemessenen Absatzmengen gegenüberstellen. Eine nichtexperimentelle Untersuchungsmethode bestünde darin, in der historischen Realität nach Situationen zu suchen, in denen verschiedene Preise bestanden, und anhand dieser die Gegenüberstellung von Preis und Absatzmenge vorzunehmen.

Hervorzuheben an der genannten Definition des Experiments sind mehrere Aspekte:

- Erstens handelt es sich um die Beobachtung einer *empirischen* Erscheinung, wodurch eine reine Simulation vom Experiment zu unterscheiden ist (darauf gehe ich auch weiter unten noch einmal ein).
- Zweitens fallen nur *systematische* Beobachtungen unter den Experimentbegriff; dies bedeutet insbesondere, dass bestimmte Standards einzuhalten sind. Derartige Standards bilden sich typischerweise in den verschiedenen Disziplinen unterschiedlich heraus und sind zu gewissem Grad willkürlich; auch hierauf gehe ich noch ein.
- Drittens fordern viele Definitionen des Experiments, dass die unabhängigen Größen *variiert* werden müssen, um ihren Einfluss auf die unabhängige Variable zu untersuchen; dies fordert die obige Definition nicht, sondern dort genügt es, die "unabhängigen Variablen" zwar zu kontrollieren, aber konstant zu halten. Der Sinn hiervon ist, dass auch solche Untersuchungen in die Gruppe der Experimente fallen, in denen eine konstante Entscheidungssituation vorgegeben wird, mit dem Ziel zu untersuchen, welche von mehreren alternativen Theorien die Entscheidungen der Probanden besser erklären bzw. vorhersagen. Bei den Definitionen, die eine Variation der unabhängigen Variablen verlangen, würde sehr viele wirtschaftswissenschaftliche "Experimente" von dieser Bezeichnung ausgeschlossen.

Ein Experiment, das – wie im obigen Beispiel der Messung einer Preis-Absatz-Funktion – in der natürlichen Entscheidungsumgebung stattfindet, nennt man **Feldexperiment**. Oftmals ist es jedoch wünschenswert, möglichst alle relevanten Einflussfaktoren einer Entscheidungssituation zu kontrollieren. Dies kann erreicht werden, indem das Experiment in einer künstlichen Umgebung durchgeführt wird, die der Experimentator weitgehend beliebig gestalten kann; man spricht in diesem Fall von **Laborexperimenten**. Dort wird versucht, alle relevanten Aspekte einer feldrealen Entscheidungssituation nachzubilden und in dieser künstlichen Umwelt die gewünschten Variationen vorzunehmen. Als "relevante Aspekte" gelten in der Regel solche, die der theoretischen (abstrakten) Beschreibung der realen Situation entsprechen. Entscheidend ist also, ob die entscheidungsrelevanten Faktoren im Experiment abgebildet werden, und nicht, ob die Experimentalumgebung möglichst "realitätsnah" gestaltet ist. Wenn im Folgenden von Experimenten die Rede ist, so sind damit grundsätzlich Laborexperimente gemeint.

Auch den Fall der Laborexperimente kann man an einem Beispiel verdeutlichen: Soll die Aussage der Theorie empirisch überprüft werden, dass in Abhängigkeit von einer gegebenen Angebots- und Nachfragefunktion ein bestimmter Gleichgewichtspreis entsteht, dann müssten diese Funktionen selbst Gegenstand experimenteller Kontrolle sein. In einem Feldexperiment ist dies sehr schwierig zu erreichen, aber in einem Laborexperiment sehr einfach: Die Experimentleitung braucht den einzelnen Teilnehmern lediglich einen individuell unterschiedlichen Rückkaufwert für das Gut zu garantieren, um die Funktionen willkürlich zu kontrollieren. Tatsächlich wird diese Vorgehensweise bereits seit den Anfängen der Experimentellen Wirtschaftsforschung angewandt (z.B. von CHAMBERLIN 1948; SMITH 1962).

Wie erwähnt, gelten die bisher genannten Kennzeichen für alle wissenschaftlichen Experimente, also zum Beispiel auch für naturwissenschaftliche. Wirtschaftswissenschaftliche Experimente sind dadurch gekennzeichnet, dass sie auf die Beobachtung von (Entscheidungs)verhalten abzielen. Allerdings wird diese Einschränkung von einigen Autoren recht weit ausgelegt:

Die Experimentelle Wirtschaftsforschung beschränkt sich nicht auf die Untersuchung von *menschlichem* Entscheidungsverhalten, weil die ökonomische Theorie durchaus auch auf Pflanzen oder Tiere angewandt werden kann (vgl. beispielhaft für die vielen Vorschlägen hierzu CODY 1974 oder RIECHERT / HAMMERSTEIN 1983). So wurde in der Experimentellen Wirtschaftsforschung auch das Entscheidungsverhalten von Tieren untersucht, z.B. CARACO 1981; CARACO / MARTINDALE / WHITTAM 1980.

Um dem Wesen von Experimenten gerecht zu werden, ist es sinnvoll, die unterschiedlichen möglichen Ziele von Experimenten zu nennen:

- *Überprüfung von Theorien.* Eine häufig vorliegende Absicht bei der Durchführung von Experimenten ist der Versuch herauszufinden, welche von alternativen Theorien bei einer gegebenen Entscheidungssituation am ehesten in Übereinstimmung mit real beobachtetem Verhalten steht. Ohne hier auf weitere wissenschaftstheoretische Erörterungen einzugehen, kann man dieses Vorgehen als "Überprüfen von Theorien" bezeichnen (einige kurze aber weitergehende Ausführungen hierzu befinden sich in RIECK 1994).

- *Ideenfindung für neue Theorien.* Die klassische Vorgehensweise bei Experimenten ist das **Hypothesenexperiment**: Dort werden aus einer bereits vorhandenen Theorie bestimmte Hypothesen abgeleitet, zu deren Überprüfung dann ein Experiment durchgeführt wird. Das Experiment kann die Hypothesen nur entweder ablehnen oder unter Vorbehalt akzeptieren; dagegen ist es nicht erlaubt, anhand der Daten neue Hypothesen zu entwickeln und diese als durch die Daten gestützt anzusehen. Im Gegensatz zu dieser klassischen Auffassung ist es bei wirtschaftswissenschaftlichen Experimenten weitgehend akzeptiert, auch **Erkundungsexperimente** (**explorative Experimente**) vorzunehmen, bei denen anhand des erhobenen Datenkörpers neue Hypothesen und eventuell auch Theorien entwickelt werden (vgl. SELTEN 1979, S. 43-44). (Auch wenn derartige Theorien als vorläufig durch das Experiment gestützt angesehen werden können, ist es sinnvoll, sie durch weitere Hypothesenexperimente zu überprüfen.)
- *Messen von Parametern im Rahmen einer Theorie.* Oftmals wird eine bestimmte Theorie bereits als gültig angesehen und dann das Verhalten der Probanden dazu verwendet, einzelne Parameter im Rahmen dieser Theorie zu schätzen. Ein typisches Beispiel für diese Vorgehensweise ist die Messung von individuellen Risikoeinstellungen (vgl. für Überblicke hierzu: FARQUHAR 1984; KRAHNEN / RIECK / THEISSEN 1994b).
- *Abgeben von Empfehlungen.* Experimente können auch präskriptiv eingesetzt werden, z.B. in der Marktforschung oder um Politikempfehlungen für die Gestaltung wirtschaftlicher Rahmenbedingungen geben zu können.
- *Abschätzung der Wirkung von hypothetischen Gestaltungsregeln.* Dieser Punkt hängt eng mit dem vorher genannten zusammen. Oft ist es riskant, grundsätzlich neue Gestaltungsregeln zu erlassen, weil die Wirkungen vollkommen unbekannt sind. Hier eignen sich Experimente, um die Wirkung im Voraus abschätzen zu können. Ein Beispiel für diesen Fall wäre

die Einführung einer neuen Handelsregel an Wertpapierbörsen, die problemlos zunächst unter Laborbedingungen erprobt werden könnte.

7.1.2. Unterschiede zu verwandten Untersuchungsmethoden

Die Besonderheiten von Experimenten werden nochmals deutlicher, wenn man sich die Unterschiede zu verwandten Untersuchungsmethoden vergegenwärtigt:

Befragung

In der oben genannten Definition des Experiments ist von einer "realen" empirischen Erscheinung die Rede. Diese Formulierung grenzt das Experiment von einer Befragung ab: Bei einer Befragung wird nicht das Verhalten von Versuchspersonen beobachtet, sondern der Proband wird lediglich gefragt, wie er sich verhalten *würde*, wenn er in einer bestimmten Situation wäre. Oft zielen Befragungen sogar noch nicht einmal auf das Verhalten direkt ab, sondern fragen nach Einstellungen oder Selbsteinschätzungen.

Bei Feldexperimenten ist es unproblematisch, die Entscheidungssituation als "real" anzusehen. Bei Laborexperimenten ist dies anders: Dort müssen entsprechende Verhaltensanreize gesetzt werden, um die Situation zu einer realen werden zu lassen. Die gängige Methode besteht darin, eine von den getroffenen Individualentscheidungen abhängige Bezahlung der Probanden vorzunehmen. Hierdurch bleiben die Entscheidungen nicht rein hypothetisch, sondern haben reale Konsequenzen. Es ist daher ein international akzeptierter Standard der Experimentellen Wirtschaftsforschung, dass die Probanden erfolgsabhängig entlohnt werden müssen, etwa in der Höhe ihres sonstigen Stundenlohns. Hierdurch sollen Verhaltensanreize überdeckt werden, die nicht im Sinne der vorgegebenen Entscheidungssituation sind (sog. *induced value theory*, vgl. z.B. SMITH 1976; SMITH / WALKER 1993).

Zwischen Experiment und Befragung besteht allerdings ein gewisser Übergangsbereich. GERKE / BIENERT 1993 argumentieren zum Beispiel, dass eine sehr realitätsnahe (Spiel-) Situation bereits eine Anreizstruktur schaffen kann, die über den fiktiven Charakter einer Befragung hinausgeht. Auch sind etwa die außerordentlich bekannt gewordenen Untersuchungen von Allais zum "Allais-Paradoxon" (ALLAIS 1953) nach dieser Unterscheidung eher eine Befragung als ein Experiment, da die in den Fragen verwendeten Millionenbeträge nicht wirklich ausgezahlt wurden.

Die Unterscheidung in Experimente und Befragungen ist durchaus nicht rein akademischer Natur, sondern es kann einen erheblichen Unterschied machen, ob die Entscheidungen rein hypothetisch sind oder ob sie reale Konsequenzen haben. Ein Beispiel hierfür sind die Experimente von KROLL / LEVY / RAPOPORT 1988 zur Portfoliotheorie, in denen bei höheren Auszahlungen eine deutliche Verschiebung des Verhaltens hin zu der normativen Lösung erfolgte.

Simulation

Die Bezeichnung *reale, empirische Erscheinung* kennzeichnet ebenfalls den Unterschied zwischen einem Experiment und einer Simulation:

In einem wirtschaftswissenschaftlichen Experiment ist das reale Verhalten von Probanden Gegenstand der Untersuchung; dagegen werden in einer *Simulation* die Implikationen eines Modells systematisch untersucht, wobei das zu untersuchende Modell das theoretische, meistens idealisierte Abbild einer realen Situation ist. Dieses Vorgehen entspricht einer *theoretischen* Analyse, nicht einer empirischen.

Bei einer Simulation geht die empirische Datenerhebung der Konstruktion des Simulationsmodells voraus, und im Laufe der Simulation werden lediglich die Konsequenzen des Modells erforscht, also keine weiteren empirischen Daten mehr erhoben. Im Gegensatz dazu dient die simulationsähnliche Realitätsnachbildung in Experimenten dazu, eine Entscheidungssituation zu schaffen, in der die Experimentteilnehmer gleiche Verhaltensanreize haben wie in der zu untersuchenden realen Situation; Untersuchungsobjekt ist aber nicht die Realitätsnachbildung selbst, sondern das Verhalten der beteiligten Probanden.

Ex-post-facto-Untersuchung

Bei einer *Ex-post-facto-Untersuchung* wird – ähnlich wie beim Experiment – der Zusammenhang zwischen verschiedenen Größen erhoben, aber die "unabhängigen Variablen" werden nicht durch Eingriffe in das System variiert, sondern es werden unterschiedliche Ausprägungen dieser Variablen zugrunde gelegt, die sich auf natürliche Weise historisch ergeben haben.

Dieses Prinzip ist wesentlich einfacher anhand des oben verwendeten Beispiels zu vermitteln, bei dem der Zusammenhang von Absatzmenge und Preis ermittelt werden sollte: Die angesprochene Methode, verschiedene historisch beobachtete Preise den gleichzeitig beobachteten Mengen gegenüberzustellen, ist eine Ex-post-facto-Untersuchung. Der Nachteil einer solchen Anordnung ist, dass ein weiterer, unberücksichtigter Einfluss hoch mit der "unabhängigen Variablen" korreliert sein kann, und dieser Einfluss die abhängige Variable erheblich beeinflusst.

Man kann diesen Fall leicht für das Beispiel konstruieren: Man stelle sich vor, das betrachtete Gut sei Speiseeis, für das die Verkäufer selbständig täglich den Preis festlegen können. Es ist anzunehmen, dass sie bei gutem Wetter einen höheren Preis verlangen werden als bei schlechtem Wetter; trotz dieser Reaktion der Verkäufer könnte der Absatz bei gutem Wetter höher liegen als bei schlechtem. Der sodann gemessene Zusammenhang zwischen Preis und Absatzmenge wäre somit aber durch den Einfluss des Wetters verfälscht und die Preis-Absatz-Funktion wäre daher unzutreffend. In diesem Beispiel mag der Zusammenhang der systematischen Störgröße so offensichtlich sein, dass dieser Fehler nicht unterlaufen wird, aber im Allgemeinen ist die Gefahr für einen solchen Effekt groß.

7.2. Was bringt die experimentelle Methode?

Wenn eine experimentelle Untersuchung möglich ist, dann ist sie methodisch genauer ist als eine Ex-post-facto-Anordnung. Dies ist insofern von großer Bedeutung, als fast alle ökonometrischen Untersuchungen den Charakter einer Ex-post-facto-Untersuchung haben und infolge dessen den oben genannten Fehlerquellen unterliegen.

Allerdings stehen diesem Vorteil auch Nachteile gegenüber. Feldexperimente sind im Allgemeinen sehr aufwendig und vielfach überhaupt nicht durchführbar: Es ist schwer vorstellbar, zum Beispiel "absichtsvoll" die Inflationsrate zu variieren, um deren Einfluss auf die Arbeitslosenquote messen zu können. Dies ist auch der Grund dafür, dass wirtschaftswissenschaftliche Experimente lange Zeit für unmöglich gehalten wurden. Daher dominieren in der wissenschaftlichen Literatur zahlenmäßig die Laborexperimente, weil sie sich in weiteren Bereichen einsetzen lassen und deutlich weniger aufwendig sind. Jedoch ist dort der Grad der Übertragbarkeit der Ergebnisse geringer, insbesondere wenn es um pragmatische Fragestellungen geht (sogenannte "externe Validität"). Feldexperimente werden heutzutage hauptsächlich in der Marktforschung eingesetzt und sind in der wissenschaftlichen Forschung eher die Ausnahme.

Laborexperimente bieten Untersuchungsmöglichkeiten, die bei Felduntersuchungen generell unmöglich sind: Der Experimentator hat die Möglichkeit, Größen zu erheben oder zu manipulieren, die bei Felduntersuchungen prinzipiell unbekannt bleiben. Wenn beispielsweise der Einfluss von Insiderhandel auf Kapitalmärkten untersucht werden soll, so ist dies feldempirisch außerordentlich problematisch, weil außer den Insidern selbst (per Definition) niemand die Insiderinformationen haben kann; laborexperimentell ist eine derartige Untersuchung hingegen kein Problem, weil die Insider im Rahmen des Experiments vorgegeben werden können (vgl. zu einer derartigen experimentellen Untersuchung z.B. GÜTH / KRAHNEN / RIECK 1993; KRAHNEN / RIECK / THEISSEN 1994a).

Auch kann man mit Experimenten wirtschaftliche Institutionen untersuchen, die es in der Realität außerhalb des Labors (noch) nirgendwo gibt; es ist offensichtlich, dass Laborexperimente in derartigen Fällen die einzige empirische Untersuchungsmöglichkeit darstellen.

Nichtsdestotrotz hatte die experimentelle Methode lange Zeit viele Gegner, die auch bis heute nicht verstummt nicht (obwohl Experimente inzwischen auch in der wirtschaftswissenschaftlichen Literatur salonfähig geworden sind). Daher stelle ich hier einige besonders häufig gegen die Experimente vorgetragenen Argumente den möglichen Gegenargumenten gegenüber. Es ist hierbei zu beachten, dass es sich im Wesentlichen um Plausibilitätsbetrachtungen handelt. Auch möchte ich mich nicht dazu versteigen zu behaupten, Experimente seien anderen Untersuchungsmethoden generell überlegen: Wie jede Methode, ist auch diese mit Schwächen verbunden. Allerdings handelt es sich in der Regel um *andere* Probleme als bei anderen Untersuchungsmethoden und daher können Experimente eine sinnvolle Ergänzung im "Portfolio der Methoden" sein. Auch gibt es – wie oben angesprochen – Situationen, die auf andere Weise überhaupt nicht untersucht werden könnten, und es ist sicherlich sinnvoller, wenigstens irgendwelche empirischen Ergebnisse zu besitzen als ausschließlich auf theoretische Spekulationen angewiesen zu sein.

Nun also zu den Argumenten gegen Experimente:

Die Auszahlung in Experimenten erfolgt in Geld, nicht in Nutzenwerten. Es ist aber bekannt, dass bezüglich Geld typischerweise eine nicht-neutrale Risikoeinstellung vorliegt. Daher führt die Interpretation der Auszahlungen in Experimenten als "Nutzenwerte" zu fehlerhaften Ergebnissen.

Dieser Einwand trifft insbesondere bei Experimenten zu, die sich auf spieltheoretisch orientierte Fragestellungen beziehen. Aber auch dann gelten einige Einschränkungen: Erstens benötigt man für Gleichgewichte in reinen Strategien nicht die Kardinalität der Nutzenfunktion, sondern es genügt die ordinale Reihenfolge der Auszahlungen. Erst bei gemischten Gleichgewichten kann der Einwand relevant werden. Weiterhin ist die Risikoeinstellung von untergeordneter Bedeutung, wenn eine bestimmte Entscheidungssituation sehr oft wiederholt wird, weil sich dann die Gesamtauszahlung immer dichter der Erwartungsauszahlung annähert. Außerdem könnte man die gemischten Strategien auch unter der Annahme von Risikoeinstellungen errechnen, die von der Risikoneutralität abweichen.

Die Auszahlungen in Experimenten sind meist so viel geringer als bei den zugrundeliegenden realen Situationen, dass die Entscheidungssituation ihren Charakter verliert.

Dieser Einwand betrifft im Besonderen Finanzmarktexperimente, da dort Situationen nachgebildet werden, die sowohl hohe Beträge als auch große Anteile am Gesamtvermögen der Entscheider voraussetzen. Wenn z.B. untersucht werden soll, ob sich die Risikoeinstellung bei sehr großen Beträgen ändert, so können sicherlich nicht die Ergebnisse von Experimenten mit geringen Auszahlungen zugrundegelegt werden. Aber es gibt Methoden, hier Abhilfe zu schaffen: So verwendete z.B. FISCHER 1974 Anteile an Losen zu staatlichen Lotterien als Auszahlungen, sodass tatsächlich hohe Auszahlungsmöglichkeiten garantiert werden konnten. BINSWANGER 1980 unternahm eine Untersuchung im ländlichen Indien, wo er Auszahlungen in der Region von Monatseinkünften der Probanden verwenden konnte. BOLLE 1990 schlägt vor, mit zum Beispiel um den Faktor zehn erhöhten Auszahlungen zu arbeiten, aber nur 10% der Probanden auszulosen, die tatsächlich eine Geldauszahlung erhalten. Auch können in vielen Fällen experimentnahe Befragungen zu überzeugenden Ergebnissen führen, wie beispielsweise die bahnbrechenden Untersuchungen von ALLAIS (vgl. ALLAIS 1953) zeigen, die dann unter dem Namen Allais-Paradox bekannt wurden. Es gibt also auch hier prinzipiell Lösungsmöglichkeiten.

Bei anderen Fragestellungen – wie etwa der Portfoliozusammensetzung – sollte man die Gegenfrage stellen, weshalb sich die Probanden suboptimal verhalten sollten, nur weil die Beträge gering im Vergleich zu ihrem Lebenseinkommen sind, wo doch das Grundproblem – dass die Auszahlung erheblich schwanken kann – in beiden Fällen gegeben ist. Eine mögliche Erwiderung könnte wiederum folgender Einwand sein:

Für Experimente werden in der Regel Studenten als Probanden verwendet, auch wenn in der zu untersuchenden Entscheidungssituation andere Akteure anzutreffen sind. Daher sind die Ergebnisse der Experimente nicht oder nur eingeschränkt übertragbar.

Dies ist die Frage nach der *externen Validität* der Ergebnisse experimenteller Untersuchungen. Hierzu ist insbesondere zu entgegnen, dass die Spieltheorie im Speziellen aber auch die ökonomische Theorie im Allgemeinen eine allgemeingültige Theorie zu sein beabsichtigt, die sich nicht lediglich mit dem Verhalten einer bestimmten Personengruppe beschäftigt, sondern deren Aussagen für alle menschlichen Entscheider gelten sollen, also im Speziellen auch für Studenten. Daher ist dieser Einwand zumindest für die Untersuchung spieltheoretischer Situationen nur begrenzt haltbar. Aber auch bei anderen Fragestellungen ist die Rekrutierung der Probanden aus Studentenkreisen oft "realitätsnäher" als es auf den ersten Blick scheinen mag, weil es sich hier im Allgemeinen um eine gut ausgebildete Personengruppe handelt, die – zumindest in einigem zeitlichem Abstand – in den zu untersuchenden Bereichen tätig sein wird und sich für die Sachverhalte interessiert. Darüber hinaus ist es natürlich ebenso möglich, anstelle von Studenten auch andere Personengruppen als Probanden einzusetzen, was auch gelegentlich getan wurde, wobei sich übrigens nur vergleichsweise geringe Unterschiede ergeben haben (vgl. auch DAVIS / HOLT 1993).

Die Auszahlungen sind zu gering, als dass sie das Verhalten tatsächlich beeinflussen würden, z.B. weil der Aufwand zur Optimierung – verglichen mit den möglichen Auszahlungsunterschieden – zu gering ist.

Wann immer man befürchten muss, dass kein erheblicher intrinsischer Verhaltensanreiz besteht, muss man bei der Entwicklung eines Designs in der Tat darauf achten, dass tatsächlich hinreichend große Unterschiede in der Auszahlung möglich sind. Wenn es jedoch um mögliche Unterschiede von ca. 10 EUR in zwei Stunden geht, dann ist nicht mehr plausibel anzunehmen, dass die Studenten als Probanden kein Interesse daran hätten. Außerdem gibt es gerade bei Finanzmarktexperimenten eine deutlich zu beobachtende intrinsische Motivation ("Spielfreude"), die darin besteht, wie in einem Gesellschafts- oder Planspiel gut abzuschneiden und die somit der monetären Entlohnung gleichgerichtet ist und sie unterstützt. Dies geht so weit, dass einige Autoren behaupten, in derartigen Situationen sei eine monetäre Auszahlung überhaupt nicht mehr nötig (vgl. zum Beispiel GERKE / BIENERT 1991; OEHLER 1994). Allerdings: Auch wenn ich diese Position grundsätzlich teile, muss ich doch anmerken, dass es sich in diesen Fällen nicht mehr um Experimente in dem Sinne der oben gegebenen Definition handelt.

Ist eine "Laborumgebung" nicht derart künstlich, dass die beobachteten Entscheidungen nichts mehr mit der ursprünglich zu untersuchenden Entscheidungssituation zu tun haben?

Der Bauplan einer Maschine hat ebenfalls fast keine Ähnlichkeit mit dem Gegenstand, den er beschreibt, und dennoch handelt es sich um eine Darstellung, die die wichtigsten Eigenschaften enthält. Daher kann die Strukturähnlichkeit einer experimentellen zu einer realen Entscheidungssituation auch (oder gerade) dann gegeben sein, wenn die vordergründige Form sehr unterschiedlich ist.

Erfahrene Experimentatoren weisen immer wieder darauf hin, dass die Qualität experimenteller Ergebnisse meistens nicht davon abhängt, dass die zu untersuchende Entscheidungssituation besonders "realitätsnah" modelliert wird (indem *alle* Faktoren in die Laborumgebung übertragen werden), sondern davon, dass die *relevanten* Entscheidungsfaktoren abgebildet werden.[110] RAPOPORT / CHAMMAH 1965 (S. vii) schreiben, dass es bei komplexen Entscheidungssituationen oftmals nur möglich ist, einzelne, ganz spezielle Hypothesen aufzustellen und diese aufgrund der erhobenen Daten entweder anzunehmen oder abzulehnen, also auf eine hochkomplexe Frage nur eine einfache Ja-Nein-Antwort zu geben. Bei einfachen, stilisierten Ent-

[110] Da ich mich schon seit den 1980ern in dieser Wissenschaftsdisziplin tummele, interessiert es vielleicht, dass ich mich dieser Ansicht voll und ganz anschließe: Die überzeugendstenen Experimente, die ich selbst durchgeführt habe oder kenne, betreffen stets ganz stark vereinfachte Entscheidungssituationen. Bei kommplexen "realitätsnahen" Designs verirrt man sich dagegen sehr schnell im Datennebel.

scheidungssituationen sei es dagegen viel eher möglich, umfangreiche und vielschichtige Antworten zu entwickeln. Das deckt sich auch sehr genau mit meinen eigenen Erfahrungen.

Sehr oft haben sogar stilisierte Experimentaldesigns eine erheblich größere Aussagekraft als "realitätsnahe" (und damit sehr umfangreiche) Designs, die letztlich nicht mehr zu trennscharfen Ergebnissen führen, weil sich viele Einflussfaktoren überlagern oder weil es Interpretationsschwierigkeiten gibt, wie oder warum die abgegebenen Entscheidungen getroffen wurden.

Manchmal soll mit Experimenten auch der deskriptive Gehalt einer abstrakten Theorie überprüft werden. Dann handelt es sich ohnehin um eine abstrakte Situation, die eventuell keine unmittelbare Entsprechung in der Alltagswelt hat und die infolgedessen auch nicht "realiätsnäher" modelliert werden könnte.

Wenn die Versuchspersonen in einem Experiment sich nicht in Übereinstimmung mit der Theorie verhalten, so widerlegt das nicht die Theorie, sondern zeigt lediglich, dass die Probanden nicht "rational" sind. Würde man den Probanden die Theorie erklären, so müssten sie diese zwangsläufig akzeptieren und würden sich dann danach verhalten.

Dieser Einwand entsteht durch eine Verwechslung von deskriptiver mit präskriptiver oder normativer Theorie. Falls es sich eine Theorie zur Aufgabe gemacht hat, reale Verhaltensweisen zu beschreiben, dann muss sie diese Verhaltensweisen zur Kenntnis nehmen und wissenschaftlich untersuchen. Das muss nichts an der Tatsache ändern, dass eine überzeugende (präskriptive) Theorie andere Verhaltensempfehlungen gibt als sie bei Probanden beobachtet werden.

Wenn sich die Probanden im Experiment unrational verhalten, dann nur deshalb, weil sie dort zu wenig Zeit und Interesse haben, die Probleme korrekt zu lösen. Bei wirklichen wirtschaftlichen Situationen sind die Anreize aber derart groß, dass man dort das abweichende Verhalten nicht beobachten würde.

Es ist keineswegs so, dass es für experimentelle Situationen immer eine "korrekte" Verhaltensweise gibt, und die Probanden sich umso dichter diesem Verhalten annähern, je besser sie nachgedacht haben. Vielmehr verlangen viele experimentell zu untersuchenden Entscheidungssituationen nach subjektiven Wertungen und Grundsatzentscheidungen; zu ermitteln, wie sich hier die Probanden entscheiden, ist Ziel des Experiments und hilft zu beurteilen, welche der Theorien besser geeignet ist, Verhaltensempfehlungen oder -prognosen abzugeben. In gewisser Weise liegt diesem Einwand ebenfalls eine Verwechslung von deskriptiver und präskriptiver Theorie zugrunde.

Ich denke, das Wichtigste an der experimentellen Methode ist, dass es sich um eine zusätzliche Form der empirischen Sozialforschung handelt, die oftmals Erkenntnisse liefern kann, mit denen man die Ergebnisse anderer Untersuchungsmethoden ergänzen kann. Manchmal sind Experimente sogar die einzige Möglichkeit für empirische Forschung, und dann gibt es ohnehin keinen Grund, weshalb man sich dieser Möglichkeit berauben sollte.

7.3. Methodische Aspekte von Experimenten

7.3.1. Standards experimenteller Untersuchungen

Wie in fast jeder Wissenschaftsdisziplin, haben sich auch auf dem Gebiet der Experimente im Laufe der Zeit bestimmte Standards herausgebildet, die als Kennzeichen für ein methodisch korrektes Vorgehen gelten. Es gibt zwar zahlreiche "Schulen" von Experimentatoren, die sich in Details unterscheiden, sehr weite Verbreitung gefunden haben aber die folgenden Standards:

Monetäre, erfolgsabhängige Auszahlungen, die etwa in der Höhe des normalen Stundenlohns der Probanden liegen.

Dies ist – wie im Zusammenhang mit Befragungen erwähnt – erforderlich, um eine "reale" Situation zu schaffen und um möglicherweise vorhandene Zielsetzungen der Teilnehmer auszugleichen, die von der im Experiment unterstellten Zielfunktion abweichen könnten. Wichtig ist hier auch, dass die Auszahlungen nicht nur genügend hoch sind, sondern auch stark mit den verschiedenen Spielausgängen schwanken.

Auch darf die Auszahlung selbst nicht ein eigenes Spiel ergeben, das das ursprüngliche Spiel überlagert. Dies wäre zum Beispiel der Fall, wenn die Auszahlungen in einer Weise transformiert werden, dass die Auszahlung an den einen Spieler zulasten der anderen Spieler geht. Denn hierdurch entsteht ein Nullsummenspiel bezüglich der Auszahlungen, obwohl ursprünglich ein Nichtnullsummenspiel untersucht werden sollte. Ein anderer Fall, bei dem die Auszahlungen eine eigene Spielkomponente bilden, entsteht, wenn bei einer Untersuchung, die eine einzelne Risikosituation untersuchen soll, das Spiel sehr oft wiederholt wird und die Einzelauszahlungen kumuliert werden: Da hierdurch ein "Portfolio" der Einzelspiele entsteht, sollte sich die offenbarte Risikoeinstellung ändern.

Den Teilnehmern muss die vollständige Wahrheit über den Experimentablauf gesagt werden.

Es ist zwar prinzipiell möglich, in einem einzelnen Experiment die Teilnehmer über die wahren Absichten und die wahre Entscheidungssituation im Unklaren zu lassen, aber da sich diese Information sehr schnell im Probandenpool verbreiten würde, sollte ein Experimentator dies dringend unterlassen. Sonst wäre bei zukünftigen Untersuchungen nicht mehr sicher, ob sich die Probanden tatsächlich im Sinne der präsentierten Entscheidungssituation verhalten oder ob sie ein anderes Spiel "gegen die Experimentleitung" spielen, das heißt, dass sie unkontrolliert Regeln vermuten, die nicht vorhanden sind und die dem Experimentator nicht bekannt sind. Dieser Grundsatz der vollständigen Wahrheit schränkt die Möglichkeiten experimenteller Untersuchungen oftmals ein. Er wird nur in der Experimentellen Wirtschaftsforschung vertreten, nicht etwa in der experimentellen Psychologie, in der den Probanden sehr oft nicht alle relevanten Informationen gegeben werden. Dies ist daher einer der entscheidenden Unterschiede zwischen den beiden Disziplinen und ein Hauptgrund, weshalb hier zwei sehr verwandte Forschungsrichtungen weitgehend unabhängig nebeneinander existieren.

Wenn mehrere Probanden in einem Experiment interagieren, dann darf nur jede Gruppe von Probanden, deren Entscheidungen Einfluss aufeinander haben können, als eine unabhängige Beobachtung angesehen werden.

Der Grund dafür ist, dass sich die Entscheidungen gegenseitig beeinflussen und daher ein Proband nach Kontakt mit einem anderen nicht mehr unabhängig von diesem entscheiden kann. Daher muss bei Marktexperimenten etwa jede experimentelle Sitzung als ein einzige Beobachtung gewertet werden. Dies hat insbesondere für die statistische Auswertung der Ergebnisse die Konsequenz, dass sehr oft die üblichen Signifikanzniveaus nicht erreicht werden können. Statistische Auswertungen, die von einem höheren Grad der Unabhängigkeit der Beobachtungen ausgehen, müssen daher eher als deskriptive Datenanalyse angesehen werden; die Signifikanzniveaus dürfen dann nicht mehr als die Wahrscheinlichkeitsangaben für Fehlerintervalle interpretiert werden.

Neben dem Hypothesenexperiment sind auch Erkundungsexperimente zur Stützung von Hypothesen zulässig.

Aus klassischer Sicht hat ein Experiment die Aufgabe, aus einer Gruppe konkurrierender Theorien die leistungsfähigeren auszuwählen. Dies geschieht, indem aus den zu vergleichenden Theorien Implikationen abgeleitet, diese als Hypothesen formuliert und mit experimentellen Ergebnissen konfrontiert werden. Man bezeichnet diese Vorgehensweise als (klassisches) **Hypothesenexperiment**. In der Experimentellen Wirtschaftsforschung ist darüber hinaus die **explorative Methode** weitgehend akzeptiert, bei der als Folge einer Experimentserie anhand der Daten Hypothesen gebildet werden und die vorangegangenen Experimente als (vorläufige) Stützung dieser Hypothesen (und einer eventuell daraus abgeleiteten Theorie) angesehen werden. Explorative Experimente sind insbesondere dann sinnvoll, wenn ein sehr umfangreiches Experimentaldesign vorliegt. In der experimentellen Psychologie werden Erkundungsexperimente im Allgemeinen nicht akzeptiert.

7.3.2. Bedeutung der unterschiedlichen Spieldarstellungen für Experimente

Wir haben uns im vorderen Teil dieses Buches mehrfach mit den logischen Unterschieden der Darstellung eines Spiels beschäftigt und gesehen, dass die Darstellung manchmal einen Einfluss auf die "Rationalität" hat, die in dem Spiel plausibel wird (denken Sie hier zum Beispiel an die Unterschiede zwischen der Normalform und der extensiven Form).

Es ist daher nicht verwunderlich, dass die Darstellung auch in Experimenten einen ganz wesentlichen Einfluss auf das Verhalten der Probanden hat. Ich möchte Ihnen in diesem Abschnitt einige Anregungen dafür geben, worauf

Sie bezüglich der Spieldarstellung achten sollten, wenn Sie die Ergebnisse von Experimenten interpretieren oder wenn Sie selber ein Experiment durchführen möchten. Falls Sie beim ersten Durchgang dieses Buches sind, dann können Sie dieses Kapitel ruhig erst einmal überspringen (dafür hat es ja auch die berühmte Lupe in der Überschrift).

Extension Form, dynamische Form und Strategiemethode

Da die experimentell vorgegebene Situation eine bestimmte zeitliche Abfolge der Entscheidungen erzwingt, handelt es sich um ein dynamisches Spiel, das heißt, es wäre nicht mehr sinnvoll, die Zugreihenfolge als austauschbar anzusehen, wie dies zum Beispiel bei der Spielbaumdarstellung oftmals möglich ist. Auch die Abbildung von Gleichzeitigkeit ergibt sich durch den Spielverlauf.

Daher entspricht die vorgegeben Reihenfolge der Informationsmengen grundsätzlich der tatsächlichen Zugreihenfolge, auch wenn – gegenüber der ursprünglichen Entscheidungssituation – eine willkürliche Reihenfolge erzwungen wurde (zum Beispiel bei gleichzeitigen Zügen). Obwohl die meisten Lösungskonzepte auf diese willkürlichen Reihenfolgenänderungen nicht reagieren, kann dies psychologisch ein anderes Verhalten der Teilnehmer auslösen.

Weiterhin muss unterschieden werden zwischen experimentellen Designs, in denen die Teilnehmer tatsächlich eine Partie des betreffenden Spiels spielen und solchen Designs, in denen sie stattdessen eine Strategie abgeben, die dann das Spiel gegen die von den anderen Teilnehmern abgegebenen Strategien spielt. Letztere Methode hat den Namen **Strategiemethode** (SELTEN 1967).

Um mit der Strategiemethode zu arbeiten, kann man in einfacheren Entscheidungssituationen die Probanden bitten, ihre Strategie verbal oder als Flussdiagramm darzustellen; im eigentlichen Experiment lässt man dann die abgegebenen Strategien gegeneinander spielen, ohne dass ein Eingriff der Probanden in das Spiel möglich wäre. Allerdings ist die Gefahr groß, dass die so abgegebenen Strategien von den Teilnehmern nicht genügend getestet wurden, sodass sie Inkonsistenzen oder andere logische Fehler enthalten können. Außerdem ist der Aufwand für die Durchführung des Experiments sehr groß, weil die Experimentatoren dann per Hand die abgegebenen Strategien in tatsächliche Partien umsetzen müssen. Besser ist es daher, die Probanden ihre Strategien gleich als Computerprogramme formulieren zu lassen. Dies vermeidet logische Fehler in den Strategien, weil die Probanden ihre Strategien besser testen können, und es reduziert den Aufwand bei der Auswertung. Leider schränkt es aber auch den Pool möglicher Probanden stark ein, weil eine sehr spezielle Vorbildung nötig ist, damit sie überhaupt die Programme schreiben können (zumal auch für Alle dieselbe Programmiersprache verwendet werden sollte).

Zurück zum Vergleich zwischen Strategiemethode und direktem Spiel. Wird tatsächlich eine Partie des Spiels gespielt, so hat dies folgende Konsequenzen:

- Die Spieler können sich bei Erreichen eines jeden neuen Informationsbezirks neu entscheiden, sodass tendenziell das Lösungskonzept der Teilspielperfektheit an Bedeutung gewinnt, da die Spieler keine Möglichkeit haben, sich auf bestimmte zukünftige Entscheidungen festzulegen (sie besitzen keine Selbstbindungsmöglichkeit).
- Der Experimentator kann nur diejenigen Entscheidungen auswerten, die während der gespielten Partie getroffen wurden. Schon bei verhältnismäßig einfachen Spielen liegen jedoch meist wesentlich mehr Entscheidungsmöglichkeiten abseits der gespielten Partie, sodass ein Großteil des relevanten Verhaltens nicht beobachtet werden kann.

Der letztgenannte Punkt ist außerordentlich wichtig, weil er zeigt, wie sehr die Beobachtungsmöglichkeiten eingeschränkt sind, wenn man sich auf das Spielen einzelner Spiele beschränkt (also auf die Beobachtung von Partien). Der Vollständigkeit halber sei angemerkt, dass dieses Problem nicht nur bei der Experimentellen Wirtschaftsforschung auftritt, sondern prinzipiell auch bei anderen empirischen Untersuchungsmethoden. In der Tat ist dieses Problem ausschließlich durch Experimente zu beseitigen, da nur dort die Strategiemethode möglich ist.

Neben diesem Vorteil, der der Strategiemethode eine einzigartige Sonderstellung verleiht, hat die Verwendung dieser Methode allerdings auch einige Nachteile:

- Alle Entscheidungen werden nicht in einer "realen" Spielsituation getroffen, sondern hypothetisch, denn die Teilnehmer geben an, wie sie sich entscheiden *würden,* wenn sie (im Spielverlauf) in die Situation kämen. Da sie beim Spiel der Strategien gegeneinander nicht in jede dieser Situationen kommen werden, ist dies ein Schritt weg vom Experiment in Richtung auf eine Befragung.

- Bei komplexeren Spielen werden die Strategienmengen schnell sehr groß. Daher ziehen die Teilnehmer typischerweise keineswegs ihre gesamten Strategienmengen in Betracht, sondern konzentrieren sich auf eine kleine Auswahl aus dieser Menge. In diesen Fällen ist es daher oft eine Absicht der Untersuchung mittels Strategiemethode, kreative Ideen für die mögliche Gestaltung von Strategien in den untersuchten Entscheidungssituationen zu sammeln.
- Der letztgenannte Punkt kann leicht zur Folge haben, dass einige Informationsbezirke nur wenig gründlich durchdacht sind und sich daher die Entscheidungen der abgegebenen Strategie für diese Bezirke "versehentlich" von dem Verhalten unterscheidet, das die Teilnehmer dort tatsächlich verwenden würden.
- Die Verwendung von Strategien gibt den Teilnehmern die Möglichkeit zur Selbstbindung, die sie in der zu untersuchenden Situation nicht unbedingt haben müssen. Dies muss kein Nachteil sein (nämlich etwa dann, wenn in der zu untersuchenden realen Entscheidungssituation Selbstbindungsmöglichkeiten existieren, die aber nur schwer modellierbar gewesen wären).
- In einfachen Spielen wirken die abseits der tatsächlich realisierten Partie liegenden Entscheidungen oft sehr artifiziell. Es ist daher zumindest plausibel anzunehmen, dass die Entscheidungssituation bei kontrafaktischen Zügen psychologisch als sehr unterschiedlich gegenüber dem Fall des tatsächlichen Spiels empfunden wird. Auch ist Auszahlungsrelevanz von kontrafaktischen Zügen entweder nicht vorhanden oder nur sehr gering.
- Durch die längere Beschäftigung mit den möglichen Strategien wird oft erreicht, dass sich die Teilnehmer über sehr lange Zeit mit der Entscheidungssituation auseinandersetzen und dadurch oftmals die Qualität der Ergebnisse erheblich verbessert wird gegenüber der herkömmlichen Laborsituation. Auch entsteht bei dieser Methode fast automatisch eine reflexive Sichtweise, die sonst nur mit aufwendigen Methoden erreicht werden kann.

Es ist zu beachten, dass die Strategiemethode in der Regel nicht verlangt, dass die abgegebenen "Strategien" tatsächlich auch für kontrafaktische Informationsmengen Entscheidungen vorsehen, wie dies bei einer vollständigen Strategie im spieltheoretischen Sinn gefordert würde. Derartige, spieltheoretisch vollständige Strategien wären in Experimenten nur dann erforderlich, wenn bei der Auswertung der eingereichten Strategien eine Perturbation über die Züge gelegt würde (was in verschiedenen experimentellen Settings durchaus sinnvoll ist[111]).

Daher untersucht die Strategiemethode in der Regel Spiele in ihrer verkürzten Normalform (man beachte, dass es sich hierbei tatsächlich um die verkürzte Normalform handelt, nicht um eine andere der beschriebenen reduzierten Normalformen). Dies gilt insbesondere bei einer Turnieranordnung, bei der die eingereichten Strategien wie in einem Turnier gegeneinander antreten, zum Beispiel "alle gegen alle". Der Zusammenhang von Strategiemethode mit verkürzter Normalform wird in der Regel nicht offensichtlich, weil für die meisten Untersuchung mit der Strategiemethode das Spiel in seiner extensiven (bzw. sequentiellen) Form dargestellt wird – die Entscheidungen der Teilnehmer liegen dennoch in verkürzten Normalform-Strategien vor, auch wenn deren dynamischer Charakter durch die anschließende Auswertung noch erhalten zu sein scheint.

Dass das Spiel in Wahrheit statisch geworden ist und Normalformcharakter bekommen hat, sieht man daran, dass die Strategien "simultan" abgegeben werden (also nicht mehr geändert werden können, wenn sie auf die anderen Strategien treffen), dass die Strategien somit vollständige Selbstbindungskraft besitzen und dass sie sich *vor* Eintreten der Entscheidungsmöglichkeiten des Spiels bereits auf ein bestimmtes Verhalten festlegen müssen.

Allerdings wird der Begriff der Strategiemethode normalerweise nur für den Fall verwendet, dass eine so große Zahl von Strategien vorliegt, dass diese

---

[111] Beispielsweise berichtete SELTEN auf einem Workshop von einem Fall, in dem zwei Teilnehmer an einem computerisierten Experiment zur Oligopoltheorie Strategien einreichten, die als erstes Mengengebot eine vielstellige Zahl an die gegnerische Strategie sandten. Trafen die beiden Strategien aufeinander, so wählten beide von da ab nur noch die kooperative Strategie, was den Gewinn in einer Weise erhöhte, wie es ohne diese Umgehung der nichtkooperativen Regelwelt nicht möglich gewesen wäre. Die Experimentatoren überlagerten daraufhin die Mengengebote der Strategien mit einer kleinen Zufallsgröße, um derartiges Verhalten zu unterbinden. – In anderen Fällen ist etwa das Verhalten bei nur unvollständiger Kontrolle über die Züge Gegenstand der Untersuchung.

nicht mehr explizit durch Aufzählen genannt werden können und die Teilnehmer daher aus dieser unüberschaubar großen Zahl eine sehr kleine Menge auswählen, indem sie sie einreichen. Außer in dieser Begrifflichkeit besteht jedoch kein Unterschied zu dem Fall, dass ein Spiel zwar in seiner sequentiellen Form dargestellt wird, die Teilnehmer aber aus einer vorgegeben Zahl von Strategien auswählen müssen (sofern die vorgegebene Menge vollständig ist; andernfalls würde es sich bei dem untersuchten Normalformspiel um ein anderes Spiel handeln als das in extensiver Form genannte, weil die Strategienmengen andere sind[112]).

Normalformdarstellung

Die Gegebenheiten, die sich bei der Strategiemethode ergeben, sind naturgemäß auch dann vorhanden, wenn die experimentell zu untersuchende Entscheidungssituation den Probanden in Normalformdarstellung präsentiert wird:

- Diese Spieldarstellung unterstellt grundsätzlich eine vollständige Selbstbindungskraft der Spieler.
- Sie abstrahiert von der dynamischen Struktur des Spiels.
- Sie verschleiert die Cover story, wodurch die Spielsituation oft abstrakt(er) wird und eventuelle Assoziation zu der modellierten Entscheidungssituation verlorengehen können. Dies kann von Nachteil, aber auch von Vorteil sein. Von Vorteil dann, wenn verhindert werden soll, dass die Teilnehmer ihre Erfahrungen mit der tatsächlichen Situation für ihr Verhalten zugrunde legen und nicht nur das präsentierte Spiel selbst. Es ist jedoch ein Nachteil, wenn sich die Untersuchung explizit auf eine bestimmte Situation bezieht, weil sich dann die externe Validität verringern kann.
- Die Normalform reduziert Zufallszüge auf den sich aus ihnen ergebenden Erwartungswert.

---

112 Übrigens haben z.B. MAYNARD SMITH / PRICE 1973 diesen "Fehler" gemacht und ein anderes Normalformspiel untersucht als sie vorher als extensives Spiel definiert hatten. Das ändert natürlich nichts an der Tatsache, dass die Erkenntnisse, die sie aus der Untersuchung des Normalformspiels gewonnen haben, zu einem genialen und bahnbrechenden Beitrag geführt haben, gleichermaßen für die Biologie wie für die Spieltheorie.

- Die vollständige Normalform enthält oft sehr viele redundante Strategien, die nie zu unterschiedlichen Spielausgängen führen. Daher eignet sich in den meisten Fällen eine reduzierte Normalform für Experimente besser.

Welche Darstellungsform soll man wählen?

Wie soll man nun vorgehen, wenn man selbst ein Experiment entwerfen will? Ich möchte hier einfach einige Anregungen für die Vorgehensweise geben:

1. **Labor- oder Feldexperiment?** Man darf nicht vergessen, dass diese Frage ebenfalls eine Entscheidung über die Spieldarstellung ist. Auch wenn Feldexperimente oftmals sehr schwierig erscheinen, sind sie für viele Fragestellungen machbar und sinnvoll. Dies trifft oft in anwendungsbezogenen Bereichen der Betriebswirtschaft auf, etwa im Marketing.
2. **Vereinfachung der Entscheidungssitution.** Zur Planung eines Experiments muss die Entscheidungssituation so weit vereinfacht werden, wie es nur geht. Das Beste ist, wenn ein einfaches Spiel mit wenigen Entscheidungen übrig bleibt. Wenn das Spiel kompliziert aussieht, hat man normalerweise noch nicht die wirklich treibenden Faktoren gefunden. Außerdem werden dann die Entscheidungen der Probanden oft zufällig, weil sie das Spiel nicht schnell genug durchschauen.
3. **Ist die Sequenz wichtig?** Es gibt Entscheidungssituationen, in denen es gerade darauf ankommt, dass die Spieler *nacheinander* entscheiden. Ein Beispiel hierfür ist eine "ultimative Verhandlung", bei der ein Spieler ein Angebot macht und die Gegenspielerin dieses Angebot annehmen oder ablehnen kann, jedoch kein Gegenangebot machen kann. Hier kann es ein entscheidender Faktor sein, ob die Spieler tatsächlich nacheinander an die Reihe kommen, oder ob sie "gleichzeitig" ziehen. Wenn die Reihenfolge wichtig ist, dann ist die extensive (bzw. die dynamische) Form die geeignetere. In allen anderen Fällen halte ich die Normalform für geeigneter, weil sie viel leichter zu verstehen ist und damit den Probanden das Spiel vereinfacht.
4. **Wiederholte Spiele.** Oftmals stellt man fest, dass eine vereinfachte Entscheidungssituation zwar eine sinnvolle Abbildung eines Sachverhalts ist, dass aber eigentlich immer wieder dieselben Spieler aufeinandertref-

fen. Das erzwingt dann fast die Darstellung als wiederholtes Spiel, und hierin lassen einzelne Partien nur wenig Rückschlüsse auf die gesamte Strategie der Spieler zu. Für derartige Fälle ist die Strategiemethode ideal geeignet.

Dies nur als eine kleine Liste von Ideen, die sicherlich noch erweiterungsfähig ist. Probieren Sie es einfach einmal aus, ein Experiment zur Klärung einer Fragestellung einzusetzen! Das gilt besonders, wenn Sie gerade eine Bachelor- oder Master-Arbeit planen.

7.4. Experimente und Spiele in der Zukunft

Es ist eine Ironie der Wissenschaft, dass gerade die entschiedensten Rationaltheoretiker gleichzeitig diejenigen sind, die sich am stärksten für eine verhaltensorientierte Forschung interessieren und die als Erste damit begonnen haben, die experimentelle Methode einzusetzen. Andererseits ist es aber auch nicht so erstaunlich, dass die langjährige Beschäftigung mit Rationaltheorie (die ja eine überwiegend normative Theorie ist) das Bedürfnis danach weckt, einmal nachzusehen, wie es denn "wirklich" ist, das heißt, wie die deskriptive Sichtweise ist.

Ich bin überzeugt, dass die experimentelle Revolution in den Wirtschaftswissenschaften erst begonnen hat. Und das gilt nicht nur für die abstrakte Wirtschaftstheorie, sondern auch für die Betriebswirtschaft, in der Experimente eine immer stärkere Rolle einnehmen. Ein starker Indikator dafür ist zum Beispiel, dass sogar das Standardwerk der "klassischen BWL", WÖHE / DÖRING 2002, ganz selbstverständlich das Experiment als eine Methode der Marktforschung erwähnt und sich damit in bester Gesellschaft fast aller neueren Marketing-Lehrbücher befindet. Ich halte es für eine bereits besiegelte Sache, dass die Organisationstheorie die nächste Festung sein wird, die die Experimentatoren einnehmen. Der Schritt ist nicht mehr weit: Im Personalbereich werden schon lange standardisierte Beobachtungsformen eingesetzt (zum Beispiel das Assessment-Center), sodass es auch personell nur noch ein kurzer Schritt ist, die Methode auch zur Theoriebildung einzusetzen. Organisatorische Zusammenhänge werden schon jetzt in großem Umfang spieltheoretisch modelliert, da liegt es nur nahe, dass die Anfänge der Experimente sich stark verbreiten werden.

Und in der Finanzwirtschaft haben sich die Experimente bisher schon so weit verbreitet, dass sie inzwischen nicht mehr wegzudenken sind und sich sogar auf dem Weg befinden, Teil des Mainstreams zu werden (unter dem Namen *Behavioral Finance*).

Das Gute bei der Experimentellen Wirtschaftsforschung ist, dass das gesamte Feld noch viel Platz für neue Forschung lässt, und zwar von der Diplomarbeit bis zur Fachveröffentlichung – oder auch für gänzliche andere Anwendungen. Ich selbst bin dazu übergegangen, Experimente zunehmend als Schulungsinstrument einzusetzen. Es ist verblüffend zu sehen, wie Studenten und gestandene Manager gleichermaßen in einem vergleichsweise kurzen Seminar auf einmal verstehen, weshalb sie bestimmte Probleme zuvor nicht haben lösen können; mit einem Schlag verstehen sie die "Mechanik des Streits" oder die "Sicht des Kunden". Aber hier möchte ich nicht zu sehr vorgreifen – denn das wird mein nächstes Buch.

Bis dahin: Wagen wir das Experiment zu spielen!

8. Verzeichnisse

8.1. Fachvokabeln Englisch-Deutsch

In dieser Liste finden sich Vokabeln, die häufig in den Bereichen Spieltheorie, Synergetik, evolutionäre Ökonomik und Wirtschaftstheorie auftauchen. Viele der Begriffe findet man zwar auch in einem normalen Lexikon, häufig fehlen aber einige spezielle Bedeutungen. Neben reinen Fachtermini wurden auch wenig geläufige Begriffe aufgenommen, die oft im Zusammenhang mit Spieltheorie auftreten. Diese Liste ist ein Wörterbuch und kein Glossar; schlimmer noch: ich habe mir erlaubt, auch solche Begriffe aufzunehmen, die nicht an anderer Stelle dieses Buches erklärt sind.

Da Sie vielleicht auch in die Verlegenheit kommen werden, in Englisch schreiben oder vortragen zu müssen, befinden Sie auch solche Begriffe in der Vokalbelliste, die in der Übersetzungsrichtung Englisch-Deutsch leicht verständlich sind, bei denen Sie sich aber vielleicht noch einmal vergewissern möchten, bevor Sie sie selbst verwenden.

Bei der Verwendung der Vokabelliste ist zu beachten, dass verschiedene Formen desselben Wortes einzeln aufgeführt sind (also zum Beispiel sind *collude* und *collusion* eigene Einträge). Bei einigen Vokabeln finden sich Beispiele für die Verwendung der Vokabel durch einen Schrägstrich abgetrennt dahinter.

Englisch-Deutsch

2

2-by-2 form: 2 x 2 - Spiel

A

abscissa: Abszisse
absolute value: Absolutwert, Betrag
action: Handlungsalternative, (Spiel-) Zug
affine transformation: affine Transformation
agent normal form: Agentennormalform
agent-strategic form: Agentennormalform
annual percentage rate (a.p.r.): effektiver Jahreszins
anti-clockwise: entgegen dem Uhrzeigersinn
apex: herausragender, hervorgehobener Punkt; Gipfel
arbitrary: willkürlich, beliebig
arbitrator: Schiedsrichter
arithmetic mean: arithmetisches Mittel
arms race: Rüstungswettlauf
aspiration level: Anspruchsniveau
assign: zuweisen / *a mapping which assigns a ... to ...*: eine Abbildung, die einem ... ein ... zuweist
asterisk: Sternchen (*)
attrition: Zermürbung

B

backwards induction: Rückwärtsinduktion
bar: quer (z.B. $\bar{x}$)
bargain: verhandeln, Verhandlung
bargaining game: Verhandlungsspiel
bargaining power: Verhandlungsmacht
base game: Basisspiel, Einmalspiel
Bayes' rule: Satz von Bayes
behavioral concept: verhaltenswissenschaftliches Konzept
behavioral sciences: Verhaltenswissenschaften
behavioral strategy: Verhaltensstrategie
beliefs: [Wahrscheinlichkeits-] Erwartungen
best reply: beste Antwort, beste Erwiderung
best response: beste Antwort, beste Erwiderung
bias: Schiefe (z.B. einer Verteilung), Bevorzugung einer Richtung, Neigung, Vorliebe, Vorurteil
billion: bes. in USA meist Milliarde (10^9)
bimatrix game: Bimatrixspiel
binding agreement: bindende Vereinbarung
branch: Zweig, Ast (z.B. in Spielbaum)
broken line: gestrichelte Linie

C

cancel: kürzen (in Brüchen)
cancellation: Kürzung (von Brüchen)
candidate solution: Lösungskandidat
capital letters: Großbuchstaben / *capital S, as opposed to small s*
cardinal number: Kardinalzahl
cell: (Matrix-) Feld; Zelle
centipede game: Tausendfüßlerspiel
certain information: sichere Information
certainty equivalent: Sicherheitsäquivalent
certainty: Sicherheit
chain store, chain-store: Filialkette / *Chain store Paradox*: "Ladenketten-Paradoxon" (meist unübersetzt)
chance player: Zufallsspieler
chance: Zufall
characteristic function: charakteristische Funktion
characteristic: oft syn. für **type**
chess: Schachspiel
chi-squared test: Chi-Quadrat-Test
choice: (Entscheidungs-) Alternative

closed set: abgeschlossene Menge
coalition: Koalition
coalitional game: Koalitionsspiel
coefficient: Koeffizient
collude: unter einer Decke stecken
collusion: vorherige Abmachung, abgekartete Sache
column: Spalte
combinatorial game: kombinatorisches Spiel
combined probabilities: zusammengesetzte Wahrscheinlichkeiten
commit oneself: sich binden, festlegen, verpflichten / *to commit oneself to a strategy*
commitment power: (Selbst-) Bindungskraft
commitment: Übereinkunft, Festlegung auf / *players can make binding commitments*
commodity bundle: Güterbündel
common knowledge: gemeinsames (Vor)wissen (bleibt meist unübersetzt)
common priors: gemeinsame A-priori-Erwartungen, gleichartige anfängliche Erwartungen
common sense: gesunder Menschenverstand
commons dilemma: Gruppendilemma
compete: im Wettbewerb zueinander stehen
competition: Wettbewerb
competitive profit: Gewinn in Konkurrenzsituation
complete information: vollständige Information, komplette Information
completely mixed strategy: vollständig gemischte Strategie
compound interest: Zinseszins (Ggs.: **simple interest)**
compound lottery: zusammengesetzte Lotterie
conditional probability: bedingte Wahrscheinlichkeit
conduct: durchführen / *to conduct an experiment*
conjecture: Vermutung
connected graph: zusammenhängender Graph
constant-sum game: Konstantsummenspiel
constituent game: Basisspiel, Einmalspiel
consumer surplus: Konsumentenrente
contingent on: konditioniert, abhängig von / *Each player maximizes his utility contingent on his type. / The firm's reaction function is contingent on its cost.*
contingent strategy: konditionierte Strategie
continuos: stetig
convex hull: konvexe Hülle
cooperative game: kooperatives Spiel
co-opetition: Coopetition, Koopetition
core: Kern
cost-price: Selbstkostenpreis
counter example: Gegenbeispiel
counter-objection: Gegeneinwand
counterfactual considerations: kontrafaktische Überlegungen
cross-elasticity: Kreuz(preis-, mengen- usw.)elastizität
curly braces: geschweifte Klammern
cycle: Schleife (in Spielbaum)

D

decision node: Entscheidungsknoten
decision situation: Entscheidungssituation
decision tree: Entscheidungsbaum
degenerate: degeneriert
denominator: Nenner (in Brüchen)
derivative: Ableitung / *a derivative with respect to x*: Ableitung nach x
derive (A2) from (A1): Die Formel (A2) aus (A1) herleiten
deterministic game: deterministisches Spiel
deterrence: Abschreckung

die (pl.: dice): Würfel / *fair dice / loaded dice*: falsche Würfel
differential game: Differentialspiel
disconnected graph: unzusammenhängender Graph
discounting: Diskontierung, Abzinsung / *the discounted payoff*: abgezinste Auszahlung
doctrine: Doktrin, Grundsatz, Festlegung
domain: Definitionsbereich
dominant strategy: dominante Strategie
dominated strategy: dominierte Strategie
domination: Dominierung, Dominanz
draw: unentschieden / *a draw*
dummy: Dummy, Strohmann
dynamic programming: dynamische Programmierung
duopoloy game: Duopolspiel, Dyopolspiel

E

economic man: ungefähr: homo oeconomicus
edge: Kante (im Spielbaum)
encircle: umkringeln; umrahmen
end node: Endknoten
entrant: Eindringling
equilibrium (pl.: equilibria): Gleichgewicht
equilibrium point: Gleichgewichtspunkt
equilibrium selection: Gleichgewichtsauswahl
equivalence: Äquivalenz
erratic: erratisch, willkürlich schwankend
essential game: wesentliches Spiel
excess supply: Überschußangebot
expand: ausmultiplizieren
expected payoff: Erwartungswert der Auszahlung, Auszahlungserwartung[swert]
expected value: Erwartungswert / *expected value of a random variable*
Experimental Economics: Experimentelle Wirtschaftsforschung
extensive form: extensive Form / *a game in extensive form / extensive form game*
external effects: externe Effekte
externalities: Externalitäten

F

factorize: ausklammern
fallacy: Trugschluß
fictitious player: fiktiver Spieler
finite horizon game: Spiel mit endlichem Zeithorizont
finite: endlich
first-order conditions: (Optimalitäts)bedingungen erster Ordnung
fixed cost: Fixkosten
flip: (Münze) werfen / *a coin flip; to flip a coin; a coin comes up heads/tails*
flow chart: Flußdiagramm
focal point: Fokuspunkt, Prominenzpunkt, ausgezeichneter Punkt
forthcoming: erscheint in Kürze
forward induction: Vorwärtsinduktion
free-riding: Trittbrettfahren

G

gamble: Glücksspiel
game at dice: Würfelspiel
game tree: Spielbaum
game: Spiel
grand coalition: große Koalition
grim: grimmen (nie verzeihen)

H

Hawk-Dove game: Taube-Falke-Spiel
hat: Hut, Dach, $
hazard (game of hazard): Glücksspiel, Risiko
heads: Kopf/Zahl (bei Münze) / *a coin comes up heads*
hyperplane: Hyperebene
homogeneous: homogen

I

imperfect information: unvollkommene Information
in ($s_i \in S_i$): s_i aus S_i (Element von)
incentive compatibility: Anreizkompatibilität
incentive: Anreiz
incomplete information: unvollständige Information
incumbent: der sich im Markt Befindende
indifference curves: Indifferenzkurven
inessential game: unwesentliches Spiel
infinite: unendlich
information set: Informationsbezirk, Informationsmenge
initial chance move: initialer Zufallszug
initial node: Anfangsknoten
integer: ganze Zahl
interest rate: Zinssatz
iterated (strict, weak) dominance: wiederholte Elimination (strikt, schwach) dominierter Strategien

K

kin selection: Verwandtschaftsselektion

L

Lagrange formalism: Lagrangeansatz
lemma: Hilfssatz, Lemma
level of aggregation: Aggregationsniveau
lexikographical order(ing): lexikographische Ordnung
librate: schwingen
libration: Schwingung
limit: Grenzwert
loaded dice: falsche Würfel
lottery: Lotterie
lower-case letters: Kleinbuchstaben

M

marginal: grenz- / *marginal utility*: Grenznutzen / *marginal cost*: Grenzkosten
market clearing: Markträumung
market share: Marktanteil
matrix game: Matrixspiel
mediation: Vermittlung, Schlichtung
meet (an assumption)**:** erfüllen / *when this assumption is not met*: wenn diese Annahme nicht erfüllt ist.
member of M: Element von M
mental experiment: Gedankenexperiment
merger: Fusion, Unternehmensverschmelzung
mixed strategy: gemischte Strategie
move: Zug / *a move by player i*
multiagent representation: Agentennormalform
multi-person: mehrpersonen- / *multi-person decision making situations*
multi-stage game: Stufenspiel, mehrstufiges Spiel, evtl.: wiederholtes Spiel
multiple sum: Mehrfachsumme
mutual: wechselseitig / *mutually optimal strategies*: wechselseitig optimale Strategien
myopic: kurzsichtig, myopisch

N

n-person game: n-Personen-Spiel
nature player: Natur, Zufallsspieler
negotiate: verhandeln
net: bringen / *choosing action a nets 5*: Alternative a zu wählen bringt 5
node: Knoten, Entscheidungsknoten
noise: Rauschen (Störterm)
non-cooperative game: nichtkooperatives Spiel
non-zero-sum game: Nicht-Nullsummenspiel
nonempty: nichtleer (Menge)
normal form: Normalform
numerator; Zähler (in Brüchen)

O

objection: Einwand

objective function: Zielfunktion
offspring (kein pl.): Nachkommen
One-shot game: Einmalspiel
opportunity cost: Opportunitätskosten
optimality principle: Optimalitätsprinzip
optimality: Optimalität
origin: Ursprung, Nullpunkt
outcome: (Spiel-)Ergebnis (nicht: Auszahlung)
outside option: bleibt meist unübersetzt; siehe Stichwortverzeichnis

P

parentheses: runde Klammern
parlor game: Gesellschaftsspiel
partial derivative: partielle Ableitung
path: Pfad / *equilibrium path*: Gleichgewichtspfad
payoff function: Auszahlungsfunktion
payoff matrix: Auszahlungsmatrix
payoff: Auszahlung
perfect information: vollkommene Information, perfekte Information
perfect recall: perfekte (vollkommene) Erinnerung
personal player: persönlicher Spieler
perturbation: Störung, Perturbation
Petersburg problem (St. Petersburg problem): Petersburger Paradoxon
play: Partie; spielen
plug: einsetzen (in Gleichungen) / *if we plug equation (1) into (2), we get the solution*
poker game: Poker(spiel)
posterior: A-posteriori-Erwartung
power to the third: hoch drei
power: Potenz
predation: Vertreibung, Verdrängung (z.B. aus einem Markt)
predator: Räuber, Raubtier
predatory pricing: ruinöser Preiskampf
predecessor to node K: Vorgänger von Knoten K
predictive power: Vorhersagekraft
preemption game: Erstschlagspiel, Spiel des Zuvorkommens
preemptive strike: Erstschlag, Präventivschlag
preference relation: Präferenzrelation
preplay: vor dem Spiel / *preplay communication*: Kommunikation vor dem Spielbeginn / *preplay negotiation*: Verhandlungen vor dem Spielbeginn
prey: Beute(-Tier)
price cut: Preissenkung
pricing: Preissetzung
priors: Vorab-Erwartung, A-priori-Erwartung
prime: Strich x'
primitive proposition: Postulat
primitives: Grundannahmen einer Theorie (bleiben unbewiesen)
private: geheim, nicht öffentlich / *private information*
prize: Elementarergebnis einer Lotterie
professorial chair: Lehrstuhl
profile: entspricht etwa: Vektor, n-Tupel, Kombination / *strategy profile*: Strategienkombination
prohibitive price: Prohibitivpreis
proper subgame: echtes Teilspiel
proposition: Behauptung
prospect: Gewinnaussicht, Lotterie
public good: öffentliches Gut
pure strategy: reine Strategie
pursuit: verfolgen / *pursuit of his interest*

Q

quota game: Quotenspiel

R

random variable: Zufallsvariable
randomize: randomisieren (zufällig auswählen)
rate of change: Änderungsrate
rate of interest: Zinssatz

rationing: Rationierung
reaction function: Reaktionsfunktion
real line: Zahlenstrahl der reellen Zahlen / *each action belongs to the real line*
reconsider: erneut überdenken
recursive game: rekursives Spiel
reduced normal form: reduzierte Normalform
references: Literaturverzeichnis
refined: verfeinert
refinement: Verfeinerung, verfeinertes Gleichgewichtskonzept, Refinement
reservation (price): Reservationspreis (Preis, bis zu dem ein Käufer bereit ist zu kaufen bzw. ein Verkäufer zu verkaufen)
retaliate: vergelten
retaliation: Vergeltung
return: Ertrag / *risk and return are positively correlated in the stock market*
reveal: offenbaren, preisgeben / *private information is partly revealed by the firm's actions*
revelation: Enthüllung, Offenbarung
revenue: Erlös
rewrite a formula: eine Formel umschreiben
rewrite: Umformung / *a rewrite of equation (2)*
risk loving: risikofreudig / *a risk lover; a risk loving decision maker*
risk proneness: Risikofreude
risk seeking: risikofreudig
risk-prone: risikofreudig / *the preferences are risk-prone*
root: Startknoten, Wurzel
roundoff error: Rundungsfehler
row: Zeile
rules (of the game): Spielregeln
run: laufen / *the index runs from 1 to 10*: der Index läuft von 1 bis 10

S

saddle point: Sattelpunkt
sales: Absatz- / *sales amount*: Absatzmenge / *sales price*: Absatzpreis
sample size: Stichprobenumfang
satiation: Sättigung / *satiation level*: Sättigungsniveau
satisfy: erfüllen / *satisfy the equilibrium property*
scope: Anwendungsbereich / *beyond the scope of this theory*
self-commitment: Selbstbindung
self-defeating: sich selbst zerstörend
self-destabilising: sich selbst zerstörend, destabilisierend
self-enforcing: sich selbst stabilisierend / *self-enforcing expectations*
self-restraint: Selbstbeschränkung
sequential equilibrium: sequentielles Gleichgewicht
set of players: Spielermenge
set: Menge
Shapley value: Shapleywert
shirk: sich drücken (um Arbeit)
shirker: Drückeberger
side-payments: Seitenzahlungen
signaling game: Signalisierspiel
simultaneous moves: gleichzeitige Züge
singleton set: einelementige Menge
slope: Steigung (einer Kurve) / *upward/downward sloping*
small letters: Kleinbuchstaben
solution: Lösung
solvable: lösbar / *solvable game*
square brackets: eckige Klammern [.]
stability: Stabilität
stage game: Stufenspiel
starting node: Startknoten
state of information: Informations[zu]stand
state of the world: Umweltzustand
stochastic dominance: Wahrscheinlichkeitsdominanz
strategy profile: Strategienkombination
strategy set: Strategienmenge
strategy: Strategie

strictly competitive: streng kompetitiv
subgame: Teilspiel
subgame perfect equilibrium: teilspielperfektes Gleichgewicht
submission: Einreichung (eines Zeitschriftenaufsatzes)
subscript: unterer Index
superscript: oberer Index
subsidiary condition: Nebenbedingung
successive deletion of dominated strategies: wiederholte Elimination dominierter Strategien
successor to node K: Nachfolger von Knoten K
sucker's payoff: salopp für: Auszahlung an einen Spieler, der im Gefangenendilemma kooperiert, während der andere defektiert
sufficient condition: hinreichende Bedingung
super additivity: Superadditivität
supergame: Superspiel
surplus: Rente / *consumer surplus*: Konsumentenrente
survey: Überblicksartikel
swerve: ausweichen
symmetric game: symmetrisches Spiel

T

tacit: stillschweigend
tails: Adler (bei Münze) / *a coin comes up tails*
tangible: anfaßbar, körperlich (z.B. Güter)
terminal node: Endknoten
textbook economics: Lehrmeinung, Standarddarstellung
theory of games: Spieltheorie
theory of information: Informationstheorie
threshold: Schwelle, Grenze / *error threshold*: Fehlerschwelle
tie: Gleichstand, Unentschieden
tilde: Schlange, ~
time series: Zeitreihe
times: mal / *two times three equals six* (2·3 = 6)
toss: werfen / *to toss a coin; a coin toss; to loose a toss*
tournament: Turnier
tradeoff: Zielkonflikt
transferable utility: transferierbarer Nutzen
transitivity: Transitivität
tremble: zittern / *trembling hand perfectness*
trigger: Auslöser
truncated game: Restspiel
two-person game: Zweipersonenspiel
type: (Spieler-) Typ

U

ultimatum game: Ultimatumspiel, ultimatives Verhandlungsspiel
uncertainty: Unsicherheit, Ungewißheit
unique: eindeutig / *a cardinal utility function is unique up to a positive linear transformation*
uniqueness: Eindeutigkeit (z.B. eines Gleichgewichts)
unit: (Maß)einheit
unknown: Unbekannte / *a system of equations with two unknowns*
unreached information sets: unerreichte Informationsbezirke
unrestricted (self) commitment power: unbegrenzte (Selbst)bindungskraft
upper-case letters: Großbuchstaben
utility function: Nutzenfunktion
utility: Nutzen

V

valuation: Wertschätzung, (Ein-) Schätzung eines Wertes
value: Wert / *value of a game*
variable-sum game: Nichtkonstantsummenspiel

veil of ignorance: Schleier der Unkenntnis

W

wager: Wette
wagering markets: Wettmärkte
weak: schwach / *weakly preferred; weakly dominant / s1 weakly dominates s2*
weak concept: schwaches Konzept (stellt schwache Anforderungen)
weakly dominated: schwach dominiert
well defined: wohldefiniert
win: Sieg / *a win for white*
winner's curse: "Fluch des Gewinners" (bleibt meist unübersetzt)

Z

zero-sum game: Nullsummenspiel

Deutsch-Englisch

2

2 x 2 - Spiel: 2-by-2 form

A

A-posteriori-Erwartungen: posteriors
A-priori-Erwartungen: priors
abgekartete Sache: collusion
abgeschlossene Menge: closed set
Ableitung: derivative / *a derivative with respect to x*
Absatz: sales- / *sales amount*
Abschreckung: deterrence
Absolutwert: absolute value
Abszisse: abscissa
Adler (bei Münze): tails / *a coin comes up tails*
affine Transformation: affine transformation
Agentennormalform: agent-strategic form, agent normal form, multiagent representation
Aggregationsniveau: level of aggregation
Änderungsrate: rate of change
Anfangsknoten: initial node
anfaßbar, körperlich (z.B. Güter): tangible
Anreiz: incentive
Anreizkompatibilität: incentive compatibility
Anspruchsniveau: aspiration level
Anwendungsbereich: scope / *beyond the scope of this theory*
Äquivalenz: equivalence
arithmetisches Mittel: arithmetic mean
Ast (in Spielbaum): branch
ausklammern: factorize
Auslöser: trigger
ausmultiplizieren: expand
ausweichen: swerve
Auszahlung: payoff

Auszahlungserwartung[swert]: expected payoff
Auszahlungsfunktion: payoff function
Auszahlungsmatrix: payoff matrix

B

Basisspiel, Einmalspiel: base game
Basisspiel, Einmalspiel: constituent game
bedingte Wahrscheinlichkeit: conditional probability
Behauptung: proposition
beste Antwort, beste Erwiderung: best reply, best response
Betrag : absolute value
Beute(-Tier): prey
Bimatrixspiel: bimatrix game
binden (sich binden), festlegen, verpflichten: commit oneself / *to commit oneself to a strategy*
bindende Vereinbarung: binding agreement

C

charakteristische Funktion: characteristic function
Chi-Quadrat-Test: chi-squared test

D

Dach: hat
Definitionsbereich: domain
degeneriert: degenerate
deterministisches Spiel: deterministic game
Differentialspiel: differential game
Diskontierung, Abzinsung: discounting / *the discounted payoff*
Doktrin: doctrine
dominante Strategie: dominant strategy
Dominanz: domination
dominierte Strategie: dominated strategy
Drückeberger: shirker
Duopolspiel, Dyopolspiel: duopoloy game
durchführen: conduct / *to conduct an experiment*
dynamische Programmierung: dynamic programming

E

echtes Teilspiel: proper subgame
eckige Klammern [.]: square brackets
effektiver Jahreszins: annual percentage rate (a.p.r.)
einbringen: net / *choosing action a nets 5*
eindeutig: unique / *a cardinal utility function is unique up to a positive linear transformation*
Eindeutigkeit (z.B. eines Gleichgewichts): uniqueness
Eindringling: entrant
einelementige Menge: singleton set
Einmalspiel: One-shot game
Einreichung (eines Zeitschriftenaufsatzes): submission
einsetzen (in Gleichungen): plug / *if we plug equation (1) into (2), we get the solution*
Einwandobjection
Element von M: member of M
Elementarergebnis einer Lotterie: prize
Endknoten: end node
Endknoten: terminal node
endlich: finite
endlicher Zeithorizont: finite horizon
entgegen dem Uhrzeigersinn: anti-clockwise
Enthüllung, Offenbarung: revelation
Entscheidungsalternative choice
Entscheidungsbaum: decision tree
Entscheidungsknoten: decision node
Entscheidungssituation: decision situation
erfüllen: meet (an assumption) / *when this assumption is not met*
erfüllen: satisfy / *satisfy the equilibrium property*

Ergebnis (Spielergebnis): outcome
Erlös: revenue
erneut überdenken: reconsider
erratischerratic
erscheint in Kürze: forthcoming
Erstschlag: preemptive strike
Erstschlagspiel, Spiel des Zuvorkommens: preemption game
Ertrag: return / *risk and return are positively correlated in the stock market*
Erwartungen: beliefs
Erwartungswert der Auszahlung: expected payoff
Erwartungswert: expected value / *expected value of a random variable*
Experimentelle Wirtschaftsforschung: Experimental Economics
extensive Form: extensive form / *a game in extensive form* / *extensive form game*
Externalitäten : externalities
externe Effekte: external effects

F

falsche Würfel: loaded dice
Festlegung auf: commitment / *players can make binding commitments*
fiktiver Spieler: fictitious player
Filialkette: chain store, chain-store / *Chain store Paradox*
Fixkosten: fixed cost
Flußdiagrammflow chart
Fokuspunkt: focal point
Fusion, Unternehmensverschmelzung: merger

G

ganze Zahl: integer
Gedankenexperiment: mental experiment
Gegenbeispiel: counter example
Gegeneinwand: counter-objection
geheim, nicht öffentlich: private / *private information*
gemeinsame A-priori-Erwartungen, gleichartige anfängliche Erwartungen: common priors
gemeinsames (Vor)wissen (bleibt meist unübersetzt): common knowledge
gemischte Strategie: mixed strategy
geschweifte Klammern: curly braces
Gesellschaftsspiel: parlor game
gestrichelte Linie: broken line
gesunder Menschenverstand: common sense
Gewinn in Konkurrenzsituation: competitive profit
Gewinnaussicht, Lotterie: prospect
Gipfel: apex
Gleichgewicht: equilibrium (pl.equilibria)
Gleichgewichtsauswahl: equilibrium selection
Gleichgewichtspunkt: equilibrium point
Gleichstand: tie
gleichzeitige Züge: simultaneous moves
Glücksspiel: gamble, game of hazard
grenz-: marginal / *marginal utility*
Grenzwert: limit
grimmen (nie verzeihen): grim
Großbuchstaben: capital letters / *capital S, as opposed to small s*
Großbuchstaben: upper-case letters
große Koalition: grand coalition
Grundannahmen einer Theorie: primitives
Gruppendilemma: commons dilemma
Güterbündel: commodity bundle

H

Handlungsalternative: action
herausragender, hervorgehobener Punkt: apex
herleiten: derive / *derive (A2) from (A1)*
Hilfssatz: lemma
hinreichende Bedingung: sufficient condition
hoch drei: power to the third

homo oeconomicus: economic man
homogen: homogeneous
Hut (x-Hut): hat
Hyperebene: hyperplane

I

Index: (unterer:) subscript, (oberer:) superscript
Indifferenzkurven: indifference curves
Informations[zu]stand: state of information
Informationsmenge : information set
Informationstheorie: theory of information
initialer Zufallszug: initial chance move

K

Kante (im Spielbaum): edge
Kardinalzahl: cardinal number
Kern: core
Kleinbuchstaben: lower-case letters
Kleinbuchstaben: small letters
Knoten, Entscheidungsknoten: node
Koalition: coalition
Koalitionsspiel: coalitional game
Koeffizient: coefficient
Kombination*:* profile / *strategy profile*
kombinatorisches Spiel: combinatorial game
Koopetition: co-opetition
konditioniert: contingent on / *Each player maximizes his utility contingent on his type.* / *The firm's reaction function is contingent on its cost.*
konditionierte Strategie: contingent strategy
Konstantsummenspiel: constant-sum game
Konsumentenrente: consumer surplus
kontrafaktische Überlegungen: counterfactual considerations
konvexe Hülle: convex hull
kooperatives Spiel: cooperative game
Kopf / Zahl (bei Münze): heads / *a coin comes up heads*
Kreuz(preis, mengen usw.)elastizität: cross-elasticity
kürzen (in Brüchen): cancel
kurzsichtig, myopisch: myopic
Kürzung (von Brüchen): cancellation

L

Lagrangeansatz: Lagrange formalism
laufen: run / *the index runs from 1 to 10*
Lehrmeinung: textbook economics
Lehrstuhl: professorial chair
Lemma: lemma
lexikographische Ordnung: lexikographical order(ing)
Literaturverzeichnis: references
lösbar: solvable
Lösung: solution
Lösungskandidat: candidate solution
Lotterie: lottery

M

mal: times / *two times three equals six* **(2·3 = 6)**
Marktanteil: market share
Markträumung: market clearing
Maßeinheitunit
Matrixfeld; Zelle: cell
Matrixspiel: matrix game
Mehrfachsumme: multiple sum
mehrpersonen-: multi-person / *multiperson decision making situations*
Menge: set
Milliarde (10^9) (bes. in USA)billion

N

n-Personen-Spiel: n-person game
Nachfolger von Knoten K: successor to node K
Nachkommen: offspring (kein pl.)
Natur: nature player
Nebenbedingung: subsidiary condition

Nenner (in Brüchen): denominator
Nichtkonstantsummenspiel: non constant-sum game; variable-sum game
nichtkooperatives Spiel: non-cooperative game
nichtleer (Menge): nonempty
Nichtnullsummenspiel: non-zero-sum game
Normalform: normal form
Nullpunktorigin
Nullsummenspiel: zero-sum game
Nutzen: utility
Nutzenfunktion: utility function

O

offenbaren, preisgeben: reveal / *private information is partly revealed by the firm's actions*
Offenbarung: revelation
öffentliches Gut: public good
oft syn. für type: characteristic
Opportunitätskosten: opportunity cost
Optimalität: optimality
Optimalitätsbedingungen erster Ordnung: first-order conditions
Optimalitätsprinzip: optimality principle

P

Partie: play
partielle Ableitung: partial derivative
perfekte (vollkommene) Erinnerung: perfect recall
persönlicher Spieler: personal player
Perturbation: perturbation
Petersburger Paradoxon Petersburg problem (St. Petersburg problem)
Pfad: path / *equilibrium path*
Poker(spiel)poker game
Postulat: primitive proposition
Potenz: power
Präferenzrelation: preference relation
Präventivschlag: preemptive strike
Preissenkung: price cut
Preissetzung: pricing
Prohibitivpreis: prohibitive price
Prominenzpunkt: focal point

Q

quer (z.B. $\bar{x}$)bar
Quotenspiel: quota game

R

randomisieren (zufällig auswählen): randomize
Rationierung: rationing
Räuber, Raubtier: predator
Rauschen (Störterm): noise
Reaktionsfunktion: reaction function
reduzierte Normalform: reduced normal form
reine Strategie: pure strategy
rekursives Spiel: recursive game
Rente: surplus / *consumer surplus*
Reservationspreis : reservation (price)
Restspiel: truncated game
Risikofreude: risk proneness
risikofreudig: risk loving, risk-prone; risk seeking / *a risk lover; a risk loving decision maker; the preferences are risk-prone*
Rückwärtsinduktion: backwards induction
ruinöser Preiskampf: predatory pricing
runde Klammern: parentheses
Rundungsfehler: roundoff error
Rüstungswettlauf: arms race

S

Sattelpunkt: saddle point
Sättigung: satiation / *satiation level*
Satz von Bayes: Bayes' rule
Schachspiel: chess
Schiedsrichter: arbitrator
Schiefe (z.B. einer Verteilung): bias
Schlange (x-Schlange): tilde

Schleier der Unkenntnis : veil of ignorance
Schleife (in Spielbaum): cycle
Schlichtung: mediation
schwach: weak / *weakly preferred; weakly dominant / s1 weakly dominates s2*
schwach dominiert: weakly dominated
schwaches Konzept: weak concept
Schwelle: threshold / *error threshold*
schwingen: librate
Schwingung: libration
Seitenzahlungen: side-payments
Selbstbeschränkung: self-restraint
Selbstbindung: self-commitment
Selbstbindungskraft: commitment power
Selbstkostenpreis: cost-price
sequentielles Gleichgewicht: sequential equilibrium
Shapleywert: Shapley value
sich drücken (um Arbeit)**:** shirk
sich selbst stabilisierendself-enforcing / *self-enforcing expectations*
sich selbst zerstörend, destabilisierend: self-destabilising, self defeating
sichere Information: certain information
Sicherheitcertainty
Sicherheitsäquivalent: certainty equivalent
Sieg: win / *a win for white*
Signalisierspiel: signaling game
Stichprobenumfang: sample size
Spalte: column
Spiel: game
Spielausgang: outcome
Spielbaum: game tree
spielen: play
Spielermenge: set of players
Spielertyp: type
Spielregeln: rules (of the game)
Spieltheorie: theory of games, game theory
Spielzug: move, action
Stabilität: stability
Standarddarstellung: textbook economics
Startknoten, Wurzel: root
Startknoten: starting node
Steigung (einer Kurve): slope / *upward/downward sloping*
Sternchen (*): asterisk
stetig: continuos
stillschweigend: tacit
Störung: perturbation
Strategie: strategy
Strategienkombination: strategy profile
Strategienmenge: strategy set
streng kompetitiv: strictly competitive
Strich (x-strich): prime
Strohmann: dummy
Stufenspiel, mehrstufiges Spiel: multistage game
Stufenspiel: stage game
Superadditivität: super additivity
Superspiel: supergame
symmetrisches Spiel: symmetric game

T

Taube-Falke-Spiel: Hawk-Dove game
Tausendfüßlerspiel: centipede game
Teilspiel: subgame
teilspielperfektes Gleichgewicht: subgame perfect equilibrium
transferierbarer Nutzen: transferable utility
Transitivität: transitivity
trembling hand: zitternde Hand
Trittbrettfahren: free-riding
Trugschluß: fallacy
Turnier: tournament

U

Überblicksartikel: survey
Übereinkunft: commitment
Überschußangebot: excess supply
Ultimatumspiel, ultimatives Verhandlungsspiel: ultimatum game
Umformung: rewrite / *a rewrite of equation (2)*

umkringeln, umrahmen: encircle
umschreiben (einer Formel): rewrite a formula
Umweltzustand: state of the world
unbegrenzte (Selbst)bindungskraft: unrestricted commitment power
Unbekannte: unknown / *a system of equations with two unknowns*
unendlich: infinite
unentschieden: draw / *a draw*
Unentschieden: tie
unerreichte Informationsbezirke: unreached information sets
Unsicherheit, Ungewißheit: uncertainty
unter einer Decke stecken: collude
unvollkommene Information: imperfect information
unvollständige Information: incomplete information
unwesentliches Spiel: inessential game
unzusammenhängender Graph: disconnected graph
Ursprungorigin

V

verfeinert: refined
Verfeinerung, verfeinertes Gleichgewichtskonzept, Refinement: refinement
verfolgen: pursuit / *pursuit of his interest*
vergelten: retaliate
Vergeltung: retaliation
Verhaltenswissenschaften: behavioral sciences
Verhaltensstrategie: behavioral strategy
verhaltenswissenschaftliches Konzept: behavioral concept
verhandeln, Verhandlung: bargain
verhandeln: negotiate
Verhandlungsmacht: bargaining power
Verhandlungsspiel: bargaining game
Vermittlung, Schlichtung: mediation
Vermutungconjecture
Vertreibung, Verdrängung (z.B. aus einem Markt): predation
Verwandtschaftsselektion: kin selection
vollkommene Information, perfekte Information: perfect information
vollständig gemischte Strategie: completely mixed strategy
vollständige Information, komplette Information: complete information
vor dem Spiel: preplay / *preplay communication*
Vorab-Erwartung: priors
Vorgänger von Knoten K: predecessor to node K
vorherige Abmachung, abgekartete Sache: collusion
Vorhersagekraft: predictive power
Vorwärtsinduktion: forward induction

W

Wahrscheinlichkeitsdominanz: stochastic dominance
wechselseitig: mutual / *mutually optimal strategies*
werfen (Münze): flip / *a coin flip; to flip a coin; a coin comes up heads/tails*
werfen / *to toss a coin; a coin toss; to loose a toss*: toss
Wert: value / *value of a game*
Wertschätzung: valuation
wesentliches Spiel: essential game
Wettbewerb, im W. zueinander stehen: compete
Wettbewerb: competition
Wettewager
Wettmärkte: wagering markets
wiederholte Elimination (strikt, schwach) dominierter Strategien: iterated (strict, weak) dominance; successive deletion of dominated strategies
willkürlich schwankenderratic
willkürlich, beliebig: arbitrary
wohldefiniert: well defined

Würfel: die (pl. dice) / *fair dice / loaded dice*
Würfelspiel: game at dice

Z

Zahlenstrahl der reellen Zahlen: real line / *each action belongs to the real line*
Zähler (in Brüchen)**:** numerator
Zeile: row
Zeitreihe: time series
Zermürbung: attrition
zerstörend (sich selbst zerstörend)self-defeating, self-destabilising
Zielfunktion: objective function
Zielkonflikt: tradeoff
Zinseszins: compound interest
Zinssatz: interest rate, rate of interest
zittern: tremble / *trembling hand perfectness*
Zufall: chance
Zufallsspieler: chance player, nature player
Zufallsvariable: random variable
Zug: move / *a move by player i;* action
zusammengesetzte Lotterie: compound lottery
zusammengesetzte Wahrscheinlichkeiten: combined probabilities
zusammenhängender Graph: connected graph
zuweisen: assign
Zweig (in Spielbaum)**:** branch
Zweipersonenspiel: two-person game

8.2. Griechische Buchstaben

Α	α	Alpha	Ν	ν	Ny
Β	β	Beta	Ξ	ξ	Xi
Γ	γ	Gamma	Ο	ο	Omikron
Δ	δ	Delta	Π	π	Pi
Ε	ε	Epsilon	Ρ	ρ	Rho
Ζ	ζ	Zeta	Σ	σ	Sigma
Η	η	Eta	Τ	τ	Tau
Θ	θ	Theta	Υ	υ	Ypsilon
Ι	ι	Jota	Φ	φ	Phi
Κ	κ	Kappa	Χ	χ	Chi
Λ	λ	Lambda	Ψ	ψ	Psi
Μ	μ	My	Ω	ω	Omega

8.3. Literaturverzeichnis

AKERLOF, GEORGE (1970): The Market for Lemons: Quality Uncertainty and the Market Mechanism. *Quarterly Journal of Economics* 84, 488-500.

ALLAIS, MAURICE (1953): Le Comportement de L'Homme Rationnel Devant le Risque: Critique des Postulats et Axiomes de L'École Américaine. *Econometrica* 21, 503-546.

ALLAIS, MAURICE (1987): Allais Paradox. In: JOHN EATWELL / MURRAY MILGATE / PETER NEWMAN: Utility and Probability (The New Palgrave: A Dictionary of Economics), 3-9.

ALLAIS, MAURICE / HAGEN, O. (eds.) (1979): Expected Utility Hypotheses and the Allais' Paradox; Contemporary Discussions and Rational Decisions under Uncertainty with Allais' Rejoinder. Dordrecht: Reidel.

ANDERSON, PHILOP W. / ARROW, KENNETH J. / PINES, DAVID (eds.) (1988): The Economy as an Evolving Complex System. Volume V Santa Fe Institute Studies in the Sciences of Complexity. Addison-Wesley: Redwood City, CA, Bonn usw.

ARTHUR, BRIAN W. (1990): Positive Rückkopplung in der Wirtschaft. In: *Spektrum der Wissenschaft*, April 1990, 122-129.

AUMANN, ROBERT (1974): Subjectivity and Correlation in Randomized Strategies. *Journal of Mathematical Economics* 1, 67-96.

AUMANN, ROBERT (1976): Agreeing to Disagree. *Annals of Statistics* 4: 1236-1239.

AUMANN, ROBERT (1987): Correlated Equilibrium as an Expression of Bayesian Rationality. *Econometrica* 55, 1-18.

AUMANN, ROBERT (1992): Irrationality in Game Theory. In: Dasgupta / Gale / Hart / Maskin (eds.): Economic Analysis of Markets and Games – Essays in Honor of Frank Hahn, 214-217. MIT Press: Cambridge, Mass.

AUMANN, ROBERT (1995): Backward Induction and Common Knowledge of Rationality. *Games and Economic Behavior* 8, 6-19.

AXELROD, ROBERT (1980a): Effective Choice in the Prisoner's Dilemma. In: *Journal of Conflict Resolution* 24, 3-25.

AXELROD, ROBERT (1980b): More Effective Choice in the Prisoner's Dilemma. In: *Journal of Conflict Resolution* 24, 379-403.

AXELROD, ROBERT (1984): The Evolution of Cooperation. Basic Books, o.O.

BASU, KAUSHIK (1994): The Traveler's Dilemma: Paradoxes of Rationality in Game Theory. In: *American Economic Review* 84, 391-395.

BASU, KAUSHIK (2007): Das Urlauberdilemma. In: *Spektrum der Wissenschaft* 8/2007, 82-88.

BAYES, THOMAS (1763): An Essay Toward Solving a Problem in the Doctrine of Chances. *Philosophical Transactions of the Royal Society* 53, 370-418. Abgedruckt in: *Biometrika* 45 (1958), 293-315, im Internet verfügbar unter http://www.stat.ucla.edu/history/essay.pdf .

BERNHEIM, B. DOUGLAS (1984): Rationalizable Strategic Behavior. *Econometrica* 52, 1007-1028.

BERNOULLI, DANIEL (1738): Specimen theoriae novae de mensara sortis. *Commentarii Academiae Scientiarum Imperialis Petropolitanae* 5, 175-192. Englische Übersetzung von L. Sommer: Exposition of a New Theory on the Measurement of Risk. In *Econometrica* 22 (1954), 23-36.

BERTRAND, JOSEPH LOUIS FRANCOIS (1883): Théorie Mathématique de la richesse sociale par Léon Walras: Recherches sur les principes mathématiques de la théorie des richesses par Augustin Cournot. *Journal des Savants*, 499-508.

BICCHIERI, CRISTINA (1989): Self-refuting Theories of Strategic Interaction: A Paradox of Common Knowledge. In: *Erkenntnis* 30: 69-85.

BICCHIERI, CRISTINA (1990): Reasoning With Bounded Knowledge. In: BOURGINE / WALLISER 1990, 113-121.

BINMORE, KEN (1987): Modelling Rational Players (Part I). *Economics and Philosophy* 3, 179-214.

BINMORE, KEN (1988): Modelling Rational Players (Part II). *Economics and Philosophy* 4, 9-55.

BINMORE, KEN (1992): Fun and Games. Heath and Company: Lexington, MA.

BINMORE, KEN (2000): Backward Induction and Common Knowledge. ELSE working papers.

BINSWANGER, HANS P. (1980): Attitudes Toward Risk: Experimental Measurement In Rural India. *American Journal of Agricultural Economics* 62, 395-407.

BOLLE, FRIEDEL (1990): High Reward Experiments without High Expenditure for the Experimenter? *Journal of Economic Psychology* 11, 157-167.

BONNER, JOHN TYLER (1983): Kultur-Evolution bei Tieren. Berlin, Hamburg.

BOURGINE, PAUL / WALLISER, BERNARD (Eds.) (1990): Economics and Cognitive Science. Pergamon: Oxford usw.

BRANDENBURGER, ADAM / DECKEL, EDDIE (1987): Rationalizability and Correlated Equilibria. *Econometrica* 55, 1391-1402.

BRANDENBURGER, ADAM M. / NALEBUFF, BARRY J. (2007): Coopetition – kooperativ konkurrieren. Mit der Spieltheorie zum Geschäftserfolg. Rieck: Eschborn.

CAPRRA, C. MONICA / GOEREE, JAKOB K. / GOMEZ, ROSARIO / HOLT, CHARLES A. (1999): Anomalous Behavior in a Traveler's Dilemma? In: *American Economic Review* 89, 678-690.

CARACO, THOMAS (1981): Risk-Sensitivity and Foraging Groups. *Ecology* 62, 527-531.

CARACO, THOMAS / MARTINDALE, STEVEN / WHITTAM, THOMAS S. (1980): An Empirical Demonstration of Risk-Sensitive Foraging Preferences. *Animal Behavior* 28, 820-830.

CHAMBERLIN, EDWARD (1948): An Experimental Imperfect Market. *Journal of Political Economy* 56, 95-108.

CODY, MARTIN L. (1974): Optimization in Ecology. *Science,* 183, 1156-1164.

COURNOT, AUGUSTIN (1838): Recherches sur les principes mathématiques de la theéorie des richesses. Übersetzt ins Deutsche von W. G. WAFFENSCHMIDT: Untersuchungen über die mathematischen Grundlagen der Theorie des Reichtums. Verlag Gustav Fischer, Jena, 1924.

CRAWFORD, VINCENT P. (1989): Learning and Mixed-Strategy Equilibria in Evolutionary Games. *Journal of Theoretical Biology* 140, 537-550.

CRAWFORD, VINCENT P. (1990): On the Definition of an Evolutionarily Stable Strategy in the "Playing the Field" Model. *Journal of Theoretical Biology* 143, 269-273.

CRAWFORD, VINCENT P. (1990b): Nash Equilibrium and Evolutionary Stability in Large- and Finite-Population "Playing the Field" Models. *Journal of Theoretical Biology* 145, 83-94.

DAVIS, DOUGLAS D. / HOLT, CHARLES A. (1993): Experimental Economics. Princeton University Press: Princeton, New Jersey.

DAWKINS, RICHARD (1976): The Selfish Gene. Deutsche Übersetzung: Das egoistische Gen. Springer-Verlag: Berlin usw., 1978.

DE MONTMORT, R. (1713): Essai d'analyse sur les jeux de hasard. Paris.

DUFWENBERG, MARTIN / LINDÉN, JOHAN (1992): On Self-refuting Theories of Strategic Interaction. Unveröffentlichtes Arbeitspapier der Universität Uppsala, Schweden.

EIGEN, MANFRED / WINKLER, RUTHHILD (1975): Das Spiel – Naturgesetze steuern den Zufall. Piper: München.

EIGEN, MANFRED / SCHUSTER, PETER (1979): The Hypercycle – A Principle of Natural Self-Organization. Springer: Berlin.

FARQUHAR, P. (1984): Utility Assessment Methods. *Management Science* 30, 1283-1300.

FISCHER, KARL-HEINZ (1974): Die Struktur von Massenglücksspielen - eine empirische und experimentelle Untersuchung. In: Beiträge zur Experiementellen Wirtschaftsforschung, Band V, hrsg. von HEINZ SAUERMANN. Mohr: Tübingen.

FISHBURN, P.C. (1982): The foundation of expected utility Theory. Reidel, Dordrecht.

FUDENBERG, DREW / TIROLE, JEAN (1991): Game Theory. MIT Press: Cambridge, MA.

GERKE, WOLFGANG / BIENERT, HORST (1991): Experimentelle Kapitalmarktforschung an einer Computerbörse. *Die Bank*, 499-506.

GERKE, WOLFGANG / BIENERT, HORST (1993): Computerisierte Börsenexperimente – Ein Beitrag zu einer Experimentellen Kapitalmarktforschung. Manuskript, Universität Erlangen-Nürnberg, 1993.

GEANAKOPLOS, JOHN / POLEMARCHAKIS, HERAKLIS (1982): We Can't Disagree Forever. *Journal of Economic Theory* 28, 192-200.

GÜTH, WERNER (1991): Game Theory's Basic Question – Who is a Player? Examples, Concepts and Their Behavioral Relevance. *Journal of Theoretical Politics* 3, 403-435.

GÜTH, WERNER (1992): Spieltheorie und ökonomische (Bei)Spiele. Springer-Verlag: Berlin usw.

GÜTH, WERNER / KALKOFEN, BRIGITTE (1989): Unique Solutions for Strategic Games. Springer-Verlag: Berlin usw.

GÜTH, WERNER / KRAHNEN, JAN P. / RIECK, CHRISTIAN (1993): Financial Markets With Asymmetric Information: An Experimental Study Of Insider Advantages. Working Paper University of Giessen, forthcoming in: Perspectives in Economic Psychology, Essays in Honour of Karl-Erik Wärneryd, ed. by L. Sjöberg a. o.

HAMILTON, W. D. (1967): Extraordinary Sex Ratios. *Science* 156, 477-488.

HARDIN, GARRETT (1968): The Tragedy of the Commons. *Science* 162, No. 3859, 1243-1248.

HARLEY, CALVIN B. (1981): Learning the Evolutionarily Stable Strategy. *Journal of Theoretical Biology* 89, 611-633.

HARRISON, J. MICHAEL / KREPS, DAVID. M. (1978): Speculative Investor Behavior in a Stock Market with Heterogeneous Expectations. *Quarterly Journal of Economics*, 92, 323-336.

HARSANYI, JOHN (1967-68): Games With Incomplete Information Played by Bayesian Players. *Management Science* 14, 159-182, 320-334, 486-502.

HARSANYI, JOHN (1973): Games With Randomly Disturbed Payoffs: A New Rationale for Mixed-Strategy Equilibrium Points. *International Journal of Game Theory* 2, 1-23.

HARSANYI, JOHN / SELTEN, REINHARD (1988): A General Theory of Equilibrium Selection in Games. M.I.T. Press: Cambridge, MA.

HOFBAUER, JOSEF / SIGMUND, KARL (1984): Evolutionstheorie und dynamische Systeme – Mathematische Aspekte der Selektion. Verlag Paul Parey: Berlin, Hamburg.

HOLLER, MANFRED J. (1993): Fighting Pollution when Decisions are Strategic. *Public Choice* 76, 347-356.

HOLLER, MANFRED J. / ILLING, GERHARD (1991): Einführung in die Spieltheorie. Springer-Verlag: Berlin usw.

HOLLER, MANFRED J. / ILLING, GERHARD (2006): Einführung in die Spieltheorie. Springer-Verlag: Berlin usw. 6., überarbeitete Auflage.

HOTELLING, HAROLD (1929): Stability in Competiton. *Economic Journal* 39: 41-57.

HSU, FENG-HSIUNG / ANANTHARAMAN, THOMAS / CAMPBELL, MURRAY / NOWATZYK, ANDREAS (1990): Eine Maschine als Schach-Großmeister. In: *Spektrum der Wissenschaft* 12/1990, 94-101.

KAHNEMAN, D. / TVERSKY, A. (1979): Prospect Theory: An Analysis of Decision Under Risk. *Econometrica* 47, 263-291.

KAHNEMAN, D. / TVERSKY, A. (1992): Advances in Prospect Theory – Cumulatitive Representation of Uncertainty. *Journal of Risk and Uncertainty* 5, 297-323.

KAHNEMAN, D. / TVERSKY, A. (2000) (Eds.): Choices, Values, and Frames. Cambridge University Press.

KANDORI, MICHIHIRO / MAILATH, GEORGE J. / ROB, RAFAEL (1991): Learning, Mutation, and Long Run Equilibria in Games. CARESS Working Paper #91-01R, revised version of January 1992.

KATZ, MICHAEL L. / SHAPIRO, CARL (1985): Network Externalities, Competition, and Compatibility. *American Economic Review* 75, 424-440.

KETCHAM, JON / SMITH, VERNON L. / WILLIAMS, ARLINGTON W. (1980): The Behavior of Posted Offer Pricing Institutions. *Southern Economic Association Meetings*, 5-7.

KEYNES, JOHN MAYNARD (1936): The General Theory of Employment, Interest, and Money. New York: Harcourt, Bruce and Co.

KOHLBERG, ELON / MERTENS, JEAN-FRANCOIS (1986): On the Strategic Stability of Equilibria. *Econometrica* 54, 1003-1007.

KRAHNEN, JAN P. / RIECK, CHRISTIAN / THEISSEN, ERIK (1994a): Price and Value Expectations in an Experimental Call Market. Working Paper University of Giessen.

KRAHNEN, JAN P. / RIECK, CHRISTIAN / THEISSEN, ERIK (1994b): Messung individueller Risikoeinstellungen. Arbeitspapier der Universität Gießen.

KREPS, DAVID M. (1990): A Course in Microeconomic Theory. Simon & Schuster: Hertfordshire.

KREPS, DAVID M. / WILSON, ROBERT (1982): Sequential Equilibria. *Econometrica* 50, 863-894.

KROLL, YORAM / LEVY, HAIM / RAPOPORT, AMNON (1988): Experimental Tests of the Separation Theorem and the Capital Asset Pricing Model. *The American Economic Review* 78, 500-519.

KUHN, HAROLD W. (1953): Extensive Games and the Problem of Information. In: H. W. KUHN / A. W. TUCKER (eds.): Contributions to the Theory of Games II, University Press, Princeton, 193-216.

LEWIS, DAVID (1969): Convention: A Philosophical Study. Cambridge, MA. Deutsche Übesetzung von ROLAND POSNER und DETLEF WENZEL: Konventionen - Eine sprachphilosophische Abhandlung. De Gruyter: Berlin, New York, 1975.

LORENZ, KONRAD (1963): Das sogenannte Böse. Borotha-Schoeler-Verlag: Wien.

LUCE, R. DUNCAN / RAIFFA, HOWARD (1957): Games and Decisions. New York: Wiley & Sons.

MAILATH, GEORGE J. / SAMUELSON, LARRY / SWINKEL, JEROE M. (1993): Extensive Form Reasoning in Normal Form Games. *Econometrica* 61, 273-203.

MAYNARD SMITH, JOHN (1982): Evolution and the Theory of Games. Cambridge University Press: Cambridge usw.

MAYNARD SMITH, JOHN / PRICE. G. R. (1973): The Logic of Animal Conflict. *Nature* 246, 15-18.

MEHTA, JUDITH / STARMER, CHRIS / SUGDEN, ROBERT (1994): The Nature of Salience: An Experimental Investigation of Pure Coordination Games. *The American Economic Review* 84(3), 658-673.

MORGENSTERN, OSKAR (1972): Descriptive, Predictive and Normative Theory. *Kyklos* 25, 699-714.

MOSTELLER, F. / NOGEE, P. (1951): An Experimental Measurement of Utility. *Journal of Political Economy* 59, 371-404.

MYERSON, ROGER (1978): Refinements of the Nash Equilibrium Concept. *International Journal of Game Theory* 7, 73-80.

NALEBUFF, BARY J. / BRANDENBURGER, ADAM M. (1996): Co-opetition. Doubleday: New York.

NASH, JOHN (1951): Non-Cooperative Games. *Annals of Mathematics* 54, 286-295.

NASH, JOHN (1950): The Bargaining Problem. *Econometrica* 18, 155-162.

NEUMANN, JOHN VON / MORGENSTERN, OSKAR (1944): The Theory of Games and Economic Behavior. Princeton, 2nd edition 1947. Deutsche Übersetzung: Spieltheorie und wirtschaftliches Verhalten. Physika-Verlag, Würzburg 1961.

NEUMANN, JOHN VON (1928): Zur Theorie der Gesellschaftsspiele. *Mathematische Annalen* 100, 295-320.

NOLL, PETER / BACHMANN, HANS RULDOF (2004): Der kleine Machiavelli – Handbuch der Macht für den alltäglichen Gebrauch. Piper: München. 1. Auflage von 1991.

OEHLER, ANDREAS (1994): Verhaltensmuster individueller Anleger - eine experimentelle Studie. *Zeitschrift für betriebswirtschaftliche Forschung* 46 (11), 939-958.

PEARCE, DAVID G. (1984): Rationalizable Strategic Behavior and the Problem of Perfection. *Econometrica* 52, 1029-1050.

PLOTT, CHARLES R. / GRAY, PETER (1990): The Multiple Unit Double Auction. *Journal of Economic Behavior and Organization* 13, 245-258

RAPOPORT, ANATOL / CHAMMAH, ALBERT M. (1965): Prisoner's Dilemma – A Study in Conflict and Cooperation. University of Michigan Press: Ann Arbor.

RASMUSEN, ERIC (1989): Games and Information – An Introduction to Game Theory. Blackwell: Oxford UK.

RENY, PHILIP J. (1992): Rationality in Extensive-Form Games. *Journal of Economic Perspectives* 6, 103-118.

RIECHERT, SUSAN E. / HAMMERSTEIN, PETER (1983): Game Theory in the Ecological Context. Working Papers – Institute of Mathematical Economics, Universität Bielefeld.

RIECK, CHRISTIAN (1988): Evolutionstheorie und Ökonomie. Eschborn.

RIECK, CHRISTIAN (1991): Computerturniere als Forschungsmethode: Expertenstreit im Computer. *Computer Persönlich*, Ausgabe 23, 46-52 und Ausgabe 24, 35-39.

RIECK, CHRISTIAN (1992): Evolution and Stock Markets. Arbeitspapier im Rahmen der Tagung für *Principle Based Engineering*, IEE: London.

RIECK, CHRISTIAN (1994): Theorien und Experimente in den Wirtschaftswissenschaften. *rer. pol.* 1/94, 23-28.

RIECK, CHRISTIAN (1998): Märkte, Preise und Koordinationsspiele. Physika: Heidelberg.

RIECK, CHRISTIAN (2006): So profitieren Sie von Microsoft. *Chip* 1/2006: 38-39. Vorangegangener Titel des Working Papers: Gibt es ein Monopol auf niedrige Preise?

RIECK, CHRISTIAN / SCHNEIDER, MICHAEL / THEISSEN, ERIK / WIRTH, ANDREA (1994): Systemunterstützung von Kapitalmarktexperimenten. Arbeitspapier der Universität Gießen.

RIECK, CHRISTIAN / SYHA, CHRISTINE (1992): An Experimental Investigation of the Psychology of Crashes. Arbeitspapier zur IAREP/GEW-Konferenz 1992, Frankfurt.

ROSENTHAL, R. (1981): Games of Perfect Information, Predatory Pricing and the Chain-store Paradox. *Journal of Economic Theory* 25, 92-100.

ROTH, ALVIN E. (1988): Laboratory Experimentation in Economics: A Methodological Overwiew. *Economic Journal*, 98, 974-1031.

RUBINSTEIN, ARIEL (1991): Comments on the Interpretation of Game Theory. *Econometrica* 59: 909-924.

SAVAGE, LEONARD (1954): The Foundations of Statistics. Wiley: New York.

SAUERMANN, HEINZ / SELTEN, REINHARD (1959): Ein Oligopolexperiment. *Zeitschrift für die gesamte Staatswissenschaft*. 427-471.

SCHELLING, THOMAS (1960): The Strategy of Conflict. Harvard University Press: Cambridge MA.

SCHELLING, THOMAS (1978): Micromotives and Macrobehavior. Norton & Company, New York.

SELTEN, REINHARD (1965): Spieltheoretische Behandlung eines Oligopolmodells mit Nachfrageträgheit. *Zeitschrift für die gesamte Staatswissenschaft* 12, 301-324.

SELTEN, REINHARD (1967): Die Strategiemethode zur Erforschung des eingeschränkt rationalen Verhaltens im Rahmen eines Oligopolexperimentes. In: Beiträge zur Experimentellen Wirtschaftsforschung, hrsg. von HEIN SAUERMANN. Mohr: Tübingen.

SELTEN, REINHARD (1975): Reexamination of the Perfectness Concept for Equilibrium Points in Extensive Games. *International Journal of Game Theory* 4, 25-55.

SELTEN, REINHARD (1978): The Chain Store Paradox. *Theory and Decision* 9, 127-159.

SELTEN, REIHNARD (1979): Experimentelle Wirtschaftsforschung. Vorträge N 287, Rheinisch-Westfälische Akademie der Wissenschaften, Opladen 1979.

SELTEN, REINHARD (1982): Einführung in die Theorie der Spiele mit unvollständiger Information. In: Information in der Wirtschaft, 81-147 (Schriften des Vereins für Socialpolitik, Band 126). Duncker & Humblot, Berlin.

SELTEN, REINHARD (1983): Evolutionary Stability in Extensive 2-Person-Games. Working Papers Institute of Mathematical Economics. no. 121, Universität Bielefeld.

SELTEN, REINHARD (1991): Evolution, Learning, and Economic Behavior. *Games and Economic Behavior* 3, 3-24.

SMITH, VERNON L. (1962): An Experimental Study of Competitive Market Behavior. *Journal of Political Economy* 70, 111-137.

SMITH, VERNON L. (1976): Experimental Economics: Induced Value Theory. *The American Economic Review* 66, 274-279.

SMITH, VERNON L. / WALKER, JAMES M. (1993): Monetary Rewards and Decision Cost in Experimental Economics. *Economic Inquiry* 31, 245-261.

SMITH, JOHN MAYNARD: Siehe MAYNARD SMITH.

SPENCE, MICHAEL A. (1974): Market Signaling: Informational Transfer in Hiring and Related Screening Processes. Harvard University Press: Cambridge, MA.

TIETZ, REINHARD (1974): Experimente in den Wirtschaftswissenschaften. In: Handwörterbuch der Betriebswirtschaft (HWB). ERWIN GROCHLA/ WALEMAR WITTMANN (Hrsg.), Stuttgart, 4. Aufl., 1351-1363.

TIROLE, JEAN (1988): The Theory of Industrial Organization. MIT Press: Cambridge MA.

TUCKER, ALBERT W. (1950): A Two-Person Dilemma. Working Paper (mimeo), Stanford University. Republished in *UMAP Journal* 1 (1980), 101.

VAN DAMME, ERIC (1987): Stability and Perfection of Nash Equilibria. Springer-Verlag: Berlin usw.

VAN DAMME, ERIC (1989): Stable equilibria and forward induction. *Journal of Economic Theory* 48: 476-496.

VAN HUYCK, J. / BATTALIO, R. / BEIL, R. (1990): Tacit Coordination Games, Strategic Uncertainty, and Coordination Failure. *American Economic Review* 80, 234-248.

VAN HUYCK, J. / BATTALIO, R. / BEIL, R. (1991): Strategic Uncertainty, Equilibrium Selection Principles, and Coordination Failure in Average Opinion Games. *Quarterly Journal of Economics* 106, 885-910.

VICKERS, G. T. / CANNINGS C. (1987): On the Definition of an Evolutionarily Stable Strategy. *Journal of Theoretical Biology* 129, 349-353.

VOLLMER, GERHARD (1981): Evolutionäre Erkenntnistheorie. Stuttgart.

WÄRNERYD, KARL (1990): Economic Conventions - Essays in Institutional Evolution. Stockholm.

WEISE, PETER / BRANDES, WOLFGANG / EGER, THOMAS / KRAFT, MANFRED (1991): Neue Mikroökonomie. 2. Auflage. Physika-Verlag: Heidelberg.

WERLANG, SÉRGIO RIBEIRO DA COSTA (1987): Common Knowledge. In: JOHN EATWELL / MURRAY MILGATE / PETER NEWMAN (eds.): Game Theory (The New Palgrave: A Dictionary of Economics). New York, London.

WILSON, ROBERT (1971): Computing Equilibria of n-Person Games. *SIAM Journal of Applied Mathematics* 21, 80-87.

WÖHE, GÜNTER / DÖRING, ULRICH (2002): Einführung in die Allgemeine Betriebswirtschaftslehre. 21. Aufl.,Vahlen: München.

WOROBJOW, N. N. (1975): Entwicklung der Spieltheorie. VEB Deutscher Verlag der Wissenschaften: Berlin.

ZABELL, S. L. (1990): Daniel Bernoulli. In: JOHN EATWELL / MURRAY MILGATE / PETER NEWMAN: Utility and Probability (The New Palgrave: A Dictionary of Economics), 12-14.

8.4. Stichwort- und Personenverzeichnis

Fettgedruckte Seitenzahlen kennzeichnen Kapitelanfänge; kursive Seitenzahlen verweisen auf Definitionen.

Zusammengesetzte Begriffe sind bevorzugt in ihrer natürlichen Form eingeordnet, zum Beispiel *kooperative Spieltheorie* anstatt *Spieltheorie, kooperative*.

B

C

D

Coopetition: kooperativ konkurrieren

Spieltheorie im Geschäftsleben

Von Adam M. Brandenburger und Barry J. Nalebuff

Coopetition ist eine Wortschöpfung aus *cooperation* und *competition*. Das Buch *Coopetition* zeigt Ihnen, wie Sie die Möglichkeiten der Spieltheorie für die Geschäftspraxis nutzen. Es kommt vollkommen ohne Formeln aus und ist für echte Praktiker geschrieben.

Denn Unternehmen können sogar von ihren Konkurrenten profitieren – wenn sie erkennen, dass sie kein Nullsummenspiel spielen. Sie brauchen sich auch nicht darauf zu beschränken, ein vorgefundenes Spiel zu spielen, sondern sie können das Spiel aktiv gestalten, um das klassische Denken in Gewinnern und Verlierern zu überwinden.

In dem Buch finden sich zahlreiche Fallbeispiele, in denen die Strategien bekannter Firmen wie Intel, Nintendo, American Airlines und anderen aus spieltheoretischer Sicht analysiert werden. Man kann hier auf spannende Weise nachlesen, was die Spieltheorie in der Praxis bringt und wie man sie im eigenen Geschäft sinnvoll anwendet.

Coopetition ist in fünfzehn Sprachen übersetzt worden und ist eines der bekanntesten Spieltheoriebücher der Welt.

Adam M. Brandenburger ist Professor für Geschäftsstrategie an der Stern Business School der New York University. Zuvor war er Lehrstuhlinhaber an der Harvard Business School und Autor mehrerer Fallstudien zu Unternehmensstrategien. Er gehört zu den Autoritäten im Bereich der angewandten Spieltheorie.

Barry J. Nalebuff ist Schüler des Nobelpreisträgers Robert Solow vom MIT (Massachusetts Institute of Technology). Er ist Professor für Spieltheorie und Wettbewerbsstrategie an der Yale School of Organization and Management. Er veröffentlichte zusammen mit Avinash Dixit das sehr bekannte Buch *Thinking Strategically*.

Beide Autoren beraten namhafte, international tätige Unternehmen wie Fidelity, IBM, Intel, Merck, Xerox, McKinsey und American Express. Sie wenden dort regelmäßig die Erkenntnisse aus der Spieltheorie an.

4. Auflage 2009
Christian Rieck Verlag, 384 Seiten, EUR 25,-,
ISBN-13: 978-3-924043-94-0,
ISBN-10: 3-924043-94-9
www.spieltheorie.de